Verlag und Herausgeber danken für die Erteilung von Abdruckgenehmigungen:
Sächsische Akademie der Wissenschaften zu Leipzig,
Verlag Walter de Gruyter & Co., Berlin,
Finnische Akademie der Wissenschaften, Helsinki,
Annals of Mathematics, Princeton,
The London Mathematical Society.

Für die Bereitstellung von Fotos danken Verlag und Herausgeber:
Mathematisches Forschungsinstitut Oberwolfach: S.6, 172, 236, Archiv für Geschichte der Naturforschung
und Medizin, Deutsche Akademie der Naturforscher Leopoldina Halle/Saale: S.20 (Bildermappe Nr.3426),
S.76 (Matrikel-Mappe Nr.3426), S.96 (Matrikel-Mappe Nr.4899), S.199–202 (Matrikel-Mappe Nr.3496),
S.214–217 (Matrikel-Mappe Nr.3426), Frau Sinikka Nevanlinna: S.94.

Für Ihre Unterstützung bei der Bereitstellung des Bildmaterials ist Frau S. Nevanlinna, Helsinki, Frau
A.Disch, Oberwolfach, Frau E.Lämmel, Halle/Saale, sowie den Herren W.Ledermann, Hove/Sussex, und
O.Lehto, Helsinki, zu danken.

Der Verlag dankt außerdem der Leipziger Universitätsbibliothek (Außenstelle an der Sektion Mathematik),
insbesondere Frau I.Letzel, der Berliner Universitätsbibliothek (Zweigstelle Mathematik der Humboldt-
Universität), insbesondere Herrn H.Hadan, sowie Herrn Buchbindermeister W.Frenkel, Leipzig, für die
hilfreiche Unterstützung.

CIP-Titelaufnahme der Deutschen Bibliothek

Ausgewählte Arbeiten zu den Ursprüngen der Schur-Analysis /
G.Herglotz ... Hrsg. und mit einem Nachw. vers. von B.
Fritzsche und B.Kirstein. – Fotomechanischer Nachdr. –
Stuttgart ; Leipzig : Teubner, 1991
   (Teubner-Archiv zur Mathematik ; Bd.16)
   ISBN 978-3-8154-2012-6   ISBN 978-3-322-90926-8 (eBook)
   DOI 10.1007/978-3-322-90926-8
NE: Herglotz, Gustav; Fritzsche, Bernd [Hrsg.]; GT

TEUBNER-ARCHIV zur Mathematik · Band 16
ISSN 0233-0962

G. Herglotz, I. Schur, G. Pick,
R. Nevanlinna, H. Weyl

Ausgewählte Arbeiten zu den Ursprüngen der Schur-Analysis

Gewidmet dem großen Mathematiker Issai Schur
(1875–1941)

Herausgegeben und mit einem Nachwort versehen von
B. Fritzsche und B. Kirstein

Dieser Band der Reihe „TEUBNER-ARCHIV zur Mathematik" enthält fotomechanische Nachdrucke entscheidender Originalarbeiten der Autoren G. Herglotz, I. Schur, G. Pick, R. Nevanlinna und H. Weyl sowie biographischer Beiträge über I. Schur und R. Nevanlinna. Die Arbeiten der genannten Autoren sind aus heutiger Sicht wegbereitend für die Entwicklung einer neuen mathematischen Richtung, welche nun „Schur-Analysis" genannt wird.

Im Nachwort finden sich aktuelle Anmerkungen zu den Arbeiten, zu ihren Beziehungen untereinander sowie insbesondere zu den Weiterentwicklungen der Theorie bis in die Gegenwart. Fotos und bisher unveröffentlichte Archivmaterialien komplettieren den Band, der sowohl für Mathematikhistoriker als auch für forschende Mathematiker von Interesse sein sollte.

 Springer Fachmedien Wiesbaden GmbH
1991

This volume in the series "TEUBNER-ARCHIV zur Mathematik" contains photo-mechanical reproductions of important original papers written by G. HERGLOTZ, I. SCHUR, G. PICK, R. NEVANLINNA and H. WEYL and biographical notes on I. SCHUR and R. NEVANLINNA. From the modern point of view the papers in question play a pioneering role in the development of a new mathematical area which is called "Schur analysis" today.

In a supplement there are up-to-date remarks on the papers, on their mutual relationship and, in particular, on the subsequent developments of the theory including recent activities. This volume is completed by photographs and still unpublished archive material. The edition should be of interest not only for historians but also for research workers in the field of mathematics.

Ce volume de la série «TEUBNER-ARCHIV zur Mathematik» contient la reproduction photomécanique de travaux originaux décisifs de G. HERGLOTZ, I. SCHUR, G. PICK, R. NEVANLINNA et H. WEYL de même que des contributions biographiques sur I. SCHUR et R. NEVANLINNA les travaux de ces auteurs ont, du point de vue actuel, preparé la voie au developpement d'une nouvelle direction en mathematiques qui est appelée maintenant «analyse de Schur».

En appendice on peut trouver des remarques actuelles sur les travaux sur les rapports qu'ils presentent entre eux de même qué les developpements ultérieurs de la théorie jusqu'a l'époque présente. Le volume est complété par de photos et des materiaux d'archives jusqu'ili non publiés et qui doivent interesser aussi bien les historiens des mathematiques que les chercheurs mathematiciens.

Этот том из ряда «TEUBNER-ARCHIV zur Mathematik» содержит перепечатанные фотомеханическим способом работы Г. Герглотца, И. Шура, Г. Пика, Р. Неванлинны и Г. Вейля а также биографические очерки о И. Шуре и Р. Неванлинне. Работы названных авторов по сегодняшним оценкам являлись зародышем нового математического направления, которую принять назвать «анализом Шура».

В послесловии содержатся актуальные комментарии к работам, обсуждается их взаимосвязь, а также дается обзор дальнейшего развития теории. Фотографии и до сих пор не опубликованные архивные материалы дополняют этот том, который будет интересно не только историкам математики, но и активно работающим математиком.

Vorwort

Dieser Band des „TEUBNER-ARCHIVs zur Mathematik" enthält klassische mathematische Arbeiten, welche im Zeitraum von 1911 bis 1935 von GUSTAV HERGLOTZ, ISSAI SCHUR, GEORG PICK, ROLF NEVANLINNA und HERMANN WEYL verfaßt wurden und aus heutiger Sicht die Ursprünge einer mathematischen Richtung markieren, welche sich in den 80er Jahren an der Nahtstelle verschiedener mathematischer Disziplinen herausbildete und nun unter der Bezeichnung „Schur-Analysis" Eingang in die mathematische Literatur gefunden hat.

Hervorstechendes Merkmal der Schur-Analysis ist ihr algorithmischer Charakter, der bereits in ISSAI SCHURS grundlegender Arbeit „Über Potenzreihen, die im Innern des Einheitskreises beschränkt sind", welche 1917 und 1918 in zwei Teilen im „Journal für die reine und angewandte Mathematik" veröffentlicht wurde, prägnant zum Ausdruck kommt. Der dort kreierte tiefsinnige Algorithmus, welcher heute nun unter dem Terminus „Schur-Algorithmus" gefaßt wird, beinhaltet alle hauptsächlichen Wesenszüge der Methode und trug wesentlich dazu bei, daß für diese die Begriffsbildung „Schur-Analysis" gewählt wurde. Es ist deshalb nur folgerichtig, daß die oben genannte Arbeit ISSAI SCHURS eine zentrale Stellung einnimmt.

Die Arbeit von HERGLOTZ lieferte zusammen mit Beiträgen von CARATHÉODORY, FEJÉR und TOEPLITZ Motivation und Grundlage für das Herangehen SCHURS, indem dort die behandelten Problemstellungen formuliert und deren Lösbarkeit in Termen der Positivität gewisser aus den Ausgangsdaten gebildeter quadratischer Formen charakterisiert werden. Die Arbeit von NEVANLINNA enthält eine Weiterentwicklung der Schurschen Methode, mit deren Hilfe es möglich wird, auch Interpolationsprobleme mit unendlich vielen vorgeschriebenen Wertzuordnungen zu behandeln und deren Lösungsmenge vollständig zu beschreiben. Für solche Probleme hatte PICK im Falle endlich vieler Interpolationspunkte eine notwendige und hinreichende Bedingung der Lösbarkeit erhalten. WEYL schließlich erkannte, daß sich die Schur-Nevanlinnasche Methode in natürlicher Weise in der Spektraltheorie gewöhnlicher Differentialoperatoren einsetzen läßt, indem er gewisse Differenzen- und Differentialgleichungen in Analogie zueinander stellte. Andererseits bereicherte WEYLS überaus intuitive geometrische Methode der ineinandergeschachtelten Kreise die Schur-Analysis, wodurch die fruchtbare Wechselwirkung der Behandlung diskreter und kontinuierlicher Probleme nachhaltig bestätigt wurde.

In einem Nachwort umreißen die Herausgeber die Entwicklung der Schur-Analysis von den Anfängen bis zur Gegenwart, wobei insbesondere versucht wird, auf deren mannigfache Anwendungen in einer Reihe verschiedener mathematischer Teildisziplinen wie linearer Algebra, Numerik, Vorhersagetheorie, Streutheorie einzugehen. Der Leser findet dort außer Bemerkungen zu den hier aufgenommenen Arbeiten und deren Beziehungen untereinander auch einen umfassenden Ausblick auf die von ihnen ausgelöste Entwicklung mit ihren weiterführenden Ergebnissen und Methoden. Darüber hinaus werden aktuelle Tendenzen dargestellt.

Wenn auch das Literaturverzeichnis verständlicherweise nicht völlig erschöpfend sein kann, so wurde doch auf eine abgerundete Quellensammlung unter besonderer

Berücksichtigung älterer Literatur, die zum Gegenstand gehört und zum Teil nicht mehr ohne weiteres zugänglich ist, großer Wert gelegt.

Unser Dank gilt den Herren Walter Ledermann (Brighton) und Walter K. Hayman (Heslington), die uns freundlicherweise Nachdrucke ihrer biographischen Artikel über Issai Schur bzw. Rolf Nevanlinna gestatteten.

Die Herausgeber danken dem Teubner-Verlag für das Eingehen auf alle Wünsche und für die schöne Ausstattung dieses Buches; vor allem gebührt Herrn Jürgen Weiss unser besonderer Dank für seine hilfreiche Unterstützung und für die sehr gute Zusammenarbeit.

Leipzig, August 1990   Bernd Fritzsche
                                                     Bernd Kirstein

Inhalt

G. Herglotz.

BERICHTE

ÜBER DIE

VERHANDLUNGEN

DER KÖNIGLICH SÄCHSISCHEN

GESELLSCHAFT DER WISSENSCHAFTEN

ZU LEIPZIG

MATHEMATISCH-PHYSISCHE KLASSE.

DREIUNDSECHZIGSTER BAND.

1911.

MIT 105 FIGUREN IM TEXT.

LEIPZIG

BEI B. G. TEUBNER.

SITZUNG VOM 14. NOVEMBER 1911.

Nach der öffentlichen Gesamtsitzung übergibt Herr Hölder für die „Berichte" eine eigene Arbeit: „Die Cauchysche Randwertaufgabe für den Kreis in der Potentialtheorie" und eine Arbeit von G. Herglotz: „Über Potenzreihen mit positivem, reellen Teil im Einheitskreis".

Über Potenzreihen mit positivem, reellen Teil im Einheitskreis.

Von

G. Herglotz.

Die von den Herren C. Carathéodory[1]) und O. Toeplitz[2]) behandelte Frage nach den Bedingungen für die Koeffizienten einer Potenzreihe, unter denen ihr reeller Teil im Einheitskreis positiv bleibt, zeigt eine unmittelbar deutliche Verwandtschaft mit dem Problem der „Grenzwerte der Integrale" von Tschebyschef[3]) und dem damit zusammenhängenden „Momentenproblem" von Stieltjes[4]). Und in der Tat hat auch Herr F. Riesz[5]) den Beweis für jene Bedingungen direkt an eine dem Analogon des Momentenproblems äquivalente Integralgleichung, Herr E. Fischer[6]) aber ähnlich wie Stieltjes an die Betrachtung quadratischer Formen

---

1) C. Carathéodory, Math. Annalen, Bd. LXIV (1907), S. 95. — Rendiconti del circolo mat. di Palermo, l. XXXII (1911), p. 193.

2) O. Toeplitz, Math. Annalen, Bd. LXX (1911), S. 351.

3) P. L. Tschebyschef, Oeuvres, t. II, p. 183, p. 421.

4) T. J. Stieltjes, Mémoires présentés par divers savants à l'académie des sciences. Paris, t. XXXII, Nr. 2. — Das der Wahrscheinlichkeitsrechnung entsprungene und auf J. Bienaymé C. R. t. XXXVII (1853) p. 309 zurückgehende Problem der „Grenzwerte der Integrale" fragt kurz gesagt nach dem Variabilitätsbereich der ersten n Momente:

$$c_\nu = \int_a^b f x^\nu \, dx \quad (\nu = 0, 1, 2, \ldots n - 1)$$

einer positiven Funktion, das Momentenproblem aber nach der Funktion, wenn ihre sämtlichen Momente gegeben sind.

5) F. Riesz, Annales de l'école normale. Paris. Ser. III. t. XXVIII (1911), p. 33.

6) E. Fischer, Rendiconti del circolo mat. di Palermo, t. XXXII (1911), p. 240.

geknüpft. Von den gleichen Erwägungen geleitet werden hier in den §§ 1 u. 2 jene Bedingungen in — wie ich glaube — einfacher Weise und unter gleichzeitiger Erledigung einer kleinen, bislang gebliebenen Lücke auf wesentlich algebraischem Wege als notwendig und hinreichend nachgewiesen, und dann in § 3 gezeigt, daß sich jede im Einheitskreis reguläre Funktion mit positivem reellen Teile durch ein im Stieltjesschen Sinne zu bildendes Poissonsches Integral darstellen läßt, wodurch auch der Satz des Herrn F. Riesz über die Lösbarkeit jener Integralgleichung direkt gewonnen ist.

Noch sei bemerkt, daß die Überlegung des § 2 erlaubt, über die Nullstellen endlicher trigonometrischer Summen unmittelbar einen ganz analogen Satz auszusprechen, wie er von Herrn A. Hurwitz[1]) für ganze rationale Funktionen aufgestellt worden ist.

§ 1. Die Bedingungen für das Positivsein der harmonischen Funktion $\Omega(r,\vartheta)$.

Es sei die Potenzreihe in $z = re^{\vartheta i}$, deren Anfangsglied unbeschadet der Allgemeinheit reell positiv angenommen werden darf:

$$(1) \qquad F(z) = \tfrac{1}{2}c_0 + c_1 z + c_2 z^2 + \cdots \qquad |z| < 1.$$

innerhalb des Einheitskreises konvergent, und ihr reeller Teil $\Omega(r,\vartheta) = \Re F(z)$ daselbst überall positiv.

Bemerkt man dann, daß für die Koeffizienten c_ν gilt:

$$(2) \qquad \pi r^\nu c_\nu = \int_0^{2\pi} \Omega(r,\vartheta)e^{-i\nu\vartheta}\,d\vartheta \qquad \nu = 0,1,2\ldots$$

und setzt — allgemein immer unter überstrichenen Größen ihre konjugiert komplexen Werte verstehend —:

$$(3) \qquad c_{-\nu} = \bar{c}_\nu,$$

so erhellt, daß die Hermitesche Form der n Variablen $(x_0, x_1, \ldots \ldots x_{n-1})$:

$$(4) \quad \frac{1}{\pi}\int_0^{2\pi} \Omega(r,\vartheta)\,|x_0 + x_1 z + x_2 z^2 + \cdots + x_{n-1}z^{n-1}|^2\,d\vartheta$$

$$= \sum_0^{n-1} {}_{\nu\mu}\, c_{\mu-\nu}\, x_\nu \bar{x}_\mu\, r^{\nu+\mu+|\nu-\mu|}$$

für $r < 1$ definit positiv ist.

---

1) A. Hurwitz, Math. Annalen, Bd. 46 (1895), p. 273.

Für $r = 1$ ergibt sich hieraus, daß die sämtlichen Formen:

$$(5) \qquad F_n(x_0, x_1, \ldots x_{n-1}) = \sum_{0}^{n-1} {}_{\nu,\mu}\, c_{\mu-\nu}\, x_\nu \bar{x}_\mu \qquad\qquad n = 1, 2, 3 \ldots$$

für keine Werte der Variablen negativ werden dürfen.

Umgekehrt ist diese Bedingung aber auch hinreichend dafür, daß die Reihe $F(z)$ innerhalb des Einheitskreises konvergiert und ihr reeller Teil $\Omega(r, \vartheta) = \Re F(z)$ daselbst überall positiv sei. Zunächst nämlich ist:

$$(6) \qquad F_n\left(\sqrt{c_0}, 0, 0 \ldots 0, -\frac{c_n}{\sqrt{c_0}}\right) = c_0^2 - |c_{n-1}|^2,$$

daher:

$$(7) \qquad\qquad |c_\nu| \leqq c_0, \qquad\qquad \nu = 0, 1, 2 \ldots$$

und somit die Reihe $F(z)$ für $|z| < 1$ konvergent.

Weiter ergibt nun eine leichte Rechnung:

$$\frac{1-r^2}{2} F_n\left(1, \bar{z}, \bar{z}^2, \ldots \bar{z}^{(n-1)}\right)$$

$$(8) \qquad = \Re\left(\tfrac{1}{2} c_0 + c_1 z + c_2 z^2 + \cdots + c_{n-1} z^{n-1}\right)$$

$$\qquad - \Re z^n\left(\tfrac{1}{2} c_0 \bar{z}^n + c_1 \bar{z}^{(n-1)} + \cdots + c_{n-1}\bar{z}\right),$$

und da nach (7):

$$(9) \qquad \left|\tfrac{1}{2} c_0 \bar{z}^n + c_1 \bar{z}^{(n-1)} + \cdots + c_{n-1}\bar{z}\right| \leqq \frac{c_0 |z|}{1-|z|}$$

ist, so folgt für $|z| < 1$:

$$(10) \qquad \Omega(r, \vartheta) = \frac{1-r^2}{2} \lim_{n=\infty} F_n\left(1, \bar{z}, \bar{z}^2 \ldots \bar{z}^{(n-1)}\right) \geqq 0,$$

also:

$$(11) \qquad\qquad \Omega(r, \vartheta) > 0, \qquad 0 \leqq r < 1,$$

da das Zutreffen des Gleichheitszeichens an einer Stelle das identische Verschwinden von $\Omega(r, \vartheta)$ nach sich zöge.

§ 2. Die Bedingungen für das Nichtnegativwerden der Hermiteschen Formen $F_n(x_0, x_1, \ldots x_{n-1})$.

Die für das Nichtnegativwerden der Formen F_n notwendigen und hinreichenden Bedingungen in den Koeffizienten c_ν auszudrücken, hat man das mögliche Vorkommen singulärer Formen — d. h. von Formen mit verschwindender Determinante — besonders zu untersuchen.

Sei demnach in der Reihe der als nie negativ vorausgesetzten Formen F_n die erste singuläre Form $F_{p+1}(x_0, x_1 \ldots x_p)$ und also $F_p(x_0, x_1 \ldots x_{p-1})$ definitiv positiv mit nicht verschwindender Determinante, was die gleiche Eigenschaft für alle vorher gehenden Formen nach sich zieht.

Dann haben die $p+1$ linearen, homogenen Gleichungen:

$$(12) \qquad \sum_0^p c_{\mu-\nu} u_\nu = 0, \qquad \mu = 0, 1, 2, \ldots p$$

ein bis auf einen gemeinsamen Faktor bestimmtes Lösungssystem $(u_0, u_1, u_2 \ldots u_p)$, bei dem sicher $u_0 \neq 0$ ist und für welches F_{p+1} verschwindet.

Ersetzt man aber in (12) alle Größen durch ihre konjugiert komplexen Werte und μ, ν durch $p - \mu$, $p - \nu$, so geht es wegen (3) über in:

$$(12') \qquad \sum_0^p c_{\mu-\nu} \overline{u}_{p-\nu} = 0, \qquad \mu = 0, 1, 2, \ldots p$$

und es ist somit $\overline{u}_{p-\nu} = \lambda u_\nu$ $(\nu = 0, 1, \ldots p)$. Da aber ebenso auch: $u_\nu = \overline{\lambda}\,\overline{u}_{p-\nu}$, also $\overline{u}_{p-\nu} = \lambda\overline{\lambda}\overline{u}_{p-\nu}$ ist, muß $|\lambda| = 1$ sein und man kann durch Multiplikation aller u_ν mit $\sqrt{\lambda}$ erreichen, daß:

$$(13) \qquad \overline{u}_{p-\nu} = u_\nu \qquad \nu = 0, 1, 2, \ldots p$$

ist.

Jetzt greife man aus der Reihe der F_n irgendeine auf F_{p+1} folgende Form: $F_{\mu+1}$ $(\mu = p+1, p+2, \ldots)$ heraus, und bemerke, daß sie sich ohne weiteres schreiben läßt:

$$(14) \qquad F_{\mu+1}(x_0, x_1, \ldots x_\mu) = F_\mu(x_0, x_1, \ldots x_{\mu-1})$$

$$+ c_0 \left| \frac{1}{c_0} x_\mu + \sum_0^{\mu-1} c_{\mu-\nu} x_\nu \right|^2 - c_0 \left| \sum_0^{\mu-1} c_{\mu-\nu} x_\nu \right|^2.$$

Wählt man daher:

$$x_0 = u_0,\ x_1 = u_1, \ldots x_p = u_p,\quad x_{p+1} = x_{p+2} = \cdots x_{\mu-1} = 0,$$

$$(15) \qquad x_\mu = - c_0 \sum_0^{\mu-1} c_{\mu-\nu} x_\nu,$$

wodurch:

$$(16) \qquad F_\mu(x_0, x_1, \ldots x_{\mu-1}) = F_{p+1}(u_0, u_1, \ldots u_p) = 0$$

wird, so folgt, da $F_{\mu+1}$ nicht negativ werden darf:

$$(17) \qquad \sum_{0}^{p}{}' c_{\mu-\nu} u_\nu = 0. \qquad\qquad \mu = p+1, p+2, \ldots$$

Es müssen somit die Koeffizienten $c_{p+1}, c_{p+2}, \ldots$ bestimmte, durch $c_0, c_1, \ldots c_p$ festgelegte Werte besitzen, welche durch die mit Gl. (12) und Gl. (17) äquivalente Rekursion:

$$(18) \qquad \begin{vmatrix} c_\mu, & c_{\mu-1}, & c_{\mu-2} & \cdots & c_{\mu-p} \\ c_1, & c_0, & c_{-1} & \cdots & c_{-(p-1)} \\ c_2, & c_1, & c_0 & \cdots & c_{-(p-2)} \\ \cdot & \cdot & \cdot & \cdot & \cdot \\ c_p, & c_{p-1}, & c_{p-2} & \cdots & c_0 \end{vmatrix} = 0 \qquad \mu = p+1, p+2, \ldots$$

gegeben sind.

Umgekehrt sind dann aber auch, falls nur F_p definit positiv, von nicht verschwindender Determinante ist, alle folgenden Formen nie negativ.

Denn die Gl. (17) besagen, daß aus dem formal gebildeten Produkte der Reihe $F(z)$ in das Polynom:

$$(19) \qquad U(z) = u_0 + u_1 z + u_2 z^2 + \cdots + u_p z^p$$

alle Potenzen, von z^{p+1} angefangen, herausfallen, also:

$$(20) \qquad F(z) = \frac{V(z)}{U(z)}$$

eine rationale Funktion ist.

Für die Koeffizienten des Zählers:

$$(21) \qquad V(z) = v_0 + v_1 z + v_2 z^2 + \cdots + v_p z^p$$

findet man:

$$(22) \qquad v_\mu = \tfrac{1}{2} c_0 u_\mu + \sum_{0}^{\mu-1}{}' c_{\mu-\nu} u_\nu, \qquad\qquad \mu = 0, 1, 2, \ldots p$$

also nach Gl. (3) und Gl. (13):

$$(23) \qquad \bar{v}_{p-\mu} + v_\mu = \sum_{0}^{p}{}' c_{\mu-\nu} u_\nu, \qquad\qquad \mu = 0, 1, 2, \ldots p$$

und die Gl. (12) besagen daher, daß:

$$(24) \qquad \bar{v}_{p-\mu} + v_\mu = 0 \qquad\qquad \mu = 0, 1, 2, \ldots p$$

ist.

Versteht man nun allgemein immer unter den überstrichenen Funktionen ihre mit den konjugiert komplexen Werten der Koeffizienten gebildeten Ausdrücke, so ist nach Gl. (13) und Gl. (24)

$$(25) \qquad z^p\, U\!\left(\frac{\mathrm{I}}{z}\right) = \overline{U}(z), \quad z^p\, V\!\left(\frac{\mathrm{I}}{z}\right) = -\,\overline{V}(z),$$

somit:

$$(26) \qquad F\!\left(\frac{\mathrm{I}}{z}\right) + \overline{F}(z) = 0,$$

und dies besagt, daß die Werte der Funktion $F(z)$ in symmetrisch zum Einheitskreis gelegenen Punkten sich nur durch das Zeichen des imaginären Teiles unterscheiden.

Ihre Pole liegen hiernach auf dem Einheitskreis oder paarweise symmetrisch zu demselben, und wenn r der kleinste ihrer absoluten Beträge ist, so gilt:

$$(27) \quad F(z) = \begin{cases} \tfrac{1}{2}c_0 + c_1 z + c_2 z^2 + \cdots & \text{für } |z| < r \\[2mm] -\tfrac{1}{2}c_0 - c_{-1}z^{-1} - c_{-2}z^{-2} - \cdots & \text{für } |z| > \dfrac{\mathrm{I}}{r}. \end{cases}$$

Aus der über $F_p(x_0, x_1, \ldots x_{p-1})$ gemachten Annahme läßt sich jetzt schließen, daß $F(z)$ gerade p einfache auf dem Einheitskreis gelegene Pole besitzt.

Man setze zu diesem Zwecke:

$$(28) \qquad \Theta_n(z) = x_0 + x_1 z + x_2 z^2 + \cdots + x_{n-1} z^{n-1}$$

und bilde die rationale Hilfsfunktion:

$$(29) \qquad G(z) = F(z)\,\Theta_p(z)\,\overline{\Theta}_p\!\left(\frac{\mathrm{I}}{z}\right),$$

so wird für diese wieder:

$$(30) \qquad G\!\left(\frac{\mathrm{I}}{z}\right) + \overline{G}(z) = 0,$$

also:

$$(31) \qquad G(z) = \begin{cases} \displaystyle\sum_{-(p-1)}^{\infty} C_\nu z^\nu & \text{für } |z| < r \\[4mm] \displaystyle -\sum_{-(p-1)}^{\infty} \overline{C}_\nu z^{-\nu} & \text{für } |z| > \dfrac{\mathrm{I}}{r} \end{cases}$$

gelten, und eine leichte Rechnung zeigt, daß:

$$(32) \qquad F_p(x_0, x_1, \ldots x_{p-1}) = C_0 + \overline{C}_0.$$

Die Gesamtzahl der Pole von $F(z)$ kann nun nach (20) nicht größer als p sein. Wäre sie kleiner als p, so könnte man, durch passende Wahl der $(x_0, x_1, \ldots x_{p-1})$ die Nullstellen von $\Theta_p(z)$ in diese Pole legen. Dann aber wäre $z^{p-1}G(z)$ eine ganze Funktion, also $C_0 = -\bar{C}_0$, d. h. $F_p = 0$, was ausgeschlossen ist.

Die Gesamtzahl der Pole ist also gleich p.

Lägen nicht alle auf dem Einheitskreis, so wäre die Zahl der in und auf demselben gelegenen nicht größer als $p-1$, und man könnte die Nullstellen von $\Theta_p(z)$ in diese legen, wodurch von selbst die außerhalb gelegenen Pole Nullstellen von $\bar{\Theta}_p\left(\frac{1}{z}\right)$ werden.

Wieder wäre $z^{p-1}G(z)$ eine ganze Funktion, also $F_p = 0$. Die Pole liegen also alle auf dem Einheitskreis.

Wäre jetzt endlich unter ihnen ein mehrfacher Pol vorhanden, so könnte dieser als Nullstelle mit einer um 1 niedrigeren Multiplizität, die übrigen als Nullstellen mit gleicher Multiplizität von $\Theta_p(z)$ gewählt werden. Da aber jede auf dem Einheitskreis gelegene Nullstelle von $\Theta_p(z)$ stets auch eine solche von $\bar{\Theta}_p\left(\frac{1}{z}\right)$ ist, wäre wieder $z^{p-1}G(z)$ eine ganze Funktion, also $F_p = 0$.

Den festgestellten Eigenschaften zufolge muß $F(z)$ sich in die Gestalt:

$$(33) \qquad F(z) = \frac{1}{2\pi}\sum_{1}^{p}{}_h\, \mu_h\, \frac{e^{\alpha_h i} + z}{e^{\alpha_h i} - z}$$

bringen lassen, wobei die Pole:

$$(34) \qquad z_h = e^{\alpha_h i}, \qquad\qquad h = 1, 2, \ldots p$$

die demnach stets voneinander verschiedenen auf dem Einheitskreis gelegenen Wurzeln von $U(z) = 0$ sind, während die notwendig reellen, von Null verschiedenen Zahlen μ_h durch:

$$(35) \qquad \mu_h = -\pi\, \frac{V(z_h)}{z_h\, U'(z_h)} \qquad\qquad h = 1, 2, \ldots p$$

gegeben sind.

Dieser Darstellung von $F(z)$ entnimmt man, daß:

$$(36) \qquad \pi c_\nu = \sum_{1}^{p}{}_h\, \mu_h\, e^{-\nu \alpha_h i}, \qquad\qquad \nu = 0, \pm 1, \pm 2, \ldots$$

und also:

$$(37) \qquad \pi F_n(x_0, x_1, \ldots x_{n-1}) = \sum_{1}^{p}{}_h\, \mu_h\, \Theta_n(z_h)\, \bar{\Theta}_n(\bar{z}_h)$$

ist. Für $n = p$ folgt hieraus $\mu_h > 0$ $(h = 1, 2, \ldots p)$ und damit endlich, daß in der Tat anch alle auf F_p folgenden Formen nie negativ und zwar alle vom Range p sind.

Auf Grund der hierdurch gewonnenen Einsicht lassen sich jetzt die gewünschten Bedingungen für die Koeffizienten c_ν unter Heranziehung eines bekannten Kriteriums für nichtsinguläre, definite Formen kurz dahin aussprechen, daß die Determinanten D_n der Formen F_n:

$$(38) \qquad D_n = \begin{vmatrix} c_0, & c_{-1}, & \cdots c_{-(n-1)} \\ c_1, & c_0, & \cdots c_{-(n-2)} \\ \cdot & \cdot & \cdots \cdot \\ c_{n-1}, & c_{n-2}, & \cdots c_0 \end{vmatrix} \geqq 0 \qquad n = 1, 2, 3, \ldots$$

sein müssen, mit der Zusatzbedingung, daß, wenn D_{p+1} die erste verschwindende Determinante der Reihe ist, dann die Koeffizienten $c_{p+1}, c_{p+2}, \ldots$ die durch die Rekursion (18) bestimmten Werte besitzen müssen.

In diesem Falle werden dann auch alle auf D_{p+1} folgenden Determinanten verschwinden und zwar vom Rang p sein.

§ 3. Das Analogon des Stieltjesschen Momentenproblems.

Die Verwandtschaft mit dem Stieltjesschen Momentenproblem hervortreten zu lassen, sei die Frage gestellt, nach den notwendigen und hinreichenden Bedingungen, denen die Zahlen c_ν zu unterwerfen sind, damit sich eine nie abnehmende Funktion $\mu(\vartheta)$ angeben lasse, für welche — die Integrale im Stieltjesschen Sinne verstanden —:

$$(39) \qquad \pi c_\nu = \int_0^{2\pi} e^{-i\nu\vartheta} d\mu(\vartheta) \qquad \nu = 0, \pm 1, \pm 2, \ldots$$

wird.

Da hier unmittelbar:

$$(40) \qquad \pi F_n(x_0, x_1, \ldots x_{n-1}) = \sum_0^{n-1} {}_{\nu\mu} c_{\mu-\nu} x_\nu \bar{x}_\mu$$

$$= \int_0^{2\pi} |x_0 + x_1 e^{i\vartheta} + x_2 e^{2i\vartheta} + \cdots + x_{n-1} e^{(n-1)i\vartheta}|^2 d\mu(\vartheta)$$

ist, so ergibt sich wieder das Nichtnegativwerden der Formen F_n als notwendige Bedingung.

Umgekehrt ist sie aber ebenfalls auch hinreichend.

Zunächst nämlich folgt wie früher in § 1, daß:

$$(41) \qquad |c_\nu| \leqq c_0 \qquad \nu = 0, 1, 2, \ldots$$

und

$$(42) \qquad c_\nu = a_\nu - i b_\nu \qquad \nu = 0, 1, 2, \ldots$$

gesetzt, daß

$$(43) \qquad \Omega(r, \vartheta) = \tfrac{1}{2} c_0 + \sum_1^\infty r^\nu (a_\nu \cos \nu\vartheta + b_\nu \sin \nu\vartheta) \qquad 0 \leqq r < 1.$$

innerhalb des Einheitskreises stets positiv ist.

Bildet man nun die Hilfsfunktion:

$$(44) \qquad \Phi(r, \vartheta) = \tfrac{1}{4} c_0 \vartheta^2 - \sum_1^\infty \frac{1}{\nu^2} r^\nu (a_\nu \cos \nu\vartheta + b_\nu \sin \nu\vartheta), \qquad 0 \leqq r \leqq 1.$$

so wird die rechts stehende Reihe wegen (41) auch noch für $r = 1$ gleichmäßig konvergieren, also durch:

$$(45) \qquad \varphi(\vartheta) = \Phi(1, \vartheta) = \tfrac{1}{4} c_0 \vartheta^2 - \sum_0^\infty \frac{1}{\nu^2} (a_\nu \cos \nu\vartheta + b_\nu \sin \nu\vartheta)$$

$\varphi(\vartheta)$ für alle Werte von ϑ als stetige Funktion definiert sein. Nun ist aber für $r < 1$:

$$(46) \qquad \frac{\partial^2 \Phi(r, \vartheta)}{\partial \vartheta^2} = \Omega(r, \vartheta) > 0, \qquad 0 \leqq r < 1.$$

somit stets:

$$(47) \qquad \begin{vmatrix} \Phi(r, \vartheta_1), & \Phi(r, \vartheta_2), & \Phi(r, \vartheta_3) \\ \vartheta_1, & \vartheta_2, & \vartheta_3 \\ 1, & 1, & 1 \end{vmatrix} < 0. \quad \vartheta_1 < \vartheta_2 < \vartheta_3 \quad 0 \leqq r < 1.$$

Läßt man hier $r = 1$ werden, so folgt, da $\Phi(r, \vartheta)$ stetig in $\varphi(\vartheta)$ übergeht,

$$(48) \qquad \begin{vmatrix} \varphi(\vartheta_1), & \varphi(\vartheta_2), & \varphi(\vartheta_3) \\ \vartheta_1, & \vartheta_2, & \vartheta_3 \\ 1, & 1, & 1 \end{vmatrix} \leqq 0, \qquad \vartheta_1 < \vartheta_2 < \vartheta_3.$$

und hierdurch ist $\varphi(\vartheta)$ als „konvexe" Funktion[1]) erkannt, d. h. von drei Punkten der die Funktion $\varphi(\vartheta)$ darstellenden Kurve liegt der innere nie oberhalb der die beiden äußeren verbindenden Sehne.

---

1) O. Stolz, Grundzüge der Differential- und Integralrechnung, Leipzig, Bd. 1 (1893), S. 35. — J. L. Jensen. Acta math. 30 (1906) p. 175.

36*

Daher wird an der Stelle ϑ der rechte Differenzenquotient zwischen ϑ und $\vartheta + h$ nie kleiner als der linke Differenzenquotient zwischen $\vartheta - h$ und ϑ sein, und es wird bei abnehmendem h der erstere nie zu-, der letztere nie abnehmen, also beide für $\lim h = 0$ bestimmten Grenzwerten zustreben.

Die Funktion $\varphi(\vartheta)$ besitzt sonach an jeder Stelle eine rechte und eine linke Derivierte: $\varphi'_r(\vartheta)$ und $\varphi'_l(\vartheta)$.

Da weiter der Differenzenquotient zwischen ϑ und ϑ' nie größer sein kann als der zwischen irgendeinem rechts von ϑ und ϑ' gelegenen Wertepaar, so sind $\varphi'_r(\vartheta)$ und $\varphi'_l(\vartheta)$ nie abnehmende Funktionen und es existieren also die Grenzwerte $\varphi'_r(\vartheta \pm 0)$ und $\varphi'_l(\vartheta \pm 0)$. Dies aber zieht nach sich,[1] daß:

$$(49) \qquad \begin{aligned} \varphi'_l(\vartheta + 0) &= \varphi'_r(\vartheta + 0) = \varphi'_r(\vartheta), \\ \varphi'_l(\vartheta - 0) &= \varphi'_r(\vartheta - 0) = \varphi'_l(\vartheta) \end{aligned}$$

ist. Setzt man somit:

$$(50) \qquad \mu(\vartheta) = \frac{\varphi'_l(\vartheta) + \varphi'_r(\vartheta)}{2},$$

so wird $\mu(\vartheta)$ eine für alle Werte ϑ definierte, nie abnehmende Funktion sein, für die:

$$(51) \qquad \mu(\vartheta) = \frac{\mu(\vartheta - 0) + \mu(\vartheta + 0)}{2}$$

gilt. Außerdem wird $\mu(\vartheta) - \frac{1}{2}c_0\vartheta$ die Periode 2π besitzen, also:

$$(52) \qquad \mu(\vartheta + 2\pi) - \mu(\vartheta) = \pi c_0$$

sein, da nach Gl. (45) offenbar $\varphi'_r(\vartheta) - \frac{1}{2}c_0\vartheta$ und $\varphi'_l(\vartheta) - \frac{1}{2}c_0\vartheta$ die Periode 2π haben.

Aus Gl. (45) schließt man jetzt:

$$(53) \qquad \pi c_\nu = -\nu^2 \int_0^{2\pi} \left(\varphi(\vartheta) - \tfrac{1}{4}c_0\vartheta^2\right) e^{-i\nu\vartheta}\, d\vartheta, \quad \nu = \pm 1, \pm 2, \ldots$$

hieraus, da nach dem Fundamentalsatz der Integralrechnung[2]:

$$(54) \qquad \varphi(\vartheta) = \varphi(0) + \int_0^{\vartheta} \mu(\vartheta)\, d\vartheta$$

---

1) U. Dini, Theorie der Funktionen einer reellen Größe, Leipzig (1892), S. 271.

2) U. Dini, l. c. S. 379.

vermöge der allgemeinen Formel der partiellen Integration:

$$(55) \qquad \pi c_\nu = i\nu \int_0^{2\pi} \left(\mu(\vartheta) - \tfrac{1}{2} c_0 \vartheta \right) e^{-i\nu\vartheta} d\vartheta. \qquad \nu = \pm 1, \pm 2, \ldots$$

Dies aber kann unter Benutzung des Stieltjesschen Integrals in der Form:

$$(56) \qquad \pi c_\nu = \int_0^{2\pi} e^{-i\nu\vartheta} d\mu(\vartheta) \qquad \nu = 0, \pm 1, \pm 2, \ldots$$

geschrieben werden und erweist sich wegen Gl. (52) auch für $\nu = 0$ richtig, womit die genannte Bedingung als hinreichend erkannt ist. Nebenher ergibt sich noch aus Gl. (55) auf Grund der festgestellten Eigenschaften von $\mu(\vartheta)$, daß ausnahmslos:

$$(57) \qquad \mu(\vartheta) = \tfrac{1}{2} c_0 \vartheta + \sum_1^\infty \frac{1}{\nu} \left(a_\nu \sin \nu\vartheta - b_\nu \cos \nu\vartheta \right)$$

ist.

Mit Beziehung auf § 1 erhellt nun auch sofort, daß, sobald die Reihe:

$$(58) \qquad F(z) = \tfrac{1}{2} c_0 + c_1 z + c_2 z^2 + \cdots \qquad |z| < 1.$$

innerhalb des Einheitskreises konvergiert, und ihr reeller Teil:

$$(59) \qquad \Omega(r, \vartheta) = \tfrac{1}{2} c_0 + \sum_1^\infty r^\nu \left(a_\nu \cos \nu\vartheta + b_\nu \sin \nu\vartheta \right) \qquad 0 \leqq r < 1.$$

daselbst stets positiv ist, dann die Reihe (57) ausnahmslos konvergiert und eine nie abnehmende Funktion $\mu(\vartheta)$ definiert, durch welche sich $F(z)$ in der Form eines Poissonschen Integrals:

$$(60) \qquad F(z) = \frac{1}{2\pi} \int_0^{2\pi} \frac{e^{i\alpha} + z}{e^{i\alpha} - z} \, d\mu(\alpha)$$

ausdrücken läßt.

Leipzig, den 11. November 1911.

Druckfertig erklärt 22. XII. 1911.]

J. Schur
ATELIER HANNI SCHWARZ   N.W. DOROTHEENSTR. 42

Journal
für die
reine und angewandte Mathematik

gegründet von A. L. Crelle 1826.

Herausgegeben

unter Mitwirkung der Herren

Frobenius, Knoblauch, Lampe, Schottky, Schwarz

von

K. Hensel.

Mit tätiger Beförderung hoher Königlich Preußischer Behörden.

Band 147.

In vier Heften.

Berlin,
W. 10, Genthinerstraße 38.
Druck und Verlag von Georg Reimer.
1917.

Über Potenzreihen, die im Innern des Einheits-
kreises beschränkt sind.

Von Herrn *J. Schur* in Berlin.

Die im nachfolgenden mitgeteilten Untersuchungen stehen in enger Beziehung zu der von *C. Carathéodory**) entwickelten und von *O. Toeplitz***) in einem wichtigen Punkte ergänzten Theorie der im Innern des Einheits-kreises konvergenten Potenzreihen mit positivem reellem Bestandteil. Auf Grund dieser Theorie haben bereits *Carathéodory* und *Fejér****) einen interessanten Satz über Funktionen abgeleitet, die im Kreise $|x| < 1$ regulär und beschränkt sind. Im folgenden wird die Theorie dieser Funktionen nach einigen Richtungen etwas weiter ausgebaut. Dies geschieht nicht mit Hilfe der *Carathéodory*schen Ergebnisse, sondern auf direktem Wege. Der hier eingeführte kettenbruchartige Algorithmus liefert sehr leicht eine an und für sich wichtige Parameterdarstellung für die Koeffizienten der zu betrachtenden Potenzreihen. Die für diese Parameterdarstellung geltenden, in § 3 bewiesenen Sätze II und III enthalten bereits im wesentlichen den Hauptinhalt der zu entwickelnden Theorie. Es bedarf nur noch einer rein rechnerischen Umformung der gewonnenen Ausdrücke, um von dem Satze II zu dem Hauptergebnis dieser Arbeit, dem Satze VIII des § 6, zu gelangen. Aus diesem Satz lassen sich die *Carathéodory - Toeplitz*schen

---

*) Math. Ann. Bd. 64 (1907), S. 95 und Rend. di Palermo, Bd. 32 (1911), S. 193. — Auf anderem Wege sind die *Carathéodory*schen Sätze bewiesen worden von *E. Fischer* (Rend. di Palermo, Bd. 32, S. 240), *G. Herglotz* (Leipz. Berichte 1911, S. 501), *G. Frobenius* (Berl. Berichte 1912, S. 16) und dem Verf. (ebenda, S. 4). Vgl. auch *F. Riesz*, Ann. de l'École Norm. 1911, S. 33 und Journ. f. Math. Bd. 146 (1915), S. 83.

**) Gött. Nachrichten 1910, S. 489 und Rend. di Palermo, Bd. 32, S. 191.

***) Rend. di Palermo, Bd. 32, S. 131—235. — Vergl. auch *T. H. Gronwall*, Annals of Math. Bd. 16 (1914), S. 77 und *G. Pick*, Math. Ann. Bd. 77 (1915), S. 7.

Resultate unmittelbar ablesen, er folgt aber auch umgekehrt ohne Mühe aus diesen (vergl. § 8). Der interessante Satz X des § 7, der hier als Spezialfall des Satzes VIII erscheint, läßt sich auch, wenn man auf die Charakterisierung der Grenzfälle (Satz X*) verzichtet, mit Hilfe eines der wichtigen Sätze von *O. Toeplitz**) über sog. „L-Formen" leicht beweisen.

In einer zweiten Abhandlung, die gleichzeitig mit der vorliegenden der Redaktion überreicht worden ist und im nächsten Band dieses Journals erscheinen wird, werde ich einige Anwendungen der hier entwickelten Theorie behandeln.

§ 1.
Einführung des kettenbruchartigen Algorithmus.

Ist $w = f(x)$ eine im Innern des Einheitskreises reguläre analytische Funktion**), so nenne ich die obere Grenze der Zahlen $|f(x)|$ für $|x| < 1$ kurz *die obere Grenze der Funktion* $f(x)$ und bezeichne sie mit $M(f)$. Ebenso heißt a eine obere Schranke von $f(x)$, wenn $a \geq M(f)$ ist. Es kann auch $M(f) = \infty$ sein. Ist $M(f)$ eine endliche Zahl, so wird $f(x)$ im Kreise $|x| < 1$ beschränkt genannt. Das bekannte *Schwarz*sche Lemma besagt nur, daß stets

$$M(f) = M(xf)$$

ist. Die Klasse derjenigen Funktionen $f(x)$, für die

$$(1.) \qquad\qquad M(f) \leq 1$$

ist, bezeichne ich im folgenden mit $\mathfrak{E}$.

Bedeutet α eine reelle oder komplexe Zahl, die absolut kleiner als 1 ist, und versteht man wie üblich unter $\bar{\alpha}$ die zu α konjugiert komplexe Größe, so wird durch die lineare Transformation

$$w' = \frac{w - \alpha}{1 - \bar{\alpha} w}$$

der Einheitskreis $|w| \leq 1$ in sich selbst übergeführt. Ist daher $f(x)$ eine Funktion der Klasse $\mathfrak{E}$, so gilt dasselbe auch für die Funktion

$$g = \frac{f - \alpha}{1 - \bar{\alpha} f}$$

und umgekehrt. Insbesondere ist dann und nur dann $M(g) = 1$, wenn $M(f) = 1$ ist.

---

*) Math. Ann. Bd. 70 (1911), S. 351 (gemeint ist der Satz 5 dieser Arbeit).
**) Über das Verhalten von $f(x)$ für $|x| \geq 1$ wird nichts vorausgesetzt.

Es sei nun

(2.) $$f(x) = c_0 + c_1 x + c_2 x^2 + \cdots$$

eine für $|x| < 1$ konvergente Potenzreihe, die der Bedingung (1.) genügt. Dann ist $|c_0| \leq 1$. Ist insbesondere $|c_0| = 1$, so reduziert sich $f(x)$ auf die Konstante c_0. Ist aber $|c_0| < 1$, so bilde man, wenn c_0 auch mit γ_0 bezeichnet wird, den Ausdruck[*]

$$f_1 = \frac{1}{x}\frac{f - \gamma_0}{1 - \bar{\gamma}_0 f} = \frac{c_1 + c_2 x + c_3 x^2 + \cdots}{1 - \gamma_0 \bar{\gamma}_0 - \bar{\gamma}_0 c_1 x - \bar{\gamma}_0 c_2 x^2 - \cdots}.$$

Diese Funktion verhält sich ebenso wie $f(x)$ im Kreise $|x| < 1$ regulär und gehört auch zur Klasse $\mathfrak{C}$; ferner ist dann und nur dann $M(f_1) = 1$, wenn $M(f) = 1$ ist. Setzt man

$$\gamma_1 = f_1(0) = \frac{c_1}{1 - \bar{c}_0 c_0},$$

so wird also $|\gamma_1| \leq 1$. Gilt hier das Gleichheitszeichen, so wird f_1 konstant gleich γ_1. Ist aber $|\gamma_1| < 1$, so setze ich

$$f_2 = \frac{1}{x}\frac{f_1 - \gamma_1}{1 - \bar{\gamma}_1 f_1}, \qquad \gamma_2 = f_2(0).$$

Setzt man nun dieses Verfahren fort, so erhält man eine endliche oder unendliche Folge von Funktionen

(3.) $$f_0 = f, f_1, f_2, f_3, \ldots,$$

zwischen denen die Gleichungen

(4.) $$f_{\nu+1} = \frac{1}{x}\frac{f_\nu - \gamma_\nu}{1 - \bar{\gamma}_\nu f_\nu}, \qquad f_\nu = \frac{\gamma_\nu + x f_{\nu+1}}{1 + \bar{\gamma}_\nu x f_{\nu+1}}, \qquad \gamma_\nu = f_\nu(0)$$

bestehen. Diese Funktionen gehören sämtlich zur Funktionenklasse $\mathfrak{C}$, genauer ist für jedes ν dann und nur dann $M(f_\nu) = 1$, wenn $M(f) = 1$ ist. Reduziert sich eine der Funktionen f_ν auf die Konstante γ_ν, so wird f eine allein durch $\gamma_0, \gamma_1, \ldots, \gamma_\nu$ bestimmte rationale Funktion, die ich mit $[x; \gamma_0, \gamma_1, \ldots, \gamma_\nu]$ bezeichne. Die Funktionen (3.) nenne ich die *zu* $f(x)$ *adjungierten Funktionen*, die Konstanten γ_ν die *zu* $f(x)$ *gehörenden Parameter*.

Es sind nun zwei Fälle zu unterscheiden:

1. Die Folge der zu $f(x)$ adjungierten Funktionen enthält unendlich viele Glieder. In diesem Falle sind die absoluten Beträge der Parameter γ_ν sämtlich *kleiner* als 1. Wird insbesondere für einen Wert von ν die Funktion $f_\nu(x)$ gleich der Konstanten γ_ν, so ist für $\lambda > \nu$

$$f_\lambda(x) = \gamma_\lambda = 0.$$

---

[*] Vergl. *E. Landau*, Vierteljahrsschrift der Züricher Naturf. Ges. Bd. 51 (1906), S. 252.

2. Es gibt eine ganze Zahl n, für die

(5.) $|\gamma_0| < 1, |\gamma_1| < 1, \ldots, |\gamma_{n-1}| < 1, |\gamma_n| = 1$

wird. Die Folge (3.) besteht dann aus den $n + 1$ Funktionen

$$f_0, f_1, \ldots, f_{n-1}, f_n = \gamma_n$$

und $f(x)$ wird die rationale Funktion $[x; \gamma_0, \gamma_1, \ldots, \gamma_n]$.

Ich behaupte, *daß der zweite Fall dann und nur dann eintritt, wenn $f(x)$ eine rationale Funktion der Form*

(6.) $$f(x) = \varepsilon \prod_{r=1}^{n} \frac{x + \omega_\nu}{1 + \bar{\omega}_\nu x}, \qquad 0 \leq |\omega_\nu| < 1, |\varepsilon| = 1$$

darstellt, oder anders ausgedrückt, die Form

(6'.) $$f(x) = \varepsilon \frac{x^n + \bar{k}_1 x^{n-1} + \cdots + \bar{k}_n}{1 + k_1 x + \cdots + k_n x^n} = \varepsilon \frac{x^n \bar{P}(x^{-1})^{*)}}{P(x)}$$

hat, wobei $P(x)$ höchstens vom Grade n ist und nur außerhalb des Einheitskreises verschwindet (oder überall gleich 1 ist).

Ist nämlich $f(x)$ von der Form (6'.), so liegen die Pole dieser Funktion außerhalb des Einheitskreises, außerdem ist für $|x| = 1$ auch $|f(x)| = 1$. Daher gehört $f(x)$ gewiß zur Funktionenklasse $\mathfrak{C}$. Wir haben nur zu zeigen, daß

(7.) $$f(x) = [x; \gamma_0, \gamma_1, \ldots, \gamma_n]$$

wird, wobei die Parameter γ_ν den Bedingungen (5.) genügen. Für $n = 0$ ist dies gewiß richtig, da alsdann $f(x) = \varepsilon = [x; \varepsilon]$ wird. Ist aber $n > 0$, so wird

$$\gamma_0 = f(0) = \varepsilon \bar{k}_n = \varepsilon \omega_1 \omega_2 \ldots \omega_n,$$

also $|\gamma_0| < 1$. Ferner ist

$$f_1 = \frac{1}{x} \frac{f - \gamma_0}{1 - \bar{\gamma}_0 f} = \frac{\varepsilon}{x} \frac{x^n \bar{P}(x^{-1}) - \bar{k}_n P(x)}{P(x) - k_n x^n \bar{P}(x^{-1})} = \varepsilon \frac{x^{n-1} \bar{Q}(x^{-1})}{Q(x)},$$

wobei

$$Q(x) = \frac{P(x) - k_n x^n \bar{P}(x^{-1})}{1 - \bar{k}_n k_n} = 1 + \sum_{\nu=1}^{n-1} \frac{k_\nu - k_n \bar{k}_{n-\nu}}{1 - \bar{k}_n k_n} x^\nu$$

zu setzen ist. Dieses Polynom ist höchstens vom Grade $n - 1$ und kann für $|x| \leq 1$ nicht verschwinden, weil für ein solches x

$$|x^n \bar{P}(x^{-1})| \leq |P(x)|, \text{ also } |k_n x^n \bar{P}(x^{-1})| < |P(x)|$$

ist. Die Funktion $f_1(x)$ hat also dieselbe Form wie $f(x)$, wobei aber an Stelle von n die Zahl $n - 1$ tritt. Nimmt man daher das zu Beweisende für $n - 1$ als richtig an, so erhält $f_1(x)$ die Form

---

*) Im folgenden bezeichne ich stets, wenn $P(x)$ ein Polynom ist, mit $\bar{P}(x)$ das Polynom mit den konjugiert komplexen Koeffizienten.

$$f_1(x) = [x; \gamma_1, \gamma_2, \ldots, \gamma_n], \qquad (|\gamma_1| < 1, \ldots, |\gamma_{n-1}| < 1, |\gamma_n| = 1)$$

und mithin läßt $f(x)$ die Darstellung (7.) zu. Die Zahl γ_n wird hierbei gleich ε.

Weiß man umgekehrt, daß $f(x)$ eine Funktion der Klasse $\mathfrak{C}$ ist, deren Parameter den Bedingungen (5.) genügen, so wird

$$f_n(x) = \gamma_n = \varepsilon \frac{x^0}{1}, \qquad |\varepsilon| = |\gamma_n| = 1.$$

Es sei schon bewiesen, daß $f_{\nu+1}(x)$ die Form

$$f_{\nu+1}(x) = \gamma_n \frac{x^{n-\nu-1}\,\overline{R}(x^{-1})}{R(x)}$$

hat, wo $R(x)$ ein Polynom höchstens vom Grade $n - \nu - 1$ bedeutet, das für $x = 0$ den Wert 1 hat und entweder gleich 1 ist oder nur außerhalb des Einheitskreises verschwindet. Dann wird

$$f_\nu = \frac{\gamma_\nu + x f_{\nu+1}}{1 + \bar{\gamma}_\nu x f_{\nu+1}} = \gamma_n \frac{x^{n-\nu}\,\overline{S}(x^{-1})}{S(x)},$$

wobei

$$S(x) = R(x) + \bar{\gamma}_\nu \gamma_n x^{n-\nu}\,\overline{R}(x^{-1})$$

zu setzen ist. Dieses Polynom ist höchstens vom Grade $n - \nu$ und genügt der Bedingung $S(0) = 1$. Man schließt ferner ähnlich wie vorhin, daß $S(x)$ für $|x| \leq 1$ nicht verschwinden kann. Was für $\nu + 1$ gilt, ist also auch für ν richtig. Für $\nu = 0$ ergibt sich, daß $f(x)$ die Form (6'.) haben muß.

Eine Funktion von dieser Form kann man auch einfach charakterisieren als eine im Kreise $|x| \leq 1$ reguläre rationale Funktion mit n (gleichen oder verschiedenen) Nullstellen, deren absoluter Betrag für $|x| = 1$ beständig gleich 1 ist*).

§ 2.
Die Funktionen Φ und Ψ.

Wir gehen wieder von einer Potenzreihe (2.) aus, fassen jetzt aber die Koeffizienten c_ν als beliebige komplexe Variable auf. Mit Hilfe der Formeln (4.) lassen sich dann die Ausdrücke f_ν als Quotienten von Potenzreihen berechnen, die formal in der Form

$$f_\nu(x) = c_{\nu 0} + c_{\nu 1} x + c_{\nu 2} x^2 + \cdots \qquad (c_{0\lambda} = c_\lambda)$$

entwickelbar sind. Hierbei wird offenbar $c_{\nu\lambda}$ eine wohlbestimmte rationale Funktion von

$$c_0, \bar{c}_0, c_1, \bar{c}_1, \ldots, c_{\nu-1}, \bar{c}_{\nu-1}, c_\nu, c_{\nu+1}, \ldots, c_{\nu+\lambda}.$$

Insbesondere setze ich

$$\gamma_\nu = c_{\nu 0} = \Phi(c_0, c_1, \ldots, c_\nu) = \Phi_\nu.$$

---

*) Vergl. *T. H. Gronwall*, Annals of Math. Bd. 14 (1912), S. 72.

30*

Diese Ausdrücke werden später genauer bestimmt werden.   Speziell ist

$$\Phi_0 = c_0, \qquad \Phi_1 = \frac{c_1}{1 - \bar{c}_0 c_0}, \qquad \Phi_2 = \frac{c_2(1 - \bar{c}_0 c_0) + \bar{c}_0 c_1^2}{(1 - \bar{c}_0 c_0)^2 - \bar{c}_1 c_1}.$$

Für numerisch gegebene Koeffizienten c_ν ist, wie man leicht erkennt, der Nenner von Φ_ν von Null verschieden, wenn keine der Zahlen $|\gamma_0|, |\gamma_1|, \ldots, |\gamma_{\nu-1}|$ gleich 1 ist.

Umgekehrt ist

$$c_\nu = \Psi(\gamma_0, \gamma_1, \ldots, \gamma_\nu) = \Psi_\nu$$

eine wohlbestimmte *ganze* rationale Funktion von

$$\gamma_0, \bar{\gamma}_0, \gamma_1, \bar{\gamma}_1, \ldots, \gamma_{\nu-1}, \bar{\gamma}_{\nu-1}, \gamma_\nu.$$

Insbesondere wird

$$\Psi_0 = \gamma_0, \ \Psi_1 = \gamma_1(1 - \bar{\gamma}_0 \gamma_0), \ \Psi_2 = \gamma_2(1 - \bar{\gamma}_0 \gamma_0)(1 - \bar{\gamma}_1 \gamma_1) - \bar{\gamma}_0 \gamma_1^2(1 - \bar{\gamma}_0 \gamma_0).$$

Um die Ausdrücke Ψ_ν allgemein zu berechnen, beachte man, daß beim Übergang von f zu f_1 an Stelle von $\gamma_0, \gamma_1, \ldots$ die Größen $\gamma_1, \gamma_2, \ldots$ treten. Daher ist $c_{1\nu} = \Psi(\gamma_1, \gamma_2, \ldots, \gamma_{\nu+1})$.   Aus

$$f \cdot (1 + \bar{\gamma}_0 x f_1) = \gamma_0 + x f_1$$

ergibt sich nun durch Vergleichen der Koeffizienten die Rekursionsformel

$$\Psi(\gamma_0, \gamma_1, \ldots, \gamma_\nu) = (1 - \bar{\gamma}_0 \gamma_0)\Psi(\gamma_1, \gamma_2, \ldots, \gamma_\nu) - \bar{\gamma}_0 \sum_{\lambda=1}^{\nu-1} \Psi(\gamma_0, \gamma_1, \ldots, \gamma_\lambda)\Psi(\gamma_1, \gamma_2, \ldots, \gamma_{\nu-\lambda}).$$

Hieraus schließt man leicht, daß

$$\Psi(\gamma_0, \gamma_1, \ldots, \gamma_\nu) = \gamma_\nu \prod_{\lambda=0}^{\nu-1}(1 - \bar{\gamma}_\lambda \gamma_\lambda) + \Psi'$$

ist, wo Ψ' nur noch von $\gamma_0, \bar{\gamma}_0, \ldots, \gamma_{\nu-1}, \bar{\gamma}_{\nu-1}$ abhängt.   Setzt man ferner γ_λ *gleich einer Größe vom absoluten Betrage* 1, *so hängt* Ψ_ν *von* $\gamma_{\lambda+1}, \bar{\gamma}_{\lambda+1}, \ldots, \gamma_\nu$ *nicht mehr ab*. In diesem Fall ist Ψ_ν nichts anderes als der Koeffizient von x^ν in der Entwicklung von $[x; \gamma_0, \gamma_1, \ldots, \gamma_\lambda]$ nach Potenzen von x.

Allgemein können die rationalen Funktionen

$$(8.) \qquad \varphi_\nu(x) = [x; \gamma_0, \gamma_1, \ldots, \gamma_\nu]$$

für beliebige Werte der Parameter γ_λ gebildet werden. Sie sind mit Hilfe der Rekursionsformel

$$(9.) \quad [x; \gamma_0, \gamma_1, \ldots, \gamma_\nu] = \frac{\gamma_0 + x[x; \gamma_1, \gamma_2, \ldots, \gamma_\nu]}{1 + \bar{\gamma}_0 x[x; \gamma_1, \gamma_2, \ldots, \gamma_\nu]}, \quad [x; \gamma_\nu] = \gamma_\nu$$

zu berechnen.   Ist $|\gamma_\lambda| = 1$, so wird für $\nu > \lambda$

$$[x; \gamma_0, \gamma_1, \ldots, \gamma_\nu] = [x; \gamma_0, \gamma_1, \ldots, \gamma_\lambda].$$

Dasselbe gilt bei beliebigem γ_λ, wenn $\gamma_{\lambda+1} = \gamma_{\lambda+2} = \cdots = \gamma_\nu = 0$ ist.   In jedem Fall ist, wenn

$$\gamma_0' = \gamma_0, \quad \gamma_1' = \gamma_1, \quad \ldots, \gamma_\nu' = \gamma_\nu, \quad \gamma_{\nu+1}' = \gamma_{\nu+2}' = \cdots = 0$$

gesetzt wird, für genügend kleine Werte von $|x|$

$$[x; \gamma_0, \gamma_1, \ldots, \gamma_\nu] = \sum_{\lambda=0}^{\infty} \Psi(\gamma_0', \gamma_1', \ldots, \gamma_\lambda') x^\lambda.$$

Aus (9.) ergibt sich durch den Schluß von $\nu - 1$ auf ν, daß die Funktion $\varphi_\nu(x)$ sich dann und nur dann im Einheitskreis regulär verhält und der Bedingung $M(\varphi_\nu) \leq 1$ genügt, wenn die Zahlen $|\gamma_0|, |\gamma_1|, \ldots, |\gamma_\nu|$ entweder sämtlich kleiner als 1 sind, oder wenn die erste unter ihnen, die nicht kleiner als 1 ist, genau gleich 1 wird. Ist insbesondere $|\gamma_\lambda| < 1$ für jeden Wert von λ, so wird $M(\varphi_\nu) < 1$. Dies folgt daraus, daß die zu φ_ν adjungierte Funktion $[x; \gamma_\nu] = \gamma_\nu$ dieser Bedingung genügt.

§ 3.

Kriterien für die Koeffizienten einer beschränkten Potenzreihe.

Ich beweise zunächst folgenden Satz

I. *Sind* $\gamma_0, \gamma_1, \gamma_2, \ldots$ *beliebige Größen, die sämtlich absolut kleiner als* 1 *sind, so ist die Potenzreihe*

$$f(x) = \sum_{\nu=0}^{\infty} \Psi(\gamma_0, \gamma_1, \ldots, \gamma_\nu) x^\nu = \sum_{\nu=0}^{\infty} c_\nu x^\nu,$$

die ich auch kürzer mit $[x; \gamma_0, \gamma_1, \ldots]$ *bezeichne, für* $|x| < 1$ *konvergent, und ihre obere Grenze* $M(f)$ *ist höchstens gleich* 1. *Ferner ist für* $|x| < 1$

$$[x; \gamma_0, \gamma_1, \ldots] = \lim_{\nu \to \infty} [x; \gamma_0, \gamma_1, \ldots, \gamma_\nu],$$

und die Konvergenz ist in jedem Kreise $|x| \leq r < 1$ *eine gleichmäßige.*

Versteht man nämlich unter $\varphi_\nu(x)$ den mit Hilfe der gegebenen Zahlen γ_λ gebildeten Ausdruck (8.), so gehört diese rationale Funktion für jedes ν zur Funktionenklasse $\mathfrak{C}$. Ist daher

$$\varphi_\nu(x) = d_{\nu 0} + d_{\nu 1} x + d_{\nu 2} x^2 + \cdots,$$

so wird $|d_{\nu\lambda}| \leq M(\varphi_\nu) < 1$. Speziell ist aber nach dem Früheren für $\lambda \leq \nu$

$$d_{\nu\lambda} = \Psi(\gamma_0, \gamma_1, \ldots, \gamma_\lambda) = c_\lambda.$$

Folglich ist $|c_\lambda| < 1$ für jeden Wert von λ und daher ist die Potenzreihe $f(x)$ für $|x| < 1$ konvergent. Ferner ist für jede positive Zahl $r < 1$ und für $|x| \leq r$

$$|f - \varphi_\nu| = \left| \sum_{\lambda=\nu+1}^{\infty} (c_\lambda - d_{\nu\lambda}) x^\lambda \right| \leq \sum_{\lambda=\nu+1}^{\infty} (|c_\lambda| + |d_{\nu\lambda}|) r^\lambda < \sum_{\lambda=\nu+1}^{\infty} 2 r^\lambda = \frac{2 r^{\nu+1}}{1-r}.$$

Da der rechts stehende Ausdruck mit wachsendem ν gegen 0 konvergiert, so konvergieren die Funktionen $\varphi_\nu(x)$ für $|x| \leq r$ gleichmäßig gegen $f(x)$. Für jede Stelle x im Innern des Einheitskreises folgt ferner aus $f(x) = \lim \varphi_\nu(x)$

und $|\varphi_\nu(x)| < 1$, daß auch $|f(x)| \leq 1$ ist.

In Verbindung mit den Ergebnissen der §§ 1 und 2 ergibt sich hieraus:

II. *Die Potenzreihe*

$$f(x) = c_0 + c_1 x + c_2 x^2 + \cdots$$

ist dann und nur dann für $|x| < 1$ *konvergent und dem absoluten Betrage nach höchstens gleich* 1, *wenn die zugehörigen Ausdrücke*

$$\gamma_\nu = \Phi(c_0, c_1, \ldots, c_\nu)$$

entweder sämtlich absolut kleiner als 1 *sind, oder wenn eine Zahl* n *existiert, für die*

$$|\gamma_0| < 1, \quad |\gamma_1| < 1, \ldots, \quad |\gamma_{n-1}| < 1, \quad |\gamma_n| = 1$$

wird und die n *-te zu* $f(x)$ *adjungierte Funktion*

$$f_n(x) = c_{n0} + c_{n1} x + c_{n2} x^2 + \cdots$$

sich auf das konstante Glied $c_{n0} = \gamma_n$ *reduziert. Im ersten Fall wird*

$$f(x) = [x; \gamma_0, \gamma_1, \ldots] = \sum_{\nu=0}^{\infty} \Psi(\gamma_0, \gamma_1, \ldots, \gamma_\nu) x^\nu.$$

Der zweite Fall tritt dann und nur dann ein, wenn $f(x)$ *eine rationale Funktion von der Form* (6.) *ist, und es wird* $f(x) = [x; \gamma_0, \gamma_1, \ldots, \gamma_n]$.

Im folgenden unterscheide ich diese beiden Fälle voneinander, indem ich $f(x)$ als *eine Funktion von unendlichem Range*, bezw. *vom endlichen Range* n bezeichne.

Es gilt ferner der Satz:

III. *Sind* $c_0, c_1, \ldots, c_m$ *gegebene Größen, so läßt sich dann und nur dann eine Potenzreihe der Form*

$$f(x) = c_0 + c_1 x + \cdots + c_m x^m + c_{m+1} x^{m+1} + \cdots$$

angeben, die für $|x| < 1$ *konvergiert und der Bedingung* $M(f) \leq 1$ *genügt, wenn die Ausdrücke*

$$\gamma_\mu = \Phi(c_0, c_1, \ldots, c_\mu) \qquad (\mu = 0, 1, \ldots, m)$$

entweder sämtlich absolut kleiner als 1 *sind, oder wenn eine Zahl* $n \leq m$ *existiert derart, daß*

$$|\gamma_0| < 1, \quad |\gamma_1| < 1, \ldots, \quad |\gamma_{n-1}| < 1, \quad |\gamma_n| = 1$$

wird und c_μ *für* $\mu = n+1, n+2, \ldots, m$ *mit dem Koeffizienten von* x^μ *in der Entwicklung der rationalen Funktion* $[x; \gamma_0, \gamma_1, \ldots, \gamma_n]$ *nach Potenzen von* x *übereinstimmt.*

Daß die hier genannten Bedingungen notwendig erfüllt sein müssen, ergibt sich aus dem Früheren. Sie sind aber auch hinreichend. Im ersten Fall gibt es unendlich viele Funktionen der verlangten Art, nämlich alle Funktionen der Form

$$f(x) = [x;\ \gamma_0, \gamma_1, \ldots, \gamma_m, \gamma_{m+1}, \ldots],$$

wo $\gamma_{m+1}, \gamma_{m+2}, \ldots$ beliebige Größen bedeuten können, deren absolute Beträge höchstens gleich 1 sind. Im zweiten Fall liefert aber $[x;\ \gamma_0, \gamma_1, \ldots, \gamma_n]$ die einzige Lösung des Problems (vergl. *Carathéodory* und *Fejér*, a. a. O. S. 234).

Die bisherigen Ergebnisse lassen auch folgende Deutung zu:

IV. *Um die Gesamtheit aller Funktionen der Klasse* $\mathfrak{C}$ *zu erhalten, hat man nur die Potenzreihen*

$$f(x) = [x;\ \gamma_0, \gamma_1, \ldots] = \sum_{\nu=0}^{\infty} \Psi(\gamma_0, \gamma_1, \ldots, \gamma_\nu) x^\nu$$

für alle Größen $\gamma_0, \gamma_1, \ldots,$ *deren absolute Beträge höchstens gleich* 1 *sind, aufzustellen. Jede Funktion* $f(x)$ *von unendlichem Range wird hierbei nur einmal erhalten, und zwar sind* $\gamma_0, \gamma_1, \ldots$ *eindeutig bestimmt als die zu* $f(x)$ *gehörenden Parameter. Für eine Funktion* $f(x)$ *vom endlichen Range* n, *d. h. für eine Funktion der Form* (6.), *sind nur* $\gamma_0, \gamma_1, \ldots, \gamma_n$ *eindeutig bestimmt als die Parameter von* $f(x)$, *die Größen* $\gamma_{n+1}, \gamma_{n+2}, \ldots$ *können dagegen beliebig gewählt werden.*

§ 4.
Berechnung der Ausdrücke Φ_ν.

Um das durch den Satz II gelieferte Kriterium für die Beschränktheit einer gegebenen Potenzreihe (mit vorgeschriebener oberer Schranke) auf eine elegantere Form zu bringen, hat man nur die Ausdrücke $\gamma_\nu = \Phi(c_0, c_1, \ldots, c_\nu)$ genauer zu berechnen. Es empfiehlt sich hierbei, nicht von einer Potenzreihe, sondern von einem Quotienten zweier Potenzreihen auszugehen. Es sei also

$$f(x) = \frac{g(x)}{h(x)} = \frac{a_0 + a_1 x + a_2 x^2 + \cdots}{b_0 + b_1 x + b_2 x^2 + \cdots}.$$

Der Koeffizient b_0 soll hierbei von Null verschieden sein und kann als reell angenommen werden. Der Quotient $f(x)$ kann dann formal nach Potenzen von x entwickelt werden, es sei

$$f(x) = c_0 + c_1 x + c_2 x^2 + \cdots.$$

Setzt man nun

$$g_\nu(x) = a_\nu + a_{\nu+1} x + \cdots, \qquad h_\nu(x) = b_\nu + b_{\nu+1} x + \cdots, \qquad {\scriptstyle (g_0 = g,\ h_0 = h)}$$

so wird $\quad \gamma_0 = f(0) = \dfrac{a_0}{b_0} \quad$ und

$$f_1 = \frac{1}{x}\,\frac{f - \gamma_0}{1 - \bar\gamma_0 f} = \frac{b_0 g_1 - a_0 h_1}{\bar b_0 h - \bar a_0 g} = -\frac{D_1(x)}{\Delta_1(x)},$$

wobei

$$D_1 = \begin{vmatrix} a_0 & g_1 \\ b_0 & h_1 \end{vmatrix}, \qquad \varDelta_1 = \begin{vmatrix} \bar{b}_0 & g_0 \\ \bar{a}_0 & h_0 \end{vmatrix}$$

wird. Versteht man nun unter d_1 und δ_1 die Größen

$$d_1 = D_1(0) = \begin{vmatrix} a_0 & a_1 \\ b_0 & b_1 \end{vmatrix}, \qquad \delta_1 = \varDelta_1(0) = \begin{vmatrix} \bar{b}_0 & a_0 \\ \bar{a}_0 & b_0 \end{vmatrix},$$

so wird, wenn $\delta_1 \neq 0$ ist, $\gamma_1 = f_1(0) = -\dfrac{d_1}{\delta_1}$ und

$$f_2 = \frac{1}{x}\frac{f_1 - \gamma_1}{1 - \bar{\gamma}_1 f_1} = \frac{1}{x}\frac{d_1 \varDelta_1 - \delta_1 D_1}{\delta_1 \varDelta_1 - \bar{d}_1 D_1} = -\frac{D_2(x)}{\varDelta_2(x)}.$$

Hierbei können $D_2(x)$ und $\varDelta_2(x)$ in der Form

$$D_2 = \begin{vmatrix} 0 & a_0 & a_1 & g_2 \\ \bar{b}_0 & 0 & a_0 & g_1 \\ 0 & b_0 & b_1 & h_2 \\ \bar{a}_0 & 0 & b_0 & h_1 \end{vmatrix}, \qquad \varDelta_2 = \begin{vmatrix} \bar{b}_0 & 0 & a_0 & g_1 \\ \bar{b}_1 & \bar{b}_0 & 0 & g_0 \\ \bar{a}_0 & 0 & b_0 & h_1 \\ \bar{a}_1 & \bar{a}_0 & 0 & h_0 \end{vmatrix}$$

geschrieben werden.   Allgemein gilt der Satz:

V. *Man verstehe unter* $D_\nu(x)$ *und* $\varDelta_\nu(x)$ *die Determinanten des Grades* 2ν

$$D_\nu = \begin{vmatrix} 0 & 0 & \ldots 0 & a_0 & a_1 & \ldots & a_{\nu-1} & g_\nu \\ \bar{b}_0 & 0 & \ldots 0 & 0 & a_0 & \ldots & a_{\nu-2} & g_{\nu-1} \\ \bar{b}_1 & \bar{b}_0 & \ldots 0 & 0 & 0 & \ldots & a_{\nu-3} & g_{\nu-2} \\ \cdot & \cdot & \cdots & \cdot & \cdot & & \cdot & \cdot \\ \bar{b}_{\nu-2} & \bar{b}_{\nu-3} & \ldots \bar{b}_0 & 0 & 0 & \ldots & a_0 & g_1 \\ 0 & 0 & \ldots 0 & b_0 & b_1 & \ldots & b_{\nu-1} & h_\nu \\ \bar{a}_0 & 0 & \ldots 0 & 0 & b_0 & \ldots & b_{\nu-2} & h_{\nu-1} \\ \bar{a}_1 & \bar{a}_0 & \ldots 0 & 0 & 0 & \ldots & b_{\nu-3} & h_{\nu-2} \\ \cdot & \cdot & \cdots & \cdot & \cdot & & \cdot & \cdot \\ \bar{a}_{\nu-2} & \bar{a}_{\nu-3} & \ldots \bar{a}_0 & 0 & 0 & \ldots & b_0 & h_1 \end{vmatrix}, \quad \varDelta_\nu = \begin{vmatrix} \bar{b}_0 & 0 & \ldots 0 & a_0 & a_1 & \ldots & a_{\nu-2} & g_{\nu-1} \\ \bar{b}_1 & \bar{b}_0 & \ldots 0 & 0 & a_0 & \ldots & a_{\nu-3} & g_{\nu-2} \\ \bar{b}_2 & \bar{b}_1 & \ldots 0 & 0 & 0 & \ldots & a_{\nu-4} & g_{\nu-3} \\ \cdot & \cdot & \cdots & \cdot & \cdot & & \cdot & \cdot \\ \bar{b}_{\nu-1} & \bar{b}_{\nu-2} & \ldots \bar{b}_0 & 0 & 0 & \ldots & 0 & g_0 \\ \bar{a}_0 & 0 & \ldots 0 & b_0 & b_1 & \ldots & b_{\nu-2} & h_{\nu-1} \\ \bar{a}_1 & \bar{a}_0 & \ldots 0 & 0 & b_0 & \ldots & b_{\nu-3} & h_{\nu-2} \\ \bar{a}_2 & \bar{a}_1 & \ldots 0 & 0 & 0 & \ldots & b_{\nu-4} & h_{\nu-3} \\ \cdot & \cdot & \cdots & \cdot & \cdot & & \cdot & \cdot \\ \bar{a}_{\nu-1} & \bar{a}_{\nu-2} & \ldots \bar{a}_0 & 0 & 0 & \ldots & 0 & h_0 \end{vmatrix}.$$

Ferner sei $d_\nu = D_\nu(0)$, $\delta_\nu = \varDelta_\nu(0)$. *Ist keine der (sämtlich reellen) Zahlen* $\delta_1, \delta_2, \ldots, \delta_{\nu-1}$ *gleich* 0, *so wird*

$$f_\nu = \frac{1}{x}\frac{f_{\nu-1} - \gamma_{\nu-1}}{1 - \bar{\gamma}_{\nu-1} f_{\nu-1}} = -\frac{D_\nu(x)}{\varDelta_\nu(x)}, \qquad \gamma_{\nu-1} = f_{\nu-1}(0) = -\frac{d_{\nu-1}}{\delta_{\nu-1}}.$$

Um dieses Bildungsgesetz zu beweisen, haben wir, wie man leicht sieht, nur zu zeigen, daß

(10.) $$\qquad\qquad d_\nu \varDelta_\nu - \delta_\nu D_\nu = -\delta_{\nu-1} x D_{\nu+1},$$

(11.) $$\qquad\qquad \delta_\nu \varDelta_\nu - \bar{d}_\nu D_\nu = \delta_{\nu-1} \varDelta_{\nu+1}$$

ist. Der Beweis beruht auf dem bekannten Determinantensatz: Ist D eine

Determinante beliebigen Grades und bedeutet $D^{\alpha,\,\alpha';\,\beta,\,\beta';\,\cdots}$ diejenige Unterdeterminante, die entsteht, wenn man in D die Zeilen $\alpha, \beta, \ldots$ und die Kolonnen $\alpha', \beta', \ldots$ streicht, so ist für $\alpha < \beta,\ \alpha' < \beta'$

$$D^{\alpha,\,\alpha'} D^{\beta,\,\beta'} - D^{\alpha,\,\beta'} D^{\beta,\,\alpha'} = D_i\, D^{\alpha,\,\alpha';\,\beta,\,\beta'}.$$

Für die Determinanten $D_{\nu+1}$ und $\varDelta_{\nu+1}$ ergibt sich ohne Mühe

$$D^{1,\,2\nu+1}_{\nu+1} = \frac{b_0}{x}(\varDelta_\nu - \delta_\nu), \qquad D^{\nu+1,\,2\nu+1}_{\nu+1} = (-1)^{\nu-1}\frac{\bar{a}_0}{x}(D_\nu - d_\nu),$$

$$D^{1,\,2\nu+2}_{\nu+1} = b_0\,\delta_\nu, \qquad D^{\nu+1,\,2\nu+2}_{\nu+1} = (-1)^{\nu-1}\bar{a}_0\,d_\nu, \qquad D^{1,\,2\nu+1;\,\nu+1,\,2\nu+2}_{\nu+1} = (-1)^{\nu}\, b_0\,\bar{a}_0\,\delta_{\nu-1}$$

und

$$\varDelta^{1,\,1}_{\nu+1} = b_0\,\varDelta_\nu, \qquad \varDelta^{2\nu+2,\,1}_{\nu+1} = -\,\bar{b}_0\,D_\nu,$$

$$\varDelta^{1,\,2\nu+2}_{\nu+1} = -\,b_0\,\bar{d}_\nu, \qquad \varDelta^{2\nu+2,\,2\nu+2}_{\nu+1} = \bar{b}_0\,\delta_\nu, \qquad \varDelta^{1,\,1;\,2\nu+2,\,2\nu+2}_{\nu+1} = b_0\,\bar{b}_0\,\delta_{\nu-1}.$$

Die zu beweisenden Relationen (10.) und (11.) besagen nur, daß

$$D^{1,\,2\nu+1}_{\nu+1} D^{\nu+1,\,2\nu+2}_{\nu+1} - D^{1,\,2\nu+2}_{\nu+1} D^{\nu+1,\,2\nu+1}_{\nu+1} = D_{\nu+1} D^{1,\,2\nu+1;\,\nu+1,\,2\nu+2}_{\nu+1}\,{}^*),$$

$$\varDelta^{1,\,1}_{\nu+1} \varDelta^{2\nu+2,\,2\nu+2}_{\nu+1} - \varDelta^{1,\,2\nu+2}_{\nu+1} \varDelta^{2\nu+2,\,1}_{\nu+1} = \varDelta_{\nu+1} \varDelta^{1,\,1;\,2\nu+2,\,2\nu+2}_{\nu+1}$$

ist.

Aus (11.) ergibt sich für $x = 0$ die für das Folgende wichtige Formel

$$(12.) \qquad 1 - |\gamma_\nu|^2 = \frac{\delta_{\nu-1}\,\delta_{\nu+1}}{\delta_\nu^2} \qquad \left(\delta_0 = 1,\ \delta_{-1} = \frac{1}{b_0^2}\right).$$

Ist also δ_{n+1} die erste der Zahlen δ_ν, die den Wert 0 hat, so wird γ_n die erste unter den Zahlen γ_ν, deren absoluter Betrag gleich 1 ist. In diesem Fall haben wir auf Grund der früheren Festsetzungen den Quotienten f_{n+1} nicht mehr zu betrachten. Dies ist im folgenden stets zu berücksichtigen.

§ 5.

Die zu einem Quotienten von zwei Potenzreihen gehörenden Hermiteschen Formen.

Die Determinanten δ_ν lassen sich in einfacher Weise deuten, wenn man von den Bezeichnungen des Matrizenkalküls Gebrauch macht.

Der Potenzreihe $g(x) = \varSigma\, a_\nu x^\nu$ ordnen wir die unendlichen Matrizen

$$A = \begin{pmatrix} a_0 & a_1 & a_2 & \ldots \\ 0 & a_0 & a_1 & \ldots \\ 0 & 0 & a_0 & \ldots \\ \multicolumn{4}{c}{\cdots\cdots} \end{pmatrix}, \qquad \bar{A}' = \begin{pmatrix} \bar{a}_0 & 0 & 0 & \ldots \\ \bar{a}_1 & \bar{a}_0 & 0 & \ldots \\ \bar{a}_2 & \bar{a}_1 & \bar{a}_0 & \ldots \\ \multicolumn{4}{c}{\cdots\cdots} \end{pmatrix}$$

zu, denen die formal gebildeten Bilinearformen

---

*) Streng genommen folgt (10.) aus dieser Gleichung zunächst nur für $a_0 \neq 0$. Die Formel (10.) vertritt aber nur ein System von algebraischen Identitäten zwischen den $a_\lambda, \bar{a}_\lambda, b_\lambda, \bar{b}_\lambda$, gelten diese für $a_0 \neq 0$, so sind sie auch für $a_0 = 0$ richtig.

$$A(x, y) = \sum_{\lambda \geq \varkappa}^{\infty} a_{\lambda-\varkappa} x_\varkappa y_\lambda, \qquad \bar{A}'(x, y) = \sum_{\lambda \geq \varkappa}^{\infty} \bar{a}_{\varkappa-\lambda} x_\varkappa y_\lambda$$

entsprechen. Die ν-ten „Abschnitte" von A und $\bar{A}'$ sind die Matrizen des Grades $\nu + 1$

$$A_\nu = \begin{pmatrix} a_0 \, a_1 \, a_2 \, \ldots \, a_\nu \\ 0 \; a_0 \, a_1 \, \ldots \, a_{\nu-1} \\ 0 \; 0 \; a_0 \, \ldots \, a_{\nu-2} \\ \cdot \; \cdot \; \cdot \; \cdot \; \cdot \; \cdot \; \cdot \; \cdot \\ 0 \; 0 \; 0 \, \ldots \, a_0 \end{pmatrix}, \qquad \bar{A}'_\nu = \begin{pmatrix} \bar{a}_0 \; 0 \quad 0 \quad \ldots 0 \\ \bar{a}_1 \, \bar{a}_0 \quad 0 \quad \ldots 0 \\ \bar{a}_2 \, \bar{a}_1 \quad \bar{a}_0 \quad \ldots 0 \\ \cdot \; \cdot \; \cdot \; \cdot \; \cdot \; \cdot \; \cdot \; \cdot \\ \bar{a}_\nu \, \bar{a}_{\nu-1} \, \bar{a}_{\nu-2} \ldots \bar{a}_0 \end{pmatrix}$$

und $\bar{A}'_\nu A_\nu$ läßt sich deuten als die Koeffizientenmatrix der *Hermite*schen Form

$$\mathfrak{A}_\nu = \mathfrak{A}(x_0, x_1, \ldots, x_\nu) = \sum_{\lambda=0}^{\nu} |a_0 x_\lambda + a_1 x_{\lambda+1} + \cdots + a_{\nu-\lambda} x_\nu|^2.$$

Auch die unendliche Matrix $\bar{A}' A$ kann in jedem Falle gebildet werden. Ihre Koeffizienten sind endliche Summen und $\bar{A}'_\nu A_\nu$ ist nichts anderes als der ν-te Abschnitt von $\bar{A}' A$.

Definieren wir in derselben Weise für die Potenzreihe $h(x) = \Sigma b_\nu x^\nu$ die Matrizen $B, B_\nu, \bar{B}', \bar{B}'_\nu$ und die *Hermite*sche Form $\mathfrak{B}_\nu$, so ist A mit B und also A_ν mit B_ν vertauschbar. Dies folgt einfach daraus, daß AB als die zur Potenzreihe

$$g(x)\, h(x) = a_0 b_0 + (a_0 b_1 + a_1 b_0) x + \cdots$$

gehörende Matrix charakterisiert werden kann*). Daher ist auch $\bar{A}'_\nu$ mit $\bar{B}'_\nu$ vertauschbar.

Die im vorigen Paragraphen eingeführte Determinante $\delta_{\nu+1}$ kann nun zunächst in der Form

$$\delta_{\nu+1} = \begin{vmatrix} \bar{B}'_\nu, A_\nu \\ \bar{A}'_\nu, B_\nu \end{vmatrix}$$

geschrieben werden. Ich behaupte aber, *daß $\delta_{\nu+1}$ auch als die Determinante der Matrix $\bar{B}'_\nu B_\nu - \bar{A}'_\nu A_\nu$, d. h. als die Koeffizientendeterminante der Hermiteschen Form*

$$(13.) \qquad \mathfrak{H}_\nu = \mathfrak{H}(x_0, x_1, \ldots, x_\nu) = \mathfrak{B}_\nu - \mathfrak{A}_\nu$$

$$= \sum_{\lambda=0}^{\nu} \left(|b_0 x_\lambda + \cdots + b_{\nu-\lambda} x_\nu|^2 - |a_0 x_\lambda + \cdots + a_{\nu-\lambda} x_\nu|^2 \right)$$

aufgefaßt werden kann.

Dies folgt unmittelbar aus einem einfachen Hilfssatz:

Sind P, Q, R, S vier Matrizen desselben Grades n und ist P mit R vertauschbar, so ist die Determinante $|M|$ der Matrix

---

*) Vergl. *O. Toeplitz*, Math. Ann. Bd. 70, S. 356.

$$M = \begin{pmatrix} P, & Q \\ R, & S \end{pmatrix}$$

des Grades $2n$ *gleich der Determinante der Matrix* $PS - RQ$.

Ist nämlich die Determinante von P nicht Null, so wird, wenn E die Einheitsmatrix des Grades n bedeutet,

$$\begin{pmatrix} P^{-1}, & 0 \\ -RP^{-1}, & E \end{pmatrix} \begin{pmatrix} P, & Q \\ R, & S \end{pmatrix} = \begin{pmatrix} E, & P^{-1}Q \\ 0, & S - RP^{-1}Q \end{pmatrix}.$$

Geht man zu den Determinanten über, so erhält man

$$|P^{-1}| \cdot |M| = |S - RP^{-1}Q|,$$

also

$$|M| = |P| \cdot |S - RP^{-1}Q| = |PS - PRP^{-1}Q| = |PS - RQ|.$$

Ist aber $|P| = 0$, so betrachte man an Stelle von M die Matrix

$$M_1 = \begin{pmatrix} P + xE, & Q \\ R, & S \end{pmatrix}.$$

Auch hier ist noch R mit $P + xE$ vertauschbar. Für genügend kleine Werte von $|x|$ ist aber die Determinante von $P + xE$ von 0 verschieden, also wird

$$|M_1| = |(P + xE)S - RQ|.$$

Läßt man x gegen 0 konvergieren, so erhält man wieder die zu beweisende Gleichung.

Dem früher betrachteten Quotienten $f(x) = \dfrac{g(x)}{h(x)}$ entspricht also das unendliche System der *Hermite*schen Formen (13.) mit den Determinanten $\delta_{\nu+1}$. Ebenso gehört zu dem Quotienten

$$f_\lambda(x) = -\frac{D_\lambda(x)}{\varDelta_\lambda(x)}$$

ein wohlbestimmtes System von *Hermite*schen Formen

$$\mathfrak{H}_\nu^{(\lambda)} = \mathfrak{H}^{(\lambda)}(x_0, x_1, \ldots, x_\nu). \qquad\qquad (\nu = 0, 1, 2, \ldots)$$

Die Determinante von $\mathfrak{H}_\nu^{(\lambda)}$ möge mit $\delta_{\nu+1}^{(\lambda)}$ bezeichnet werden. Insbesondere ist

$$\mathfrak{H}_\nu^{(1)} = \sum_{\lambda=0}^{\nu} |(\bar{b}_0 b_0 - \bar{a}_0 a_0) x_\lambda + \cdots + (\bar{b}_0 b_{\nu-\lambda} - \bar{a}_0 a_{\nu-\lambda}) x_\nu|^2$$

$$- \sum_{\lambda=0}^{\nu} |(b_0 a_1 - a_0 b_1) x_\lambda + \cdots + (b_0 a_{\nu-\lambda+1} - a_0 b_{\nu-\lambda+1}) x_\nu|^2.$$

Eine einfache Rechnung liefert nun die wichtige Formel

$$(14.) \qquad \delta_1 \mathfrak{H}(x_0, x_1, \ldots, x_\nu)$$

$$= |\bar{b}_0(b_0 x_0 + \cdots + b_\nu x_\nu) - \bar{a}_0(a_0 x_0 + \cdots + a_\nu x_\nu)|^2 + \mathfrak{H}^{(1)}(x_1, x_2, \ldots, x_\nu).$$

Der Übergang von $\mathfrak{H}(x_0, x_1, \ldots, x_\nu)$ *zu* $\mathfrak{H}^{(1)}(x_1, x_2, \ldots, x_\nu)$ *entspricht also dem*

31*

ersten Schritt bei der *Jacobi*schen Transformation der Form $\mathfrak{H}(x_0, x_1, \ldots, x_\nu)$. Auf Grund einer bekannten Eigenschaft der *Jacobi*schen Transformation ergibt sich hieraus, daß die Determinante von $\mathfrak{H}^{(1)}(x_1, x_2, \ldots, x_\nu)$ gleich $\delta_1^{\nu-1}\delta_{\nu+1}$ ist. Folglich ist

(15.) $$\delta_{\nu+1}^{(1)} = \delta_1^\nu \delta_{\nu+2}.$$

Hieraus können wir aber leicht schließen, daß allgemein

(16.) $$\delta_{\nu+1}^{(\lambda)} = \delta_{\lambda-1}^{\nu+1} \delta_\lambda^\nu \delta_{\nu+\lambda+1}$$

wird. Geht man nämlich von $f_\lambda = -\dfrac{D_\lambda}{\varDelta_\lambda}$ zu $f_{\lambda+1}$ in derselben Weise über wie von f zu f_1, so erhält man $f_{\lambda+1}$ zunächst (vergl. (10.) und (11.)) als den Ausdruck

$$f_{\lambda+1} = -\frac{\delta_{\lambda-1} D_{\lambda+1}}{\delta_{\lambda-1} \varDelta_{\lambda+1}},$$

dem die *Hermite*schen Formen $\delta_{\lambda-1}^2 \mathfrak{H}_\nu^{(\lambda+1)}$ entsprechen. Nimmt man daher die Formel (16.) für λ als bewiesen an, so ergibt sich wegen (15.), daß die Determinante von $\delta_{\lambda-1}^2 \mathfrak{H}_\nu^{(\lambda+1)}$ gleich

$$(\delta_{\lambda-1}\delta_{\lambda+1})^\nu \delta_{\lambda-1}^{\nu+2} \delta_\lambda^{\nu+1} \delta_{\nu+\lambda+2}$$

ist. Um hieraus $\delta_{\nu+1}^{(\lambda+1)}$ zu erhalten, hat man durch $\delta_{\lambda-1}^{2(\nu+1)}$ zu dividieren; man erhält dann, wie zu beweisen ist, $\delta_{\nu+1}^{(\lambda+1)} = \delta_\lambda^{\nu+1} \delta_{\lambda+1}^\nu \delta_{\nu+\lambda+2}$.

Wir können nun leicht beweisen:

VI. *Sind unter den Zahlen $\delta_1, \delta_2, \ldots$ die n ersten von Null verschieden, die folgenden sämtlich gleich Null, so reduziert sich der Quotient $f_n(x)$ auf eine Konstante ε vom absoluten Betrage 1, d. h. die Potenzreihen $-D_n(x)$ und $\varepsilon \varDelta_n(x)$ stimmen in allen Koeffizienten überein. Sind umgekehrt $\delta_1, \delta_2, \ldots, \delta_n$ von Null verschieden und reduziert sich $f_n(x)$ auf eine Konstante ε vom absoluten Betrage 1, so sind die Zahlen $\delta_{n+1}, \delta_{n+2}, \ldots$ sämtlich gleich Null.*

Auf Grund der Formel (16.) genügt es offenbar, diesen Satz nur für den Fall $n = 0$ zu beweisen. Wir haben also zu zeigen: dann und nur dann unterscheiden sich die Koeffizienten a_ν und b_ν voneinander nur um einen konstanten Faktor vom absoluten Betrage 1, wenn alle Determinanten $\delta_1, \delta_2, \ldots$ verschwinden. Ist zunächst $a_\nu = \varepsilon b_\nu$ für jedes ν und $|\varepsilon| = 1$, so wird für jeden Wert von ν die Form $\mathfrak{H}_\nu$ identisch gleich 0, daher ist gewiß $\delta_\nu = 0$. Sind umgekehrt alle δ_ν gleich 0, so folgt zunächst aus $\delta_1 = \bar{b}_0 b_0 - \bar{a}_0 a_0 = 0$, daß $\dfrac{a_0}{b_0} = \varepsilon$ vom absoluten Betrage 1 ist. Ich setze

$$u_\nu = a_\nu - \varepsilon b_\nu, \qquad U_\nu = A_\nu - \varepsilon B_\nu,$$

so daß also

$$\bar{b}_\nu - \varepsilon\,\bar{a}_\nu = -\,\varepsilon\,\bar{u}_\nu, \qquad \bar{B}_\nu' - \varepsilon\,\bar{A}_\nu' = -\,\varepsilon\,\bar{U}_\nu'$$

wird. Es sei schon bewiesen, daß die Differenzen $u_1, u_2, \ldots, u_{n-1}$ sämtlich verschwinden. Daß nun auch $u_n = 0$ ist, ergibt sich aus dem Verschwinden der Determinante

$$\delta_{2n} = \begin{vmatrix} \bar{B}_{2n-1}', A_{2n-1} \\ \bar{A}_{2n-1}', B_{2n-1} \end{vmatrix} = \begin{vmatrix} -\varepsilon\,\bar{U}_{2n-1}', & U_{2n-1} \\ \bar{A}_{2n-1}', & B_{2n-1} \end{vmatrix}.$$

Diese Determinante des Grades $4n$ läßt sich nämlich in der Form

$$\delta_{2n} = \begin{vmatrix} 0 & 0 & 0 & X \\ -\varepsilon\,\bar{X}' & 0 & 0 & 0 \\ \bar{A}_{n-1}' & 0 & B_{n-1} & Y \\ Z & \bar{A}_{n-1}' & 0 & B_{n-1} \end{vmatrix}$$

schreiben, wo

$$X = \begin{pmatrix} u_n & u_{n+1} & \cdots & u_{2n-1} \\ 0 & u_n & \cdots & u_{2n-2} \\ \cdots & \cdots & \cdots & \cdots \\ 0 & 0 & \cdots & u_n \end{pmatrix}$$

ist und Y, Z gewisse andere Matrizen n-ten Grades bedeuten, Daher ist

$$\delta_{2n} = \left| -\varepsilon\,\bar{X}'\, X\, B_{n-1}\,\bar{A}_{n-1}' \right| = (-\varepsilon)^n |u_n|^{2n}\, b_0^n\, \bar{a}_0^n = (-1)^n |b_0 u_n|^{2n},$$

was nur dann verschwinden kann, wenn $u_n = a_n - \varepsilon b_n = 0$ ist.

Genauer erkennt man in ähnlicher Weise: *sind die m ersten der Determinanten δ_ν gleich 0 und ist .m eine gerade Zahl, so ist auch die Zahl δ_{m+1} gleich Null.*

Die durch (13.) definierte *Hermite*sche Form $\mathfrak{H}_\nu$ kann aufgefaßt werden als der ν-te Abschnitt der *Hermite*schen Form

$$\mathfrak{H} = \bar{B}'B - \bar{A}'A = \sum_{\substack{\varkappa,\lambda}}^\infty h_{\varkappa\lambda}\,\bar{x}_\varkappa x_\lambda\,{}^*)$$

mit unendlich vielen Veränderlichen. Hierbei ist, wenn μ die kleinere der beiden Zahlen $\varkappa$ und λ bedeutet,

$$h_{\varkappa\lambda} = \sum_{\varrho=0}^\mu (\bar{b}_{\varkappa-\varrho}\,b_{\lambda-\varrho} - \bar{a}_{\varkappa-\varrho}\,a_{\lambda-\varrho})$$

zu setzen. Die Zahlen $\delta_1, \delta_2, \ldots$ sind also die Abschnittsdeterminanten von $\mathfrak{H}$. Die Form $\mathfrak{H}$ nenne ich, wie üblich, *nichtnegativ*, wenn jede ·der

---

*) Die Summe ist als eine rein formale Bildung anzusehen, sie braucht keineswegs zu konvergieren.

Formen $\mathfrak{H}_\nu$ mit endlich vielen Veränderlichen nichtnegativ ist, und deute dies kurz durch $\mathfrak{H} \geqq 0$ an. Es gilt nun der Satz:

VII. *Die Hermitesche Form $\mathfrak{H}$ ist dann und nur dann nichtnegativ, wenn die Determinanten $\delta_1, \delta_2, \ldots$ entweder sämtlich positiv (> 0) sind, oder wenn*

$$\delta_1 > 0, \delta_2 > 0, \ldots, \delta_n > 0, \delta_{n+1} = \delta_{n+2} = \cdots = 0$$

wird. Im zweiten Fall ist n gleich dem Range r der unendlichen Matrix $\mathfrak{H} = (h_{\varkappa\lambda})$.

Ist zunächst $\mathfrak{H} \geqq 0$, so kann $\delta_{\nu+1}$ für jedes $\nu \geqq 0$ als die Determinante der nichtnegativen *Hermiteschen* Form $\mathfrak{H}_\nu = \mathfrak{H}(x_0, x_1, \ldots, x_\nu)$ keine negative Zahl sein. Ist hierbei $\delta_{\nu+1} > 0$, so wird $\mathfrak{H}_\nu$ eine *positive* Form, und daher ist auch $\mathfrak{H}_{\nu-1} = \mathfrak{H}(x_0, x_1, \ldots, x_{\nu-1}, 0)$ positiv definit. Ihre Determinante δ_ν ist demnach auch eine positive Zahl. Dies zeigt, daß für die Zahlen $\delta_1, \delta_2, \ldots$ nur eine der beiden im Satze genannten Möglichkeiten eintreten kann*).

Sind umgekehrt die Zahlen $\delta_1, \delta_2, \ldots$ sämtlich positiv, so ist jede der Formen $\mathfrak{H}_\nu$ als *Hermite*sche Form mit endlich vielen Veränderlichen und lauter positiven Abschnittsdeterminanten bekanntlich positiv definit, also ist gewiß $\mathfrak{H} \geqq 0$. Es möge also der zweite Fall eintreten. Ist $n = 0$, d. h. sind die Zahlen δ_ν sämtlich gleich 0, so verschwinden nach Satz VI alle Koeffizienten $h_{\varkappa\lambda}$ von $\mathfrak{H}$ und es ist $\mathfrak{H} = 0, r = 0$. Unsere Behauptung sei nun schon bewiesen, wenn an Stelle von n die Zahl $n-1$ tritt. Wir betrachten dann an Stelle der *Hermite*schen Form $\mathfrak{H}$ die Form $\mathfrak{H}^{(1)}$, deren Abschnitte die auf S. 217 betrachteten Formen $\mathfrak{H}_\nu^{(1)}$ sind. Die zugehörigen Abschnittsdeterminanten sind wegen (15.) die Zahlen

$$\delta_1^{(1)} = \delta_2, \quad \delta_2^{(1)} = \delta_1 \delta_3, \quad \delta_3^{(1)} = \delta_1^2 \delta_4, \ldots.$$

In unserem Falle wird

$$\delta_1^{(1)} > 0, \quad \delta_2^{(1)} > 0, \ldots, \quad \delta_{n-1}^{(1)} > 0, \quad \delta_n^{(1)} = \delta_{n+1}^{(1)} = \cdots = 0.$$

Auf Grund der gemachten Voraussetzung ist daher $\mathfrak{H}^{(1)}$ eine nichtnegative Form des Ranges $n-1$. Die Gleichung (14.) lehrt uns nun, daß $\mathfrak{H}_\nu$ für $\nu \geqq n$ eine nichtnegative Form vom Range $1 + (n-1) = n$ ist. Damit ist der Satz VII aber vollständig bewiesen.

Wir haben am Anfang dieses Paragraphen die Zahl b_0 als reell angenommen. Man erkennt aber leicht, daß die Formel (16.) und die Sätze VI und VII auch für beliebige (von Null verschiedene) Werte von b_0 richtig sind.

---

*) Dies ist ein bekanntes Resultat aus der Theorie der *Hermite*schen Formen.

§ 6.
Umformung der Kriterien des § 3.

Aus der Formel (12.) geht hervor, daß die zum Ausdruck $f(x) = \dfrac{g(x)}{h(x)}$ gehörenden Parameter

$$\gamma_\nu = \Phi(c_0, c_1, \ldots, c_\nu) = -\frac{d_\nu}{\delta_\nu}$$

für jeden Index n dann und nur dann den Bedingungen

$$(17.) \qquad |\gamma_0| < 1, |\gamma_1| < 1, \ldots, |\gamma_{n-1}| < 1, |\gamma_n| \leq 1$$

genügen, wenn

$$\delta_1 > 0, \delta_2 > 0, \ldots, \delta_n > 0, \delta_{n+1} \geq 0$$

ist. Soll hierbei $|\gamma_n| = 1$ sein und sollen außerdem noch in der Potenzreihe

$$f_n(x) = -\frac{D_n(x)}{\varDelta_n(x)} = c_{n0} + c_{n1} x + c_{n2} x^2 + \cdots \qquad (c_{n0} = \gamma_n)$$

alle Koeffizienten $c_{n1}, c_{n2}, \ldots$ gleich 0 werden, so müssen nach Satz VI alle Zahlen δ_ν für $\nu \geq n + 1$ verschwinden. Diese Bedingungen sind auch hinreichend. Dies zeigt aber, daß der Satz II sich folgendermaßen aussprechen läßt:

VIII. *Die Potenzreihenentwicklung eines Ausdrucks der Form*

$$f(x) = \frac{a_0 + a_1 x + a_2 x^2 + \cdots}{b_0 + b_1 x + b_2 x^2 + \cdots}, \qquad b_0 \neq 0$$

ist dann und nur dann für $|x| < 1$ *konvergent und* $M(f) \leq 1$, *wenn die Determinanten*

$$\delta_1 = \begin{vmatrix} \overline{b}_0 & a_0 \\ \overline{a}_0 & b_0 \end{vmatrix}, \qquad \delta_2 = \begin{vmatrix} \overline{b}_0 & 0 & a_0 & a_1 \\ \overline{b}_1 & \overline{b}_0 & 0 & a_0 \\ \overline{a}_0 & 0 & b_0 & b_1 \\ \overline{a}_1 & \overline{a}_0 & 0 & b_0 \end{vmatrix}, \ldots$$

entweder sämtlich positiv sind, oder wenn sich eine Zahl n *angeben läßt, so daß*

$$\delta_1 > 0, \ldots, \delta_n > 0, \delta_{n+1} = \delta_{n+2} = \cdots = 0$$

wird. Der zweite Fall tritt dann und nur dann ein, wenn $f(x)$ *eine rationale Funktion der Form*

$$(18.) \qquad f(x) = \varepsilon \prod_{\nu=1}^{n} \frac{x + \omega_\nu}{1 + \overline{\omega}_\nu x}, \qquad |\omega_\nu| < 1, |\varepsilon| = 1$$

darstellt.

Aus dem Satz VII folgt ferner:

VIII*. *Die Potenzreihenentwicklung des Ausdrucks* $f(x)$ *ist dann und nur dann für* $|x| < 1$ *konvergent und* $M(f) \leq 1$, *wenn die Hermitesche Form* $\mathfrak{H} = \overline{B}'B - \overline{A}'A$ *nichtnegativ ist. Die Form* $\mathfrak{H}$ *ist dann und nur dann* *vom endlichen Range n, wenn $f(x)$ vom Range n ist, d. h. eine rationale Funktion der Form (18.) darstellt.*

Der Satz III läßt sich in etwas verallgemeinerter Fassung so formulieren:

IX. *Gegeben seien zwei Potenzreihen*

$$G(x) = \sum_{\nu=0}^{\infty} k_\nu x^\nu, \qquad H(x) = \sum_{\nu=0}^{\infty} l_\nu x^\nu,$$

wobei l_0 von Null verschieden sein soll. Um zu entscheiden, ob sich bei gegebenem $m \geqq 0$ zwei andere Potenzreihen

$$g(x) = \sum_{\nu=0}^{\infty} a_\nu x^\nu, \qquad h(x) = \sum_{\nu=0}^{\infty} b_\nu x^\nu$$

so bestimmen lassen, daß

(19.) $$a_0 = k_0, b_0 = l_0, \ldots, a_m = k_m, b_m = l_m$$

wird und zugleich die Potenzreihe

$$f(x) = \frac{g(x)}{h(x)} = c_0 + c_1 x + c_2 x^2 + \cdots$$

für $|x| < 1$ konvergiert und der Bedingung $|f(x)| \leqq 1$ genügt, bilde man den Quotienten

$$F(x) = \frac{G(x)}{H(x)} = C_0 + C_1 x + C_2 x^2 + \cdots$$

und betrachte die zugehörigen Determinanten

$$\eta_1 = \begin{vmatrix} \bar{l}_0 & k_0 \\ \bar{k}_0 & l_0 \end{vmatrix}, \qquad \eta_2 = \begin{vmatrix} \bar{l}_0 & 0 & k_0 & k_1 \\ \bar{l}_1 & \bar{l}_0 & 0 & k_0 \\ \bar{k}_0 & 0 & l_0 & l_1 \\ \bar{k}_1 & \bar{k}_0 & 0 & l_0 \end{vmatrix}, \ldots$$

Die Aufgabe läßt dann und nur dann eine Lösung zu, wenn entweder die Zahlen $\eta_1, \eta_2, \ldots, \eta_{m+1}$ sämtlich positiv sind oder wenn

(20.) $$\eta_1 > 0, \ldots, \eta_n > 0, \eta_{n+1} = \eta_{n+2} = \cdots = \eta_{m+1} = 0 \qquad (0 \leqq n \leqq m)$$

wird. Ist hierbei $n < m - 1$, so kommen noch die Bedingungen

(21.) $$\eta_{m+2} = \eta_{m+3} = \cdots = \eta_{2m-n} = 0$$

hinzu. In beiden Fällen können die Koeffizienten $b_{m+1}, b_{m+2}, \ldots$ beliebig gewählt werden. Im ersten Falle läßt die Aufgabe dann noch unendlich viele Lösungen zu. Im zweiten Falle sind $a_{m+1}, a_{m+2}, \ldots$, wenn $b_{m+1}, b_{m+2}, \ldots$ fixiert werden, eindeutig bestimmt und die zugehörige Funktion $f(x)$ ist eine wohlbestimmte rationale Funktion der Form (18.)).*

---

*) Die Einführung der Koeffizienten $k_{m+1}, l_{m+1}, \ldots$ erscheint hier als überflüssig, der Beweis gestaltet sich aber etwas einfacher, wenn man den Satz so ausspricht, wie das hier geschieht. Es würde ferner genügen zu verlangen, daß $c_0 = C_0, c_1 = C_1, \ldots, c_m = C_m$ wird. Es ist jedoch zu beachten, daß die Berechnung der Koeffizienten C_ν gänzlich vermieden wird.

Beim Beweis hat man zu berücksichtigen, daß die $m + 1$ ersten der zu f gehörenden Determinanten δ_ν mit den entsprechenden η_ν übereinstimmen. Die Zahlen $\eta_1, \eta_2, \ldots, \eta_{m+1}$ hängen nur von den $2m + 2$ Koeffizienten $k_0, l_0, \ldots, k_m, l_m$ ab. Auch die im zweiten Fall hinzukommenden Bedingungen (21.) liefern nur Beziehungen zwischen diesen $2m + 2$ Koeffizienten. Dies ergibt sich ohne Mühe aus der auf S. 219 durchgeführten Betrachtung. Die Zahl l_0 nehmen wir, was offenbar gestattet ist, als reell an.

Aus VIII folgt zunächst, daß die Aufgabe nur dann einen Sinn hat, wenn unter den (reellen) Zahlen $\eta_1, \eta_2, \ldots, \eta_{m+1}$ keine negativ ist, und daß, wenn eine dieser Zahlen Null ist, auch alle folgenden verschwinden müssen. Sind nun die Determinanten

$$\delta_1 = \eta_1, \ \delta_2 = \eta_2, \ \ldots, \ \delta_n = \eta_n \qquad (n \leq m)$$

positiv (> 0), so genügen die mit Hilfe der Zahlen (19.) gebildeten Ausdrücke

$$\gamma_0 = \frac{k_0}{l_0} = \frac{a_0}{b_0}, \ \gamma_1 = -\frac{d_1}{\delta_1}, \ \ldots, \ \gamma_n = -\frac{d_n}{\delta_n}$$

den Bedingungen (17.) und hierbei ist dann und nur dann $|\gamma_n| = 1$, wenn $\delta_{n+1} = \eta_{n+1} = 0$ wird. Ist $n = m$ und $\eta_{m+1} > 0$, so wähle man für $\gamma_{m+1}, \gamma_{m+2}, \ldots$ beliebige Größen, die absolut ≤ 1 sind. Die Potenzreihe

$$f(x) = [x; \gamma_0, \gamma_1, \ldots] = \sum_{\nu=0}^{\infty} \Psi(\gamma_0, \gamma_1, \ldots, \gamma_\nu) x^\nu$$

ist dann für $|x| < 1$ konvergent und $M(f) \leq 1$, ferner stimmen ihre $m + 1$ ersten Koeffizienten mit den Zahlen $C_0, C_1, \ldots, C_m$ überein. Ist dann $b_\mu = l_\mu$ für $0 \leq \mu \leq m$, so hat bei beliebiger Wahl der Koeffizienten $b_{m+1}, b_{m+2}, \ldots$ die Potenzreihe $g(x) = f(x) h(x)$ die Eigenschaft, daß ihre $m + 1$ Koeffizienten die vorgeschriebenen Werte $k_0, k_1, \ldots, k_m$ erhalten. Dieselbe Betrachtung gilt auch im Falle $n = m$, $\eta_{m+1} = 0$, wenn unter $f(x)$ die alsdann allein in Betracht kommende rationale Funktion $[x; \gamma_0, \gamma_1, \ldots, \gamma_n]$ verstanden wird (vergl. den Schluß des § 3).

Es sei also $n < m$ und $\eta_{n+1} = \cdots = \eta_{m+1} = 0$. Die einzige Funktion $f(x)$, die eine Lösung der Aufgabe liefern kann, ist jetzt die rationale Funktion $[x; \gamma_0, \gamma_1, \ldots, \gamma_n]$. Es ist also zu untersuchen, ob die Koeffizienten a_ν und b_ν so gewählt werden können, daß

$$(22.) \quad \sum_{\nu=0}^{\infty} a_\nu x^\nu = [x; \gamma_0, \gamma_1, \ldots, \gamma_n] \cdot \sum_{\nu=0}^{\infty} b_\nu x^\nu, \quad a_\mu = k_\mu, \ b_\mu = l_\mu \qquad (\mu=0,1,\ldots,m)$$

wird. Ist nun $n = 0$, d. h. sind alle Zahlen $\eta_1, \eta_2, \ldots, \eta_{m+1}$ gleich 0, so wird $[x; \gamma_0] = \gamma_0$ und es wird nur verlangt, daß

$$k_1 = \gamma_0 l_1,\ k_2 = \gamma_0 l_2,\ \ldots,\ k_m = \gamma_0 l_m \qquad \left(\gamma_0 = \tfrac{k_0}{l_0},\ |\gamma_0| = 1\right)$$

wird. Dies tritt (vergl. S. 219) dann und nur dann ein, wenn auch die Zahlen $\eta_{m+2}, \ldots, \eta_{2m}$ sämtlich verschwinden. Es sei nun schon für ein gegebenes $n < m - 1$ (bei beliebigem m) bewiesen, daß die Relationen (22.) sich dann und nur dann befriedigen lassen, wenn zu (20.) noch die Bedingungen (21.) hinzukommen, und hierbei sollen die Koeffizienten $b_{m+1}, b_{m+2}, \ldots$ beliebig gewählt werden können. Ist dann

$$\eta_1 > 0,\ \eta_2 > 0,\ \ldots,\ \eta_{n+1} > 0,\ \eta_{n+2} = \cdots = \eta_{m+1} = 0,$$

so haben wir die Relationen

$$(23.) \quad \sum_{\nu=0}^{\infty} a_\nu x^\nu = [x;\ \gamma_0, \gamma_1, \ldots, \gamma_{n+1}] \cdot \sum_{\nu=0}^{\infty} b_\nu x^\nu,\ a_\mu = k_\mu,\ b_\mu = l_\mu \quad {\scriptstyle (\mu = 0, 1, \ldots, m)}$$

zu untersuchen. Wir betrachten nun die Quotienten

$$F_1 = \frac{1}{x}\frac{F - \gamma_0}{1 - \bar{\gamma}_0 F} = \frac{\Sigma k'_\nu x^\nu}{\Sigma l'_\nu x^\nu}, \qquad f_1 = \frac{1}{x} \cdot \frac{f - \gamma_0}{1 - \bar{\gamma}_0 f} = \frac{\Sigma a'_\nu x^\nu}{\Sigma b'_\nu x^\nu}, \qquad \left(\gamma_0 = \frac{k_0}{l_0} = \frac{a_0}{b_0}\right).$$

Hierbei ist

$$k'_\nu = l_0 k_{\nu+1} - k_0 l_{\nu+1},\ l'_\nu = \bar{l}_0 l_\nu - \bar{k}_0 k_\nu,$$
$$a'_\nu = b_0 a_{\nu+1} - a_0 b_{\nu+1},\ b'_\nu = \bar{b}_0 b_\nu - \bar{a}_0 a_\nu \qquad {\scriptstyle (\nu = 0, 1, \ldots)}$$

zu setzen. Nimmt man schon an, daß $a_0 = k_0$, $b_0 = l_0$ ist, so gilt offenbar (23.) dann und nur dann, wenn

$$(24.) \quad \sum_{\nu=0}^{\infty} a'_\nu x^\nu = [x;\ \gamma_1, \gamma_2, \ldots, \gamma_{n+1}] \cdot \sum_{\nu=0}^{\infty} b'_\nu x^\nu,\ a'_\mu = k'_\mu,\ b'_\mu = l'_\mu \quad {\scriptstyle (\mu = 0, 1, \ldots m-1)}$$

und außerdem noch $b'_m = l'_m$ ist. Nun treten aber beim Übergang von F zu F_1 an Stelle der Determinanten η_ν die Zahlen $\eta_\nu^{(1)} = \eta_1^{\nu-1} \eta_{\nu+1}$ (vergl. Formel (15.)). Diese Zahlen genügen also den Bedingungen

$$\eta_1^{(1)} > 0,\ \ldots,\ \eta_n^{(1)} > 0,\ \eta_{n+1}^{(1)} = \cdots = \eta_m^{(1)} = 0.$$

Auf Grund der über n gemachten Voraussetzung können wir also schließen, daß die Relationen (24.) sich dann und nur dann befriedigen lassen, wenn noch

$$\eta_{m+1}^{(1)} = \eta_{m+2}^{(1)} = \cdots = \eta_{2(m-1)-n}^{(1)} = 0$$

ist. Dies liefert, wie zu beweisen ist, für die η_ν die Bedingungen

$$\eta_{m+2} = \eta_{m+3} = \cdots = \eta_{2m-(n+1)} = 0.$$

Sind diese Bedingungen erfüllt, so können die Koeffizienten $b'_m, b'_{m+1}, \ldots$ beliebig gewählt werden, insbesondere kann also noch angenommen werden, daß $b'_m = l'_m$ ist.

§ 7.
Beschränkte Potenzreihen und beschränkte Bilinearformen.

Eine Bilinearform

$$A(x, y) = \sum_{\varkappa, \lambda}^{\infty} a_{\varkappa\lambda} x_\varkappa y_\lambda$$

mit der Koeffizientenmatrix $A = (a_{\varkappa\lambda})$ bezeichnet man bekanntlich nach *Hilbert*[*]) als *beschränkt*, wenn sich eine endliche Zahl m angeben läßt, so daß für alle reellen und komplexen Zahlen $x_0, y_0, x_1, y_1, \ldots$ und für jedes n

$$|A_n(x, y)| = \left| \sum_{\varkappa, \lambda}^{n} a_{\varkappa\lambda} x_\varkappa y_\lambda \right| \leqq m \sqrt{\sum_{\varkappa=0}^{n} |x_\varkappa|^2 \cdot \sum_{\lambda=0}^{n} |y_\lambda|^2}$$

wird. Jede Zahl m, die diesen Bedingungen genügt, wird eine *obere Schranke*, die kleinste unter ihnen die *obere Grenze* $m(A)$ *von* A genannt. Ist A beschränkt, so sind die Reihen $\sum_{\varkappa=0}^{\infty} |a_{\varkappa\lambda}|^2$ und $\sum_{\varkappa=0}^{\infty} |a_{\lambda\varkappa}|^2$ für jeden Wert von λ konvergent und ihre Summen sind höchstens gleich $(m(A))^2$. Es können daher die Matrizen

$$\bar{A}'A = \left(\sum_{\nu=0}^{\infty} \bar{a}_{\nu\varkappa} a_{\nu\lambda} \right), \qquad A\bar{A}' = \left(\sum_{\nu=0}^{\infty} a_{\varkappa\nu} \bar{a}_{\lambda\nu} \right)$$

gebildet werden. Bezeichnet man ihre Elemente mit $h_{\varkappa\lambda}$ und $h'_{\varkappa\lambda}$, so wird für jedes Wertsystem $x_0, x_1, \ldots$ mit konvergenter Summe $\sum_{\nu=0}^{\infty} |x_\nu|^2$

$$\bar{A}'A = \sum_{\varkappa, \lambda}^{\infty} h_{\varkappa\lambda} \bar{x}_\varkappa x_\lambda = \sum_{\nu=0}^{\infty} \left| \sum_{\lambda=0}^{\infty} a_{\nu\lambda} x_\lambda \right|^2 \leqq m^2 \sum_{\nu=0}^{\infty} |x_\nu|^2,$$

$$A\bar{A}' = \sum_{\varkappa, \lambda}^{\infty} h'_{\varkappa\lambda} x_\varkappa \bar{x}_\lambda = \sum_{\nu=0}^{\infty} \left| \sum_{\varkappa=0}^{\infty} a_{\varkappa\nu} x_\varkappa \right|^2 \leqq m^2 \sum_{\nu=0}^{\infty} |x_\nu|^2$$

und die hier auftretenden unendlichen Reihen sind konvergent. Versteht man daher unter E die *Hermite*sche Form $\sum_{\nu=0}^{\infty} |x_\nu|^2$ (und auch die zugehörige unendliche Einheitsmatrix), so sind $m^2 E - \bar{A}'A$ und $m^2 E - A\bar{A}'$ nichtnegative *Hermite*sche Formen. Die Formen $\bar{A}'A$ und $A\bar{A}'$ sind wieder beschränkt und ihre oberen Grenzen sind genau gleich dem Quadrat der Zahl $m(A)$.

Weiß man umgekehrt nur, daß $\sum_{\varkappa=0}^{\infty} |a_{\varkappa\lambda}|^2$ für jedes λ konvergent sind, so kann man die *Hermite*sche Matrix $\bar{A}'A = (h_{\varkappa\lambda})$ bilden. Die Bilinear-

---

[*]) Gött. Nachrichten, 1906, S. 157.

32*

form A ist dann beschränkt und m eine obere Schranke von A, wenn die *Hermite*sche Form mit der Koeffizientenmatrix $m^2 E - \bar{A}' A$ nichtnegativ ist, d. h. wenn ihre „Abschnitte" sämtlich nichtnegative Formen sind. Um die obere Grenze $m(A)$ von A zu berechnen, hat man nur für jedes n die Gleichung

$$\begin{vmatrix} x - h_{00}, & -h_{01}, \dots, & -h_{0n} \\ -h_{10}, & x - h_{11}, \dots, & -h_{1n} \\ \dots & \dots \dots & \dots \\ -h_{n0}, & -h_{n1}, \dots, & x - h_{nn} \end{vmatrix} = 0$$

zu betrachten. Ist μ_n die größte unter den (sämtlich reellen, nichtnegativen) Wurzeln dieser Gleichung, so wird $\mu_1 \leq \mu_2 \leq \mu_3 \leq \cdots$ und

$$m(A) = \lim_{n=\infty} \sqrt{\mu_n} \, {}^*).$$

Reduziert sich nun bei der früheren Betrachtung der Nenner $h(x)$ des Quotienten $f(x) = \dfrac{g(x)}{h(x)}$ auf eine positive Konstante m, so wird $B = m E$ und $\bar{B}' B = m^2 E$. Aus den Sätzen VIII und VIII* ergibt sich daher ohne weiteres:

X. *Die Potenzreihe*

$$g(x) = a_0 + a_1 x + a_2 x^2 + \cdots$$

ist dann und nur dann für $|x| < 1$ *konvergent und beschränkt, wenn die Bilinearform*

$$A(x, y) = \sum_{\varkappa \leq \lambda} a_{\lambda - \varkappa} x_\varkappa y_\lambda, \qquad (\varkappa, \lambda = 0, 1, 2, \dots)$$

beschränkt ist. Die obere Grenze $M(g)$ *der Potenzreihe* $g(x)$ *ist genau gleich der oberen Grenze* $m(A)$ *der Bilinearform* A.

X*. *Setzt man für* $\varkappa \leq \lambda$

$$h_{\varkappa\lambda} = \sum_{\nu=0}^{\varkappa} \bar{a}_{\varkappa - \nu} a_{\lambda - \nu}$$

und $h_{\lambda\varkappa} = \bar{h}_{\varkappa\lambda}$, *so ist* m *dann und nur dann eine obere Schranke der Potenzreihe* $g(x)$, *wenn die Hermitesche Form*

$$\mathfrak{H} = m^2 E - \bar{A}' A = m^2 \sum_{\nu=0}^{\infty} \bar{x}_\nu x_\nu - \sum_{\varkappa, \lambda}^{\infty} h_{\varkappa\lambda} \bar{x}_\varkappa x_\lambda = m^2 \sum_{\nu=0}^{\infty} \bar{x}_\nu x_\nu - \sum_{\varkappa=0}^{\infty} \left| \sum_{\lambda=0}^{\infty} a_\lambda x_{\varkappa+\lambda} \right|^2$$

---

*) Dasselbe gilt auch für $A \bar{A}'$. Die hier angeführten Sätze über Bilinearformen sind mit durchaus elementaren Hilfsmitteln zu beweisen. Vergl. *E. Hellinger* und *O. Toeplitz*, Math. Ann., Bd. 69, S. 289, und meine Arbeit, dieses Journal, Bd. 140, S. 1.

nichtnegativ ist. Dies ist dann und nur dann der Fall, wenn die Abschnitts-determinanten $\delta_1, \delta_2, \ldots$ von $\mathfrak{H}$ entweder sämtlich positiv (> 0) sind, oder wenn die n ersten unter ihnen positiv, die folgenden alle Null sind. Notwendig und hinreichend für das Eintreten des zweiten Falles ist, daß $g(x)$ eine rationale Funktion der Form

$$g(x) = c \prod_{\nu=1}^{n} \frac{x + \omega_\nu}{1 + \bar{\omega}_\nu x}, \qquad |\omega_\nu| < 1, |c| = m$$

darstellt. Die Zahl n gibt hierbei zugleich den Rang der Hermiteschen Form $\mathfrak{H}$ an.

Verzichtet man darauf, die Bedeutung des Ranges der Form $\mathfrak{H}$ und das Verhalten der Determinanten δ_ν zu charakterisieren, so kann man den Satz X ohne Mühe direkt beweisen.

Nimmt man an, daß die Potenzreihe $g(x)$ für $|x| < 1$ konvergent und $|g(x)| \leq m$ ist, so betrachte man eine zweite Potenzreihe

$$u(x) = \sum_{\nu=0}^{\infty} u_\nu x^\nu,$$

von der nur verlangt wird, daß $\sum_{\nu=0}^{\infty} |u_\nu|^2$ konvergieren soll. Setzt man

$$g(x)\, u(x) = \sum_{\nu=0}^{\infty} v_\nu x^\nu, \quad v_\nu = a_0 u_\nu + a_1 u_{\nu-1} + \cdots + a_\nu u_0,$$

so wird bekanntlich für $0 \leq r < 1$

$$(25.) \qquad \sum_{\nu=0}^{\infty} |v_\nu|^2 r^{2\nu} = \frac{1}{2\pi} \int_0^{2\pi} |g(r e^{i\varphi})\, u(r e^{i\varphi})|^2 \, d\varphi.$$

Da aber $|g(r e^{i\varphi})| \leq m$ ist, so folgt hieraus

$$\sum_{\nu=0}^{\infty} |v_\nu|^2 r^{2\nu} \leq \frac{m^2}{2\pi} \int_0^{2\pi} |u(r e^{i\varphi})|^2 \, d\varphi = m^2 \sum_{\nu=0}^{\infty} |u_\nu|^2 r^{2\nu} \leq m^2 \sum_{\nu=0}^{\infty} |u_\nu|^2.$$

Für $u_{n+1} = u_{n+2} = \cdots = 0$ wird daher

$$\sum_{\nu=0}^{n} |v_\nu|^2 r^{2\nu} \leq m^2 \sum_{\nu=0}^{n} |u_\nu|^2.$$

Läßt man r gegen 1 konvergieren, so erhält man

$$\sum_{\nu=0}^{n} |v_\nu|^2 = \sum_{\nu=0}^{n} |a_0 u_\nu + a_1 u_{\nu-1} + \cdots + a_\nu u_0|^2 \leq m^2 \sum_{\nu=0}^{n} |u_\nu|^2.$$

Schreibt man in dieser Formel, die für beliebige Größen $u_0, u_1, \ldots, u_n$ gilt, u_ν an Stelle von $u_{n-\nu}$, so geht sie über in

$$(26.) \qquad \sum_{\nu=0}^{n} |a_0 u_\nu + a_1 u_{\nu+1} + \cdots + a_{n-\nu} u_n|^2 \leq m^2 \sum_{\nu=0}^{n} |u_\nu|^2.$$

Weiß man umgekehrt, daß diese Ungleichung für jedes n und für jedes Wertsystem $u_0, u_1, u_2, \ldots$ gilt, so erhält man insbesondere für $u_\nu = \bar{a}_\nu$

$$|a_0 a_0 + a_1 \bar{a}_1 + \cdots + a_n a_n|^2 \leqq m^2 \sum_{\nu=0}^{n} |a_\nu|^2,$$

d. h. $\sum_{\nu=0}^{n} |a_\nu|^2 \leq m^2$. Da dies für jedes n gilt, so ergibt sich, daß $\sum_{\nu=0}^{\infty} |a_\nu|^2$ konvergiert und daher ist auch $g(x)$ für $|x| < 1$ konvergent. Zugleich erkennt man auf Grund einer bekannten Regel, daß auch die Reihen

$$a_0 u_\nu + a_1 u_{\nu+1} + \cdots \qquad (\nu = 0, 1, 2, \ldots)$$

konvergent sind, sobald nur $\Sigma |u_\nu|^2$ konvergiert. Aus (26.) folgt nun für $n' \leq n$

$$\sum_{\nu=0}^{n'} |a_0 u_\nu + a_1 u_{\nu+1} + \cdots + a_{n-\nu} u_n|^2 \leqq m^2 \sum_{\nu=0}^{n} |u_\nu|^2.$$

Hält man n' fest und läßt n über alle Grenzen wachsen, so ergibt sich

$$\sum_{\nu=0}^{n'} |a_0 u_\nu + a_1 u_{\nu+1} + \cdots|^2 \leqq m^2 \sum_{\nu=0}^{\infty} |u_\nu|^2,$$

folglich ist auch

$$(27.) \qquad \sum_{\nu=0}^{\infty} |a_0 u_\nu + a_1 u_{\nu+1} + \cdots|^2 \leqq m^2 \sum_{\nu=0}^{\infty} |u_\nu|^2.$$

Setzt man hier nun, wenn $|x| < 1$ ist, $u_\lambda = x^\lambda$, so erhält man

$$\sum_{\nu=0}^{\infty} |x|^{2\nu} \left| \sum_{\lambda=0}^{\infty} a_\lambda x^\lambda \right|^2 \leqq m^2 \sum_{\nu=0}^{\infty} |x|^{2\nu},$$

d. h. $|g(x)|^2 \leqq m^2$.

Die Potenzreihe $g(x)$ ist also dann und nur dann für $|x| < 1$ konvergent und $|g(x)| \leqq m$, wenn die Ungleichungen (26.) für alle n und für alle Wertsysteme $u_0, u_1, \ldots$ bestehen. Diese Relationen besagen aber nur, daß jeder Abschnitt von $m^2 E - \bar{A}' A$ nichtnegativ ist, oder was dasselbe ist, daß die Bilinearform A beschränkt und $m(A) \leqq m$ ist.

§ 8.

Der *Carathéodory-Toeplitz*sche Satz.

Durch die lineare Transformation

$$w' = \frac{1-w}{1+w}, \qquad w = \frac{1-w'}{1+w'}$$

geht die Halbebene $\Re(w) > 0$ in den Einheitskreis $|w'| < 1$ über und der Kreis $|w| < 1$ in die Halbebene $\Re(w') > 0$. Soll sich daher eine Funktion $\varphi(x)$ für $|x| < 1$ regulär verhalten und einen positiven reellen Bestandteil haben, so muß

— 45 —

$$f(x) = \frac{1 - \varphi(x)}{1 + \varphi(x)}$$

für $|x| < 1$ regulär und $|f(x)| < 1$ sein. Auch das Umgekehrte ist richtig. Ist insbesondere $\varphi(x)$ als Quotient zweier Potenzreihen

$$g(x) = \sum_{\nu=0}^{\infty} a_\nu x^\nu, \qquad h(x) = \sum_{\nu=0}^{\infty} b_\nu x^\nu \qquad (b_0 \neq 0)$$

gegeben, so wird

$$f(x) = \frac{h(x) - g(x)}{h(x) + g(x)}.$$

Werden nun wie auf S. 215 den Potenzreihen $g(x)$ und $h(x)$ die Matrizen (Bilinearformen) A und B zugeordnet, so gehören zu $h(x) - g(x)$ und $h(x) + g(x)$ die Matrizen $B - A$ und $B + A$. Um nun zu entscheiden, ob $\varphi(x)$ für $|x| < 1$ regulär ist und einen positiven reellen Bestandteil hat, ist nach dem Früheren nur die *Hermite*sche Form mit der Koeffizientenmatrix

$$\mathfrak{H} = (\bar{B}' + \bar{A}')(B + A) - (\bar{B}' - \bar{A}')(B - A) = 2(\bar{B}'A + \bar{A}'B)$$

zu betrachten. Setzt man speziell $h(x) = 1$, so wird $B = E$ und $\mathfrak{H} = 2(A + \bar{A}')$.

Auf Grund der Sätze VIII und VIII* ergibt sich daher unmittelbar:

XI. *Die Potenzreihe*

$$\varphi(x) = a_0 + a_1 x + a_2 x^2 + \cdots \qquad (a_0 = a_0' + a_0'' i)$$

ist dann und nur dann für $|x| < 1$ *konvergent und der reelle Bestandteil von* $\varphi(x)$ *positiv, wenn die Hermitesche Form*

$$H = A + \bar{A}' = \sum_{\lambda \geq \varkappa} (a_{\lambda - \varkappa} x_\varkappa \bar{x}_\lambda + \bar{a}_{\lambda - \varkappa} x_\lambda \bar{x}_\varkappa) \qquad (\varkappa, \lambda = 0, 1, 2, \ldots)$$

nichtnegativ ist. Die notwendige und hinreichende Bedingung hierfür ist, daß die Abschnittsdeterminanten

$$\delta_1 = 2 a_0', \quad \delta_2 = \begin{vmatrix} 2 a_0', & a_1 \\ \bar{a}_1, & 2 a_0' \end{vmatrix}, \quad \delta_3 = \begin{vmatrix} 2 a_0', & a_1, & a_2 \\ \bar{a}_1, & 2 a_0', & a_1 \\ \bar{a}_2, & \bar{a}_1, & 2 a_0' \end{vmatrix}, \ldots$$

von H *entweder sämtlich positiv* (> 0) *sind oder*

$$\delta_1 > 0, \delta_2 > 0, \ldots, \delta_n > 0, \delta_{n+1} = \delta_{n+2} = \cdots = 0 \qquad (n \geq 1)$$

wird. Der zweite Fall tritt dann und nur dann ein, wenn $\varphi(x)$ *eine rationale Funktion der Form*

$$(28.) \qquad \varphi(x) = \frac{1 - f(x)}{1 + f(x)}, \qquad f(x) = \varepsilon \prod_{\nu=1}^{n} \frac{x + \omega_\nu}{1 + \bar{\omega}_\nu x} \qquad (|\omega_\nu| < 1, |\varepsilon| = 1)$$

ist. Die Zahl n *gibt hierbei zugleich den Rang der Form* H *an.*

Dies ist der in der Einleitung erwähnte *Carathéodorysche* Satz in der *Toeplitz*schen Fassung*). Herr *Carathéodory* charakterisiert jedoch im Grenzfall eines endlichen Ranges die Ausnahmefunktionen (28.) anders, nämlich als rationale Funktionen, die eine Partialbruchzerlegung der Form

$$(29.) \qquad \varphi(x) = bi - \sum_{\nu=1}^{n} r_\nu \frac{x + \varepsilon_\nu}{x - \varepsilon_\nu}$$

zulassen, wobei b reell, die ε_ν voneinander verschieden und vom absoluten Betrage 1 sind und die r_ν positive reelle Zahlen bedeuten.

Eine Funktion vom Typus (28.) läßt sich offenbar kennzeichnen als ein Ausdruck der Form

$$(30.) \qquad \varphi(x) = \frac{P - Q}{P + Q},$$

wo Q ein Polynom n-ten Grades ist, das nur im Innern des Einheitskreises Null wird, und $P(x) = x^n \overline{Q}(x^{-1})$ zu setzen ist. Die *Carathéodorysche* Formel (29.) liefert also den rein algebraischen Satz:

XII. *Ist*

$$Q(x) = a \prod_{\nu=1}^{n} (x + \omega_\nu)$$

ein Polynom n-ten Grades, dessen Nullstellen sämtlich innerhalb des Einheitskreises liegen, und setzt man $P(x) = x^n \overline{Q}(x^{-1})$, so sind die n Wurzeln $\varepsilon_1, \varepsilon_2, \ldots, \varepsilon_n$ der Gleichung

$$(31.) \qquad F(x) = P(x) + Q(x) = 0$$

*voneinander verschieden und auf dem Einheitskreis gelegen**). Schreibt man ferner die Partialbruchzerlegung des Ausdrucks (30.) in der Form*

$$(32.) \qquad \frac{P - Q}{P + Q} = c - \sum_{\nu=1}^{n} r_\nu \frac{x + \varepsilon_\nu}{x - \varepsilon_\nu},$$

so wird die Konstante c rein imaginär und die Koeffizienten r_ν sind reell und positiv.

Dieser Satz läßt sich leicht auch direkt beweisen. Zunächst folgt

---

*) Daß der Rang n der (nichtnegativen) Form H allein mit Hilfe der δ_ν bestimmt werden kann, wird in den auf S. 205 zitierten Abhandlungen nicht ausdrücklich hervorgehoben. Einen einfachen Beweis hierfür hat mir Herr *Carathéodory* bereits im Jahre 1911 brieflich mitgeteilt.

**) Allgemeiner liegen die Wurzeln der Gleichung $P(x) + \lambda\, Q(x) = 0$ für $|\lambda| < 1$ außerhalb, für $|\lambda| > 1$ innerhalb und für $|\lambda| = 1$ auf der Peripherie des Einheitskreises. Im letzteren Falle hat die Gleichung keine mehrfachen Wurzeln.

aus $F(x) = x^n \overline{F}(x^{-1})$, daß zugleich mit ε_ν auch $\bar{\varepsilon}_\nu^{-1}$ eine Wurzel der Gleichung (31.) ist. Innerhalb des Einheitskreises kann $F(x)$ aber nicht verschwinden. Denn $\dfrac{Q}{P}$ hat in diesem Kreise keinen Pol und ist für $|x| = 1$ vom absoluten Betrage 1. Für $|x| < 1$ ist daher

$$|F(x)| \geq |P(x)| - |Q(x)| > 0.$$

Da ferner aus $|\varepsilon_\nu| > 1$ folgen würde, daß $|\bar{\varepsilon}_\nu^{-1}| < 1$ ist, muß $|\varepsilon_\nu| = 1$ sein. Aus $P(\varepsilon_\nu) = -Q(\varepsilon_\nu)$ ergibt sich noch

$$\frac{F'(\varepsilon_\nu)}{P(\varepsilon_\nu)} = \frac{P'(\varepsilon_\nu)}{P(\varepsilon_\nu)} - \frac{Q'(\varepsilon_\nu)}{Q(\varepsilon_\nu)} = \sum_{\lambda=1}^{n} \left(\frac{1}{\varepsilon_\nu + \overline{\omega}_\lambda^{-1}} - \frac{1}{\varepsilon_\nu + \omega_\lambda} \right) = - \varepsilon_\nu^{-1} s_\nu,$$

wobei s_ν in der Form

$$s_\nu = \sum_{\lambda, \varkappa=1}^{n} \frac{1 - \omega_\lambda \overline{\omega}_\lambda}{|\varepsilon_\nu + \omega_\lambda|^2}$$

geschrieben werden kann. Diese Zahl ist aber wegen $|\omega_\lambda| < 1$ reell und positiv. Daher ist $F'(\varepsilon_\nu)$ nicht Null, die ε_ν sind also voneinander verschieden. Bringt man nun den Ausdruck (30.), was jedenfalls möglich ist, auf die Form (32.), so wird

$$- 2 \varepsilon_\nu r_\nu = \frac{P(\varepsilon_\nu) - Q(\varepsilon_\nu)}{P'(\varepsilon_\nu) + Q'(\varepsilon_\nu)} = \frac{2 P(\varepsilon_\nu)}{F'(\varepsilon_\nu)} = - \frac{2 \varepsilon_\nu}{s_\nu}.$$

Daher ist $r_\nu = \dfrac{1}{s_\nu}$ eine positive reelle Zahl. Setzt man nun in (32.) für x irgendeine (von den ε_ν verschiedene) Zahl vom absoluten Betrage 1 ein, so wird der links stehende Ausdruck und jedes Glied der rechts stehenden Summe rein imaginär. Folglich ist auch c eine rein imaginäre Größe.

Wir haben hier den Satz XI aus dem scheinbar allgemeineren Satze VIII gefolgert. Man kann aber auch leicht diesen Satz mit Hilfe des Satzes XI beweisen.

Ist nämlich $\varphi(x)$ nicht als eine Potenzreihe, sondern wie am Anfang dieses Paragraphen als Quotient zweier Potenzreihen $g(x)$ und $h(x)$ gegeben und sind wieder A und B die zugehörigen Matrizen, so denke man sich $\varphi(x)$ nach Potenzen von x entwickelt. Die dieser Potenzreihe entsprechende Matrix C ist, wie aus $A = CB$ folgt (vergl. S. 216), nichts anderes als die Matrix AB^{-1}*). Hierbei ist zu beachten, daß B als „Dreiecksmatrix", die in der Hauptdiagonale nur die von Null verschiedene Zahl b_0 enthält, eine eigentliche Inverse besitzt. Um nun zu entscheiden, ob die Potenz-

---

*) Vergl. *O. Toeplitz*, Math. Ann. Bd. 70, S. 357.

reihe $\varphi(x)$ für $|x| < 1$ konvergiert und einen positiven reellen Bestandteil besitzt, hat man nur die *Hermite*sche Form

$$H = C + \bar{C}' = A B^{-1} + (\bar{B}')^{-1} \bar{A}'$$

zu betrachten. Diese Form ist aber dann und nur dann nichtnegativ, wenn

$$\bar{B}' H B = \bar{B}' A + \bar{A}' B$$

diese Eigenschaft besitzt*). Außerdem multipliziert sich beim Übergang von H zu $\bar{B}' H B$ die ν-te Abschnittsdeterminante δ_ν von H nur mit dem positiven Faktor $|b_0|^{2\nu}$.

Ist nun ferner ein Quotient $f(x) = \dfrac{g(x)}{h(x)}$ zweier Potenzreihen gegeben und will man entscheiden, ob die zugehörige Potenzreihenentwicklung für $|x| < 1$ konvergiert und der Bedingung $|f(x)| < 1$ genügt, so hat man nur zu untersuchen, ob die Reihenentwicklung von

$$\varphi(x) = \frac{1 - f(x)}{1 + f(x)} = \frac{h(x) - g(x)}{h(x) + g(x)}$$

für $|x| < 1$ konvergiert und einen positiven reellen Bestandteil besitzt. Sind aber wieder A und B die zu $g(x)$ und $h(x)$ gehörenden Matrizen, so hat man bei $\varphi(x)$ die *Hermite*sche Form

$$(\bar{B}' + \bar{A}')(B - A) + (\bar{B}' - \bar{A}')(B + A) = 2(\bar{B}' B - \bar{A}' A)$$

zu betrachten. Auf Grund dieser Gleichung und der vorhin über die Abschnittsdeterminanten gemachten Bemerkung schließt man nun ohne weiteres, daß aus dem Satz XI die Sätze VIII und VIII* folgen.

Es ist auch leicht zu sehen, wie der Satz IX des vorigen Paragraphen abzuändern ist, wenn man an Stelle der Funktionen $f(x)$, die der Bedingung $|f(x)| \leqq 1$ (für $|x| < 1$) genügen sollen, die Funktionen $\varphi(x)$ mit positivem reellem Teil betrachtet. Man erhält auf diese Weise einen weiteren Satz von *C. Carathéodory* (Rend. di Palermo, Bd. 32, S. 207 ff.) in etwas verallgemeinerter Fassung.

Berlin, im September 1916.

---

*) Man erkennt leicht, daß in unserem Fall mit den unendlichen Matrizen in dieser Weise operiert werden darf.

Über Potenzreihen, die im Innern des Einheits- kreises beschränkt sind.

Von Herrn *J. Schur* in Berlin.

(Fortsetzung*).)

---

§ 9.
Eine Anwendung des Satzes IV.

Vor einigen Jahren hat *E. Landau***) folgenden interessanten Satz bewiesen:

Betrachtet man die Menge $\mathfrak{C}$ aller für $|x| < 1$ konvergenten Potenzreihen

$$f(x) = c_0 + c_1 x + c_2 x^2 + \cdots,$$

die der Bedingung $M(f) \leq 1$ genügen, so ist für jeden Wert von n die obere Grenze G_n des Ausdrucks $|c_0 + c_1 + \cdots + c_n|$ gleich

$$G_n = 1 + \left(\frac{1}{2}\right)^2 + \left(\frac{1.3}{2.4}\right)^2 + \cdots + \left(\frac{1.3.\ldots(2n-1)}{2.4.\ldots\ 2n}\right)^2.$$

Versteht man unter P_n das Polynom

$$P_n = \sum_{\nu=0}^{n} \binom{-\frac{1}{2}}{\nu}(-x)^\nu,$$

so liegen die Nullstellen von P_n außerhalb des Einheitskreises. Die obere Grenze G_n wird erreicht für die rationalen Funktionen

$$f(x) = \varepsilon\,\frac{x^n P_n(x^{-1})}{P_n(x)} \qquad (|\varepsilon| = 1)$$

und für keine andere Funktion der Funktionenklasse $\mathfrak{C}$.

---

*) Vergl. Bd. 147 (1917), S. 205—232. — Im folgenden wird dieser erste Teil der Arbeit mit P. I zitiert.

**) Archiv d. Math. u. Phys. Bd. 21 (1913), S. 250. Vergl. auch *E. Landau*, Darstellung und Begründung einiger neuerer Ergebnisse der Funktionentheorie, Berlin 1916, S. 20.

An diesem Satz wirkt, abgesehen von der genauen Berechnung der Zahl G_n, zweierlei überraschend: erstens, daß die obere Grenze überhaupt erreicht wird, und zweitens, daß die Funktionen $f(x)$, für die das eintritt, von so speziellem Typus sind. Ich will nun zeigen, daß dies auf einem allgemeinen Satz beruht:

XIII. *Es sei $S(x_0, x_1, \ldots, x_n)$ eine gegebene ganze rationale Funktion, die keine Konstante ist, und G die obere Grenze des Ausdrucks $|S(c_0, c_1, \ldots, c_n)|$ für die Gesamtheit aller Potenzreihen $f(x)$ der Menge $\mathfrak{C}$. Dann gibt es stets Funktionen $f(x)$ der Menge $\mathfrak{C}$, für die $|S| = G$ wird, und jede solche Funktion hat die Form*

$$(33.) \qquad f(x) = \varepsilon \prod_{\nu=1}^{r} \frac{x + \omega_\nu}{1 + \bar{\omega}_\nu x}, \qquad (|\omega_\nu| < 1, |\varepsilon| = 1)$$

wobei r höchstens gleich n werden kann.

Dies folgt leicht aus den Ergebnissen des § 3. Die Zahlen $c_0, c_1, \ldots, c_n$ kommen, wie wir dort gesehen haben, dann und nur dann als die $n + 1$ ersten Koeffizienten einer Potenzreihe der Menge $\mathfrak{C}$ in Betracht, wenn sie sich in der Gestalt

$$c_\nu = \Psi_\nu = \Psi(\gamma_0, \gamma_1, \ldots, \gamma_\nu) \qquad (\nu = 0, 1, \ldots, n)$$

darstellen lassen, wobei die γ_λ nur den Bedingungen

$$(34.) \qquad |\gamma_0| \leq 1, |\gamma_1| \leq 1, \ldots, |\gamma_n| \leq 1$$

zu unterwerfen sind. Der Ausdruck Ψ_ν ist eine ganze rationale Funktion von

$$\gamma_0, \bar{\gamma}_0, \ldots, \gamma_{\nu-1}, \bar{\gamma}_{\nu-1}, \gamma_\nu,$$

die in bezug auf γ_ν linear ist und die Form

$$(35.) \qquad \Psi_\nu = \gamma_\nu \prod_{\lambda=0}^{\nu-1} (1 - \gamma_\lambda \bar{\gamma}_\lambda) + \Psi' \qquad (\Psi_0 = \gamma_0)$$

hat. Steht für ein spezielles Wertsystem γ_λ in einer der Ungleichungen (34.) das Gleichheitszeichen, etwa zuerst für $\lambda = r$, so wird $f(x)$ eindeutig bestimmt als die rationale Funktion $[x; \gamma_0, \gamma_1, \ldots, \gamma_r]$, die von der Form (33.) ist.

Ist nun

$$S(\Psi_0, \Psi_1, \ldots, \Psi_n) = T(\gamma_0, \gamma_1, \ldots, \gamma_n),$$

so läßt sich G einfach charakterisieren als die obere Grenze der Funktion $|T|$ der komplexen Variablen γ_λ in dem durch die Ungleichungen (34.) bestimmten Gebiete Γ. Da aber $|T|$ eine stetige Funktion der γ_λ und Γ ein abgeschlossenes Gebiet ist, gibt es gewiß in Γ Wertsysteme $\gamma_0', \gamma_1', \ldots, \gamma_n'$, für die $|T|$ genau gleich G wird. Eine Funktion der Klasse $\mathfrak{C}$, für die

$|S| = G$ wird, ist dann z. B. die rationale Funktion

$$\varphi(x) = [x; \gamma_0', \gamma_1', \ldots, \gamma_n'] = c_0' + c_1' x + c_2' x^2 + \cdots + c_n' x^n + \cdots$$

Wir haben nur noch zu zeigen, daß eine der Zahlen $|\gamma_\lambda'|$ genau gleich 1 sein muß. Um dies zu beweisen, beachte man zunächst, daß $T(\gamma_0, \gamma_1, \ldots, \gamma_n)$ nicht identisch gleich

$$s = T(0, 0, \ldots, 0) = S(0, 0, \ldots, 0)$$

werden kann, ohne daß $S(x_0, x_1, \ldots, x_n)$ sich auf die Konstante s reduziert. Dies folgt leicht aus der besonderen Form (35.) der Ausdrücke Ψ_ν. Wären nun alle $|\gamma_\lambda'|$ kleiner als 1, so wäre $M(\varphi) = m < 1$ (vergl. P. I, S. 211). Ist dann $|z| \leqq \dfrac{1}{m}$, so wird auch $z\varphi(x)$ eine Funktion der Menge $\mathfrak{E}$, es müßte also im Kreise $|z| \leqq \dfrac{1}{m}$

$$|S(z c_0', z c_1', \ldots, z c_n')| \leqq |S(c_0', c_1', \ldots, c_n')|$$

sein. Da aber der absolute Betrag einer ganzen rationalen Funktion, die nicht konstant ist, sein Maximum in einem Kreise nur auf dem Rand erreicht, so müßte $S(z c_0', z c_1', \ldots, z c_n')$ von z unabhängig, d. h.

$$G = |S(0, 0, \ldots, 0)| = |s|$$

sein. Dies ist aber nicht möglich. Denn wähle ich $\gamma_0, \gamma_1, \ldots, \gamma_n$ den Bedingungen (34.) gemäß so, daß $T - s \neq 0$ wird, und setze $c_\nu = \Psi(\gamma_0, \gamma_1, \ldots, \gamma_\nu)$, so wird auch $S(c_0, c_1, \ldots, c_n)$ von s verschieden ausfallen. Für $|z| \leqq 1$ müßte nun wieder

$$|S(z c_0, z c_1, \ldots, z c_n)| \leqq G = |S(0, 0, \ldots, 0)|$$

sein. Diese Ungleichung würde aber erfordern, daß die ganze rationale Funktion $S(z c_0, z c_1, \ldots, z c_n)$ eine Konstante wird, was hier gewiß nicht der Fall ist.

§ 10.

Eine Folgerung aus den Sätzen X und XI.

In meiner in diesem Journal Bd. 140 (1911) erschienenen Arbeit habe ich (auf S. 11 und S. 14) mit rein algebraischen Hilfsmitteln bewiesen: Sind

$$A = \sum_{\varkappa, \lambda}^{\infty}{}_1\, a_{\varkappa\lambda}\, x_\varkappa\, \overline{x}_\lambda, \qquad B = \sum_{\varkappa, \lambda}^{\infty}{}_1\, b_{\varkappa\lambda}\, x_\varkappa\, \overline{x}_\lambda$$

zwei beliebige nichtnegative *Hermite*sche Formen, so ist auch die *Hermite*sche Form

$$C = \sum_{\varkappa,\lambda}^{\infty} a_{\varkappa\lambda} b_{\varkappa\lambda} x_{\varkappa} \bar{x}_{\lambda}$$

nichtnegativ. Setzt man ferner

$$A = \sum_{\varkappa,\lambda}^{\infty} a_{\varkappa\lambda} x_{\varkappa} y_{\lambda}, \qquad B = \sum_{\varkappa,\lambda}^{\infty} b_{\varkappa\lambda} x_{\varkappa} \bar{x}_{\lambda}$$

und weiß man, daß die Bilinearform A beschränkt und die *Hermitesche* Form B nichtnegativ ist, so ist, wenn die obere Grenze b der Koeffizienten $b_{11}, b_{22}, \ldots$ endlich ist, auch die Bilinearform

$$C = \sum_{\varkappa,\lambda}^{\infty} a_{\varkappa\lambda} b_{\varkappa\lambda} x_{\varkappa} y_{\lambda}$$

beschränkt, und zwar ist (in den in § 7 eingeführten Bezeichnungen)

$$m(C) \leqq b \cdot m(A).$$

Kombiniert man diese beiden Sätze mit den Sätzen X und XI des ersten Teils der vorliegenden Arbeit, so ergibt sich ohne weiteres:

XIV. *Es seien*

$$f(x) = \sum_{\nu=0}^{\infty} a_{\nu} x^{\nu}, \qquad g(x) = \sum_{\nu=0}^{\infty} b_{\nu} x^{\nu}$$

zwei für $|x| < 1$ konvergente Potenzreihen, von denen die zweite einen positiven reellen Bestandteil hat. Man bilde, wenn b_0' den reellen Teil von b_0 bedeutet, die (für $|x| < 1$ ebenfalls konvergente) Potenzreihe

$$h(x) = 2 a_0 b_0' + \sum_{\nu=1}^{\infty} a_{\nu} b_{\nu} x^{\nu}.$$

Diese Funktion ist dann im Kreise $|x| < 1$ von positivem reellem Bestandteil bezw. beschränkt, wenn $f(x)$ die entsprechende Eigenschaft besitzt). Im zweiten Fall ist genauer*

(35.) $$M(h) \leqq 2 b_0' M(f).$$

Man kann diesen Satz sehr leicht auch direkt beweisen: Ist nämlich

$$g(r e^{i\varphi}) = u(r, \varphi) + i v(r, \varphi), \qquad (0 \leqq r < 1)$$

so gelten bekanntlich die Formeln

$$2 \pi b_0' = \int_0^{2\pi} u(r, \varphi)\, d\varphi, \qquad \pi b_{\nu} r^{\nu} = \int_0^{2\pi} u(r, \varphi) e^{-i\nu\varphi}\, d\varphi.$$

Ist daher $|x| < 1$ und setzt man $x = r^2 e^{i\psi}$, so folgt aus

$$f(r e^{i(\psi-\varphi)}) = \sum_{\nu=0}^{\infty} a_{\nu} r^{\nu} e^{i\nu(\psi-\varphi)}$$

die Gleichung

---

*) Für den Fall $\Re(f(x)) > 0$ findet sich eine ähnliche (von *O. Toeplitz* herrührende) Bemerkung bei *E. Landau*, Handbuch der Lehre von der Verteilung der Primzahlen, S. 891. Vergl. auch *F. Riesz*, dieses Journal, Bd. 146 (1915), S. 85.

$$\frac{1}{\pi} \int_0^{2\pi} u(r,\varphi)\, f(r\, e^{i(\psi-\varphi)})\, d\varphi = 2a_0 b_0' + \sum_{\nu=1}^{\infty} a_\nu r^\nu b_\nu r^\nu e^{i\nu\psi} = h(x).$$

Ist nun ebenso wie $u(r,\varphi)$ auch der reelle Teil $U(r,\varphi)$ von $f(r\, e^{i\varphi})$ positiv, so wird auch

$$\Re(h(x)) = \frac{1}{\pi} \int_0^{2\pi} u(r,\varphi)\, U(r,\psi-\varphi)\, d\varphi > 0.$$

Weiß man andererseits, daß $f(x)$ beschränkt ist, so wird

$$|h(x)| \leqq \frac{1}{\pi} \int_0^{2\pi} u(r,\varphi)\, |f(r\, e^{i(\psi-\varphi)})|\, d\varphi \leqq M(f) \cdot \frac{1}{\pi} \int_0^{2\pi} u(r,\varphi)\, d\varphi.$$

Die rechtsstehende Zahl ist aber nichts anderes als $2b_0' . M(f)$.

Es ist noch zu beachten, daß, wenn $f(x)$ keiner weiteren Bedingung unterworfen wird, in der Ungleichung (35.) der Faktor $2b_0'$ durch keine kleinere Zahl ersetzt werden kann. Denn für $f(x) = 1$ wird $M(h) = 2b_0' = 2b_0' M(f)$.

Aus dem Satze XIV folgt auch offenbar: Ist $f(x)$ im Kreise $|x| < 1$ beschränkt und weiß man von der Funktion $g(x)$ nur, daß sie sich als *Differenz* zweier für $|x| < 1$ regulärer Funktionen $g_1(x)$ und $g_2(x)$ mit positiven reellen Bestandteilen darstellen läßt, so ist die Funktion

$$(36.) \qquad\qquad p(x) = \sum_{\nu=0}^{\infty} a_\nu b_\nu x^\nu$$

jedenfalls für $|x| < 1$ beschränkt. Die durch die hier gekennzeichneten Funktionen $g = g_1 - g_2$ gebildete Funktionenklasse bezeichne man kurz als die Klasse $\mathfrak{D}$. In der Potenzreihenentwicklung einer solchen Funktion $g(x)$ sind die Koeffizienten jedenfalls beschränkt, da g_1 und g_2 einzeln diese Eigenschaft besitzen*). Ich will aber zeigen:

Es gibt Potenzreihen $g(x) = \sum_{\nu=0}^{\infty} b_\nu x^\nu$ *mit beschränkten Koeffizienten, die nicht zur Funktionenklasse* $\mathfrak{D}$ *gehören.*

Dies folgt aus der Tatsache, daß sich, wie *L. Fejér***) gezeigt hat, Potenzreihen $f(x) = \sum_{\nu=0}^{\infty} a_\nu x^\nu$ mit reellen Koeffizienten angeben lassen, die für $|x| < 1$ konvergent und beschränkt sind, bei denen die Summen

---

*) Ist der reelle Teil von $\Sigma b_\nu x^\nu$ für $|x| < 1$ positiv, so ist für $\nu \geqq 1$ bekanntlich $|b_\nu| \leqq 2b_0'$. Dies folgt übrigens unmittelbar aus der Ungleichung (35.), wenn $f(x) = x^\nu$ gesetzt wird.

**) Münch. Ber. 1910, Nr. 3. — Ein etwas einfacheres Beispiel hat *E. Landau* in seinem auf S. 122 zitierten Buche (§ 3) angegeben.

$$s_n = a_0 + a_1 + \cdots + a_n$$

aber nicht beschränkt sind, die Reihe $\sum\limits_{\nu=0}^{\infty} |a_\nu|$ also gewiß divergent ist. Wählt man nämlich eine solche Potenzreihe $f(x)$ und setzt

$$b_\nu = \operatorname{sign} a_\nu, \qquad g(x) = \sum_{\nu=0}^{\infty} b_\nu x^\nu,$$

so geht die Reihe (36.) in die Reihe $\Sigma |a_\nu| x^\nu$ über. Da nun diese Reihe an der Stelle $x = 1$ divergiert und ihre Koeffizienten nichtnegative reelle Zahlen sind, so ist nach einem bekannten Satze, wenn x längs des Radius $0 \ldots 1$ der Stelle 1 zustrebt, $\lim p(x) = \infty$. Daher kann die Funktion $p(x)$ im Kreise $|x| < 1$ gewiß nicht beschränkt sein, folglich kann auch $g(x)$ nicht zur Klasse $\mathfrak{D}$ gehören.

Auf Grund des am Anfang dieses Paragraphen angeführten Satzes über Bilinearformen mit unendlich vielen Variablen folgert man in ganz ähnlicher Weise aus der Existenz von quadratischen Formen, die beschränkt, aber nicht absolut beschränkt sind*), daß es *Hermite*sche Formen mit unendlich vielen Variablen gibt, deren Koeffizienten beschränkt sind, die sich aber nicht als Differenz zweier nichtnegativer *Hermite*schen Formen mit ebenfalls beschränkten Koeffizienten darstellen lassen.

<h2 style="text-align:center">§ 11.</h2>

<h3 style="text-align:center">Über die Partialsummen einer beschränkten Potenzreihe.</h3>

Ist

$$T(\varphi) = b_0 + b_1 \cos \varphi + \cdots + b_n \cos n\varphi$$

ein Kosinuspolynom mit reellen Koeffizienten, das für reelle Werte von φ niemals negativ wird und auch nicht identisch verschwindet, so ist bekanntlich für $0 \leqq r < 1$

$$b_0 + b_1 r \cos \varphi + \cdots + b_n r^n \cos n\varphi > 0.$$

Daher hat das Polynom

$$g(x) = b_0 + b_1 x + \cdots + b_n x^n$$

im Kreise $|x| < 1$ einen positiven reellen Bestandteil. Ist daher $f(x) = \Sigma a_\nu x^\nu$ eine für $|x| < 1$ konvergente Potenzreihe und setzt man

$$h(x) = 2 a_0 b_0 + a_1 b_1 x + \cdots + a_n b_n x^n,$$

so ist nach Satz XIV für $|x| < 1$ der reelle Teil von $h(x)$ positiv, wenn

---

*) Vergl. meine am Anfang dieses Paragraphen erwähnte Arbeit, S. 20.

17*

$\Re(f(x)) > 0$ ist. Ist ferner $f(x)$ beschränkt, so gilt die Ungleichung $M(h) \leqq 2 b_0 M(f)$.

Setzt man speziell

$$T(\varphi) = \frac{1}{2(n+1)} \, |\, 1 + e^{i\varphi} + \cdots + e^{in\varphi}\,|^2$$

$$= \frac{1}{2} + \frac{n}{n+1} \cos\varphi + \frac{n-1}{n+1} \cos 2\varphi + \cdots + \frac{1}{n+1} \cos n\varphi\,*),$$

so wird

$$h(x) = t_n(x) = \sum_{\nu=1}^{n} \frac{n+1-\nu}{n+1} a_\nu x^\nu = \frac{s_0(x) + s_1(x) + \cdots + s_n(x)}{n+1},$$

wobei $s_\nu(x)$ die Summe der $\nu + 1$ ersten Glieder der Reihe $f(x)$ bedeutet. Wählt man ferner

$$\binom{2n}{n} T(\varphi) = 2^{n-1} (1 + \cos\varphi)^n = \frac{e^{-in\varphi}}{2} (1 + e^{i\varphi})^{2n} = \frac{1}{2}\binom{2n}{n} + \sum_{\nu=1}^{n}\binom{2n}{n-\nu}\cos\nu\varphi,$$

so wird

$$h(x) = v_n(x) = \sum_{\nu=0}^{n} \frac{n!\,n!}{(n-\nu)!\,(n+\nu)!} a_\nu x^\nu.$$

Die Ausdrücke $t_n(x)$ stellen die zur Reihe $f(x)$ gehörenden *Cesàro*schen Mittel erster Ordnung dar. Ebenso liefern die Ausdrücke $v_n(x)$ die zuerst von *de la Vallée-Poussin***) eingeführten Mittelbildungen. Für $|x| < 1$ ist daher bekanntlich

(37.) $$\lim_{n=\infty} t_n(x) = f(x), \qquad \lim_{n=\infty} v_n(x) = f(x).$$

Es gilt nun der nicht uninteressante Satz:

XV. *Die Reihe $f(x)$ ist dann und nur dann für $|x| < 1$ konvergent und $\Re(f(x)) > 0$, wenn in diesem Kreise für jedes n*

$$\Re(t_n(x)) > 0, \ \ bezw. \ \ \Re(v_n(x)) > 0$$

ist. Damit ferner $f(x)$ für $|x| < 1$ konvergiere und der Bedingung $|f(x)| \leqq M$ genüge, ist notwendig und hinreichend, daß in diesem Kreise für jedes n

$$|t_n(x)| \leqq M, \ \ bezw. \ \ |v_n(x)| \leqq M$$

sei.

Daß die hier genannten Bedingungen für $t_n(x)$ und $v_n(x)$ notwendig erfüllt sein müssen, haben wir vorhin schon gesehen. Wir haben also nur das Umgekehrte zu beweisen. Ich gebe den Beweis nur für die Ausdrücke $v_n(x)$ an, da sich für die $t_n(x)$ die Betrachtung ganz ebenso gestaltet. Ist

---

*) Vergl. *L. Fejér*, dieses Journal, Bd. 146 (1915), S. 59.

**) Bull. de l' Acad. Sc. de Belgique 1908, S. 193. — Vergl. auch *T. H. Gronwall*, dieses Journal, Bd. 147 (1916), S. 16.

für jedes n der reelle Teil von $v_n(x)$ im Kreise $|x| < 1$ positiv, so wird (vergl. die Fußnote auf S. 126) für $1 \leq \nu < n$

$$\left| \frac{n!\, n!}{(n-\nu)!\, (n+\nu)!}\, a_\nu \right| = \left| \frac{n(n-1)\ldots(n-\nu+1)}{(n+1)(n+2)\ldots(n+\nu)}\, a_\nu \right| \leq 2\Re(a_0).$$

Hält man ν fest und läßt n über alle Grenzen wachsen, so ergibt sich $|a_\nu| \leq 2\Re(a_0)$. Daher ist die Reihe $f(x)$ für $|x| < 1$ konvergent und zugleich wegen (37.)

$$\Re(f(x)) = \lim_{n=\infty} \Re(v_n(x)) \geq 0.$$

Den Wert 0 kann aber $\Re(f(x))$ im Innern des Kreises $|x| < 1$ nicht annehmen, ohne einmal negativ zu werden oder identisch zu verschwinden. Auch der zweite Fall kommt wegen $\Re(f(0)) = \Re(v_n(0)) > 0$ nicht in Betracht. In ganz ähnlicher Weise erledigt sich auch der Fall $|v_n(x)| \leq M$.

Daß für jede beschränkte Funktion $f(x)$ mit der oberen Grenze $m = M(f)$ im Kreise $|x| < 1$ stets auch

$$(38.) \qquad |t_n(x)| = \left| \frac{s_0(x) + s_1(x) + \cdots + s_n(x)}{n+1} \right| \leq m$$

ist, hat zuerst *L. Fejér*[*]) und die Umkehrung dieses Satzes zuerst *E. Landau* (im § 1 seines auf S. 122 zitierten Buches) auf anderem Wege bewiesen.

Läßt man x gegen 1 konvergieren und setzt

$$s_\nu = a_0 + a_1 + \cdots + a_\nu,$$

so ergibt sich aus (38.)

$$(39.) \qquad \left| \frac{s_0 + s_1 + \cdots + s_n}{n+1} \right| \leq m.$$

Weiß man umgekehrt, daß diese Ungleichung für jede beschränkte Funktion $f(x)$ mit der oberen Grenze m gilt, so lehrt die Betrachtung der Reihe $\Sigma\, a_\nu x^\nu z^\nu$, daß für $|x| \leq 1$ auch die Ungleichung (38.) gilt.

Ich will nun zeigen, daß die Relation (39.) durch eine wesentlich schärfere ersetzt werden kann. Unter den hier über $f(x)$ gemachten Voraussetzungen besteht nämlich, wie wir P. I, S. 227 gesehen haben, für jedes Wertsystem $u_0, u_1, \ldots, u_n$ die Ungleichung

$$\sum_{\nu=0}^{n} |a_0 u_\nu + a_1 u_{\nu+1} + \cdots + a_{n-\nu} u_n|^2 \leq m^2 \sum_{\nu=0}^{n} |u_\nu|^2.$$

Setzt man hier alle u_λ gleich 1, so geht sie über in

---

[*]) Rendiconti di Palermo, Bd. 38 (1914), S. 95.

$$(40.) \qquad \sum_{\nu=0}^{n} |s_{n-\nu}|^2 = \sum_{\nu=0}^{n} |s_\nu|^2 \leq (n+1)\, m^2.$$

Es ist aber auf Grund einer bekannten Ungleichung

$$(|s_0| + |s_1| + \cdots + |s_n|)^2 \leq (n+1)\,(|s_0|^2 + |s_1|^2 + \cdots + |s_n|^2).$$

Aus (40.) folgt daher

$$(40'.) \qquad \frac{|s_0| + |s_1| + \cdots + |s_n|}{n+1} \leq m,$$

was mehr besagt als die Ungleichung (39.).

Hieraus folgt in bekannter Weise: Ist $\sigma_1, \sigma_2, \ldots$ irgend eine monoton ins Unendliche wachsende Folge positiver Zahlen, so ist stets

$$\lambda = \lim_{n=\infty} \inf \frac{|s_n|}{\sigma_n} = 0.$$

Für jede im Kreise $|x| < 1$ beschränkte Funktion $f(x)$ ist bekanntlich[*)] $\frac{|s_n|}{\log n}$ unterhalb einer endlichen Schranke gelegen. Aus unserem Ergebnis folgt, daß, wenn $\lim\limits_{n=\infty} \frac{|s_n|}{\log n}$ existiert, dieser Grenzwert nur den Wert 0 haben kann[**)].

§ 12.

Über eine spezielle Klasse von beschränkten Potenzreihen.

Verstehen wir wieder unter $f(x) = \Sigma a_\nu x^\nu$ eine im Kreise $|x| < 1$ konvergente und beschränkte Potenzreihe und ist $M(f) = m$, so gilt bekanntlich die Ungleichung

$$(41.) \qquad b_0 = |a_0|^2 + |a_1|^2 + |a_2|^2 + \cdots \leq m^2.$$

(Dies folgt aus der Formel (25.) des § 7 oder auch aus dem Satze X.)

---

*) Vgl. *E. Landau*, Arch. d. Math. u. Phys. Bd. 21 (1913), S. 42.

**) In einer vor kurzem erschienenen Arbeit (Gött. Nachr., math.-phys. Kl. 1917, S. 119—128) hat *H. Bohr* gezeigt, daß es spezielle Funktionen der Klasse $\mathfrak{E}$ gibt, für die $\lim\limits_{n=\infty} \sup \frac{|s_n|}{G_n} = 1$ ist (hierbei bedeutet G_n die in § 9 erwähnte *Landau*sche obere Grenze für $|s_n|$). Da andererseits $\lim\limits_{n=\infty} \inf \frac{|s_n|}{G_n} = 0$ und $G_n \sim \frac{1}{\pi} \log n$ ist, so existiert in dem *Bohr*schen Falle $\lim\limits_{n=\infty} \frac{|s_n|}{\log n}$ nicht. — Herr *Bohr* beweist ferner a. a. O. mit recht tiefliegenden Hilfsmitteln, daß für jede Funktion der Klasse $\mathfrak{E}$ $\lim\limits_{n=\infty} \sup (G_n - |s_n|) = \infty$ ist. Dies folgt unmittelbar aus der im Text bewiesenen Ungleichung (40'.) in Verbindung mit der Tatsache, daß $\lim\limits_{n=\infty} \frac{G_0 + G_1 + \cdots + G_n}{n+1} = \infty$ ist. (Zusatz bei der Korrektur.)

Es entsteht nun die Frage: *wann gilt in* (41.) *das Gleichheitszeichen?*
Die Antwort auf diese Frage gibt der Satz:

XVI. *Damit die Potenzreihe* $f(x)$ *im Kreise* $|x| < 1$ *beschränkt sei und die obere Grenze*

$$M(f) = \sqrt{|a_0|^2 + |a_1|^2 + |a_2|^2 + \cdots} = \sqrt{b_0}$$

besitze, ist notwendig und hinreichend, daß die hier auftretende Reihe konvergiere und außerdem die sämtlichen (alsdann ebenfalls konvergenten) Reihen

$$b_\nu = a_0 \bar{a}_\nu + a_1 \bar{a}_{\nu+1} + a_2 \bar{a}_{\nu+2} + \cdots \qquad (\nu = 1, 2, \ldots)$$

die Summe 0 *haben.*

Besitzt nämlich $f(x)$ die verlangte Eigenschaft, so besteht für jedes Wertsystem $u_0, u_1, u_2, \ldots$, für das die Reihe $\sum\limits_{\nu=0}^{\infty} |u_\nu|^2$ konvergiert, die Ungleichung

$$\sum_{\nu=0}^{\infty} |a_0 u_\nu + a_1 u_{\nu+1} + \cdots|^2 \leqq b_0 \sum_{\nu=0}^{\infty} |u_\nu|^2$$

(vergl. § 7, Formel (27.)). Setzt man insbesondere $u_\nu = \bar{a}_\nu$, so ergibt sich

$$b_0^2 + |b_1|^2 + |b_2|^2 + \cdots \leqq b_0^2.$$

Daher müssen die Zahlen $b_1, b_2, \ldots$ sämtlich verschwinden.

Ist umgekehrt die Reihe b_0 konvergent und $b_\nu = 0$ für $\nu > 0$, so wird, wenn A wie früher die Bilinearform

$$A = \sum_{\lambda \geqq \varkappa} a_{\lambda-\varkappa} x_\varkappa y_\lambda$$

und auch die zugehörige Matrix bedeutet, $A \bar{A}' = b_0 E$. Die *Hermite*sche Form $A \bar{A}'$ ist also beschränkt und ihre obere Grenze gleich b_0. Hieraus folgt aber (vergl. § 7), daß auch die Bilinearform A beschränkt und ihre obere Grenze gleich $\sqrt{b_0}$ ist. Folglich ist nach Satz X die Potenzreihe $f(x)$ für $|x| < 1$ beschränkt und $M(f) = \sqrt{b_0}$.

Will man von der Theorie der Bilinearformen keinen Gebrauch machen, so kann man folgendermaßen schließen. Ist die Reihe b_0 konvergent und setzt man

$$b_{-\nu} = \bar{b}_\nu = \bar{a}_0 a_\nu + \bar{a}_1 a_{\nu+1} + \cdots,$$

so wird, wie eine einfache Rechnung zeigt, für beliebige $n+1$ Größen $u_0, u_1, \ldots, u_n$

$$\sum_{\varkappa, \lambda}^{0 \ldots n} b_{\lambda-\varkappa} u_\varkappa \bar{u}_\lambda = \sum_{\nu=-n}^{\infty} \left| \sum_{\lambda=0}^{n} a_{\lambda+\nu} u_\lambda \right|^2,$$

wobei $a_{-1}, a_{-2}, \ldots$ gleich 0 zu setzen sind. Haben insbesondere $b_1, b_2, \ldots$

den Wert 0, so wird die links stehende Summe gleich $b_0 \sum\limits_{\nu=0}^{n} |u_\nu|^2$. Daher ist

$$\sum_{\nu=-n}^{0} \left| \sum_{\lambda=0}^{n} a_{\lambda+\nu} u_\lambda \right|^2 = \sum_{\lambda=0}^{n} |a_0 u_\nu + a_1 u_{\nu+1} + \cdots + a_{n-\nu} u_n|^2 \le b_0 \sum_{\nu=0}^{n} |u_\nu|^2.$$

Das Bestehen dieser Ungleichung für alle n und für beliebige u_ν liefert aber, wie wir P. I, S. 227 gesehen haben, eine hinreichende Bedingung dafür, daß $f(x)$ für $|x| < 1$ beschränkt und $M(f) \le \sqrt{b_0}$ sei. Da andererseits $\sqrt{b_0} \le M(f)$ ist, muß hier das Gleichheitszeichen gelten.

Ist insbesondere $f(x)$ im Einheitskreise mit Einschluß des Randes stetig, so wird bekanntlich

$$b_0 = |a_0|^2 + |a_1|^2 + |a_2|^2 + \cdots = \frac{1}{2\pi} \int_0^{2\pi} |f(e^{i\varphi})|^2 \, d\varphi.$$

In diesem Fall wird offenbar dann und nur dann $M(f) = \sqrt{b_0}$, wenn $f(e^{i\varphi})$ von konstantem absolutem Betrage ist. Zu dieser Klasse von Funktionen gehören insbesondere die rationalen Funktionen der Form

$$f(x) = c \prod_{\nu=1}^{n} \frac{x + \omega_\nu}{1 + \bar{\omega}_\nu x}, \qquad (|\omega_\nu| < 1)$$

wobei c eine beliebige Konstante bedeuten kann.

Allgemein hat Herr *Fatou*[*]) bewiesen, daß, wenn $f(x)$ im Kreise $|x| < 1$ regulär und beschränkt ist, für alle reellen Werte von φ, abgesehen von einer Menge vom *Lebesgue*schen Maße 0,

$$\lim_{r=1} f(r e^{i\varphi}) = F(\varphi)$$

existiert[**]) und

$$b_0 = |a_0|^2 + |a_1|^2 + |a_2|^2 + \cdots = \frac{1}{2\pi} \int_0^{2\pi} |F(\varphi)|^2 \, d\varphi$$

ist. Hierbei ist das Integral im *Lebesgue*schen Sinne zu verstehen. Soll die Reihensumme b_0 gleich dem Quadrat der oberen Grenze von $f(x)$ sein, so muß $F(\varphi)$, abgesehen von einer Menge vom Maße 0, von konstantem absolutem Betrage sein, und diese Bedingung ist auch hinreichend. Daß aber aus der Konvergenz der Reihe $\sum\limits_{\nu=0}^{\infty} |a_\nu|^2$ und den Gleichungen $b_1 = 0$,

---

[*]) Acta Math. Bd. 30 (1906), S. 335.

[**]) Allgemeiner konvergiert $f(x)$ gegen $F(\varphi)$, wenn x aus dem Innern des Einheitskreises kommend auf irgendeiner geraden Linie dem Punkte $e^{i\varphi}$ zustrebt; vergl. *E. Study*, Konforme Abbildung einfach-zusammenhängender Bereiche (Teubner 1913), S. 50.

$b_2 = 0, \ldots$ die Beschränktheit von $f(x)$ und die Gleichung $M(f) = \sqrt{b_0}$ folgt, ergibt sich aus dem *Fatou*schen Satze noch nicht.

Ich will noch auf eine interessante spezielle Klasse von Funktionen der hier betrachteten Art aufmerksam machen.

Es seien $\alpha_1, \alpha_2, \ldots$ beliebige von Null verschiedene Größen, deren absolute Beträge sämtlich kleiner als 1 sind und für die die Reihe $\sum\limits_{\nu=1}^{\infty}(1-|\alpha_\nu|)$ konvergent ist. Dann ist auch das unendliche Produkt

$$\alpha = \prod_{\nu=1}^{\infty} |\alpha_\nu|$$

konvergent und von Null verschieden. Bedeutet nun $r_1, r_2, \ldots$ irgendeine Folge wachsender positiver ganzer Zahlen, so ist das unendliche Produkt

$$f(x) = \prod_{\nu=1}^{\infty} \frac{1-\alpha_\nu^{-1}x^{r_\nu}}{1-\overline{\alpha}_\nu x^{r_\nu}}$$

für $|x| < 1$ konvergent, und diese Funktion verhält sich in diesem Kreise regulär. Setzt man nämlich

$$f_n(x) = \prod_{\nu=1}^{n} \frac{1-\alpha_\nu^{-1}x^{r_\nu}}{1-\overline{\alpha}_\nu x^{r_\nu}} = a_{n0} + a_{n1}x + a_{n2}x^2 + \cdots,$$

so ist $f_n(x)$ für $|x| \leqq 1$ regulär, und für $|x| = 1$ wird

$$(42.) \qquad |f_n(x)| = \frac{1}{|\alpha_1\,\alpha_2 \ldots \alpha_n|} < \frac{1}{\alpha}.$$

Daher ist für jedes ν auch $|a_{n\nu}| < \frac{1}{\alpha}$. Außerdem stimmen für $\lambda > 0$ die Potenzreihenentwicklungen von $f_n(x)$ und $f_{n+\lambda}(x)$ in den r_{n+1} ersten Gliedern überein. Setzt man nun

$$a_0 = a_{10},\; a_1 = a_{21},\; a_2 = a_{32}, \ldots,$$

so ist die Reihe $\sum\limits_{\nu=0}^{\infty} a_\nu x^\nu$ wegen $|a_\nu| < \frac{1}{\alpha}$ im Kreise $|x| < 1$ konvergent, und man erkennt leicht, daß in diesem Kreise

$$f(x) = \lim_{n \to \infty} f_n(x) = a_0 + a_1 x + a_2 x^2 + \cdots$$

ist. Aus (42.) folgt zugleich, daß $M(f) \leqq \frac{1}{\alpha}$ ist. Andererseits ergibt sich aber auch aus dieser Gleichung, daß für jedes n die Relation

$$\sum_{\nu=0}^{\infty} |a_{n\nu}|^2 = \frac{1}{|\alpha_1\,\alpha_2 \ldots \alpha_n|^2}$$

besteht. Für $\nu < r_{n+1}$ ist ferner offenbar $a_{n\nu} = a_\nu$. Daher ist

$$\frac{1}{|\alpha_1\,\alpha_2\ldots\alpha_{\bar n}|^2} - \sum_{\nu=0}^{r_{n+1}-1} |a_\nu|^2 = \sum_{\nu=r_{n+1}}^{\infty} |a_{n\nu}|^2.$$

Wählt man nun, was jedenfalls stets möglich ist, die Zahlen r_λ so, daß die rechts stehende Summe mit wachsendem n gegen 0 konvergiert*), so wird

$$\sum_{\nu=0}^{\infty} |a_\nu|^2 = \lim_{n=\infty} \frac{1}{|\alpha_1\,\alpha_2\ldots\alpha_n|^2} = \frac{1}{\alpha^2}.$$

Hieraus folgt zugleich, daß die obere Grenze $M(f)$ von $f(x)$ genau gleich $\dfrac{1}{\alpha}$ ist, da sonst die links stehende Summe größer als das Quadrat von $M(f)$ wäre.

Die auf diese Weise gewonnene Funktion $f(x)$ genügt also den Bedingungen des Satzes XVI. Sie besitzt nun eine merkwürdige Eigenschaft: sie hat im Innern des Einheitskreises unendlich viele Nullstellen, und jeder Randpunkt ist eine Häufungsstelle der Menge dieser Nullstellen, bei geradliniger Annäherung an einen Randpunkt konvergiert aber $|f(x)|$ (nach dem *Fatou*schen Satze) im allgemeinen gegen $\dfrac{1}{\alpha}$. Die Ausnahmepunkte auf dem Rande bilden höchstens nur eine Menge vom Maße Null**).

§ 13.
Über Polynome, die nur im Innern des Einheitskreises verschwinden.

Aus dem Satze VIII ergibt sich ohne Mühe ein interessanter Satz der Algebra, der auf rein algebraischem Wege nicht leicht zu beweisen sein dürfte:

XVII. *Die Nullstellen des Polynoms n-ten Grades*

$$g(x) = a_0 + a_1 x + \cdots + a_n x^n$$

sind dann und nur dann sämtlich im Innern des Einheitskreises gelegen, wenn die Hermitesche Form

$$H = \sum_{\lambda=0}^{n-1} |\bar a_n x_\lambda + \bar a_{n-1} x_{\lambda+1} + \cdots + \bar a_{\lambda+1} x_{n-1}|^2 - \sum_{\lambda=0}^{n-1} |a_0 x_\lambda + a_1 x_{\lambda+1} + \cdots + a_{n-1-\lambda} x_{n-1}|^2$$

positiv definit ist, oder was dasselbe ist, wenn die n Determinanten

---

*) Es ist hierbei zu beachten, daß die Zahlen $a_{n\nu}$ von der Wahl der Zahlen $r_{n+1}, r_{n+2}, \ldots$ unabhängig sind.

**) Vergl. hierzu *H. Gronwall*, Annals of Math. Bd. 14 (1912), S. 72, und *W. Blaschke*, Leipziger Berichte, Bd. LXVII (1915), S. 194.

$$\delta_{\nu+1} = \begin{vmatrix} a_n, & 0, & \ldots, & 0, & a_0, a_1, & \ldots, & a_\nu \\ a_{n-1}, a_n, & & \ldots, & 0, & 0, a_0, & \ldots, & a_{\nu-1} \\ \cdot & \cdot & \cdot & \cdot & \cdot & \cdot & \cdot \\ a_{n-\nu}, & a_{n-\nu+1}, & \ldots, & a_n, 0, & 0, & \ldots, & a_0 \\ \bar{a}_0, & 0, & \ldots, & 0, & \bar{a}_n, \bar{a}_{n-1}, & \ldots, & \bar{a}_{n-\nu} \\ \bar{a}_1, & \bar{a}_0, & \ldots, & 0, & 0, \bar{a}_n, & \ldots, & \bar{a}_{n-\nu+1} \\ \cdot & \cdot & \cdot & \cdot & \cdot & \cdot & \cdot \\ \bar{a}_\nu, & \bar{a}_{\nu-1}, & \ldots, & \bar{a}_0, 0, & 0, & \ldots, & \bar{a}_n \end{vmatrix} \qquad (\nu=0,1,\ldots,n-1)$$

positive (von Null verschiedene) Werte haben.

Man setze nämlich

$$h(x) = x^n \bar{g}(x^{-1}) = \bar{a}_n + \bar{a}_{n-1}x + \cdots + \bar{a}_0 x^n$$

und betrachte den Quotienten

$$f(x) = \frac{g(x)}{h(x)}.$$

Wir haben nur zu untersuchen, unter welchen Bedingungen $f(x)$ eine Funktion der Form (18.) darstellt (vergl. § 6). Hierzu sind nur die dort angegebenen Determinanten $\delta_1, \delta_2, \ldots$ zu bilden, wobei

$$b_0 = \bar{a}_n, \quad b_1 = \bar{a}_{n-1}, \ldots, b_n = \bar{a}_0$$

und $a_\lambda = b_\lambda = 0$ für $\lambda > n$ zu setzen ist. Soll $f(x)$ die Form (18.) haben, so muß

$$\delta_1 > 0, \quad \delta_2 > 0, \ldots, \delta_n > 0, \quad \delta_{n+1} = \delta_{n+2} = \cdots = 0$$

sein. Die Determinanten $\delta_{n+1}, \delta_{n+2}, \ldots$ sind aber in unserem Falle von selbst gleich 0, weil in jeder von ihnen die erste Kolonne mit einer der übrigen übereinstimmt. Notwendig und hinreichend ist also nur, daß die n ersten Determinanten δ_λ positive Werte haben. Da aber δ_λ die λ-te Abschnittsdeterminante der *Hermite*schen Form H ist, so besagt dies nur, daß H eine positiv definite Form sein muß.

Versteht man, wenn

$$\psi(t) = c_0 + c_1 t + c_2 t^2 + \cdots$$

eine beliebige Potenzreihe ist, unter $N_n(\psi)$ die Summe

$$N_n(\psi) = |c_0|^2 + |c_1|^2 + \cdots + |c_{n-1}|^2$$

und setzt man

$$\varphi(t) = x_0 t^{n-1} + x_1 t^{n-2} + \cdots + x_{n-1},$$

so wird, wie man leicht sieht,

$$H = N_n(h\varphi) - N_n(g\varphi).$$

Die Wurzeln der Gleichung $g(x) = 0$ liegen also dann und nur dann sämtlich

18*

im Innern des Einheitskreises, wenn diese Differenz für jedes nicht identisch verschwindende Polynom $\varphi(x)$, *dessen Grad höchstens gleich* $n-1$ *ist, einen positiven Wert hat**).

Der Satz XVII liefert auch eine Lösung der Aufgabe: zu entscheiden, unter welchen Bedingungen eine gegebene Gleichung n-ten Grades $G(x) = 0$ nur Wurzeln mit negativem reellem Teil besitzt. Hierzu hat man nur zu untersuchen, ob die Gleichung

$$g(x) = (x-1)^n\, G\!\left(\frac{x+1}{x-1}\right) = 0$$

den Bedingungen unseres Satzes genügt. Für Polynome $G(x)$ mit reellen Koeffizienten haben diese Aufgabe *E. J. Routh***) und *A. Hurwitz****) auf anderem Wege gelöst. Es dürfte nicht ganz leicht sein, aus dem hier gewonnenen Ergebnis die eleganten von Herrn *Hurwitz* angegebenen Bedingungen abzuleiten.

Unser Satz gestattet auch, die notwendigen und hinreichenden Bedingungen dafür anzugeben, daß die *Wurzeln* $\varepsilon_1, \varepsilon_2, \ldots, \varepsilon_n$ *einer Gleichung n-ten Grades*

$$F(x) = c_0 + c_1 x + \cdots + c_n x^n = 0$$

voneinander verschieden und sämtlich vom absoluten Betrage 1 *seien.* Dies ist, wie ich zeigen will, dann und nur dann der Fall, *wenn erstens*

$$(43.) \qquad\qquad c_0\, \bar{c}_{n-\nu} = \bar{c}_n\, c_\nu \qquad\qquad (\nu = 1, 2, \ldots, n)$$

ist, und zweitens die Wurzeln $\varepsilon_1', \varepsilon_2', \ldots, \varepsilon_{n-1}'$ *der derivierten Gleichung* $F'(x) = 0$ *sämtlich im Innern des Einheitskreises liegen*†), *d. h.* $F'(x)$ *den Bedingungen des Satzes* XVII *genügt.*

Sind nämlich alle Zahlen $|\varepsilon_\nu|$ gleich 1 und setzt man

$$F^*(x) = x^n\, \bar{F}(x^{-1}) = \bar{c}_n + \bar{c}_{n-1} x + \cdots + \bar{c}_0 x^n,$$

so unterscheiden sich F und F^* voneinander nur um einen konstanten

---

*) Dasselbe gilt dann von selbst auch für eine beliebige Potenzreihe $\varphi(t)$.

**) „Die Dynamik der Systeme starrer Körper" (deutsche Ausgabe, Leipzig 1898), Bd. 2, § 291.

***) Math. Ann. Bd. 46 (1895), S. 273. — Vergl. auch *L. Orlando*, Math. Ann. Bd. 71 (1912), S. 233.

†) Herr *G. Pólya*, den ich von diesem Satz in Kenntnis setzte, hatte die Freundlichkeit, mir noch einen andern, von Herrn *A. Hurwitz* herrührenden Beweis mitzuteilen, der sich auf den bekannten Satz von *Biehler* (dieses Journal Bd. 87. S. 350) stützt.

Faktor. Durch Vergleichen der von x freien Glieder erhält man $c_0 F^* = \bar{c}_n F$, und das liefert die Bedingungen (43.). Liegen ferner alle Wurzeln von $F = 0$ in oder auf dem Rande $\Re$ eines konvexen Bereiches $\Re$, so gilt dasselbe nach einem bekannten Satze von *Gauß**) auch für die Wurzeln von $F' = 0$. Die auf $\Re$ liegenden Wurzeln von $F' = 0$ sind hierbei nichts anderes als die auf $\Re$ gelegenen *mehrfachen* Wurzeln von $F = 0$. In unserem Fall kann für $\Re$ der Einheitskreis gewählt werden, und da $F = 0$ keine mehrfachen Wurzeln besitzen soll, so müssen die Zahlen ε'_λ im *Innern* von $\Re$ liegen.

Sind umgekehrt die Gleichungen (43.) erfüllt, so ist insbesondere $|c_0| = |c_n|$. Ist dann ζ einer der beiden Werte von $\sqrt{\dfrac{\bar{c}_n}{c_0}}$ und setzt man

$$P(x) = \zeta x F'(x), \qquad Q(x) = x^n \bar{P}(x^{-1}) = \zeta^{-1} x^{n-1} \bar{F}'(x^{-1}),$$

so wird, wie eine einfache Rechnung zeigt,

$$P(x) + Q(x) = n \zeta F(x).$$

Liegen nun alle Wurzeln von $F' = 0$ oder, was dasselbe ist, von $P = 0$ im Innern des Einheitskreises, so folgt aus dem P. I, S. 230 bewiesenen Satze XII, daß die Gleichung $F = 0$ die verlangte Eigenschaft besitzt.

Hieraus folgt leicht: *Ein trigonometrisches Polynom n-ten Grades mit reellen Koeffizienten*

$$T(\varphi) = \frac{a_0}{2} + \sum_{\nu=1}^{n} (a_\nu \cos \nu \varphi + b_\nu \sin \nu \varphi)$$

verschwindet dann und nur dann an $2n$ verschiedenen Stellen des Intervalls $0 \le \varphi < 2\pi$, wenn das Polynom des Grades $2n - 1$

$$g(x) = \sum_{\nu = -(n-1)}^{n} (n + \nu) c_\nu x^{n+\nu-1}$$

den Bedingungen des Satzes XVII genügt. Hierbei ist

$$c_\nu = a_\nu + i b_\nu, \qquad c_{-\nu} = a_\nu - i b_\nu \qquad (\nu = 0, 1, 2, \ldots, n,\ b_0 = 0)$$

zu setzen.

§ 14.

Die rationalen Funktionen $[x; \gamma_0, \gamma_1, \ldots, \gamma_n]$.

Diese Funktionen, auf die wir bei der Betrachtung der im Kreise $|x| < 1$ beschränkten Potenzreihen geführt wurden (vgl. § 2), haben einige interessante Eigenschaften.

---

*) Werke, Bd. III, 1866, S. 112. Weitere Literaturangaben findet man bei *L. Fejér*, Math. Ann. Bd. 65 (1908), S. 417.

Sind $\gamma_0, \gamma_1, \ldots, \gamma_n$ beliebige Größen, so hat man sich zur Berechnung des Ausdrucks

$$(44.) \qquad f(x) = [x; \gamma_0, \gamma_1, \ldots, \gamma_n]$$

der Rekursionsformel

$$[x; \gamma_0, \gamma_1, \ldots, \gamma_n] = \frac{\gamma_0 + x[x; \gamma_1, \gamma_2, \ldots, \gamma_n]}{1 + \bar{\gamma}_0 x[x; \gamma_1, \gamma_2, \ldots, \gamma_n]}, \quad [x; \gamma_n] = \gamma_n$$

zu bedienen. Setzt man

$$f_\nu(x) = [x; \gamma_\nu, \gamma_{\nu+1}, \ldots, \gamma_n],$$

so läßt sich $f(x)$ auf die Form

$$(45.) \qquad f = \frac{C_{\nu-1} + x D_{\nu-1} f_\nu}{A_{\nu-1} + x B_{\nu-1} f_\nu}$$

bringen, wobei $A_{\nu-1}, \ldots$ ganze rationale Funktionen sind, die mit Hilfe der Rekursionsformeln

$$(46.) \quad \begin{cases} A_\nu = A_{\nu-1} + \gamma_\nu x B_{\nu-1}, & B_\nu = \bar{\gamma}_\nu A_{\nu-1} + x B_{\nu-1}, \\ C_\nu = C_{\nu-1} + \gamma_\nu x D_{\nu-1}, & D_\nu = \bar{\gamma}_\nu C_{\nu-1} + x D_{\nu-1} \end{cases}$$

zu berechnen sind. Es kommt noch hinzu, daß

$$A_0 = 1, \quad B_0 = \bar{\gamma}_0, \quad C_0 = \gamma_0, \quad D_0 = 1$$

zu setzen ist. Speziell wird

$$A_1 = 1 + \bar{\gamma}_0\gamma_1 x, \quad B_1 = \bar{\gamma}_1 + \bar{\gamma}_0 x, \quad C_1 = \gamma_0 + \gamma_1 x, \quad D_1 = \gamma_0\bar{\gamma}_1 + x,$$
$$A_2 = 1 + (\bar{\gamma}_0\gamma_1 + \bar{\gamma}_1\gamma_2)x + \bar{\gamma}_0\gamma_2 x^2, \qquad B_2 = \bar{\gamma}_2' + (\bar{\gamma}_1 + \bar{\gamma}_0\gamma_1\bar{\gamma}_2)x + \bar{\gamma}_0 x^2,$$
$$C_2 = \gamma_0 + (\gamma_1 + \gamma_0\bar{\gamma}_1\gamma_2)x + \gamma_2 x^2, \qquad D_2 = \gamma_0\bar{\gamma}_2 + (\gamma_0\bar{\gamma}_1 + \gamma_1\bar{\gamma}_2)x + x^2.$$

Schreibt man noch deutlicher

$$A_\nu = A(x; \gamma_0, \gamma_1, \ldots, \gamma_\nu), \qquad B_\nu = B(x; \gamma_0, \gamma_1, \ldots, \gamma_\nu) \text{ u. s. w.,}$$

so ergibt sich mit Hilfe der Formeln (46.) ohne Mühe

$$(47.) \quad \begin{cases} A(x; \gamma_0, \gamma_1, \ldots, \gamma_\nu) = A(x; \bar{\gamma}_\nu, \bar{\gamma}_{\nu-1}, \ldots, \bar{\gamma}_0), \\ B(x; \gamma_0, \gamma_1, \ldots, \gamma_\nu) = C(x; \bar{\gamma}_\nu, \bar{\gamma}_{\nu-1}, \ldots, \bar{\gamma}_0), \\ D(x; \gamma_0, \gamma_1, \ldots, \gamma_\nu) = D(x; \bar{\gamma}_\nu, \bar{\gamma}_{\nu-1}, \ldots, \bar{\gamma}_0). \end{cases}$$

Ferner ist

$$D(x; \gamma_0, \gamma_1, \ldots, \gamma_\nu) = x^\nu A(x^{-1}; \bar{\gamma}_0, \bar{\gamma}_1, \ldots, \bar{\gamma}_\nu),$$
$$B(x; \gamma_0, \gamma_1, \ldots, \gamma_\nu) = x^\nu C(x^{-1}; \bar{\gamma}_0, \bar{\gamma}_1, \ldots, \bar{\gamma}_\nu),$$

wofür wir auch einfacher

$$(48.) \qquad D_\nu(x) = x^\nu \bar{A}_\nu(x^{-1}), \qquad B_\nu(x) = x^\nu \bar{C}_\nu(x^{-1})$$

schreiben können. Ist γ_ν von Null verschieden, so kommt noch hinzu

$$C(x; \gamma_0, \gamma_1, \ldots, \gamma_\nu) = \gamma_\nu x^\nu A(x^{-1}; \bar{\gamma}_0, \bar{\gamma}_1, \ldots, \bar{\gamma}_{\nu-1}, \gamma_\nu^{-1}).$$

Besonders wichtig sind für das folgende die Relationen

$$(49.) \qquad A_\nu D_\nu - B_\nu C_\nu = p_\nu x^\nu,$$

$$(50.) \qquad A_{\nu+1} C_\nu - A_\nu C_{\nu+1} = - \gamma_{\nu+1} p_\nu x^{\nu+1},$$

wobei

$$p_\nu = \prod_{\lambda=0}^{\nu} (1 - \gamma_\lambda \bar\gamma_\lambda)$$

zu setzen ist. Wegen (48.) läßt sich die Gleichung (49.) auch in der Form

$$(51.) \qquad A_\nu(x)\, \bar A_\nu(x^{-1}) - C_\nu(x)\, \bar C_\nu(x^{-1}) = p_\nu$$

schreiben*).

Die Ausdrücke A_ν und C_ν haben insbesondere die Form

$$A_\nu = 1 + \cdots + \bar\gamma_0 \gamma_\nu x^\nu, \qquad C_\nu = \gamma_0 + \cdots + \gamma_\nu x_\nu^\nu.$$

Aus (49.) und (50.) folgt noch, daß, wenn keine der Zahlen $\gamma_0, \gamma_1, \ldots, \gamma_{\nu-1}$ vom absoluten Betrage 1 ist, A_ν und C_ν teilerfremde Polynome sind. Setzt man in (45.) insbesondere $\nu = n$, so erhält man wegen $f_n = [x; \gamma_n] = \gamma_n$

$$f(x) = [x; \gamma_0, \gamma_1, \ldots, \gamma_n] = \frac{C_n(x)}{A_n(x)}.$$

Das bisher Gesagte gilt für beliebige Werte der Parameter γ_ν. Uns interessiert vor allem der Fall

$$(52.) \qquad |\gamma_0| < 1, \ |\gamma_1| < 1, \ \ldots, \ |\gamma_{n-1}| < 1, \ |\gamma_n| \leq 1.$$

Unter dieser Annahme verhält sich, wie wir früher gesehen haben, $f(x)$ im Kreise $|x| \leq 1$ regulär und genügt der Bedingung $M(f) \leq 1$. Da außerdem A_n und C_n keinen Teiler gemeinsam haben, so ist *das Polynom $A_n(x)$ im Innern und auf dem Rande des Einheitskreises von Null verschieden**).*

Es entsteht nun die Frage: *Welche rationalen Funktionen*

$$f(x) = \frac{C(x)}{A(x)} = \frac{c_0 + c_1 x + \cdots + c_n x^n}{1 + a_1 x + \cdots + a_n x^n}$$

lassen sich in der Form (44.) *darstellen, wobei die Parameter* $\gamma_0, \gamma_1, \ldots, \gamma_n$ *den Bedingungen* (52.) *genügen?* Die Polynome $A(x)$ und $C(x)$ können hierbei als teilerfremd angenommen werden, auch sollen die Koeffizienten a_n und c_n nicht beide Null sein.

Ich will nun beweisen: *Notwendig und hinreichend ist, daß $A(x)$ im*

---

*) Am elegantesten lassen sich die im Text angegebenen Formeln mit Hilfe des Matrizenkalküls beweisen. Man hat hierbei von der aus (46.) leicht folgenden Gleichung

$$\begin{pmatrix} A_\nu & B_\nu \\ C_\nu & D_\nu \end{pmatrix} = \begin{pmatrix} 1 & \bar\gamma_0 \\ \gamma_0 & 1 \end{pmatrix} \begin{pmatrix} x & 0 \\ 0 & x \end{pmatrix} \begin{pmatrix} 1 & \bar\gamma_1 \\ \gamma_1 & 1 \end{pmatrix} \begin{pmatrix} x & 0 \\ 0 & x \end{pmatrix} \cdots \begin{pmatrix} 1 & \bar\gamma_{\nu-1} \\ \gamma_{\nu-1} & 1 \end{pmatrix} \begin{pmatrix} x & 0 \\ 0 & x \end{pmatrix} \begin{pmatrix} 1 & \bar\gamma_\nu \\ \gamma_\nu & 1 \end{pmatrix}$$

auszugehen. Es handelt sich übrigens um bekannte Formeln für Kettenbrüche.

**) Es kann aber auch $A_n(x) = 1$ werden.

Innern und auf dem Rande des Einheitskreises nicht verschwinde und außerdem

(53.) $$A(x)\,\bar{A}(x^{-1}) - C(x)\,\bar{C}(x^{-1}) = p$$

eine nichtnegative reelle Konstante sei.

Wir haben nur zu zeigen, daß diese Bedingungen hinreichend sind. Für $n = 0$ ist die Behauptung gewiß richtig, es sei also $n > 0$. Aus der ersten Voraussetzung folgt, daß $f(x)$ im Kreise $|x| \leqq 1$ keinen Pol besitzt. Für $|x| = 1$ ergibt sich ferner aus (53.)

$$|A(x)|^2 - |C(x)|^2 = p \geqq 0, \text{ also } 1 - |f(x)|^2 \geqq 0.$$

Daher ist $|f(x)|$ auch für $|x| < 1$ höchstens gleich 1. Genauer ist in diesem Gebiete $|f(x)| < 1$, weil sonst $f(x) = f(0) = c_0$ werden müßte. Dieser Fall ist aber auszuschließen, da $A(x)$ und $C(x)$ keinen Teiler gemeinsam haben sollen. Insbesondere ist der absolute Betrag von $c_0 = \gamma_0$ kleiner als 1. Multipliziert man beide Seiten der Gleichung (53.) mit x^n und vergleicht die Koeffizienten von x^{2n}, so erhält man $a_n = \bar{c}_0 c_n = \bar{\gamma}_0 c_n$. Hieraus folgt, daß beide Ausdrücke

$$A(x) = \frac{A - \bar{\gamma}_0 C}{1 - \gamma_0 \bar{\gamma}_0}, \qquad \Gamma(x) = \frac{1}{x} \cdot \frac{C - \gamma_0 A}{1 - \gamma_0 \bar{\gamma}_0}$$

Polynome höchstens vom Grade $n - 1$ sind, die keinen Teiler gemeinsam haben. Zwischen ihnen besteht, wie eine einfache Rechnung zeigt, die Relation

$$A(x)\,\bar{A}(x^{-1}) - \Gamma(x)\,\bar{\Gamma}(x^{-1}) = \frac{p}{1 - \gamma_0 \bar{\gamma}_0}.$$

Außerdem kann $A(x)$ an keiner Stelle ξ des Kreises $|x| \leqq 1$ verschwinden. Denn aus $A(\xi) = 0$ folgt $1 - \bar{\gamma}_0 f(\xi) = 0$, für $|\xi| \leqq 1$ ist aber $|\bar{\gamma}_0 f(\xi)| \leqq |\bar{\gamma}_0| < 1$. Der Ausdruck

$$f_1(x) = \frac{\Gamma(x)}{A(x)}$$

genügt also den beiden über $f(x)$ gemachten Voraussetzungen, wobei aber an Stelle von n die Zahl $n - 1$ getreten ist. Nehmen wir nun das zu Beweisende für $f_1(x)$ als richtig an, so läßt sich diese Funktion auf die Form $[x; \gamma_1, \gamma_2, \ldots, \gamma_n]$ bringen, wobei $|\gamma_1| < 1, \ldots, |\gamma_{n-1}| < 1, |\gamma_n| \leqq 1$ wird. Da aber

$$f(x) = \frac{\gamma_0 + x f_1(x)}{1 + \bar{\gamma}_0 x f_1(x)}$$

ist, so wird $f(x) = [x; \gamma_0, \gamma_1, \ldots, \gamma_n]$, und hierbei genügen die γ_ν den Bedingungen (52.).

Es ist noch zu beachten, daß der Nenner $A(x)$ des Ausdrucks $f(x)$

keiner weiteren Bedingung zu unterwerfen ist, als der, daß seine Nullstellen außerhalb des Einheitskreises liegen sollen. Zu jedem solchen Polynom des Grades n lassen sich auf unendlich viele verschiedene Arten Polynome $C(x)$ desselben Grades bestimmen, die zu $A(x)$ teilerfremd sind und der Bedingung (53.) genügen. Hierzu hat man nur für p irgendeine nichtnegative reelle Zahl zu wählen, die höchstens gleich ist dem Minimum von $|A(e^{i\varphi})|^2$ für reelle Werte von φ, und alsdann $A(x)\,\bar{A}(x^{-1}) - p$ auf die Form $C(x)\,\bar{C}(x^{-1})$ zu bringen. Daß dies für jedes derartige p möglich ist, ergibt sich mit Hilfe eines Satzes über trigonometrische Polynome, dessen Beweis von *F. Riesz* herrührt (vergl. *L. Fejér*, dieses Journal Bd. 146 (1915), S. 55). Für $p = 0$ hat man insbesondere $C(x) = \varepsilon\, x^n\, \bar{A}(x^{-1})$ zu setzen, wo ε eine beliebige Größe vom absoluten Betrage 1 bedeutet. *Diese Betrachtung lehrt, daß jedes Polynom $A(x)$ vom Grade n, dessen Nullstellen außerhalb des Einheitskreises liegen und das für $x = 0$ gleich 1 wird, sich in der Form*

$$A(x) = A(x;\, \gamma_0,\, \gamma_1,\, \ldots,\, \gamma_n)$$

darstellen läßt, wobei die Parameter γ_ν den Bedingungen (52.) genügen. Diese Darstellung läßt sich stets auch so wählen, daß $\gamma_n = 1$ wird. Die übrigen Zahlen γ_ν sind dann eindeutig bestimmt. Um sie zu erhalten, hat man nur den Ausdruck

$$f(x) = \frac{x^n\, \bar{A}(x^{-1})}{A(x)}$$

auf die Form $[x;\, \gamma_0,\, \gamma_1,\, \ldots,\, \gamma_n]$ zu bringen. Sind insbesondere die Koeffizienten von $A(x)$ rationale Zahlen, so sind auch alle γ_ν rational.

§ 15.
Einige Eigenschaften der zu einer beschränkten Potenzreihe gehörenden Parameterdarstellung.

Wir haben früher gesehen, daß jede im Kreise $|x| < 1$ reguläre Funktion $f(x)$, die der Bedingung $M(f) \leqq 1$ genügt, in der Form

$$(54.) \qquad f(x) = [x;\, \gamma_0,\, \gamma_1,\, \ldots] = \sum_{\nu=0}^{\infty} \Psi(\gamma_0,\, \gamma_1,\, \ldots,\, \gamma_\nu)\, x^\nu$$

darstellbar ist, wobei die Parameter γ_ν den Bedingungen $|\gamma_\nu| \leqq 1$ zu unterwerfen sind (vergl. § 3).

Setzt man, wenn $f(x)$ in dieser Form gegeben ist,

$$f_\nu(x) = [x;\, \gamma_\nu,\, \gamma_{\nu+1},\, \ldots]$$

und versteht unter $A_\nu,\, B_\nu,\, C_\nu,\, D_\nu$ die im vorigen Paragraphen eingeführten

Polynome, so besteht für jedes ν die Gleichung

$$(55.) \qquad f = \frac{C_{\nu-1} + x D_{\nu-1} f_\nu}{A_{\nu-1} + x B_{\nu-1} f_\nu}.$$

Für jede Größe ε vom absoluten Betrage 1 und für jede positive ganze Zahl n gelten ferner, wie man ohne Mühe beweisen kann, die Formeln

$$(56.) \qquad \begin{cases} \varepsilon f(x) = [x;\, \varepsilon\gamma_0,\, \varepsilon\gamma_1,\, \varepsilon\gamma_2,\, \dots\,], \\[4pt] f(\varepsilon x) = [x;\, \gamma_0,\, \varepsilon\gamma_1,\, \varepsilon^2\gamma_2,\, \dots\,], \\[4pt] x^n f(x) = [x;\, 0,\, 0,\, \dots,\, 0,\, \gamma_0,\, \gamma_1,\, \dots\,], \\[4pt] f(x^n) = [x;\, \gamma_0,\, 0,\, \dots,\, 0,\, \gamma_1,\, 0,\, \dots,\, 0,\, \gamma_2,\, 0,\, \dots\,]. \end{cases}$$

In der vorletzten Gleichung stehen n Nullen vor γ_0, in der letzten ist die Anzahl der zwischen $\gamma_{\nu-1}$ und γ_ν einzuschiebenden Nullen gleich $n-1$.

Der Fall, daß eine der Zahlen $|\gamma_\nu|$ gleich 1 wird, oder daß alle γ_ν von einer gewissen Stelle an gleich 0 sind, führt nur auf die im vorigen Paragraphen behandelten rationalen Funktionen $f(x)$. *Es seien also alle Zahlen $|\gamma_\nu|$ kleiner als 1 und unendlich viele unter ihnen von Null verschieden.* Bezeichnet man mit $\varphi_\nu(x)$ die rationale Funktion

$$\varphi_\nu(x) = [x;\, \gamma_0,\, \gamma_1,\, \dots,\, \gamma_\nu] = \frac{C_\nu(x)}{A_\nu(x)},$$

so ist, wie wir schon im § 3 gesehen haben, für $|x| < 1$

$$(57.) \qquad f(x) = \lim_{\nu=\infty} \varphi_\nu(x),$$

und hierbei ist die Konvergenz in jedem Kreise $|x| \leqq r < 1$ eine gleichmäßige. Die Formeln des vorigen Paragraphen gestatten uns, diese Gleichung noch anders zu schreiben. Aus (50.) folgt nämlich, indem man durch das für $|x| \leqq 1$ von Null verschiedene Produkt $A_\nu A_{\nu+1}$ dividiert,

$$\varphi_{\nu+1} - \varphi_\nu = \frac{\gamma_{\nu+1} p_\nu x^{\nu+1}}{A_\nu A_{\nu+1}}.$$

Für $|x| < 1$ ist daher wegen (57.)

$$f(x) = \varphi_0 + \sum_{\nu=0}^{\infty}(\varphi_{\nu+1} - \varphi_\nu) = \gamma_0 + \sum_{\nu=0}^{\infty} \frac{\gamma_{\nu+1} p_\nu x^{\nu+1}}{A_\nu(x) A_{\nu+1}(x)}.$$

Von besonderem Interesse ist der Fall, daß die Reihe

$$(58.) \qquad |\gamma_0| + |\gamma_1| + |\gamma_2| + \cdots$$

konvergent ist. Aus der Gleichung

$$A_\nu = A_{\nu-1} + \gamma_\nu x B_{\nu-1}$$

ergibt sich für $|x| \leqq 1$, wenn noch zur Abkürzung $|\gamma_\nu| = \alpha_\nu$ gesetzt wird,

$$|A_\nu| \leqq |A_{\nu-1}| + \alpha_\nu |B_{\nu-1}|.$$

Für $|x| = 1$ ist aber wegen (48.) und (51.) $|B_{\nu-1}| = |C_{\nu-1}| < |A_{\nu-1}|$, und daher ist auch für $|x| < 1$ stets $|B_{\nu-1}| < |A_{\nu-1}|$*). Folglich ist für jedes ν und für $|x| \leqq 1$

$$|A_\nu| \leqq (1 + \alpha_\nu)\,|A_{\nu-1}|,$$

und hieraus ergibt sich, da $A_0 = 1 \leqq 1 + \alpha_0$ ist,

$$|A_\nu| \leqq (1 + \alpha_0)(1 + \alpha_1) \ldots (1 + \alpha_\nu).$$

Die Formel (49.) liefert ferner für $|x| = 1$

$$1 - |\varphi_\nu|^2 = \frac{p_\nu}{|A_\nu|^2} = \frac{(1 - \alpha_0^2)(1 - \alpha_1^2) \ldots (1 - \alpha_\nu^2)}{|A_\nu|^2}.$$

Daher ist für $|x| = 1$ und umsomehr für $|x| < 1$

$$(59.) \qquad 1 - |\varphi_\nu|^2 \geqq \prod_{\lambda=0}^{\nu} \frac{1 - \alpha_\lambda^2}{(1 + \alpha_\lambda)^2} = \prod_{\lambda=0}^{\nu} \frac{1 - \alpha_\lambda}{1 + \alpha_\lambda}.$$

Dies gilt für beliebige Werte der Parameter γ_ν. Ist aber die Reihe (58.) konvergent, so konvergiert das in (59.) rechts stehende Produkt mit wachsendem ν gegen eine positive, von Null verschiedene Zahl $\varkappa$. Für $|x| < 1$ folgt nun aus (57.) und (59.)

$$1 - |f(x)|^2 \geqq \varkappa.$$

Die obere Grenze $M(f)$ der Funktion $f(x)$ im Kreise $|x| < 1$ ist daher höchstens gleich $\sqrt{1 - \varkappa}$, *also kleiner als* 1.

Wir können aber aus der Konvergenz der Reihe (58.) noch eine andere Folgerung ziehen. Aus (49.) folgt für $|x| = 1$

$$|A_\nu|^2 \geqq p_\nu, \qquad |A_{\nu+1}|^2 \geqq p_{\nu+1} = p_\nu(1 - \alpha_{\nu+1}^2),$$

also

$$\frac{1}{|A_\nu A_{\nu+1}|} \leqq \frac{1}{p_\nu \sqrt{1 - \alpha_{\nu+1}^2}}.$$

Da aber die Funktion $\dfrac{1}{A_\nu A_{\nu+1}}$ sich im Kreise $|x| \leqq 1$ regulär verhält, so gilt diese Ungleichung auch für $|x| < 1$. Für $|x| \leqq 1$ ist daher

$$\left| \frac{\gamma_{\nu+1} p_\nu x^{\nu+1}}{A_\nu A_{\nu+1}} \right| \leqq \frac{\alpha_{\nu+1}}{\sqrt{1 - \alpha_{\nu+1}^2}}.$$

Da nun die mit Hilfe der rechtsstehenden Zahlen gebildete Reihe zugleich mit der Reihe (58.) konvergent ist, so ergibt sich, daß die Reihe

$$g(x) = \gamma_0 + \sum_{\nu=0}^{\infty} \frac{\gamma_{\nu+1} p_\nu x^{\nu+1}}{A_\nu(x) A_{\nu+1}(x)}$$

---

*) Dies folgt auch aus der mit Hilfe der Gleichungen (47.) zu beweisenden Formel

$$\frac{B_{\nu-1}(x)}{A_{\nu-1}(x)} = [x : \bar{\gamma}_{\nu-1}, \bar{\gamma}_{\nu-2}, \ldots, \bar{\gamma}_0].$$

19*

im ganzen Kreise $|x| \leq 1$ absolut und gleichmäßig konvergiert. Sie stellt daher eine in diesem Kreise stetige Funktion dar, die im Innern des Kreises mit der Funktion $f(x)$ übereinstimmt. — Wir erhalten also den Satz:

XVIII. *Ist die Reihe* $\Sigma \gamma_\nu$ *absolut konvergent, so ist die Funktion* $f(x)$ *im Einheitskreise mit Einschluß des Randes stetig, und ihre obere Grenze* $M(f)$ *ist kleiner als* 1.

Es ist noch zu beachten, daß, wenn die Funktion $f(x)$ durch ihre Potenzreihenentwicklung

$$f(x) = a_0 + a_1 x + a_2 x^2 + \cdots$$

gegeben ist, die Reihe (58.) in der Form

$$|a_0| + \sum_{\nu=1}^{\infty} \frac{\sqrt{\delta_\nu^2 - \delta_{\nu-1}\, \delta_{\nu+1}}}{\delta_\nu}$$

geschrieben werden kann, wobei

$$\delta_1 = \begin{vmatrix} 1 & a_0 \\ \bar{a}_0 & 1 \end{vmatrix}, \qquad \delta_2 = \begin{vmatrix} 1 & 0 & a_0 & a_1 \\ 0 & 1 & 0 & a_0 \\ \bar{a}_0 & 0 & 1 & 0 \\ \bar{a}_1 & \bar{a}_0 & 0 & 1 \end{vmatrix}, \cdots$$

zu setzen ist (vergl. § 4).

Allein aus der Stetigkeit von $f(x)$ im Kreise $|x| \leq 1$ folgt die Konvergenz der Reihe (58.) gewiß noch nicht. Das zeigen schon die Beispiele

$$\frac{1+x}{2} = \left[x; \frac{1}{2}, \frac{2}{3}, \frac{2}{5}, \frac{2}{7}, \cdots\right], \qquad \frac{1}{2-x} = \left[x; \frac{1}{2}, \frac{1}{3}, \frac{1}{4}, \frac{1}{5}, \cdots\right].$$

In diesen beiden Fällen ist aber $M(f) = 1$. Ob nun aber $f(x)$ im Kreise $|x| \leq 1$ stetig und außerdem $M(f) < 1$ sein kann, ohne daß die Reihe (58.) konvergiert, habe ich bis jetzt nicht zu entscheiden vermocht.

Ich will noch an einigen Beispielen zeigen, daß die hier eingeführte Parameterdarstellung uns in den Stand setzt, gewisse Klassen von Funktionalgleichungen in einfacher Weise zu behandeln. Es sei z. B. γ irgendeine Größe, die absolut kleiner als 1 ist, und n eine positive ganze Zahl. Setzt man in (54.)

$$\gamma_0 = \gamma_1 = \gamma_{n+1} = \gamma_{n^2+n+1} = \gamma_{n^3+n^2+n+1} = \cdots = \gamma$$

und die übrigen Zahlen γ_ν gleich 0, so wird, wie aus der letzten der Formeln (56.) leicht hervorgeht,

$$f_1(x) = [x; \gamma_1, \gamma_2, \cdots] = f(x^n),$$

also

$$f(x) = \frac{\gamma + x\,f(x^n)}{1 + \gamma\,x\,f(x^n)}.$$

Dieser Funktionalgleichung genügt offenbar nur eine, allein durch γ bestimmte Potenzreihe. Unsere Betrachtung lehrt aber, daß diese Potenzreihe für $|x| < 1$ konvergent ist und der Bedingung $M(f) \leqq 1$ genügt. Dasselbe gilt, wenn $|\gamma| < 1$ und $|\varepsilon| = 1$ ist, für die Funktionalgleichung

$$f(x) = \frac{\gamma + x\,f(\varepsilon x)}{1 + \overline{\gamma}\,x\,f(\varepsilon x)}.$$

Die einzige Potenzreihe, die ihr genügt, läßt nämlich die Darstellung

$$f(x) = [\,x;\, \gamma,\, \gamma,\, \varepsilon\gamma,\, \varepsilon^3\gamma,\, \ldots,\, \varepsilon^{\binom{\nu}{2}}\gamma,\, \ldots\,]$$

zu. Von besonderem Interesse ist der Fall, daß die γ_ν sich periodisch wiederholen, d. h. bei gegebenem n der Bedingung $\gamma_\nu = \gamma_{\nu+n}$ genügen. Hierbei hat man anzunehmen, daß die Zahlen $|\gamma_0|, |\gamma_1|, \ldots, |\gamma_{n-1}|$ *kleiner als* 1 sind. Die Funktion $f(x)$ genügt dann, da $f_n = f$ wird, wegen (55.) der quadratischen Gleichung

$$x\,B_{n-1}\,f^2 + (A_{n-1} - x\,D_{n-1})\,f - C_{n-1} = 0.$$

Man kann zeigen, daß *die Verzweigungsstellen dieser algebraischen Funktion sämtlich auf dem Rande des Einheitskreises liegen.*

GEORG PICK wurde am 10. 8. 1859 in Wien geboren. Er studierte
Mathematik und promovierte 1880 an der Wiener Universität mit der
Dissertation „Über eine Klasse Abelscher Integrale". 1882 habilitierte er
sich an der Prager Deutschen Universität mit der Arbeit „Über die
Integration hyperelliptischer Differentiale durch Logarithmen". Von 1888
bis 1892 war er außerordentlicher Professor und seit 1892 ordentlicher
Professor an dieser Universität. Im Alter von 80 Jahren wurde er in
das Ghetto Theresienstadt deportiert und starb dort am 26. 7. 1942.

Picks wissenschaftliche Interessen zeigen eine bemerkenswerte
Breite: elliptische Funktionen, binomische Integrale, Abelsche Funktionen, Kurven dritten und vierten Grades, kanonische Formen von
Differentialgleichungen, Differentiationsprozesse in der Invarianten-
theorie, aber auch Geometrie der Zahlen, konforme Abbildungen,
nichteuklidische Geometrien, affine Geometrie, Funktionalanalysis und
vieles mehr. Da von G. Pick weder ein Nachruf noch eine Bibliographie
bekannt geworden ist, fügen wir letzteres bei.

Auszug aus:
Kollegen in einer dunklen Zeit (Schluß)
Von MAXIMILIAN PINL in Köln
Unter Mitarbeit von AUGUSTE DICK in Wien
Jahresbericht der Deutschen Mathematiker-Vereinigung 75 (1974) 4, S. 178.

MATHEMATISCHE ANNALEN

BEGRÜNDET 1868 DURCH

ALFRED CLEBSCH und CARL NEUMANN.

Unter Mitwirkung der Herren

L. E. J. BROUWER, CONSTANTIN CARATHÉODORY, OTTO HÖLDER, CARL NEUMANN, MAX NOETHER

gegenwärtig herausgegeben

von

Felix Klein
in Göttingen

Walther v. Dyck
in München

David Hilbert
in Göttingen

Otto Blumenthal
in Aachen.

77. Band.

Mit 14 Figuren im Text.

LEIPZIG,
VERLAG UND DRUCK VON B. G. TEUBNER.
1916.

Biographische Mittheilungen,

welche die Ksl. Leop.-Carol. Deutsche Akademie der Naturforscher

nach § 7 der Statuten

von ihren neueintretenden Mitgliedern zur Aufbewahrung im Archiv erbittet.

1. Wie lautet Ihr voller Name? (Der Rufname gefälligst zu unterstreichen.) *Georg Alexander Pick*

2. Tag und Ort der Geburt? *1859. August 10. Wien.*

3. Voller Name und Stellung des Vaters? *Dr. phil. Adolf Josef Pick, Lehrer.*

4. Name der Mutter? *Josefine geb. Schlesinger.*

5. Auf welchen Lehranstalten erhielten Sie Ihre Vorbildung? *Gymnasien in Wien u. Prag.*

6. Welche Universitäten oder höhere Lehranstalten haben Sie besucht und während welcher Zeitperioden? *Universität zu Wien von October 1875 bis Juli 1880.*

7. Wann und wo wurden Sie promovirt? *zu Wien, am 24. Juli 1880.*

Erste Seite der von G. PICK im Jahre 1889 handschriftlich ausgefüllten „Biographischen Mittheilungen" der Ksl. Leop.-Carol. Deutschen Akademie der Naturforscher

Über die Beschränkungen analytischer Funktionen, welche durch vorgegebene Funktionswerte bewirkt werden.

Von

Georg Pick in Prag.

Die Entwicklungen und Ergebnisse, die im Nachfolgenden mitgeteilt werden, sind veranlaßt worden durch den Versuch, die Sätze von Carathéodory über die Reihenkoeffizienten von Funktionen mit positivem Realteil[*]) zu verallgemeinern. Diese Sätze geben Ungleichungen für die Koeffizienten der Mac-Laurinschen Entwicklung einer Funktion w von z, also für die Ableitungen von w für $z = 0$. Durch lineare Transformation von z oder, wie man sagen darf, durch kreisgeometrische Verallgemeinerung kann man die Sonderstellung des Wertes $z = 0$ wegschaffen, so daß sich Relationen für die Differentialquotienten von w an beliebiger Stelle ergeben. Durch Integration der gewonnenen Relationen müssen sich dann Beziehungen zwischen den Funktionswerten an verschiedenen Stellen des z-Gebietes herstellen lassen.

Für die wirkliche Durchführung erwies sich dieser Weg jedoch nur bei den niedrigsten Differentialquotienten als gangbar.[**]) Zur Gewinnung der vermuteten Sätze mußte deshalb ein direktes Verfahren, welches also die Kenntnis der Carathéodoryschen Sätze nicht voraussetzt, gesucht werden. Es zeigte sich, daß die Methode von Stieltjes, welche schon von Fischer-Toeplitz zu einem Beweise der Carathéodoryschen Sätze herangezogen wurde[***]), auch hier durch geeignete Modifikationen anwendbar wird. Den Ausgangspunkt bildet eine Verallgemeinerung der Poissonschen Formel für logarithmische Potentiale. Die Hermiteschen Formen, auf deren Untersuchung man geführt wird, sind hier allgemeiner Natur, ihre Koeffizienten lassen sich also nicht mehr durch *einen* Index unterscheiden. Das Ergebnis läßt sich mit einem unwesentlichen Verzicht auf Allgemein-

---

[*]) C. Carathéodory, Rend. d. Palermo 32 (1911), S. 193—217.
[**]) s. die vorangehende Arbeit.
[***]) E. Fischer, Rend. d. Palermo 32 (1911), S. 240—256.

heit etwa so aussprechen: Zwischen den Werten z_1, z_2, $\cdots$, z_n von z im Einheitskreise und den entsprechenden Werten w_1, w_2, $\cdots$, w_n von w mit positivem Realteil bestehen n Relationen (Ungleichungen). Sind diese Relationen für n Wertepaare z, w erfüllt, so gibt es stets auch Funktionen mit positivem Realteil, welche diese Zuordnungen realisieren. Jedem weiteren Wert von z werden durch die Gesamtheit der so bestimmten Funktionen Werte zugewiesen, die in der w-Ebene eine Kreisscheibe erfüllen, und zwar wird jeder Wert auf der Peripherie durch eine einzige (rationale) Funktion, jeder Wert im Inneren aber durch eine unbegrenzte Zahl derartiger Funktionen angenommen.

Aus diesen Sätzen mußten die Sätze von Carathéodory durch Spezialisierung, richtiger durch Grenzübergang wieder gewonnen werden können. Dies ist auch leicht durchzuführen, und im letzten der folgenden Paragraphen skizziert Als neues Resultat ergibt sich dabei der auch im Grenzfall noch gültige Satz von der Kreisscheibe.

An Stelle dieses Grenzüberganges wird man wünschen, den Fall, daß von den vorgegebenen z-Werten irgendwelche zusammenfallen, ganz allgemein zu erledigen, eine Aufgabe, die künftiger Behandlung aufgespart bleiben muß.

Schließlich sei noch auf das algebraische Problem hingewiesen, welches durch unsere Untersuchung miterledigt wird. Es ist die dem Lagrangeschen Interpolationsproblem analoge Aufgabe für rationale Funktionen, welche schon durch Cauchy und Jacobi allgemein gelöst worden ist.*) Von dieser Aufgabe kommt hier nur ein ausgezeichneter Spezialfall in Betracht. Die Cauchy-Jacobischen Resultate werden übrigens nicht benutzt, sondern die Bildungsweisen der Funktionen ergeben sich von selbst im Laufe der Untersuchung.

1. Funktionen im Einheitskreis mit positivem Realteil.

Es sei $w = u + iv$ eine im Inneren und auf der Peripherie des Kreises K mit dem Radius ϱ um $z = 0$ reguläre analytische Funktion von z. Dann ist durch die Werte des reellen Teiles von w auf der Peripherie dieser reelle Teil im Inneren völlig, w selbst bis auf eine rein imaginäre Konstante bestimmt. Bezeichnet also, wie üblich, $\overline{w}$ den konjugierten Wert von w, und sind w_α, w_β die zu beliebigen im Inneren des Kreises gelegenen Werten z_α, z_β gehörigen Werte von w, so ist $(w_\alpha + \overline{w}_\beta)$ durch die Randwerte des Realteiles von w völlig bestimmt, und es muß sich aus dem Poissonschen Integral oder, was damit äquivalent ist, aus dem Cauchyschen Integral eine Formel für $(w_\alpha + \overline{w}_\beta)$ ableiten lassen. Eine

---

*) Vgl. etwa Jacobi, Werke 3, S. 479—511.

besonders konzise Herleitung dieser für unsere Zwecke grundlegenden Formel ist die folgende: z sei im Inneren, ζ auf der Peripherie des Kreises gelegen. Dann ist nach Cauchy, wenn ϑ den Arcus von ζ bedeutet

$$2\pi w = \int_0^{2\pi} w_K \frac{\zeta}{\zeta - z}\, d\vartheta,$$

wobei w_K statt $w(\zeta)$ steht. Andererseits ist

$$0 = \int_0^{2\pi} w_K \frac{\zeta}{\zeta - \dfrac{\varrho^2}{\bar{z}}}\, d\vartheta,$$

weil $\dfrac{\varrho^2}{\bar{z}}$ außerhalb des Kreises liegt. In letzterer Formel gehen wir zu den konjugierten Werten über, wobei zu beachten ist, daß auf der Peripherie von K

$$\bar{\zeta} = \frac{\varrho^2}{\zeta}$$

ist. Es ergibt sich

$$0 = \int_0^{2\pi} \bar{w}_K \cdot \frac{z}{\zeta - z}\, d\vartheta,$$

und durch Addition zur Cauchyschen Formel

$$2\pi w = \int_0^{2\pi} u_K \frac{\zeta + z}{\zeta - z}\, d\vartheta + i \int_0^{2\pi} v_K\, d\vartheta,$$

oder auch

$$2\pi \bar{w} = \int_0^{2\pi} u_K \frac{\bar{\zeta} + \bar{z}}{\bar{\zeta} - \bar{z}}\, d\vartheta - i \int_0^{2\pi} v_K\, d\vartheta.$$

Hieraus folgt

$$2\pi (w_\alpha + \bar{w}_\beta) = \int_0^{2\pi} u_K \left\{ \frac{\zeta + z_\alpha}{\zeta - z_\alpha} + \frac{\bar{\zeta} + \bar{z}_\beta}{\bar{\zeta} - \bar{z}_\beta} \right\} d\vartheta$$

$$= \int_0^{2\pi} u_K \frac{2\left(\zeta\bar{\zeta} - z_\alpha \bar{z}_\beta\right)}{(\zeta - z_\alpha)(\bar{\zeta} - \bar{z}_\beta)}\, d\vartheta,$$

oder

$$(1) \qquad \frac{w_\alpha + \bar{w}_\beta}{\varrho^2 - z_\alpha \bar{z}_\beta} = \frac{1}{\pi} \int_0^{2\pi} u_K \frac{d\vartheta}{(\zeta - z_\alpha)(\bar{\zeta} - \bar{z}_\beta)},$$

welches die gesuchte Formel ist.*) Fällt z_α mit z_β zusammen, so gibt sie das Poissonsche Integral.

Es sei jetzt w eine *im Inneren* des Einheitskreises reguläre Funktion von z, und der reelle Teil von w, also u, innerhalb dieses Gebietes stets positiv. Es mögen ferner den Punkten $z_1, z_2, \cdots, z_n$ im Inneren die Werte $w_1, w_2, \cdots, w_n$ entsprechen. Ist dann $\varrho < 1$ der Radius eines Kreises um $z = 0$, der alle diese n z-Werte einschließt, so gilt die Formel (1) für jedes Paar dieser Werte. Wir multiplizieren mit $s_\alpha \bar{s}_\beta$ und summieren unabhängig über α und β von 1 bis n. Die s_α stellen dabei unbestimmte Größen, $\bar{s}_\alpha$ ihre konjugierten Werte dar. Wir erhalten

$$\sum_{\alpha, \beta}^{1 \cdots n} \frac{w_\alpha + \bar{w}_\beta}{\varrho^2 - z_\alpha \bar{z}_\beta} s_\alpha \bar{s}_\beta = \frac{1}{\pi} \int\limits_0^{2\pi} u_K \cdot \left| \sum_\alpha^{1 \cdots n} \frac{s_\alpha}{\zeta - z_\alpha} \right|^2 \cdot d\vartheta.$$

Hieraus ist zu schließen, daß die links stehende Hermitesche Form der s_α positiv ist, daß also die Determinante der

$$\frac{w_\alpha + \bar{w}_\beta}{\varrho^2 - z_\alpha \bar{z}_\beta}$$

positiv ist. Da dies nun für jedes von der Einheit noch so wenig verschiedene ϱ zutrifft, so hat man

$$(2) \qquad \begin{vmatrix} \dfrac{w_1 + \bar{w}_1}{1 - z_1 \bar{z}_1}, & \dfrac{w_1 + \bar{w}_2}{1 - z_1 \bar{z}_2}, & \cdots, & \dfrac{w_1 + \bar{w}_n}{1 - z_1 \bar{z}_n} \\[2mm] \dfrac{w_2 + \bar{w}_1}{1 - z_2 \bar{z}_1}, & \dfrac{w_2 + \bar{w}_2}{1 - z_2 \bar{z}_2}, & \cdots, & \dfrac{w_2 + \bar{w}_n}{1 - z_2 \bar{z}_n} \\[2mm] \cdot \quad \cdot & \cdot \quad \cdot & \cdots & \cdot \quad \cdot \\[2mm] \dfrac{w_n + \bar{w}_1}{1 - z_n \bar{z}_1}, & \dfrac{w_n + \bar{w}_2}{1 - z_n \bar{z}_2}, & \cdots, & \dfrac{w_n + \bar{w}_n}{1 - z_n \bar{z}_n} \end{vmatrix} \geqq 0.$$

2. Übergang zu beliebigen Kreisen.

Den Einheitskreis der z-Ebene kann man durch eine geeignete lineare Transformation

$$z = \frac{\mu + \nu Z}{\varkappa + \lambda Z}$$

auf ein beliebiges von einer Kreislinie begrenztes Gebiet dieser Ebene abbilden. (Wir wollen ein solches Gebiet eine Kreisscheibe nennen, auch

---

*) Die im Text mitgeteilte besonders elegante Modifikation meiner ursprünglichen Ableitung von Formel (1) rührt von W. Blaschke her, der ihre Aufnahme freundlich gestattet hat.

dann, wenn es nicht ganz im Endlichen liegt, also eine Halbebene oder das „Äußere" eines Kreises darstellt.) Man hat

$$1 - z\bar{z} = \frac{A + \bar{B}Z + B\bar{Z} + CZ\bar{Z}}{(\varkappa + \lambda Z)(\bar{\varkappa} + \bar{\lambda}\,\bar{Z})} = \frac{K_z(Z, \bar{Z})}{(\varkappa + \lambda Z)(\bar{\varkappa} + \bar{\lambda}\,\bar{Z})};$$

der Zähler $K_z(Z, \bar{Z})$ stellt, gleich Null gesetzt, den Rand des neuen Gebietes dar, und ist im Innern dieses Gebietes positiv. Sind z_α, z_β irgend zwei z-Werte, Z_α, Z_β die ihnen entsprechenden Z-Werte, so ist

$$1 - z_\alpha\bar{z}_\beta = \frac{K_z(Z_\alpha, \bar{Z}_\beta)}{(\varkappa + \lambda Z_\alpha)(\bar{\varkappa} + \bar{\lambda}\,\bar{Z}_\beta)}.$$

Auf ähnliche Weise können wir die Halbebene der positiven Realteile w durch eine geeignete Transformation

$$w = \frac{\mu' + \nu' W}{\varkappa' + \lambda' W}$$

in eine beliebige Kreisscheibe verwandeln. Es wird dann

$$w_\alpha + \bar{w}_\beta = \frac{K_w(W_\alpha, \bar{W}_\beta)}{(\varkappa' + \lambda' W_\alpha)(\bar{\varkappa}' + \bar{\lambda}'\,\bar{W}_\beta)},$$

und $K_w(W, \bar{W})$ ist auf dem Rande der Scheibe Null, im Innern positiv.

Diese zweifache Transformation soll nun an dem Resultat von § 1 durchgeführt werden. Dabei sollen die Variablen nachher wieder mit den kleinen Buchstaben bezeichnet werden. Das allgemeine Glied der Determinante in (2) geht dann über in

$$\frac{(\varkappa + \lambda z_\alpha)(\bar{\varkappa} + \bar{\lambda}\,\bar{z}_\beta)}{(\varkappa' + \lambda' w_\alpha)(\bar{\varkappa}' + \bar{\lambda}'\,\bar{w}_\beta)} \cdot \frac{K_w(w_\alpha, \bar{w}_\beta)}{K_z(z_\alpha, \bar{z}_\beta)}.$$

Man sieht, daß die Determinante nach Heraushebung eines Faktors, der, als Produkt zweier konjugierter Größen, nicht negativ ist, und, wie leicht zu sehen, nicht verschwindet, sich auf die der Größen

$$\frac{K_w(w_\alpha, \bar{w}_\beta)}{K_z(z_\alpha, \bar{z}_\beta)}$$

reduziert.

Zur leichteren Formulierung des hiermit gewonnenen Ergebnisses, wollen wir fortan das Wertepaar z_α, w_α kurz mit $\mathfrak{p}_\alpha$ bezeichnen, und von einer Funktion w, die für $z = z_\alpha$ den Wert w_α annimmt, kurz sagen: sie besitzt das Paar $\mathfrak{p}_\alpha$. Ferner wollen wir zur Abkürzung

$$p_{\alpha\beta} = \frac{K_w(w_\alpha, \bar{w}_\beta)}{K_z(z_\alpha, \bar{z}_\beta)}$$

setzen (so daß also

$$p_{\beta\alpha} = \overline{p}_{\alpha\beta}$$

ist), und die Determinante

$$\begin{vmatrix} p_{11} & p_{12} & \cdots & p_{1\,n} \\ p_{21} & p_{22} & \cdots & p_{2\,n} \\ \cdot & \cdot & \cdots & \cdot \\ p_{n1} & p_{n2} & \cdots & p_{nn} \end{vmatrix}$$

mit $D(\mathfrak{p}_1, \mathfrak{p}_2, \cdots, \mathfrak{p}_n)$ bezeichnen; sie ist in der Tat, sobald einmal die Kreisscheiben K_z, K_w gegeben sind, durch $\mathfrak{p}_1, \mathfrak{p}_2, \cdots, \mathfrak{p}_n$ bestimmt.

Dann ist also bewiesen:

Wenn die Funktion w von z im Inneren der Kreisscheibe K_z ohne wesentliche Singularitäten ist, und nur Werte annimmt, die im Inneren der Kreisscheibe K_w enthalten sind, so besteht zwischen irgend n Wertepaaren $\mathfrak{p}_1, \mathfrak{p}_2, \cdots, \mathfrak{p}_n$, die die Funktion besitzt, die Relation

$$D(\mathfrak{p}_1, \mathfrak{p}_2, \cdots, \mathfrak{p}_n) \geqq 0.$$

3. Die gefundene Bedingung als Schranke für die Variabilität von w_n.

Für die weitere Untersuchung ist eine passende Spezialisierung der Kreise K_z und K_w bequem. Darin liegt kein Verzicht auf Allgemeinheit, da alle Feststellungen, die wir machen werden, entweder Kreisverwandtschaften gegenüber invariant sind, oder doch ohne weiteres auf beliebige solche Kreise übertragen werden können. Wir identifizieren sowohl K_z als K_w mit der Halbebene der positiven Imaginärteile, kurz: der „positiven Halbebene“. Die zugehörigen Funktionen, die also innerhalb der positiven z-Halbebene regulär sind, und daselbst nur Werte mit positivem Imaginärteil annehmen, nennen wir kurz *positive Funktionen*. Wir haben dann zu setzen

$$K_z(z, \overline{z}) = -i(z - \overline{z}), \qquad K_w(w, \overline{w}) = -i(w - \overline{w}),$$

also

$$p_{\alpha\beta} = \frac{w_\alpha - \overline{w}_\beta}{z_\alpha - \overline{z}_\beta}.$$

Wir denken uns jetzt $D(\mathfrak{p}_1, \mathfrak{p}_2, \cdots, \mathfrak{p}_n)$ nach w_n und $\overline{w}_n$ geordnet, wobei sich offenbar ein Resultat von der Form

$$D(\mathfrak{p}_1, \mathfrak{p}_2, \cdots, \mathfrak{p}_n) = L + M\overline{w}_n + \overline{M}w_n + Nw_n\overline{w}_n$$

ergibt. Die Bedingung

$$D(\mathfrak{p}_1, \mathfrak{p}_2, \cdots, \mathfrak{p}_n) \geqq 0$$

sagt also aus, *daß w_n dem Inneren oder dem Rande eines bestimmten* *kreisförmigen Gebietes angehört.* Es wird sich fragen, ob umgekehrt *jeder* dieser Kreisscheibe zugehörige Wert möglich ist, ob also wirklich eine positive Funktion mit den Wertepaaren $\mathfrak{p}_1, \cdots, \mathfrak{p}_{n-1}$ existiert, welche für $z = z_n$ gerade diesen Wert w_n annimmt. Die vollständige Beantwortung dieser Frage ist Gegenstand der beiden folgenden Paragraphen. Wir bereiten sie vor, indem wir zunächst folgende Aufgabe lösen. Es sei bekannt, daß die positive Funktion w von z die Wertepaare $\mathfrak{p}_1, \mathfrak{p}_2, \cdots, \mathfrak{p}_n$ besitzt, und es sei

$$D(\mathfrak{p}_1, \mathfrak{p}_2, \cdots, \mathfrak{p}_n) = 0.$$

Die Funktion soll aus diesen Daten hergestellt werden. Es wird sich in der Tat zeigen, daß w durch die Angaben eindeutig bestimmt ist, und zwar als rationale Funktion höchstens vom Grade $(n-1)$.

Unter obiger Voraussetzung kann in der Determinante

$$D(\mathfrak{p}_1, \mathfrak{p}_2, \cdots, \mathfrak{p}_n, \mathfrak{p})$$

der Term in der rechten unteren Ecke, das ist

$$\frac{w - \bar{w}}{z - \bar{z}}$$

ohne Änderung ihrer Werte weggelassen werden, so daß sich die Determinante als Ränderung von

$$D(\mathfrak{p}_1, \mathfrak{p}_2, \cdots, \mathfrak{p}_n)$$

mit den Größen

$$\frac{w - \bar{w}_1}{z - \bar{z}_1}, \quad \frac{w - \bar{w}_2}{z - \bar{z}_2}, \quad \cdots, \quad \frac{w - \bar{w}_n}{z - \bar{z}_n},$$

beziehungsweise

$$\frac{w_1 - \bar{w}}{z_1 - \bar{z}}, \quad \frac{w_2 - \bar{w}}{z_2 - \bar{z}}, \quad \cdots, \quad \frac{w_n - \bar{w}}{z_n - \bar{z}}$$

darstellt. Da $D(\mathfrak{p}_1, \mathfrak{p}_2, \cdots, \mathfrak{p}_n)$ verschwindet, zerfällt die geränderte Determinante in zwei Faktoren, welche je in einer der obigen Größenreihen linear, und überhaupt abgesehen vom Vorzeichen konjugiert sind, also ($\lambda_1, \lambda_2, \cdots, \lambda_n$ sind von z, w unabhängig)

$$D(\mathfrak{p}_1, \mathfrak{p}_2, \cdots, \mathfrak{p}_n, \mathfrak{p}) = - \left| \lambda_1 \frac{w - \bar{w}_1}{z - \bar{z}_1} + \lambda_2 \frac{w - \bar{w}_2}{z - \bar{z}_2} + \cdots + \lambda_n \frac{w - \bar{w}_n}{z - \bar{z}_n} \right|^2.$$

Dieser Ausdruck ist niemals positiv, und verschwindet nur für

$$(3) \qquad \lambda_1 \frac{w - \bar{w}_1}{z - \bar{z}_1} + \lambda_2 \frac{w - \bar{w}_2}{z - \bar{z}_2} + \cdots + \lambda_n \frac{w - \bar{w}_n}{z - \bar{z}_n} = 0.$$

Nach § 2 ist aber der Wert von w, den eine positive Funktion mit den Wertepaaren $\mathfrak{p}_1, \mathfrak{p}_2, \cdots, \mathfrak{p}_n$ dem Werte z zuordnet, an die Bedingung

$$D(\mathfrak{p}_1, \mathfrak{p}_2, \cdots, \mathfrak{p}_n, \mathfrak{p}) \geqq 0$$

gebunden. Man sieht, in dem Fall $D(\mathfrak{p}_1, \mathfrak{p}_2, \cdots, \mathfrak{p}_n) = 0$ muß auch $D(\mathfrak{p}_1, \mathfrak{p}_2, \cdots, \mathfrak{p}_n, \mathfrak{p}) = 0$ sein, der Kreis, welchem w angehören muß, ist ein Nullkreis, w selbst ist also völlig bestimmt, und zwar wie Gleichung (3) lehrt, als rationale Funktion vom $(n-1)^{\text{ten}}$ Grade.

Es ist bei der Herleitung dieses Resultates allerdings stillschweigend vorausgesetzt, daß die Determinante $D(\mathfrak{p}_1, \mathfrak{p}_2, \cdots, \mathfrak{p}_n)$ vom Range $(n-1)$ sei, da sonst Unbestimmtheiten der verwendeten Ausdrücke sich einstellen. Diese Beschränkung ist aber nur scheinbar; es sei unter den Determinanten

$$D(\mathfrak{p}_1), \; D(\mathfrak{p}_1, \mathfrak{p}_2), \; \cdots, \; D(\mathfrak{p}_1, \mathfrak{p}_2, \cdots, \mathfrak{p}_n)$$

etwa

$$D(\mathfrak{p}_1, \mathfrak{p}_2, \cdots, \mathfrak{p}_m)$$

die erste verschwindende ($D(\mathfrak{p}_1)$ ist sicher von Null verschieden); wir verfahren dann mit $D(\mathfrak{p}_1, \mathfrak{p}_2, \cdots, \mathfrak{p}_m)$, welche vom Range $(m-1)$ ist, wie oben, und erkennen die Bestimmtheit von w.

Wir haben also festgestellt: *Wenn die positive Funktion w von z die Wertepaare $\mathfrak{p}_1, \mathfrak{p}_2, \cdots, \mathfrak{p}_n$ besitzt, und es ist*

$$D(\mathfrak{p}_1, \mathfrak{p}_2, \cdots, \mathfrak{p}_n) = 0,$$

so ist die Funktion durch diese Eigenschaften eindeutig als rationale Funktion höchstens vom $(n-1)^{ten}$ Grade bestimmt.

4. Willkürlichkeit der vorzugebenden Werte. Der Fall:
$$D(\mathfrak{p}_1, \mathfrak{p}_2, \ldots, \mathfrak{p}_n) = 0.$$

Wenn die positive Funktion w die Wertepaare $\mathfrak{p}_1, \mathfrak{p}_2, \cdots, \mathfrak{p}_n$ besitzt, so ist

$$D(\mathfrak{p}_1) > 0, \; D(\mathfrak{p}_1, \mathfrak{p}_2) \geqq 0, \; \cdots, \; D(\mathfrak{p}_1, \mathfrak{p}_2, \cdots, \mathfrak{p}_n) \geqq 0.$$

Gilt in einer dieser Relationen das Gleichheitszeichen, so ist die Funktion nach § 3 rational und eindeutig festgelegt. Wir dürfen uns dabei auf den Fall beschränken, daß nur die letzte von den Determinanten auch des Wertes Null fähig ist, und können also schreiben

(B) $\quad D(\mathfrak{p}_1) > 0, \; D(\mathfrak{p}_1, \mathfrak{p}_2) > 0, \cdots, D(\mathfrak{p}_1, \mathfrak{p}_2, \cdots, \mathfrak{p}_{n-1}) > 0, \; D(\mathfrak{p}_1, \mathfrak{p}_2, \cdots, \mathfrak{p}_n) \geqq 0.$

Gehören umgekehrt zu jedem diesen Bedingungen genügenden System von Wertepaaren $\mathfrak{p}_1, \mathfrak{p}_2, \cdots, \mathfrak{p}_n$ positive Funktionen, die sie bezitzen? Es soll in diesem und dem folgenden Paragraphen gezeigt werden, daß diese Frage zu bejahen ist.

Wir behandeln zunächst den Fall, daß

$$D(\mathfrak{p}_1, \mathfrak{p}_2, \cdots, \mathfrak{p}_n) = 0$$

ist. Nach § 3 ist dann w, falls es überhaupt als positive Funktion existiert, eine rationale Funktion höchstens $(n-1)^{\text{ten}}$ Grades, und zwar die durch die Gleichung

$$\lambda_1 \frac{w - \bar{w}_1}{z - \bar{z}_1} + \lambda_2 \frac{w - \bar{w}_2}{z - \bar{z}_2} + \cdots + \lambda_n \frac{w - \bar{w}_n}{z - \bar{z}_n} = 0$$

bestimmte. Da $D(\mathfrak{p}_1, \mathfrak{p}_2, \cdots, \mathfrak{p}_{n-1}) \neq 0$ ist, erhält man diese Gleichung explizit, indem man die Elemente der letzten Zeile von

$$D(\mathfrak{p}_1, \mathfrak{p}_2, \cdots, \mathfrak{p}_n)$$

durch die Größen

$$\frac{w - \overline{w}_1}{z - \overline{z}_1}, \quad \frac{w - \overline{w}_2}{z - \overline{z}_2}, \quad \cdots, \quad \frac{w - \overline{w}_n}{z - \overline{z}_n}$$

ersetzt, und das Resultat gleich Null setzt. Aus dieser Darstellung erkennt man sofort, daß die so bestimmte rationale Funktion

$$w = \frac{\psi(z)}{\varphi(z)}$$

in der Tat den Gleichungen

$$w_\alpha = \frac{\psi(z_\alpha)}{\varphi(z_\alpha)}$$

genügt, aber außerdem auch den konjugierten

$$\overline{w}_\alpha = \frac{\psi(\overline{z}_\alpha)}{\varphi(\overline{z}_\alpha)}.$$

Hieraus folgt, daß w eine reelle, das heißt eine Funktion mit reellen Koeffizienten ist. Man ersetze nun in den Determinanten in (B) die w_α und $\overline{w}_\alpha$ durch ihre eben angeschriebenen Werte; die Glieder der Determinanten erhalten die Form

$$p_{\alpha\beta} = \frac{1}{\varphi(z_\alpha)\varphi(\overline{z}_\beta)} \cdot \frac{\varphi(\overline{z}_\beta)\psi(z_\alpha) - \psi(\overline{z}_\beta)\varphi(z_\alpha)}{z_\alpha - \overline{z}_\beta},$$

oder, wenn wir die Abkürzung

$$\Omega(z, \overline{z}) = \frac{\varphi(\overline{z})\,\psi(z) - \psi(\overline{z})\,\varphi(z)}{z - \overline{z}}$$

für diese ganze und rationale Funktion von z und $\overline{z}$, die in jeder der beiden Veränderlichen höchstens bis zum $(n-2)^{\text{ten}}$ Grade ansteigt, einführen,

$$p_{\alpha\beta} = \frac{\Omega(z_\alpha, \overline{z}_\beta)}{\varphi(z_\alpha)\,\varphi(\overline{z}_\beta)}.$$

Man sieht, daß die Determinante $D(\mathfrak{p}_1, \mathfrak{p}_2, \cdots, \mathfrak{p}_m)$ durch Multiplikation mit der wesentlich positiven Zahl

$$\varphi(z_1)\,\varphi(z_2)\cdots\varphi(z_m)\,\varphi(\overline{z}_1)\,\varphi(\overline{z}_2)\cdots\varphi(\overline{z}_m)$$

in eine mit Δ_m zu bezeichnende Determinante übergeht, deren Elemente einfach von der Form

$$\Omega(z_\alpha, \overline{z}_\beta)$$

sind. Die Determinanten Δ_m genügen also den Relationen

$$\Delta_1 > 0, \ \Delta_2 > 0, \ \cdots, \ \Delta_{n-1} > 0;$$

somit ist die Hermitesche Form

$$H^*(s, \bar{s}) = \sum_{\alpha, \beta}^{1\cdots(n-1)} \Omega(z_\alpha, \bar{z}_\beta)\, s_\alpha \bar{s}_\beta$$

positiv definit.

Wir betrachten nun die Hermitesche Form $H(t, \bar{t})$, die aus $\Omega(z, \bar{z})$ entsteht, indem man die Potenzen

$$z^{r-1},\ \bar{z}^{r-1} \qquad\qquad (\alpha = 1, 2, \cdots, n-1)$$

durch die Unbestimmten $t_r,\ \bar{t}_r$ ersetzt. Es ist also

$$H(t, \bar{t})_{t_r = z_\alpha^{r-1},\ \bar{t}_r = \bar{z}_\beta^{r-1}} = \Omega(z_\alpha, \bar{z}_\beta).$$

Hieraus folgt aber, daß $H(t, \bar{t})$ durch die Substitution

$$t_r = \sum_{\alpha}^{1\cdots(n-1)} z_\alpha^{r-1} s_\alpha, \quad \bar{t}_r = \sum_{\alpha}^{1\cdots(n-1)} \bar{z}_\alpha^{r-1} \bar{s}_\alpha \quad (r = 1, 2, \cdots, n-1)$$

in

$$\sum_{\alpha, \beta}^{1\cdots(n-1)} \Omega(z_\alpha, \bar{z}_\beta)\, s_\alpha \bar{s}_\beta = H^*(s, \bar{s})$$

übergeführt wird. Somit ist auch $H(t, \bar{t})$ positiv definit, und folglich

$$H(t, \bar{t})_{t_r = z^{r-1},\ \bar{t}_r = \bar{z}^{r-1}} = \Omega(z, \bar{z})$$

stets von Null verschieden und positiv, da $t_1 = 1 \neq 0$, $\bar{t}_1 = 1 \neq 0$ unter den substituierten Werten sind.

Hieraus folgt zunächst, daß *der imaginäre Teil von*

$$w = \frac{\psi(z)}{\varphi(z)}$$

stets dasselbe Vorzeichen hat, wie der von z selbst, und *nur* mit diesem zugleich verschwindet. Man findet ferner für reelles $z = x$ leicht

$$\Omega = \varphi(x)\, \psi'(x) - \psi(x)\, \varphi'(x).$$

Also kann weder φ noch ψ eine reelle mehrfache Wurzel haben, und allgemeiner: z als Funktion von $w = \dfrac{\psi(z)}{\varphi(z)}$ kann keinen reellen Verzweigungswert haben. Es kann insbesondere $\varphi'(x)$ nicht gleichzeitig mit $\varphi(x)$ verschwinden, und für $\varphi(x) = 0$ hat man

$$\frac{\psi(x)}{\varphi'(x)} = - \frac{\Omega}{[\varphi'(x)]^2}$$

eine wesentlich negative Größe. Sind also $a_1, a_2, \cdots, a_{n-1}$ die Wurzeln von $\varphi(x)$, so ist

$$(4) \qquad \frac{\psi(z)}{\varphi(z)} = C - \frac{A_1}{z - a_1} - \frac{A_2}{z - a_2} - \cdots - \frac{A_{n-1}}{z - a_{n-1}},$$

worin $A_1, A_2, \cdots, A_{n-1}$ *positive* Größen bedeuten. Im Falle aber, daß $\varphi(x)$ niedrigeren als des $(n-1)^{\text{ten}}$ Grades ist, welchen Fall man durch eine geeignete reelle lineare Substitution von z stets auf die eben erhaltene Formel zurückführen kann, erhält man so

$$(5) \qquad \frac{\psi(z)}{\varphi(z)} = C + A z - \frac{A_1}{z - a_1} - \cdots - \frac{A_{n-2}}{z - a_{n-2}},$$

mit *positiven* $A, A_1, \cdots, A_{n-2}$.

Ist nun andererseits

$$w = \frac{\psi(z)}{\varphi(z)}$$

durch (4) gegeben, so ergibt sich

$$\frac{w_\alpha - \overline{w}_\beta}{z_\alpha - \overline{z}_\beta} = \frac{A_1}{(z_\alpha - a_1)(\overline{z}_\beta - a_1)} + \cdots + \frac{A_{n-1}}{(z_\alpha - a_{n-1})(\overline{z}_\beta - a_{n-1})},$$

wo also

$$w_\alpha = \frac{\psi(z_\alpha)}{\varphi(z_\alpha)}, \quad \overline{w}_\beta = \frac{\psi(\overline{z}_\beta)}{\varphi(\overline{z}_\beta)} \quad \text{usf.}$$

gesetzt ist. Dann wird $D(\mathfrak{p}_1, \mathfrak{p}_2, \cdots, \mathfrak{p}_m)$ gleich dem Produkt der Matrizen

$$\left|\begin{array}{ccc} \dfrac{A_1}{z_1 - a_1}, & \cdots, & \dfrac{A_{n-1}}{z_1 - a_{n-1}} \\ \cdot \ \cdot \ \cdot & \cdot \ \cdot \ \cdot & \cdot \ \cdot \ \cdot \\ \dfrac{A_1}{z_m - a_1}, & \cdots, & \dfrac{A_{n-1}}{z_m - a_{n-1}} \end{array}\right|, \quad \left|\begin{array}{ccc} \dfrac{1}{\overline{z}_1 - a_1}, & \cdots, & \dfrac{1}{\overline{z}_1 - a_{n-1}} \\ \cdot \ \cdot \ \cdot & \cdot \ \cdot \ \cdot & \cdot \ \cdot \ \cdot \\ \dfrac{1}{\overline{z}_m - a_1}, & \cdots, & \dfrac{1}{\overline{z}_m - a_{n-1}} \end{array}\right|,$$

also gleich Null für $m \geq n$, dagegen wesentlich positiv für $m \leq n - 1$.[*)] Gleiches kann man, wenn man will, noch besonders für den Fall (5) konstatieren. *Man sieht zugleich, daß Zähler und Nenner von w, oder doch einer von ihnen genau vom $(n-1)^{\text{ten}}$ Grade ist, und beide mindestens vom Grade $(n-2)$.*

Wir haben das Resultat: *Sind $\mathfrak{p}_1, \mathfrak{p}_2, \cdots, \mathfrak{p}_n$ n Wertepaare, welche die Bedingungen*

$$D(\mathfrak{p}_1) > 0, \ D(\mathfrak{p}_1, \mathfrak{p}_2) > 0, \cdots, D(\mathfrak{p}_1, \mathfrak{p}_2, \cdots, \mathfrak{p}_{n-1}) > 0, \ D(\mathfrak{p}_1, \mathfrak{p}_2, \cdots, \mathfrak{p}_n) = 0$$

erfüllen, so gibt es eine und nur eine positive Funktion, welche sie besitzt.

[*)] Der erste Teil dieser Behauptung, also daß

$$D(\mathfrak{p}_1, \cdots, \mathfrak{p}_m) = 0$$

ist für $m \geq n$, folgt schon aus dem Umstand allein, daß $\dfrac{\psi(z)}{\varphi(z)}$ vom $(n-1)^{\text{ten}}$ Grad ist. Diese für später (§ 5) wichtige Tatsache erkennt man direkt aus der Transformationsbeziehung zwischen den Hermiteschen Formen H^* und H. H enthält wegen des Grades von $\dfrac{\psi(z)}{\varphi(z)}$ gerade $(n-1)$ Variablenpaare $t_r, \overline{t}_r$, und H^* ist also indefinit, wenn es mehr als $(n-1)$ Variablenpaare $s_\alpha, \overline{s}_\alpha$ enthält, was für $m \geq n$ zutrifft.

Die Funktion ist rational, bildet die positive Halbebene z gerade auf die $(n-1)$-fach überdeckte positive Halbebene w ab, die $(2n-4)$ Verzweigungspunkte sind sämtlich komplex und paarweise konjugiert.

5. Der Fall $D(\mathfrak{p}_1, \mathfrak{p}_2, \ldots, \mathfrak{p}_n) > 0$.

Der allgemeine Fall, dem wir uns nun zuwenden, läßt sich auf den behandelten Spezialfall $D(\mathfrak{p}_1, \mathfrak{p}_2, \cdots, \mathfrak{p}_n) = 0$ zurückführen.

Betrachten wir w_n für den Augenblick als veränderlich, indem wir $\mathfrak{p}_1, \cdots, \mathfrak{p}_{n-1}$ und z_n festhalten, und bezeichnen es etwa mit w_n', das Paar z_n, w_n' mit $\mathfrak{p}_n'$, so sagt die Voraussetzung, daß $D(\mathfrak{p}_1, \cdots, \mathfrak{p}_{n-1}, \mathfrak{p}_n')$ für $w_n' = w_n$ *positiv* ausfällt. Nehmen wir andererseits w_n' irgendwie reell an, so fällt $D(\mathfrak{p}_1, \cdots, \mathfrak{p}_{n-1}, \mathfrak{p}_n')$ *negativ* aus. Denn dann verschwindet das Element rechts unten in der Determinante:

$$\frac{w_n' - \overline{w}_n'}{z_n - \bar{z}_n},$$

und sie entsteht also durch Ränderung aus $D(\mathfrak{p}_1, \cdots, \mathfrak{p}_{n-1})$, das heißt aus der Diskriminante einer positiv definiten Form. Die geränderte Determinante bildet also eine negativ definite Form, woraus das Behauptete folgt. Der Kreis K_{n-1} in der W-Ebene (vgl. § 3), welcher durch die Gleichung in $w_n', \overline{w}_n'$

$$D(\mathfrak{p}_1, \cdots, \mathfrak{p}_{n-1}, \mathfrak{p}_n') = 0$$

definiert ist, hat demnach reelle Punkte, und liegt ganz innerhalb der positiven Halbebene.

Wir wählen zwei Punkte der Kreisperipherie nach Willkür; jeder derselben vervollständigt, mit z_n zu einem Paar vereinigt, die Paare $\mathfrak{p}_1, \mathfrak{p}_2, \cdots, \mathfrak{p}_{n-1}$ zu einem System von dem im vorigen Paragraphen erledigten Typus. Wir erhalten so zwei rationale Funktionen $(n-1)^{\text{ten}}$ Grades

$$\frac{\psi_1(z)}{\varphi_1(z)}, \quad \frac{\psi_2(z)}{\varphi_2(z)},$$

welche beide die Wertepaare $\mathfrak{p}_1, \cdots, \mathfrak{p}_{n-1}$ besitzen, während sie für $z = z_n$ verschieden ausfallen. Es sei λ ein beliebiger reeller Wert; dann ist auch

$$(6) \qquad w = \frac{\psi_1(z) + \lambda \psi_2(z)}{\varphi_1(z) + \lambda \varphi_2(z)}$$

eine rationale Funktion $(n-1)^{\text{ten}}$ Grades, welche die Wertepaare $\mathfrak{p}_1, \cdots, \mathfrak{p}_{n-1}$ besitzt. Für $z = z_n$ nimmt sie den Wert

$$\frac{\psi_1(z_n) + \lambda \psi_2(z_n)}{\varphi_1(z_n) + \lambda \varphi_2(z_n)}$$

an; dies gibt ein weiteres Wertepaar, welches zu den $\mathfrak{p}_1, \cdots, \mathfrak{p}_{n-1}$ hinzugefügt, wieder ein System mit der Determinante Null geben muß (S. 17, Anm. *)). Die Funktion ist also die durch dieses System nach § 4 bestimmte rationale Funktion. Der Ausdruck für den zu z_n gehörigen Wert von w stellt für reell veränderliches λ einen Kreis der w-Ebene dar (als Bild der reellen λ-Achse), und dieses ist nichts anderes als der durch

$$D(\mathfrak{p}_1, \mathfrak{p}_2, \cdots, \mathfrak{p}_{n-1}, \mathfrak{p}'_n) = 0$$

definierte Kreis K_{n-1}, da diese Bedingung ja für alle die w-Werte erfüllt ist. *Der in (6) gegebene Ausdruck stellt also die Gesamtheit aller Funktionen dar, welche durch die gegebenen* $\mathfrak{p}_1, \mathfrak{p}_2, \cdots, \mathfrak{p}_{n-1}$ *und je ein weiteres der Bedingung*

$$D(\mathfrak{p}_1, \cdots, \mathfrak{p}_{n-1}, \mathfrak{p}_n) = 0$$

gemäß angenommenes Paar $\mathfrak{p}_n$ *bestimmt sind.* Zu jedem Punkt der Peripherie von K_{n-1} gehört *eine* solche Funktion.

Der Ausdruck für w liefert aber auch dann Funktionen, die die Paare $\mathfrak{p}_1, \cdots, \mathfrak{p}_{n-1}$ besitzen, wenn λ irgend welche komplexe Werte erhält, und wenn λ die ganze komplexe Ebene beschreibt, so tut w (bei festgehaltenem z) das Gleiche. Dabei wird, wenn λ alle Werte mit positivem Imaginärteil annimmt, der zu $z = z_n$ gehörige Wert von w entweder das Innere oder das Äußere von K_{n-1} durchlaufen. Wir können es, indem wir nötigenfalls die Vorzeichen von $\varphi_2(z)$ und $\psi_2(z)$ umkehren, immer etwa so einrichten, daß der positiven λ-Halbebene das Innere von K_{n-1} entspricht.

Setzen wir nun

$$\lambda = \lambda(z) = \frac{r + sz}{p + qz},$$

wo p, q, r, s vier reelle Zahlen bedeuten, und $ps - qr > 0$ sein soll, so entspricht jedem z der positiven Halbebene ein ebensolches λ, und umgekehrt. Es sei w_n willkürlich innerhalb K_{n-1} gewählt, λ_n der entsprechende Wert von λ, so daß also

$$w_n = \frac{\psi_1(z_n) + \lambda_n \, \psi_2(z_n)}{\varphi_1(z_n) + \lambda_n \, \varphi_2(z_n)}$$

ist. Man bestimme jetzt die p, q, r, s so, daß

$$\frac{r + sz_n}{p + qz_n} = \lambda_n$$

wird, wobei eine reelle Konstante noch willkürlich bleibt. Die rationale Funktion n^{ten} Grades

(7)
$$w = \frac{\psi_1(z) + \lambda(z)\,\psi_2(z)}{\varphi_1(z) + \lambda(z)\,\varphi_2(z)}$$

hat dann offenbar die Eigenschaft alle Wertepaare $\mathfrak{p}_1, \mathfrak{p}_2, \cdots, \mathfrak{p}_{n-1}, \mathfrak{p}_n$ zu besitzen. Damit ist aber bewiesen: *Zu jedem Wertepaarsystem* $\mathfrak{p}_1, \mathfrak{p}_2, \cdots, \mathfrak{p}_n,$ *welches den Bedingungen*

$$D(\mathfrak{p}_1) > 0, \; D(\mathfrak{p}_1, \mathfrak{p}_2) > 0, \cdots, D(\mathfrak{p}_1, \mathfrak{p}_2, \cdots, \mathfrak{p}_n) > 0$$

2*

gemäß angenommen ist, gehören positive Funktionen, und zwar gibt es stets rationale derartige Funktionen in unbegrenzter Anzahl.

Die Formel (7) stellt vermöge des in ihr enthaltenen Parameters wieder *sämtliche* rationale positive Funktionen n^{ten} Grades mit den Wertepaaren $\mathfrak{p}_1, \mathfrak{p}_2, \cdots, \mathfrak{p}_n$ dar. Man sieht wie diese Gattungen rationaler Funktionen auch sukzessive gebildet werden können, indem man von den *linearen* Funktionen mit dem Wertepaar $\mathfrak{p}_1$ ausgeht, und durch Hinzunahme der Paare $\mathfrak{p}_2, \mathfrak{p}_3, \cdots$ der Reihe nach zu den Funktionen 2ten, 3ten usw. Grades aufsteigt.

6. Folgerungen und Übertragung auf beliebige Kreise.

Das Ergebnis, zu welchem wir in den letzten beiden Paragraphen gelangt sind, läßt sich so formulieren:

$(n-1)$ Punktepaare $\mathfrak{p}_1, \mathfrak{p}_2, \cdots, \mathfrak{p}_{n-1}$, welche den Bedingungen

$$D(\mathfrak{p}_1) > 0, \quad D(\mathfrak{p}_1, \mathfrak{p}_2), \cdots, D(\mathfrak{p}_1, \cdots, \mathfrak{p}_{n-1}) > 0$$

gemäß, im übrigen beliebig angenommen sind, ordnen jedem weiteren z_n der positiven Halbebene eine Kreisscheibe in der positiven w-Halbebene zu, deren Rand durch

$$D(\mathfrak{p}_1, \mathfrak{p}_2, \cdots, \mathfrak{p}_{n-1}, \mathfrak{p}_n) = 0$$

gegeben ist. Zu jedem dieser Kreisscheibe angehörigen (und zu keinem äußeren) w_n gehören positive Funktionen, die die Wertepaare $\mathfrak{p}_1, \cdots, \mathfrak{p}_{n-1}$ besitzen, und für $z = z_n$ den Wert w_n annehmen. Liegt w_n auf dem Rande der Scheibe, so ist die Funktion völlig bestimmt, und zwar als rationale Funktion $(n-1)^{\text{ten}}$ Grades, welche die positive z-Halbebene gerade auf die $(n-1)$-fach überdeckte positive w-Halbebene abbildet. Inneren Punkten entsprechen stets unbeschränkt viele Funktionen.

Eine Folge unserer Entwicklungen ist auch diese: Sind $\mathfrak{p}_1, \mathfrak{p}_2, \cdots$ Wertepaare einer positiven Funktion, und ist

$$D(\mathfrak{p}_1, \mathfrak{p}_2, \cdots, \mathfrak{p}_n) = 0,$$

so müssen alle folgenden Determinanten von selbst verschwinden (§ 4). Die zu einer Folge von Wertepaaren $\mathfrak{p}_1, \mathfrak{p}_2, \cdots$ einer positiven Funktion gehörigen Determinanten sind also entweder durchaus positiv, oder sie sind bis zu einem gewissen n positiv, von da ab sämtlich gleich Null. In letzterem Fall ist die Funktion rational. Die Anzahl der von Null verschiedenen Determinanten ist dabei unabhängig von der Wahl und Aufeinanderfolge der Wertepaare $\mathfrak{p}_1, \mathfrak{p}_2, \cdots$; denn sie ist gleich dem Grad der Funktion.

Ferner bemerken wir, daß die Kreise $K_1, K_2, \cdots$, welche einem willkürlichen z-Wert durch Angabe der Wertepaare $\mathfrak{p}_1$, bzw. $\mathfrak{p}_1, \mathfrak{p}_2$, bzw. usf. zugeordnet werden, die Eigenschaft haben, daß jeder folgende innerhalb des vorhergehenden liegt. Denn die Bedingungen für K_n umfassen die für K_{n-1}. Ist ferner

$$D(\mathfrak{p}_1, \cdots, \mathfrak{p}_n) > 0,$$

so kann der Kreis K_n nirgends an den Rand von K_{n-1} heranreichen, da für alle Randpunkte von K_{n-1} die zugehörige Funktion rational vom $(n-1)^{\text{ten}}$ Grade ist, und dann

$$D(\mathfrak{p}_1, \mathfrak{p}_2, \cdots, \mathfrak{p}_n) = 0$$

sein müßte.

Die gefundenen Sätze lassen sich ohne weiteres auf beliebige Kreisscheiben K_z, K_w in der z- und w-Ebene übertragen. Nennen wir eine Funktion, welche innerhalb K_z ohne wesentliche Singularitäten ist, und nur Werte annimmt, die innerhalb K_w liegen, kurz eine *zulässige* Funktion, so haben wir in allen Aussagen nur statt positive Funktion überall zulässige Funktion zu setzen, und statt von Werten innerhalb der positiven z- bzw. w-Halbebene von Werten innerhalb K_z bzw. K_w zu sprechen. Die auftretenden rationalen Funktionen haben folgenden Charakter: sie bilden die Kreisscheibe K_z auf die mehrfach überdeckte Kreisscheibe K_w ab, die ganze Ebene z entsprechend auf die ebensooft überdeckte Gesamtebene w; die Verzweigungspunkte entsprechen z-Werten, die sich in Paare von Spiegelpunkten hinsichtlich des Randes von K_z anordnen.

Wir bemerken schließlich noch Folgendes. Die Bedingungen, denen die Wertepaare $\mathfrak{p}_1$, $\mathfrak{p}_2$, $\cdots$ einer zulässigen Funktion genügen müssen, kann man in die Aussage kleiden, daß die Abschnitte der Hermiteschen Form mit unendlich vielen Unbestimmten

$$\sum_{\alpha, \beta} p_{\alpha\beta} s_\alpha \bar{s}_\beta$$

positive Formen sind, und zwar entweder sämtlich definit, oder bis zu einer Stelle definit, von da an indefinit. Besitzt die Form diese Eigenschaft, so besitzt sie auch jede Form, die einer abgeänderten Anordnung der Folge $\mathfrak{p}_1$, $\mathfrak{p}_2$, $\cdots$ entspringt, und die Zahl der definiten Abschnitte bleibt dabei erhalten.

In wie weit diese Bedingungen auch hinreichen, ob also und in welcher Anzahl einer Folge $\mathfrak{p}_1$, $\mathfrak{p}_2$, $\cdots$ von der angegebenen Eigenschaft auch stets zulässige Funktionen entsprechen, soll hier unerörtert bleiben.*)

---

*) Es sei auf die während des Druckes erschienene Note von W. Blaschke, „Eine Erweiterung des Satzes von Vitali usw.", Sächs. Berichte, Math.-phys. Klasse 1915 verwiesen,

7. Beziehung zu den Sätzen von Carathéodory über Funktionen mit positivem Realteil.

Die in der Überschrift genannten Sätze erhält man aus unserem Ergebnisse, indem man erstens K_z mit dem Inneren des Einheitskreises und K_w mit der Halbebene der positiven Realteile identifiziert, und zweitens alle $z_1, z_2, \cdots$ nach Null und die entsprechenden $w_1, w_2, \cdots$ nach $\frac{1}{2}$ rücken läßt. Die erste dieser Maßnahmen gibt

$$p_{\alpha\beta} = \frac{w_\alpha + \overline{w}_\beta}{1 - z_\alpha \overline{z}_\beta}$$

wie in § 1. Die zweite liefert durch einen geläufigen Grenzübergang, bei dem nur positive Faktoren abgeworfen werden, Determinanten mit den Termen

$$\left(\frac{\partial^{\alpha+\beta-2} p_{11}}{\partial z_1^{\alpha-1} \partial \overline{z}_1^{\beta-1}} \right)_{z_1 = \overline{z}_1 = 0},$$

welche noch passend mit dem Zahlfaktor $(\alpha-1)! \, (\beta-1)!$ multipliziert werden können. Es sei nun

$$w = \frac{1}{2} + a_1 z + a_2 z^2 + \cdots$$

die Potenzreihe für w; dann ist

$$w + \overline{w} = 1 + (a_1 z + \overline{a}_1 \overline{z}) + (a_2 z^2 + \overline{a}_2 \overline{z}^2) + \cdots$$

$$\frac{1}{1 - z\overline{z}} = 1 + z\overline{z} + z^2 \overline{z}^2 + \cdots$$

also

$$p_{11} = \frac{w_1 + \overline{w}_1}{1 - z_1 \overline{z}_1} = 1 + (a_1 z_1 + \overline{a}_1 \overline{z}_1) + (a_2 z_1^2 + z_1 \overline{z}_1 + \overline{a}_2 \overline{z}_1^2) + \cdots$$

Führt man die Bezeichnungen[*]

$$a_0 = 1, \quad a_{-k} = \overline{a}_k$$

ein, so hat man

$$(\alpha-1)! \, (\beta-1)! \left(\frac{\partial^{\alpha+\beta-2} p_{11}}{\partial z_1^{\alpha-1} \partial \overline{z}_1^{\beta-1}} \right)_{z_1 = \overline{z}_1 = 0} = a_{\alpha-\beta},$$

und aus der Determinante $D(\mathfrak{p}_1, \mathfrak{p}_2, \cdots, \mathfrak{p}_n)$ wird also die bei Carathéodory mit $D(1, a_1, a_2, \cdots, a_{n-1})$ bezeichnete. Man erhält somit

$$D(1, a_1, a_2, \cdots, a_{n-1}) \gtreqless 0,$$

also die Carathéodory-Toeplitzschen Bedingungen. Auf eine genauere Diskussion einzugehen, wäre überflüssig. Doch wollen wir den Grenzübergang noch für die Determinante

$$D(\mathfrak{p}_1, \mathfrak{p}_1, \cdots, \mathfrak{p}_n, \mathfrak{p})$$

---

[*] Vgl. Carathéodory, a. a. O. S. 205.

durchführen, wobei das letzte Paar $\mathfrak{p} = (z, w)$ nicht am Prozeß teilnehmen soll. Man behält in der letzten Zeile als α^{tes} Element

$$(\alpha - 1)! \left[\frac{\partial^{\alpha - 1}}{\partial \bar{z}_1^{\alpha - 1}} \left(\frac{w + \bar{w}_1}{1 - z\,\bar{z}_1} \right) \right]_{\bar{z}_1 = 0},$$

in der letzten Spalte ähnlich

$$(\alpha - 1)! \left[\frac{\partial^{\alpha - 1}}{\partial z_1^{\alpha - 1}} \left(\frac{w + \bar{w}_1}{1 - \bar{z}\,z_1} \right) \right]_{z_1 = 0},$$

während das letzte Element rechts unten unverändert bleibt. Nun ergibt sich ganz analog wie oben für diese beiden Ausdrücke

$$z^{\alpha - 1} \cdot w + \frac{1}{2} z^{\alpha - 1} + \bar{a}_1 z^{\alpha - 2} + \cdots + \bar{a}_{\alpha - 1}$$

bzw.

$$\bar{z}^{\alpha - 1} \cdot \bar{w} + \frac{1}{2} \bar{z}^{\alpha - 1} + a_1 \bar{z}^{\alpha - 2} + \cdots + a_{\alpha - 1}.$$

Mit diesen Werten ist also die Determinante $D(1, a_1, \cdots, a_{n-1})$ zu rändern, und außerdem die rechte untere Ecke mit

$$\frac{w + \bar{w}}{1 - z\,\bar{z}}$$

zu besetzen. Die sich ergebende Determinante liefert, gleich Null gesetzt, die Gleichung des Kreises, innerhalb dessen w gelegen sein muß. Wir sprechen dies noch in Form eines Satzes aus:

Die sämtlichen innerhalb des Einheitskreises regulären Funktionen

$$w = \frac{1}{2} + a_1 z + a_2 z^2 + \cdots + a_{n-1} z^{n-1} + \cdots,$$

welche daselbst positiven Realteil besitzen und in den $(n-1)$ ersten Entwicklungskoeffizienten $a_1, a_2, \cdots, a_{n-1}$ übereinstimmen, ordnen einem willkürlichen z im Einheitskreis Werte zu, welche eine Kreisscheibe der Halbebene der positiven Realteile erfüllen.

Auch die Bemerkung hinsichtlich der Rand- und inneren Punkte der Scheibe überträgt sich natürlich hierher.

Prag, den 6. März 1915.

SUOMALAISEN TIEDEAKATEMIAN

TOIMITUKSIA

ANNALES

ACADEMIÆ SCIENTIARUM FENNICÆ

SARJA
SER. A

NID.
TOM. XXXII

HELSINKI 1929
SUOMALAISEN TIEDEAKATEMIAN KUSTANTAMA

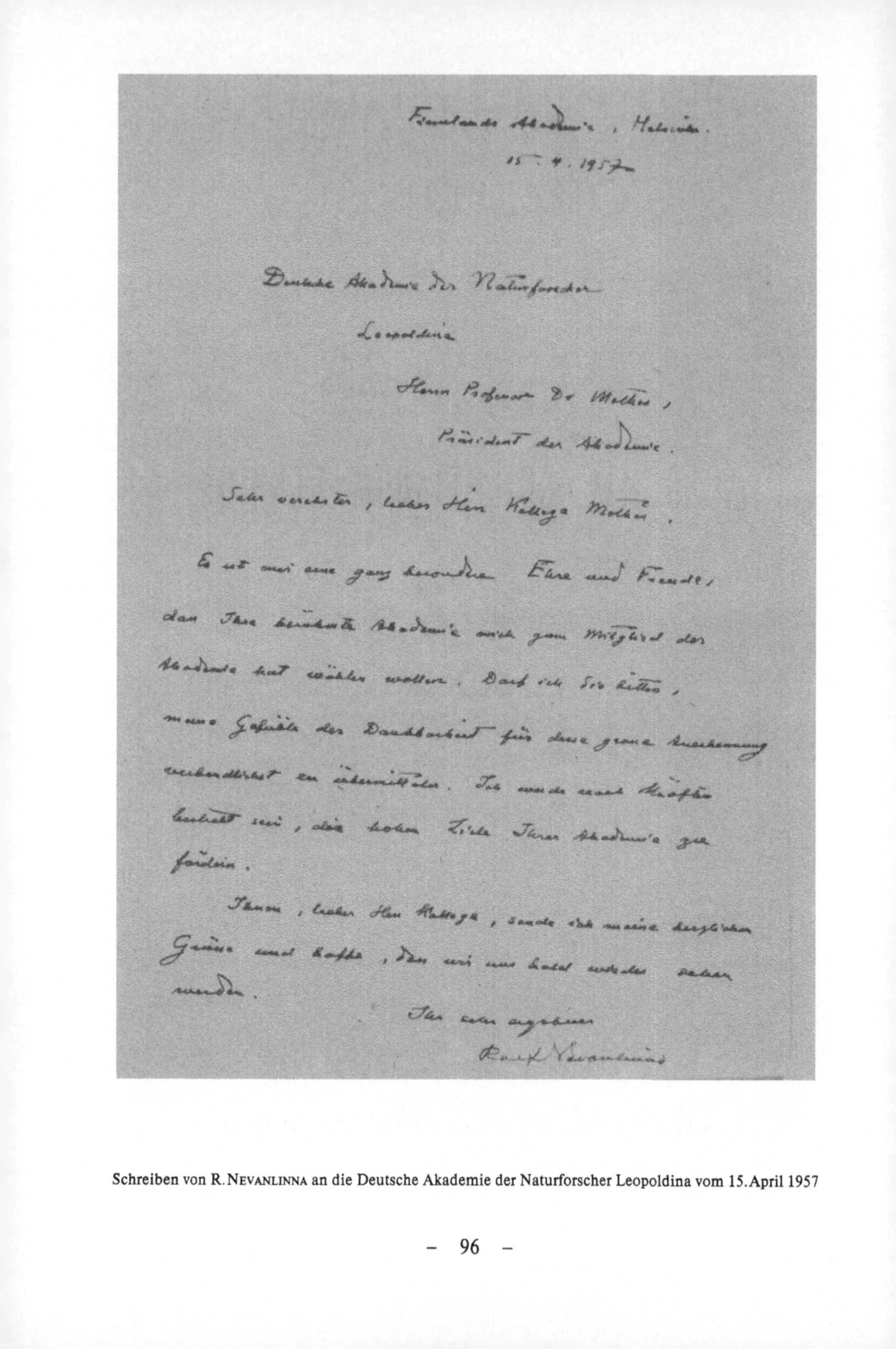

Schreiben von R. NEVANLINNA an die Deutsche Akademie der Naturforscher Leopoldina vom 15. April 1957

ÜBER BESCHRÄNKTE ANALYTISCHE FUNKTIONEN

Von

ROLF NEVANLINNA

HELSINKI 1929
SUOMALAINEN TIEDEAKATEMIA

HELSINKI 1929
BUCHDRUCKEREI A.-G. SANA

Einleitung.

1. Die vorliegende Untersuchung beschäftigt sich mit folgendem Problem:

1:0. *Unter welchen Bedingungen existiert eine im Einheitskreise $|z| < 1$ reguläre Funktion $w = w(z)$, deren Werte in den Einheitskreis $|w| \leq 1$ fallen und die in vorgegebenen Punkten*

$$z_1, z_2, \cdots$$

vorgeschriebene Werte

$$w_1, w_2, \cdots$$

annehmen?

2:0. *Wann ist die Funktion w durch diese Bedingungen eindeutig bestimmt?*

3:0. *Welches ist die Gesamtheit der Funktionen w, die den unter 1:0 angegebenen Bedingungen genügen?*

Als Grenzfälle sind hierin verschiedene bekannte Probleme mitenthalten. Denkt man sich die gegebenen Punkte z_ν im Nullpunkte zusammengefallen, so gelangt man zu dem CARATHÉODORYschen Koeffizientenproblem einer beschränkten Potenzreihe: Wenn die gegebenen Punkte z_ν, w_ν auf der Peripherie des Einheitskreises liegen, so wird man in natürlicher Weise zur Untersuchung derjenigen Funktionsklasse geführt, welche von allen im Einheitskreise beschränkten Funktionen gebildet wird, die in den Randpunkten z_ν die Randwerte w_ν mit vorgeschriebenen Werten der Ableitung annehmen. Fallen schliesslich alle Punkte z_ν in einem Randpunkt zusammen, so besteht die zu untersuchende Klasse aus denjenigen beschränkten Funktionen, welche in diesem Randpunkte eine vorgeschriebene asymptotische Potenzreihenentwicklung haben.

Das allgemeine Interpolationsproblem wurde im Falle einer endlichen Anzahl von Wertzuordnungen zuerst von Herrn PICK [1]) aufgestellt und gelöst. Mittels einer anderen Methode haben wir später die Frage behandelt und weiter geführt [2]). Eine vollständige Lösung ergab sich in dem soeben erwähnten Grenzfall, wo eine asymptotische Entwicklung der beschränkten Funktion gegeben ist. Es zeigte sich gleichzeitig, dass dieser Grenzfall äquivalent mit dem STIELTJESschen Momentenproblem ist, welches hierdurch eine neue und vollständige Lösung erhielt.

In diesen Untersuchungen benutzten wir eine von Herrn I. SCHUR [3]) zur Lösung des CARATHÉODORYschen Koeffizientenproblems angewandte elementare Methode, welche wesentlich auf wiederholte Verwendung des SCHWARZschen Lemmas gegründet ist; in den oben genannten Grenzfällen tritt an die Stelle dieses Lemmas die von Herrn JULIA gegebene Erweiterung desselben.

Dieses Verfahren hat durch eine spätere, zusätzliche Bemerkung von Herrn DENJOY wesentlich an Einheitlichkeit gewonnen [4]). Die DENJOYsche Modifikation führte zu einer allgemeinen Lösung der unter 2:o gestellten Eindeutigkeitsfrage, sowohl im allgemeinen Fall wie in den Grenzfällen.

Das DENJOYsche Ergebnis und eine Untersuchung von Herrn

---

[1]) G. PICK: *Über die Beschränkungen analytischer Funktionen, welche durch vorgegebene Funktionswerte bewirkt werden* (Math. Ann., B. 77, S. 7—23, 1916).

[2]) *Über beschränkte Funktionen, die in gegebenen Punkten vorgeschriebene Werte annehmen* (Ann. Acad. Scient. Fenn., B. XV, 1919); *Kriterien über die Randwerte beschränkter Funktionen* (Math. Zeitschrift, B. 13, 1922); *Asymptotische Entwicklungen beschränkter Funktionen und das STIELTJESche Momentenproblem* (Ann. Acad. Scient. Fenn., B. XVIII, 1922).

[3]) I. SCHUR: *Über Potenzreihen, die im Innern des Einheitskreises beschränkt sind* (Journal für Mathematik, B. 147, S. 205—232, B. 148, S. 122—145, 1918).

[4]) A. DENJOY: *Sur une classe de fonctions analytiques* (Comptes rendus, t. 188, 1929, p. 140 u. 1084).

CARATHÉODORY über die Winkelderivierten beschränkter Funktionen [1]) haben uns veranlasst, das Interpolationsproblem wieder aufzunehmen. Auf der Grundlage der neuesten Fortschritte ist es möglich das Problem vollständig und einheitlich zu erledigen, so dass die Lösung in den Grenzfällen sich als Sonderfälle in die allgemeine Lösung einordnet.

2. Die vorliegende Arbeit ist in drei Abschnitte eingeteilt. Der erste Abschnitt ist dem SCHWARzschen Lemma und seinen von den Herren JULIA und LÖWNER gegebenen Erweiterungen gewidmet. Wegen der grossen Bedeutung dieser einfachen Sätze für verschiedene funktionentheoretische Fragen haben wir sie vollständiger behandelt, als für die besonderen Zwecke der nachfolgenden Untersuchung nötig gewesen wäre.

Im zweiten Abschnitt wird das Interpolationsproblem vollständig gelöst [2]), und im dritten Abschnitt findet man eine kurze Darstellung verschiedener Grenzfälle.

---

[1]) C. CARATHÉODORY: *Über die Winkelderivierten von beschränkten analytischen Funktionen* (Ber. der preuss. Akad. der Wiss., 1929, B. 32, S. 39—54).

[2]) Da wir eine vollständige Darstellung der in Frage stehenden elementaren Methode anstreben, können hierbei Wiederholungen von bekannten Sachen nicht vermieden werden. — Einen Teil der Ergebnisse, welche als neu zu betrachten sind, haben wir in einer Note veröffentlicht (*Sur un problème d'interpolation*, Comptes rendus, t. 188, 1929, p. 1224).

I. Das Schwarzsche Lemma und seine Erweiterungen.

§ 1. Über lineare Transformationen, welche den Einheitskreis invariant lassen.

3. In diesem Paragraphen werden einige bekannte Eigen-schaften der linearen Transformationen zusammengestellt, in einer Form, die für die nachfolgende Untersuchung zweckmässig ist.

Die allgemeinste lineare Transformation, welche den Kreis $|z| \leq 1$ in den Kreis $|w| \leq 1$ führt, so dass die inneren Punkte $z = ae^{ia}$ $(0 \leq a < 1)$ und $w = be^{i\beta}$ $(0 \leq b < 1)$ einander entsprechen, kann in folgender Form geschrieben werden:

$$(1) \qquad \frac{b - we^{-i\beta}}{1 - bwe^{-i\beta}} = e^{i\gamma}\, \frac{a - ze^{-ia}}{1 - aze^{-ia}} \, ,$$

wo γ ein reeller Parameter ist. Die links und rechts stehenden, linear gebrochenen Ausdrücke bilden den Einheitskreis auf sich selbst ab, so dass der Punkt $w = be^{i\beta}$ bzw. $z = ae^{ia}$ in den Null-punkt übergeht. Lässt man, nach Division beiderseits mit $a - ze^{-ia}$, den Punkt z gegen ae^{ia} rücken, so folgt, dass für $z = ae^{ia}$

$$(1)' \qquad \left(\frac{dw}{dz}\right) = e^{i\,(\gamma + \beta - a)}\, \frac{1 - b^2}{1 - a^2} \, .$$

4. Betrachten wir nun eine Transformation, die ebenfalls den Einheitskreis invariant lässt, die aber zwei gegebene *Randpunkte* $z_0 = e^{ia_0}$ und $w_0 = e^{i\beta_0}$ in einander führt. Statt ihren allgemeinen Ausdruck ohne weiteres hinzuschreiben, wollen wir diesen durch einen Grenzübergang aus (1) herleiten.

Wir bezeichnen die gesuchte Transformation mit $w = w(z)$ und setzen, unter a eine beliebige Zahl des Intervalles $0 \leq a < 1$ verstanden, $w(ae^{ia_0}) = be^{i\beta}$. Nach (1) existiert dann eine reelle Zahl γ derart, dass

$$\frac{b - we^{-i\beta}}{1 - bwe^{-i\beta}} = e^{i\gamma}\frac{a - ze^{-ia_0}}{1 - aze^{-ia_0}},$$

eine Identität, die nach einer leichten Umformung auch in der Form

$$(2)\quad \frac{(1-b)(1+we^{-i\beta})}{1 - bwe^{-i\beta}} = \frac{(1-a)(1+ze^{-ia_0})}{1 - aze^{-ia_0}} + (1-e^{i\gamma})\frac{a - ze^{-ia_0}}{1 - aze^{-ia_0}}$$

geschrieben werden kann.

Wir lassen nun a gegen Eins rücken und beachten hierbei folgendes. Setzt man $w'(z_0) = \lambda e^{i\vartheta}$, so ist $\vartheta = \beta_0 - a_0$, da die Linienelemente dw und dz, die in den Punkten w_0, z_0 einander entsprechen, offenbar den Winkel $\beta_0 - a_0$ einschliessen. Bezeichnet man die Normalableitung $\frac{\partial}{\partial r}\arg w'$ $(z = re^{i\varphi})$ im Punkte z_0 mit μ, so ist somit

$$\arg w'(ae^{ia_0}) = \beta_0 - a_0 + \mu(a - 1)(1 + \varepsilon),$$

wo ε für $a = 1$ verschwindet. Andererseits ist nach $(1)'$

$$\arg w'(ae^{ia_0}) = \gamma + \beta - a_0, \quad |w'(ae^{ia_0})| = \frac{1 - b^2}{1 - a^2},$$

und es gilt also, da $(\beta - \beta_0):(1 - a) \to 0$ für $a \to 1$,

$$\lim_{a=1}\frac{1 - b^2}{1 - a^2} = \lim_{a=1}\frac{1 - b}{1 - a} = \lambda, \quad \lim_{a=1}\frac{1 - e^{i\gamma}}{1 - a} = i\mu.$$

Für $a \to 1$ ergibt sich nun aus (2)

$$(3)\qquad \lambda\frac{1 + we^{-i\beta_0}}{1 - we^{-i\beta_0}} = \frac{1 + ze^{-ia_0}}{1 - ze^{-ia_0}} + i\mu,$$

wo also

$$(3)'\quad \lambda = |w'(e^{ia_0})| \text{ und } \mu = \frac{\partial}{\partial r}\arg w'(e^{ia_0}) = -\frac{\partial}{\partial a_0}\log|w'(e^{ia_0})|$$

Umgekehrt sieht man leicht ein, dass jede Transformation (3), wo λ eine beliebige positive und μ eine beliebige reelle Zahl bezeichnen, den Einheitskreis invariant lässt und die Randpunkte $w_0 = e^{i\beta_0}$, $z_0 = e^{ia_0}$ in einander führt. Es genügt zu bemerken, dass die Ausdrücke auf der linken und der rechten Seite den Einheitskreis $|w| \leqq 1$ bzw. $|z| \leqq 1$ in die Halbebene der positiven Realteile transformieren, wobei die gegebenen Randpunkte w_0 und z_0 dem unendlich fernen Punkt entsprechen.

Wir bemerken noch, dass die Formel (3) wegen (3)$'$ sich in nachstehender Form schreiben lässt (wir ersetzen hierbei a_0, β_0 durch a, $\boldsymbol{\beta}$)

$$(4) \qquad \frac{1+we^{-i\beta}}{1-we^{-i\beta}}\,d\beta = \frac{1+ze^{-ia}}{1-ze^{-ia}}\,da - i\,d\log|w'(e^{ia})|,$$

oder, wenn man nur die reellen Teile berücksichtigt,

$$(4)' \qquad \frac{1-|w|^2}{|e^{i\beta}-w|^2}\,d\boldsymbol{\beta} = \frac{1-|z|^2}{|e^{ia}-z|^2}\,da.$$

5. Durch Integration von (4) erhält man den allgemeinen Ausdruck einer linearen Transformation, welche den Einheitskreis in sich und zwei gegebene Randpunkte $z_1 = e^{ia_1}$, $z_2 = e^{ia_2}$ ($0 < a_2 - a_1 < 2\pi$) in zwei beliebig vorgeschriebene Randpunkte $w_1 = e^{i\beta_1}$, $w_2 = e^{i\beta_2}$ ($0 < \beta_2 - \beta_1 < 2\pi$) führt. Bezeichnet nämlich $w = w(z)$ eine Transformation dieser Art, so wird nach (4)

$$(4)'' \qquad \frac{2}{i}\log\frac{1-we^{-i\beta_2}}{1-we^{-i\beta_1}} + \boldsymbol{\beta}_2 - \beta_1 = \frac{2}{i}\log\frac{1-ze^{-ia_2}}{1-ze^{-ia_1}}$$

$$+ a_2 - a_1 - i\log\left|\frac{w'(e^{ia_2})}{w'(e^{ia_1})}\right|$$

und also

$$(5) \qquad \frac{1-we^{-i\beta_2}}{1-we^{-i\beta_1}}\,e^{i\frac{\beta_2-\beta_1}{2}} = K\,\frac{1-ze^{-ia_2}}{1-ze^{-ia_1}}\,e^{i\frac{a_2-a_1}{2}},$$

wo

$$K^2 = \left|\frac{w'(e^{ia_2})}{w'(e^{ia_1})}\right|.$$

Setzt man umgekehrt in (5) für K eine willkürliche positive Konstante ein, so stellt die Formel (5) eine Transformation der erwünschten Art dar. Um dies einzusehen bemerke man, dass die links und rechts stehenden linearen Funktionen von w und z den Einheitskreis auf die Halbebene der positiven Imaginärteile abbilden derart, dass die Punkte $e^{i\beta_1}$, $e^{i\beta_2}$ bzw. e^{ia_1}, e^{ia_2} in $0, \infty$ transformiert werden.

6. Es geht aus den Beziehungen (1)′ und (4)′ hervor, dass die Differentialausdrücke

$$(6) \qquad ds = \frac{|\,dz\,|}{1 - |\,z\,|^2} \quad \text{und} \quad d\omega = \frac{1 - |\,z\,|^2}{|\,1 - ze^{-ia}\,|^2}\, da$$

gegenüber linearen Transformationen, welche den Einheitskreis in sich führen, invariant sind. Auf diese Invarianten gründet sich bekanntlich die POINCARÉsche Deutung des Inneren des Einheitskreises als die hyperbolische Ebene. Der erste der Ausdrücke (6) wird als *Linienelement* definiert; als kürzeste Linien erscheinen dann die zu dem Einheitskreis orthogonalen Kreise, und die Entfernung zwischen zwei Punkten u und v wird gleich

$$[u, v] = \frac{1}{2} \log \frac{|\,1 - u\bar{v}\,| + |\,u - v\,|}{|\,1 - u\bar{v}\,| - |\,u - v\,|}.$$

Vermöge der Transformation (1) entspricht der Schar derjenigen Kreise, welche die den Punkt ae^{ia} und den Spiegelpunkt $\dfrac{e^{ia}}{a}$ verbindenden Kreisbögen orthogonal schneiden, die analoge Kreisschar mit $be^{i\beta}$ und $\dfrac{e^{i\beta}}{b}$ als Grenzpunkten. Diese Kreise stellen nichteuklidisch gedeutet ebenfalls Kreise oder *Zykel* dar, mit ae^{ia} bzw. $be^{i\beta}$ als Mittelpunkten. Wenn der Punkt z den Zykel

$$\left| \frac{a - ze^{-ia}}{1 - aze^{-ia}} \right| = r \; (0 \leqq r < 1)$$

mit dem nichteuklidischen Radius

$$\frac{1}{2} \log \frac{1 + r}{1 - r}$$

einmal durchläuft, so beschreibt vermöge (1) der Bildpunkt w den kongruenten Zykel

$$\left| \frac{b - we^{-i\beta}}{1 - bwe^{-i\beta}} \right| = r.$$

Dieselbe Bewegung führt w aus, wenn man z in einem Punkt der Peripherie des obigen Zykels festhält und den Parameter γ von 0 bis 2π variieren lässt.

7. Die zweite der Differentialinvarianten (6), $d\omega$, wird als hyperbolisches Winkelelement eingeführt: sie misst den von zwei durch den Punkt z gehenden und in den Endpunkten des Bogens da endigenden nichteuklidischen Geraden eingeschlossenen Winkel. Man sieht unmittelbar ein, dass dieses nichteuklidische Mass $d\omega$ mit dem euklidischen Mass desselben Winkels übereinstimmt. In der Tat sind beide Masse invariant gegenüber einer linearen Transformation des Einheitskreises in sich, und es ist nach (6) für $z = 0$, in welchem Fall die nichteuklidischen Geraden Radien werden, $d\omega = da$, woraus die Behauptung folgt.

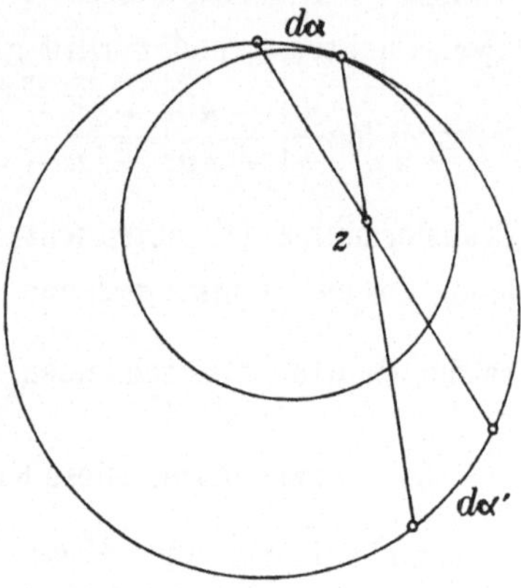

Fig. 1.

Das Winkelelement $d\omega$, das wir im Folgenden *das Winkelmass des Bogens da im Punkte z* nennen werden, lässt auch eine andere einfache geometrische Deutung zu (vgl. Fig. 1). Es ist $1 - |z|^2 = |e^{i\alpha} - z||e^{i\alpha'} - z|$ und somit[1]

$$d\omega = \left| \frac{e^{i\alpha'} - z}{e^{i\alpha} - z} \right| da = da'.$$

8. Der Differentialquotient $\dfrac{d\omega}{da}$ ist, als reeller Teil der rechts in (3) stehenden linearen Transformation, eine harmonische, nichtnegative Funktion von z; er verschwindet für $|z| = 1$ $(z \neq e^{i\alpha})$ und wird im Punkte $z = e^{i\alpha}$ unendlich. Als Niveaulinien hat er

---

[1] Vgl. hierüber H. A. Schwarz, Ges. Werke, B. 2, S. 360.

diejenigen Kreise, welche den Einheitskreis im Punkte $e^{i\alpha}$ berühren;
nichteuklidisch gedeutet sind sie Grenzkreise oder *Orizykel*, welche
als die orthogonalen Trajectorien einer Schar parallelen (gegen
den „unendlich fernen" Punkt $e^{i\alpha}$ gerichteten) Geraden erklärt sind.

Die Transformation (3) bildet den Orizykel

$$\frac{1 - |z|^2}{|e^{i\alpha_0} - z|^2} = h \ (0 < h < \infty)$$

auf den Orizykel

$$\frac{1 - |w|^2}{|e^{i\beta_0} - w|^2} = \frac{h}{\lambda}$$

ab. Dieser letzte Orizykel kann auch so erzeugt werden, dass man z in
einem beliebigen Punkt des erstgenannten Orizykels festhält, während
man den Parameter μ in (3) stetig von $-\infty$ bis $+\infty$ wachsen lässt.

9. Durch Integration des Winkelmasselementes $d\omega$ erhält man
das *Winkelmass ω des von den zwei Randpunkten $e^{i\alpha_1}$ und $e^{i\alpha_2}$ begrenzten Bogens*, gemessen im Punkte z; der reelle Teil des Aus-
druckes rechts in (4)″ gibt den Betrag von ω an:

$$(7) \qquad \omega(z; \ \alpha_1, \alpha_2) = 2 \arg \frac{1 - z\,e^{-i\alpha_2}}{1 - z\,e^{-i\alpha_1}} + \alpha_2 - \alpha_1.$$

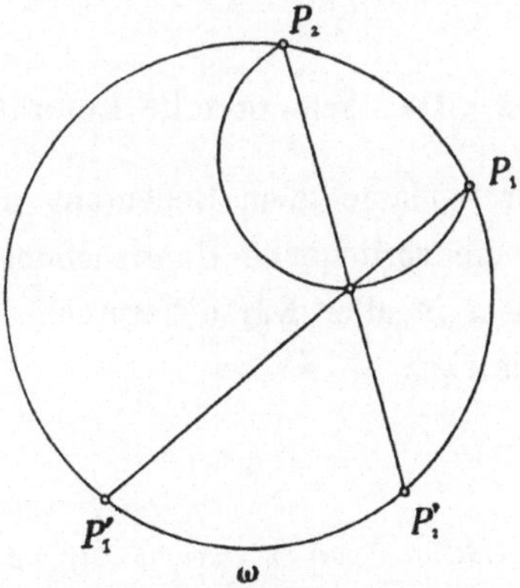

Fig. 2.

Dieses Winkelmass ist gleich dem Winkel, welcher von den in z be-
ginnenden und in $P_1 (= e^{i\alpha_1})$ bzw. $P_2 (= e^{i\alpha_2})$ endigenden Orthogonal-
kreisbögen des Einheitskreises gebildet wird, andererseits auch gleich
dem in Fig. 2 mit ω bezeichneten Bogen, der von den Punkten P'_1 und

P_2' begrenzt wird. Hält man die Randpunkte e^{ia_1} und e^{ia_2} fest, so ist ω eine harmonische Funktion von z, welche auf dem von den erwähnten Randpunkten begrenzten Teilbogen der Peripherie $|z| = 1$ $(a_1 < \arg z < a_2)$ gleich 2π ist, während sie auf dem Komplementärbogen verschwindet.

Die Niveaulinie $\omega (z; a_1, a_2) = h$ $(0 < h < 2\pi)$ ist ein Kreisbogen, welcher die Endpunkte des betrachteten Randbogens verbindet und den Komplementärbogen unter dem Winkel $\dfrac{h}{2}$ schneidet. In der nichteuklidischen Deutung stellt dieser Kreisbogen eine Abstandslinie oder einen *Hyperzykel* dar, welcher durch die Eigenschaft definiert werden kann, dass seine Punkte konstanten (nichteuklidischen) Abstand von der durch die unendlich fernen Punkte e^{ia_1} und e^{ia_2} bestimmten Geraden haben.

Die Transformation (5) bildet den soeben betrachteten Hyperzykel auf den kongruenten Hyperzykel $\omega (w; \beta_1, \beta_2) = h$ ab; dieser letztere kann auch so entstanden gedacht werden, dass der Parameter K in (5) von 0 bis ∞ wächst, während der Punkt z in einem beliebigen Punkt des erstgenannten Hyperzykels festgehalten wird.

§ 2. Das Schwarzsche Lemma.

10. Wegen der fundamentalen Bedeutung des s. g. Schwarzschen Lemmas für die vorliegende Untersuchung werden wir hier diesen wichtigen Satz in aller Kürze besprechen.

Lemma von Schwarz. — *Es sei*

$$(8) \qquad\qquad w = w (z)$$

eine analytische Funktion von z, welche für $|z| < 1$ regulär und beschränkt ist, so dass

$$(8)' \qquad\qquad |w (z)| \leqq 1 \text{ für } |z| < 1.$$

Sei ferner $z_0 = ae^{ia}$ ein innerer Punkt des Einheitskreises und $w_0 = be^{i\beta} = w (z_0)$.

Unter diesen Voraussetzungen entspricht jedem Punkt des Zykels

$$\left| \frac{a - z\,e^{-i\alpha}}{1 - a\,z\,e^{-i\alpha}} \right| = r \quad (0 < r < 1)$$

ein Punkt $w = w(z)$ *innerhalb oder auf der Peripherie des kongruenten Zykels*

$$\left| \frac{b - w\,e^{-i\beta}}{1 - b\,w\,e^{-i\beta}} \right| = r.$$

Der letztgenannte Fall trifft dann und nur dann ein, wenn die Beziehung (8) *sich auf eine lineare Transformation der Form* (1) *reduziert*[1]).

Der Beweis ergibt sich bekanntlich fast unmittelbar mittels des *Prinzips über den Maximalbetrag* einer analytischen Funktion. Der Quotient

$$t(z) = \frac{S(w(z); b, \beta)}{S(z; a, \alpha)},$$

wo

$$S(u; c, \gamma) = \frac{c - u\,e^{-i\gamma}}{1 - c\,u\,e^{i\gamma}},$$

stellt nach den Voraussetzungen des Lemmas eine für $|z| < 1$ reguläre Funktion dar. Ferner ist $|S(w; b, \beta)| \leqq 1$ für $|z| < 1$ und $|S(z; a, \alpha)|$ stetig und gleich Eins für $|z| = 1$. In einer hinreichend kleinen Umgebung jedes Peripheriepunktes des Einheitskreises ist also für ein gegebenes $\varepsilon > 0$

$$|t| < \frac{1}{1 - \varepsilon};$$

---

[1]) Gewöhnlich wird $a = b = 0$ angenommen. In der obigen allgemeineren Fassung wurde der Satz zuerst von Herrn E. LINDELÖF angegeben, als Spezialfall eines allgemeinen Prinzips („LINDELÖFsches Prinzip") (*Mémoire sur certaines inégalités dans la théorie des fonctions monogènes et sur quelqués propriétés nouvelles de ces fonctions dans le voisinage d'un point singulier essentiel,* Acta Soc. Scient. Fennicae, T. 35, N:o 7. 1908).

nach dem Prinzip des Maximums muss dies auch in jedem inneren Punkt des Einheitskreises gelten, und es ist also, da ε beliebig klein gewählt werden kann,

$$(9) \qquad |t(z)| \equiv \left| \frac{S(w; b, \beta)}{S(z; a, a)} \right| \leq 1$$

für $|z| < 1$, womit der erste Teil der Behauptung bewiesen ist.

Wenn $|t| = 1$ für einen inneren Punkt z des Einheitskreises, so reduziert sich $t(z)$ nach dem zitierten Prinzip auf eine Konstante der Form $e^{i\gamma}$, und die Relation (8) geht also in die lineare Transformation (1) über. Der Beweis des SCHWARZschen Lemmas ist hiermit vollständig erbracht.

11. Die Aussage des SCHWARZschen Lemmas lässt sich so deuten [1]), dass der nichteuklidische Abstand von zwei Punkten z, z_0 durch die Abbildung $w = w(z)$ nicht vergrössert wird:

$$[w, w_0] \leq [z, z_0],$$

und im Falle einer linearen Transformation, und nur in diesem, invariant bleibt.

Da dies für beliebig kleine Entfernungen $[z, z_0]$ gilt, so muss dasselbe auch für die nichteuklidischen Linienelemente bestehen, und es ist also

$$(10) \qquad \frac{|dw|}{1 - |w|^2} \leq \frac{|dz|}{1 - |z|^2}.$$

Diese Beziehung lässt sich auch direkt aus der Ungleichung (9) für $z = z_0$ ablesen. Es ist nämlich

$$|t(z_0)| = \frac{1 - |z_0|^2}{1 - |w_0|^2} \left| \frac{dw}{dz} \right|_{z = z_0} \leq 1;$$

und zugleich ergibt sich hieraus der Zusatz, dass auch in (10) Gleichheit nur für die lineare Transformation (1) bestehen kann, denn

---

[1]) Diese Deutung ist zuerst von Herrn PICK angegeben worden (*Über eine Eigenschaft der konformen Abbildung kreisförmiger Gebiete*, Math. Ann., B. 77, 1916, S. 1—6).

die Beziehung $|t(z_0)| = 1$ impliziert, dass der durch (9) definierte Quotient $t(z)$ sich auf eine Konstante der Form $e^{i\gamma}$ reduziert.

§ 3. Das Juliasche Lemma.

12. Die von Herrn Julia[1]) entdeckte Erweiterung des Schwarzschen Lemmas bezieht sich bekanntlich auf den Grenzfall, wo die gegebenen Punkte z_0 und w_0 *Randpunkte* sind. Die dieser Erweiterung zu Grunde liegenden Voraussetzungen sind nachher von verschiedenen Autoren verschärft worden und haben erst kürzlich durch Herrn Carathéodory[2]) eine Fassung erhalten, welche als endgültig bezeichnet werden kann.

Satz von Carathéodory. — *Es sei*

$$(8) \qquad w = w(z)$$

eine analytische Funktion, welche für $|z| < 1$ regulär und beschränkt ist:

$$(8)' \qquad |w(z)| \leqq 1 \quad \text{für} \quad |z| < 1.$$

Bezeichnen $z_0 = e^{i\alpha}$, $w_0 = e^{i\beta}$ zwei beliebige Randpunkte des Einheitskreises, so existiert der Grenzwert

$$(11) \qquad \lim_{z=z_0} \frac{1 - we^{-i\beta}}{1 - ze^{-i\alpha}} = \lambda,$$

wobei die Variabilität von z auf einen von zwei durch den Punkt z_0 gehenden, beliebigen Sehnen des Einheitskreises begrenzten Winkelraum eingeschränkt wird. Der Grenzwert λ ist reell und $0 < \lambda \leqq \infty$, ausser in dem einzigen Fall, wo $w \equiv e^{i\beta}$ und also $\lambda = 0$.

Falls $\lambda < \infty$, so strebt auch die Ableitung $w'(z)$ für $z \to z_0$ gegen einen Grenzwert, und zwar ist

$$(11)' \qquad \lim_{z=z_0} w'(z) = \lim_{z=z_0} \frac{w - w_0}{z - z_0} = \lambda e^{i(\beta - \alpha)},$$

---

[1]) G. Julia: *Extension d'un lemme de Schwarz* (Acta math., t. 42, 1920).

[2]) C. Carathéodory: *Über die Winkelderivierten von beschränkten analytischen Funktionen* (Sitz.ber. der preuss. Akad., B. 32, 1929).

unter gleicher Einschränkung, wie oben, in bezug auf die Variabilität von z.

Der Grenzwert λ, der (wie im Folgenden gezeigt wird) auch durch die Beziehung

$$\lambda = \lim_{r=1} \frac{1 - |\, w\,(re^{i\alpha})\,|}{1 - r}$$

definiert werden kann, wird kurz *Abbildungsmodul im Randpunkte* z_0 genannt.

Die in diesem Satze ausgesprochene Tatsache, dass aus der einzigen Voraussetzung $(8)'$ die Existenz eines Grenzwertes des Quotienten

$$\frac{w - w_0}{z - z_0}$$

bei Annäherung an $z = z_0$ folgt, wie auch die Randpunkt z_0, w_0 gewählt werden, erscheint vielleicht etwas weniger überraschend, wenn man bemerkt, dass dieser Grenzwert im allgemeinen *unendlich* ist, d. h. $\lambda = \infty$.

Im Falle $\lambda < \infty$ lässt sich noch Weiteres über das Verhalten der Funktion $w\,(z)$ schliessen:

Lemma von JULIA. — *Wenn der Abbildungsmodul λ endlich ist, so entspricht vermöge (8) jedem Punkt $z \neq z_0$ eines durch den Punkt z_0 gehenden Orizykels*

$$\frac{1 - |\, z\,|^2}{|\, e^{i\alpha} - z\,|^2} = h \quad (0 < h < \infty)$$

ein Punkt w innerhalb oder auf dem Orizykel

$$\frac{1 - |\, w\,|^2}{|\, e^{i\beta} - w\,|^2} = \frac{h}{\lambda}.$$

Der letztgenannte Fall trifft dann und nur dann zu, wenn die Beziehung (8) eine lineare Transformation der Form (3) ist.

13. Die obigen Sätze lassen sich durch verschiedene Methoden beweisen. Wir werden hier einem von Herrn DENJOY herrührenden Beweisgang folgen, der diese Sätze durch einen (dem S. 7

ausgeführten analogen) Grenzübergang als direkte Folgerungen des Schwarzschen Lemmas liefert[1]).

Es sei $w = w(z)$ eine Funktion, welche der Voraussetzung (8)' genügt und sei $z = e^{i\alpha_0}$ ein beliebiger Randpunkt des Einheitskreises. Wir bezeichnen ferner mit W ein Dreieck, das von zwei beliebigen Sehnen des Einheitskreises und von einem die Sehnen schneidenden Kreisbogen $|z| = r_0$ $(0 < r_0 < 1)$ begrenzt ist; sei schliesslich W_r dasjenige Teilgebiet von W, das ausserhalb des Kreises $|z| = r$ $(r_0 < r < 1)$ liegt.

Wir bezeichnen nun mit λ_r die untere Grenze

$$\lambda_r = \lim_{W_r} \inf \frac{1 - |w|}{1 - |z|},$$

wobei also nur die in W_r liegenden Punkte z in Betracht kommen sollen. Diese Zahl λ_r gehört für $r_0 \leqq r < 1$ dem Intervall $0 \leqq \lambda_r < \infty$ an und stellt eine mit wachsendem r monoton zunehmende Funktion dar. Für $r \to 1$ strebt sie also gegen einen Grenzwert

$$(12) \qquad \lambda = \lim_{r=1} \lambda_r \quad (0 \leqq \lambda \leqq \infty).$$

Wir betrachten der Reihe nach die drei Fälle $\lambda = \infty$, $\lambda = 0$ und $0 < \lambda < \infty$.

14. *Fall* $\lambda = \infty$. In diesem Fall gilt im Gebiete W gleichmässig

$$(13) \qquad \lim_{z = e^{i\alpha_0}} \frac{1 - ze^{-i\alpha_0}}{1 - we^{-i\beta}} = 0,$$

wie auch die Zahl β gewählt werden mag. In der Tat: es existiert eine endliche Zahl k derart, dass im ganzen Gebiete W

$$(14) \qquad |e^{i\alpha_0} - z| < k\,(1 - |z|).$$

---

[1]) Diese Beweismethode ist für die Zwecke der vorliegenden Arbeit besonders gut geeignet. Ein kürzerer und sehr einfacher Beweis des ersten Teils des Carathéodoryschen Satzes sowie des Juliaschen Lemmas wurde neuerdings von den Herren Landau und Valiron veröffentlicht (*A deduction from Schwarz's Lemma*, Journal of the London Math. Society, Vol. 4, Part 3, 1929).

Andererseits ist $|e^{i\beta} - w| \geqq 1 - |w|$, und es gilt also in W_r

$$\left|\frac{e^{ia_0} - z}{e^{i\beta} - w}\right| < k\,\frac{1 - |z|}{1 - |w|} \leqq \frac{k}{\lambda_r},$$

woraus die Richtigkeit der Behauptung folgt.

15. *Fall $\lambda = 0$.* Die Funktion $w\,(z)$ reduziert sich in diesem Fall notwendigerweise auf eine Konstante vom absoluten Betrag Eins: $w\,(z) = e^{i\beta_0}$.

Nehmen wir nämlich an, dass w keine derartige Konstante wäre, und bezeichnen wir durch $w_0 = w\,(z_0) = be^{i\beta}$ ihren Wert in einem beliebigen *inneren* Punkt $z_0 = ae^{ia}$, $0 < a < 1$, so muss auch $|w_0| = b < 1$ sein, und wir können wie beim Beweise des SCHWARZschen Lemmas verfahren. Wir bilden also den Quotienten $t\,(z)$, der für $|z| < 1$ der Bedingung $|t| \leqq 1$ genügt (vgl. (9)), und finden für $z = 0$

$$\frac{b - w\,(0)\,e^{-i\beta}}{1 - b\,w\,(0)\,e^{-i\beta}} = a\,t\,(0).$$

Subtrahiert man diese Zahlen von Eins, so wird

$$\frac{(1 - b)\,(1 + w\,(0)\,e^{-i\beta})}{1 - bw\,(0)\,e^{-i\beta}} = 1 - a\,t\,(0)$$

und also

$$\frac{1 - a}{1 - b} \leqq \frac{|1 - a\,t\,(0)|}{1 - b} = \left|\frac{1 + w\,(0)\,e^{-i\beta}}{1 - bw\,(0)\,e^{-i\beta}}\right| < \frac{1 + |w\,(0)|}{1 - |w\,(0)|}.$$

Hieraus folgt, dass λ_r über einer festen positiven Schranke liegt, wonach der Grenzwert $\lambda > 0$ wäre, im Widerspruch mit der Voraussetzung $\lambda = 0$.

Die Funktion $w\,(z)$ muss sich also, wie behauptet wurde, auf eine Konstante der Form $e^{i\beta_0}$ reduzieren; der Quotient

$$\frac{1 - we^{-i\beta}}{1 - ze^{-ia_0}}$$

strebt demnach für $z \to e^{ia_0}$ (in W) dem Wert ∞ oder 0 zu, je nachdem $\beta \neq \beta_0$ oder $\beta = \beta_0$.

16. *Fall* $0 < \lambda < \infty$. Wir wählen zunächst innerhalb W eine unendliche Folge (z) von gegen $e^{i\alpha_0}$ strebenden Punkten z derart, dass

$$\frac{1 - |w|}{1 - |z|} \to \lambda,$$

wenn z diese Folge durchläuft, was gemäss der Definition von λ möglich ist. Da $\lambda > 0$, so häufen sich die entsprechenden Werte w gegen die Peripherie $|w| = 1$, und es existieren also eine Zahl β_0 und eine Teilfolge $z_\nu = a_\nu e^{i\alpha_\nu}$ der Folge (z) von der Art, dass die Punkte $w_\nu \equiv w(z_\nu) = b_\nu e^{i\beta_\nu}$ für $\nu \to \infty$ gegen den Punkt $e^{i\beta_0}$ streben. Man hat somit

$$\frac{1 - b_\nu}{1 - a_\nu} \to \lambda, \; a_\nu e^{i\alpha_\nu} \to e^{i\alpha_0}, \; b_\nu e^{i\beta_\nu} \to e^{i\beta_0} \text{ für } \nu \to \infty.$$

Nach dieser Vorbereitung bilden wir wieder den Quotienten $t(z)$ (S. 13), wobei wir $z_0 = a_\nu e^{i\alpha_\nu}$, $w_0 = b_\nu e^{i\beta_\nu}$ setzen. Für den sofort vorzunehmenden Grenzübergang $\nu \to \infty$ ist es zweckmässig, diese Funktion $t(z)$, welche für $|z| < 1$ die Eigenschaft $|t| \leqq 1$ hat, zu transformieren durch eine Substitution, welche den Einheitskreis $|t| \leqq 1$ invariant lässt und den Wert $t = 0$ in einen gewissen Wert c_ν des Intervalles $0 < c_\nu < 1$ führt; über die Konstante c_ν wird im Folgenden in passender Weise näher verfügt. Die transformierte Funktion $\tau_\nu(z)$ ist hiernach durch die Beziehung

$$t = \frac{c_\nu - \tau_\nu}{1 - c_\nu \tau_\nu}$$

bestimmt, und es ist

$$\frac{b_\nu - we^{-i\beta_\nu}}{1 - b_\nu we^{-i\beta_\nu}} = \frac{a_\nu - ze^{-i\alpha_\nu}}{1 - a_\nu ze^{-i\alpha_\nu}} \cdot \frac{c_\nu - \tau_\nu}{1 - c_\nu \tau_\nu},$$

wo also

$$|\tau_\nu(z)| \leqq 1 \text{ für } |z| < 1.$$

Diese Identität lässt sich auch schreiben (vgl. S. 7):

$$(15) \qquad \frac{(1 - b_\nu)(1 + we^{-i\beta_\nu})}{1 - b\, we^{-i\beta_\nu}} = \frac{(1 - a_\nu)(1 + ze^{-ia_\nu})}{1 - a_\nu\, ze^{-ia_\nu}} +$$

$$\frac{(1 - c_\nu)(1 + \tau_\nu)}{1 - c_\nu\, \tau_\nu}\; \frac{a_\nu - ze^{\,ia_\nu}}{1 - a_\nu\, ze^{-ia_\nu}}.$$

Wir lassen nun ν unbeschränkt wachsen, während z (und also auch $w = w(z)$) festgehalten wird. Durch Division beiderseits mit $1 - a_\nu$ ergeben sich hierbei als Grenzwerte der linken Seite und des ersten Gliedes rechts die Ausdrücke

$$\lambda\, \frac{1 + we^{-i\beta_0}}{1 - we^{-i\beta_0}} \;\text{bzw.}\; \frac{1 + ze^{-ia_0}}{1 - ze^{-ia_0}},$$

während der letzte Faktor des zweiten Gliedes der rechten Seite gegen den Wert Eins konvergiert.

Wir wählen nun eine beliebige positive, endliche Zahl μ und denken uns die Parameterwerte c_ν so festgelegt, dass

$$(16) \qquad \frac{1 - c_\nu}{1 - a_\nu} \to \mu \;\text{ für }\; \nu \to \infty.$$

Nach dieser Festsetzung schliesst man aus (15), dass auch der Ausdruck

$$\frac{1 + \tau_\nu}{1 - c_\nu\, \tau_\nu}$$

für $\nu \to \infty$ einem wohlbestimmten Grenzwert zustrebt, und da hierbei $c_\nu \to 1$, so folgt schliesslich die Existenz des Grenzwertes

$$\lim_{\nu = \infty} \tau_\nu(z) = \tau(z)$$

für jedes $|z| < 1$. Es ist

$$(17) \qquad \lambda\, \frac{1 + we^{-i\beta_0}}{1 - we^{-i\beta_0}} = \frac{1 + ze^{-ia_0}}{1 - ze^{-ia_0}} + \mu\, \frac{1 + \tau}{1 - \tau}$$

und $|\tau| \leqq 1$ für $|z| < 1$.

Im Falle $0 < \lambda < \infty$ existiert also eine reelle Zahl β_0, so dass die durch (17) bestimmte analytische Funktion $\tau(z)$ beschränkt ist:

$$|\tau(z)| \leqq 1 \; \text{für} \; |z| < 1.$$

17. Vergleicht man die reellen Teile der Ausdrücke links und rechts in (17), so wird

$$(18) \qquad \lambda \frac{1 - |w|^2}{|1 - we^{-i\beta_0}|^2} = \frac{1 - |z|^2}{|1 - ze^{-i\alpha_0}|^2} + \mu \frac{1 - |\tau|^2}{|1 - \tau|^2}.$$

Wegen der innerhalb W gültigen Beziehung (14) folgt, dass wenn der Punkt z, ohne dieses Gebiet zu verlassen, gegen den Randpunkt $e^{i\alpha_0}$ strebt, das erste Glied rechts in (18) und somit die ganze rechte Seite unbeschränkt wächst. Dies ist aber nur dann möglich, wenn gleichzeitig $w \to e^{i\beta_0}$, und zwar muss dies gleichmässig (im Gebiete W) gelten.

Wir behaupten ferner, dass der Quotient

$$(19) \qquad \frac{1 - ze^{-i\alpha_0}}{1 - we^{-i\beta_0}} = \frac{1}{\lambda} \frac{1 + ze^{-i\alpha_0}}{1 + we^{-i\beta_0}} + \frac{\mu}{\lambda} \frac{(1 + \tau)}{1 + we^{-i\beta_0}} \frac{1 - ze^{-i\alpha_0}}{1 - \tau}$$

hierbei gleichmässig gegen den Grenzwert $\dfrac{1}{\lambda}$ strebt. Da diese Behauptung evident ist, falls der Ausdruck $|1 - \tau|$ in W oberhalb einer positiven Schranke liegt, so genügt es den Beweis in dem Fall zu führen, wo der Wert $\tau = 1$ Häufungswert von $\tau(z)$ in der Winkelumgebung W des Punktes $e^{i\alpha_0}$ ist. Setzt man dann

$$\lambda'_r = \lim_{W_r} \inf \frac{1 - |\tau|}{1 - |z|}$$

und

$$\lambda' = \lim_{r = 1} \lambda'_r \quad (0 \leqq \lambda' \leqq \infty),$$

so sieht man zunächst ein, dass $\lambda' > 0$. Denn sonst könnte man das in Nr. 15 Bewiesene auf die Funktion τ anwenden; hiernach müsste τ gleich einer Konstante vom absoluten Betrage Eins sein, und da τ den Wert 1 als Häufungswert hat, so würde $\tau \equiv 1$ sein, und somit $w \equiv e^{i\beta_0}$. Dies ist aber unmöglich, denn die Grenze λ (S. 17) ist nach Voraussetzung *positiv*.

Zweitens kann aber λ' keinen endlichen positiven Wert haben, denn anderenfalls könnte man, indem man die Betrachtungen

S. 19—21 auf die Funktion τ anwendet, schliessen, dass $\tau \to 1$ für $z \to e^{ia_0}$ (in W), und dass ferner (vgl. (18))

$$\frac{1 - |\tau|^2}{|1 - \tau|^2} \geqq \frac{1}{\lambda'} \frac{1 - |z|^2}{|1 - ze^{-ia_0}|^2}.$$

Aus (18) folgt dann weiter für $z = |z| e^{ia_0}$

$$\frac{1}{\lambda}\left(1 + \frac{\mu}{\lambda'}\right)\frac{1 + |z|}{1 - |z|} \leqq \frac{1 - |w|^2}{|1 - we^{-i\beta}|^2} \leqq \frac{1 + |w|}{1 - |w|}$$

und also

$$\liminf_{w_r} \frac{1 - |w|}{1 - |z|} \leqq \frac{\lambda\lambda'}{\lambda' + \mu} \lim \frac{1 + |w|}{1 + |z|} = \frac{\lambda\lambda'}{\lambda' + \mu} < \lambda,$$

in Widerspruch zu der Definition (12) von λ.

Es ist also $\lambda' = \infty$, und man schliesst, dass das letzte Glied in (19), wegen (vgl. (14))

$$\left|\frac{1 - ze^{-ia_0}}{1 - \tau}\right| \leqq \frac{|1 - ze^{-ia_0}|}{1 - |\tau|} \leqq k \frac{1 - |z|}{1 - |\tau|},$$

für $z \to e^{ia_0}$ (gleichmässig in W) gegen Null strebt.

Nunmehr ergibt sich die behauptete gleichmässige Konvergenz des Quotienten (11) unmittelbar aus (19):

$$\lim_{z = e^{ia_0}} \frac{1 - we^{-i\beta_0}}{1 - ze^{-ia_0}} = \lambda.$$

Wenn β_0 durch eine beliebige Zahl $\beta \neq \beta_0$ ersetzt wird, so ist der linksstehende Grenzwert wiederum gleich ∞.

Durch das in den Nummern 14—17 Bewiesene ist die Richtigkeit des ersten Teils des CARATHEODORYschen Satzes nachgewiesen. Aus (18) ergibt sich auch, dass, wie S. 16 behauptet wurde,

$$\lambda = \lim \frac{1 - |w|}{1 - |z|} \text{ für } |z| \to 1 \ (z = |z| e^{ia_0}).$$

18. Um schliesslich die Behauptung über das Verhalten der Ableitung $w'(z)$ zu beweisen, genügt es den in Nr. 16 vorausge-

setzen Fall zu betrachten. Durch Differentiation der Beziehung (17) erhält man

$$(20) \quad e^{i(\alpha_0-\beta_0)}\, w'(z) = \left(\frac{1-we^{-i\beta_0}}{1-ze^{-i\alpha_0}}\right)^2 \left[\frac{1}{\lambda} + \frac{\mu}{\lambda}\left(\frac{1-ze^{-i\alpha_0}}{1-\tau}\right)^2 \tau'(z)\right].$$

Hier konvergiert gemäss (11) der erste Faktor rechts gegen λ^2, wenn $z \to e^{i\alpha_0}$. Ferner ist in W (vgl. (14))

$$(21) \quad \left|\frac{1-ze^{-i\alpha_0}}{1-\tau}\right|^2 |\,\tau'(z)\,| \leqq k^2\left(\frac{1-|z|}{1-|\tau|}\right)^2 |\,\tau'\,|.$$

Nach dem SCHWARZschen Lemma in der Differentialform (10), S. 14, ist aber

$$|\,\tau'\,| \leqq \frac{1-|\tau|^2}{1-|z|^2} < 2\,\frac{1-|\tau|}{1-|z|},$$

und der Ausdruck links in (21) wird also kleiner als

$$2k^2\,\frac{1-|z|}{1-|\tau|}\;;$$

er stebt folglich gemäss dem Ergebnis der S. 22 gleichmässig gegen Null, wenn $z \to e^{i\alpha_0}$ (innerhalb W). Der Klammerausdruck in (20) hat demnach den Grenzwert $\frac{1}{\lambda}$, und es gilt also gleichmässig in W:

$$w'(z) \to \lambda e^{i(\beta_0-\alpha_0)} \text{ für } z \to e^{i\alpha_0}, \text{ w. z. b. w.}$$

19. Wenn der Grenzwert (11) endlich und > 0 ist, so gilt die Beziehung (18); geometrisch gedeutet enthält sie die Aussage des JULIAschen Lemmas: Einem Punkt z des Orizykels

$$\frac{1-|z|^2}{|\,1-ze^{-i\alpha_0}\,|^2} = h \quad (h > 0)$$

enstpricht vermöge $w = w(z)$ ein Punkt w innerhalb oder auf dem Orizykel

$$\frac{1-|w|^2}{|\,1-we^{-i\beta_0}\,|^2} = \frac{h}{\lambda}.$$

Der letztgenannte Fall kann nach (18) nur dann eintreffen, wenn $|\tau| = 1$ für einen gewissen inneren Punkt z des Einheitskreises:

dann ist aber $\tau = e^{i\vartheta}$, wo ϑ eine konstante Zahl des Intervalles $0 < \vartheta < 2\pi$ ist, und die Beziehung $w = w(z)$ ist gemäss (17) eine lineare Transformation von der Form (3). Hiermit ist auch das Juliasche Lemma vollständig bewiesen.

§ 4. Das Löwnersche Lemma.

20. Man betrachte eine Funktion $w(z)$, die im Einheitskreise beschränkt ist:

$$|w(z)| < 1 \text{ für } |z| \leqq 1,$$

und die auf einem gewissen Randbogen *regulär* und *ihrem absoluten Betrage nach gleich Eins* ist. Ist dieser Randbogen durch $a_1 \leqq \arg z \leqq a_2 \; (a_2 - a_1 < 2\pi)$ definiert, so hat man also

$$w(e^{ia}) = e^{i\beta},$$

wo β als eine wachsende Funktion von a im Intervalle $a_1 < a < a_2$ erklärt ist; es ist für dieselben Werte a

$$|w'(e^{ia})| = \frac{d\beta}{da}.$$

In jedem dieser Randpunkte e^{ia} kann man den Juliaschen Satz anwenden; es wird also nach (18) für $|z| < 1$, da $\lambda = |w'(e^{ia})|$,

$$|w'(e^{ia})| \frac{1 - |w|^2}{|1 - we^{-i\beta}|^2} \geqq \frac{1 - |z|^2}{|1 - ze^{-ia}|^2}$$

oder also

$$\frac{1 - |w|^2}{|1 - we^{-i\beta}|^2} d\beta \geqq \frac{1 - |z|^2}{|1 - ze^{-ia}|^2} da,$$

eine Beziehung, die in der Bezeichnung der S. 11 sich einfach folgendermassen schreiben lässt:

$$(22) \qquad d\omega(w; \beta_1, \beta) \leqq d\omega(z; a_1, a).$$

Das Juliasche Lemma sagt aus, dass das Winkelmass eines Randbogenelementes da durch die Transformation $w = w(z)$ vergrössert wird, ausser in dem einzigen Fall einer linearen Transformation (5), für welche das Winkelmass invariant bleibt.

21. Durch Integration findet man aus (22), dass

$$\omega\,(w;\beta_1,\beta_2) \geqq \omega\,(z;a_1,a_2) \qquad (e^{i\beta_\nu} = w\,(e^{ia_\nu}),\ \nu = 1,2).$$

Hier besteht das Gleichheitszeichen nach Obigem nur dann, wenn w eine linear gebrochene Funktion von z ist, für welche man durch die Betrachtung der S. 8 den Ausdruck (5) findet. Wir haben somit das[1])

Lemma von Löwner. — *Wenn eine Funktion $w\,(z)$, welche für $|z| < 1$ beschränkt ist:*

$$|w\,(z)| < 1\,,$$

auf einem Randbogen $|z| = 1$, $a_1 \leqq \arg z \leqq a_2\,(a_1 - a_2 < 2\pi)$ regulär ist und dort Werte annimmt, welche auf den Randbogen $|w| = 1$, $\beta_1 \leqq \arg w \leqq \beta_2\,(\beta_2 - \beta_1 < 2\pi)$ fallen, so entspricht jedem Punkt $z \neq e^{ia_1}, e^{ia_2}$ des Hyperzykels

$$\omega\,(z;a_1,a_2) = h \qquad (0 < h < 2\pi)$$

ein Punkt w, welcher entweder innerhalb des von dem zuletztgenannten Randbogen und dem Hyperzykel

$$\omega\,(w;\beta_1,\beta_2) = h$$

begrenzten Gebietes oder auf diesem Hyperzykel liegt.

Der letztgenannte Fall trifft dann und nur dann ein, wenn die Beziehung $w = w\,(z)$ sich auf eine lineare Transformation der Form (5), S. 8, *reduziert.*

Es ist zu bemerken, dass die hier vorausgesetzte Regularität der Funktion w auf dem betrachteten Randbogen wegen des Schwarzschen Spiegelungsprinzipes durch die Annahme ersetzt werden kann, dass die Funktion auf diesem Randbogen stetig ist.

---

[1]) Die nachfolgende Fassung erhält man durch kreisgeometrische Verallgemeinerung aus der Löwnerschen Form des Lemmas (vgl. Bieberbach, Funktionentheorie II, S. 124): *Es sei $|w| < 1$ für $|z| < 1$ und $w\,(0) = 0$. Falls $|w|$ stetig und $= 1$ auf einem Bogen B_1 des Kreises $|z| = 1$, so ist der Bildbogen B_2 von B_1 nicht kürzer als B_1. Die Bögen B_1 und B_2 sind dann und nur dann einander gleich, wenn $w = e^{i\vartheta} z$, wo ϑ eine reelle Konstante ist.*

Aus den obigen Überlegungen ist hervorgegangen, dass das SCHWARZsche Lemma und seine Erweiterungen in folgende Aussagen zusammengefasst werden können.

Durch eine Transformation $w = w(z)$, *wo*

$$|w(z)| < 1 \ \textit{für} \ |z| < 1,$$

wird das nichteuklidische Bogenelement verkleinert und das Winkelmass eines Randbogenelements vergrössert, ausser wenn w eine lineare Transformation ist, die den Einheitskreis invariant lässt, in welchem Fall das Bogen- und Winkelmass invariant bleiben.

22. Wir bemerken schliesslich, dass das LÖWNERsche Lemma, welches oben als die „Integralform" des JULIAschen Lemmas aufgefasst wurde, unabhängig von diesem bewiesen werden kann. Wir lassen hier einen Beweis folgen, der auf einen direkten Vergleich der Winkelmasse der gegebenen Randbögen beruht und von besonderer prinzipieller Bedeutung ist, weil er unschwer zu gewissen Erweiterungen des Lemmas führt [1]).

---

[1]) Der Beweis lässt sich im Anschluss an Herrn LÖWNER (BIEBERBACH Funktionentheorie II, S. 124) auch so führen, dass man für einen beliebigen inneren Punkt z des Einheitskreises den Quotienten

$$\frac{w(t) - w(z)}{1 - \overline{w}(z)\, w(t)} : \frac{t - z}{1 - \bar{z}t}$$

bildet und zeigt, dass das Argument dieser im Einheitskreise $|t| < 1$ beschränkten Funktion einen *nichtnegativen* Zuwachs erhält, wenn der Punkt t den gegebenen Randbogen B_1 im positiven Sinn durchläuft.

Auch kann das Lemma als direkte Folgerung des SCHWARZschen Lemmas durch folgende Überlegung gewonnen werden. Mittels des Spiegelungsprinzips ergibt sich zunächst, dass $w(z)$ in der längs des Komplementärbogens von B_1 aufgeschlitzten Vollebene E_1 regulär ist und Werte annimmt, die in den Schlitzbereich E_2 fallen, welcher durch Aufschneidung der w-Ebene längs des Komplementärbogens des Bildbogens B_2 von B_1 erhalten wird. Werden die Bereiche E_1 und E_2 auf den Einheitskreis abgebildet, so dass B_1 und B_2 in die reelle Achse übergehen, so gelangt man durch Anwendung des SCHWARZschen Lemmas zum Ziel.

Betrachten wir also eine Funktion $w(z)$, welche für $|z| < 1$ der Bedingung $w(z)| < 1$ genügt. Auf dem Randbogen $|z| = 1$, $a_1 < \arg z < a_2$ $(a_2 - a_1 < 2\pi)$ sei $w(z)$ stetig; es wird ferner angenommen, dass diese Randwerte auf einen gewissen Bogen $\beta_1 < \arg w < \beta_2$ des Kreises $|w| = 1$ fallen. Um nun zu beweisen, dass

$$(23) \qquad \omega(w(z); \beta_1, \beta_2) - \omega(z; a_1, a_2) \geqq 0,$$

bemerke man, dass der linksstehende Ausdruck eine innerhalb des Einheitskreises reguläre harmonische Funktion ist, welche auf dem gegebenen Randbogen konstant gleich Null ist und in einer hinreichend kleinen Umgebung jedes Punktes des Komplementärbogens $> -\varepsilon$ ist (wo ε eine beliebig kleine positive Zahl ist), mit Ausnahme der Punkte e^{ia_1}, e^{ia_2}, wo sie jedenfalls nach unten beschränkt bleibt[1]). Nach dem Prinzip des Minimums einer harmonischen Funktion ist der betrachtete Ausdruck also auch im Innern $> -\varepsilon$ und kann also, da ε beliebig klein ist, für $|z| < 1$ überhaupt keine negative Werte annehmen, w. z. b. w.

Wenn in einem inneren Punkt des Einheitskreises $\omega(w(z); \beta_1, \beta_2) = \omega(z; a_1, a_2)$, so muss nach demselben Prinzip diese Gleichung für jedes $|z| < 1$ gelten; in diesem Fall reduziert sich aber, wie aus den Beziehungen (7), (4)″ und (5) zu ersehen ist, die Relation $w = w(z)$ auf eine lineare Transformation der Form (5). Hiermit ist das Löwnersche Lemma vollständig bewiesen.

23. Der obige Beweis könnte, unter Vermeidung des Minimumprinzips, auch so geführt werden, dass man das Winkelmass $\omega(w(z); \beta_1, \beta_2)$ durch ihre Werte auf dem Kreis $|z| = r < 1$ mittels des Poissonschen Integrals darstellt. Lässt man alsdann r gegen Eins konvergieren, so strebt das Integral gegen einen Grenzwert, der sich, wie unmittelbar zu ersehen ist, in der Form

---

[1]) Die Sonderstellung der Endpunkte e^{ia_ν} kann übrigens dadurch aufgehoben werden, dass man das Winkelmass $\omega(w; \beta_1, \beta_2)$ durch $\omega(w; \beta_1', \beta_2')$ ersetzt, wo $\beta_1' < \beta_1 < \beta_2 < \beta_2'$, und nachträglich β_ν' gegen β_ν $(\nu = 1, 2)$ konvergieren lässt.

$\omega\,(z;\,\alpha_1,\,\alpha_2) +$ nichtnegative harmonische Funktion schreiben lässt, womit der Beweis erbracht ist.

Wir bemerken schliesslich, dass dieser Beweisgang zu folgender Erweiterung des LÖWNERschen Lemmas führt:

Wenn die beschränkte Funktion $w\,(re^{i\alpha})\,(\,|\,w\,| \leqq 1\ \text{für}\ r < 1)$ *für eine messbare Menge A der Werte* α *Randwerte*

$$(24) \qquad e^{i\beta} = \lim_{r=1} w\,(re^{i\alpha})$$

vom absoluten Betrage Eins hat, so ist das Winkelmass

$$\int\limits_B d\omega\,(w\,(z);\,0,\,\beta)$$

der Menge B dieser Randwerte nicht kleiner als das Winkelmass

$$\int\limits_A d\omega\,(z;\,0,\,\alpha)$$

der Punktmenge A [1]).

Insbesondere schliesst man, unter Zuhilfenahme des SCHWARZschen Spiegelungsprinzips:

Falls die Randwerte (24) *fast überall auf einem Randbogen* $|\,z\,| = 1$, $\alpha_1 < \arg z = \alpha < \alpha_2\,(\alpha_2 > \alpha_1)$ *existieren, so ist entweder das Lebesguesche Mass der Menge B dieser Randwerte gleich* 2π, *oder aber ist die Funktion* w *über den gegebenen Randbogen analytisch fortsetzbar* [2]).

Interessante Beispiele zu diesen Sätzen liefern die s.g. BLASCHKEschen Produkte, von denen im folgenden Abschnitte die Rede sein wird.

---

[1]) Wenn $z = 0$, $w\,(0) = 0$, so stimmen diese Winkelmasse mit den gewöhnlichen LEBESGUEschen Massen der Mengen A und B überein.

[2]) Diese Sätze stehen im Zusammenhang mit einem Satz von Herrn HÖSSJER; vgl. hierzu die in diesem Band erschienene Arbeit von Herrn MYRBERG: *Ein Satz über die fuchsschen Gruppen und seine Anwendung in der Funktionentheorie.*

II. Lösung des Interpolationsproblems.

§ 1. Fall, wo die Anzahl der gegebenen Werte endlich ist.

24. Es seien gegeben n innere Punkte des Einheitskreises

$$(1) \qquad z_v = a_v\, e^{ia_v} \quad (v = 1, \cdots, n)$$

und n komplexe Zahlen

$$(2) \qquad w_v \ (v = 1, \cdots, n).$$

Wir fragen nach den notwendigen und hinreichenden Bedingungen, damit eine analytische Funktion $w = w(z)$ existiere, die im Einheitskreise beschränkt ist:

$$(3) \qquad |\,w(z)\,| \leqq 1 \ \text{für} \ |\,z\,| < 1,$$

und die in den gegebenen Punkten die vorgeschriebenen Werte annimmt[1]):

$$(4) \qquad w(z_v) = w_v \quad (v = 1, \cdots, n).$$

Zur Abkürzung werden wir sagen, dass jede derartige Funktion der *Klasse* E_n angehört, während die Klasse der analytischen Funktionen, welche der Bedingung (3) allein genügen, mit E bezeichnet werden soll.

25. Es sei $w(z)$ eine Funktion der Klasse E_n. Nach (4) und (3) ist dann

$$|\,w_1\,| \equiv b_1 \leqq 1.$$

Falls nun $b_1 = 1$, so ist $w(z) \equiv w_1$ und also

$$(5) \qquad w_1 = \cdots = w_n \,, |\,w_v\,| = 1;$$

---

[1]) Vgl. die S. 4 zitierte Arbeit von Herrn Pick sowie die erste der in der Fussnote 2) (S. 4) angegebenen Arbeiten.

und umgekehrt, wenn diese letzten Bedingungen erfüllt sind, so existiert eine Funktion der Klasse E_n, nämlich die Konstante w_1.

Falls wiederum $b_1 < 1$, so setze man $w_1 = b_1 e^{i\beta_1}$ und definiere die Funktion $w^{(2)}(z)$ durch die Formel (vgl. S. 19)

$$(6) \qquad \frac{b_1 - we^{-i\beta_1}}{1 - b_1 we^{-i\beta_1}} = \frac{a_1 - ze^{-ia_1}}{1 - a_1 ze^{-ia_1}} \cdot \frac{c_1 - w^{(2)} e^{-i\beta_1}}{1 - c_1 w^{(2)} e^{-i\beta_1}},$$

wo c_1 eine *beliebige* Zahl des Intervalles $0 \leqq c_1 < 1$ ist, über die wir im Folgenden in geeigneter Weise verfügen werden. Nach dem Prinzip des Maximums ist $w^{(2)}$ eine Funktion der Klasse E; ferner nimmt sie in den Punkten $z_2, \cdots, z_n$ Werte $w_2^{(2)}, \cdots w_n^{(2)}$ an, welche sich durch die gegebenen berechnen lassen aus der Beziehung

$$(7) \qquad \frac{b_1 - w_\nu e^{-i\beta_1}}{1 - b_1 w_\nu e^{-i\beta_1}} = \frac{a_1 - z_\nu e^{-ia_1}}{1 - a_1 z_\nu e^{-ia_1}} \cdot \frac{c_1 - w_\nu^{(2)} e^{-i\beta_1}}{1 - c_1 w_\nu^{(2)} e^{-i\beta_1}} \quad (\nu = 2, \cdots, n).$$

Umgekehrt gilt, dass wenn in der Beziehung (6) für $w^{(2)}$ eine Funktion eingesetzt wird, welche den soeben ausgesprochenen Bedingungen genügt, die hierdurch bestimmte Funktion w zur Klasse E_n gehört.

Notwendig und hinreichend, damit eine Funktion w der Klasse E_n existiere ist, dass einer der folgenden zwei Fälle eintrifft:

1:o   Es ist $|w_1| = b_1 = 1$, und $w_1 = w_2 = \cdots = w_n$.

2:o   Es ist $b_1 < 1$ und es existiert eine Funktion $w^{(2)}$ der Klasse E, welche in den Punkten $z_2, \cdots, z_n$ die durch (7) bestimmten Werte $w^{(2)}(z_\nu) = w_\nu^{(2)} \; (\nu = 2, \cdots, n)$ annimmt.

Im erstgenannten Fall besteht die Klasse E_n aus einer einzigen Funktion, nämlich aus der Konstante $w \equiv w_1$ allein. Im zweiten Fall ist die Gesamtheit der Funktionen E_n gegeben durch die Formel (6), wo $w^{(2)}$ eine beliebige Funktion der oben angegebenen Eigenschaft bezeichnet.

26. Falls $b_1 < 1$, so wird dieses Ergebnis auf die Funktion $w^{(2)}$ angewandt. Indem dieses Verfahren immer weiter fortgesetzt wird, bestimmt man der Reihe nach die Funktionen $w^{(1)} \equiv w$, $w^{(2)}, \cdots, w^{(k)} \; (k \leqq n)$ durch die Rekursionsformel

$$(7)'\quad \frac{b_\nu - w^{(\nu)}e^{-i\beta_\nu}}{1 - b_\nu\, w^{(\nu)}e^{-i\beta_\nu}} = \frac{a_\nu - z e^{-ia_\nu}}{1 - a_\nu z e^{-ia_\nu}} \cdot \frac{c_\nu - w^{(\nu+1)}e^{-i\beta_\nu}}{1 - c_\nu\, w^{(\nu+1)}e^{-i\beta_\nu}} \quad (\nu < n,\ w^{(1)} \equiv w),$$

wo $b_\nu e^{i\beta_\nu} = w^{(\nu)}(a_\nu e^{ia_\nu})$ und $b_\nu < 1$, während c_ν eine beliebig ge-
wählte Zahl des Intervalles $0 \leqq c_\nu < 1$ ist. Die Funktion $w^{(\nu)}$
gehört der Klasse E an; ihre Werte $w^{(\nu)}(z_\mu) = w^{(\nu)}_\mu$ $(\mu = \nu,\ \nu+1,\cdots,n)$
berechnen sich mit Hilfe der gegebenen Werte (1) und (2) und
der Parameter c_ν aus der Formel $(7)'$, und zwar hängt $w^{(\nu)}_\mu$ von
den μ ersten der gegebenen Werte rational ab.

Zwei Fälle sind möglich. Entweder gilt für einen Index $k \leqq n$:

$$b_\nu < 1 \ \text{ für } \ \nu < k \ \text{ und } \ b_k = 1.$$

Es ist dann $w^{(k)} \equiv e^{i\beta_k}$ und also $w^{(k)}_\mu = e^{i\beta_k}$ $(\mu = k,\cdots,n)$. Die
Auflösung des Algorithmus $(7)'$ bestimmt w als eine rationale Funk-
tion $(k-1)$:er Ordnung. Nach $(7)'$ ist ferner für $|z| = 1$,
$|w^{(\nu+1)}| = 1$ auch $|w^{(\nu)}| = 1$, und man schliesst, dass die rationale
Funktion w auf dem Kreise $|z| = 1$ dem absoluten Betrage nach
gleich Eins ist.

Ist wiederum $b_\nu < 1$ für $\nu = 1,\cdots,n$, so bleibt für die Funktion $w^{(n+1)}$ die einzige Bedingung übrig, der Klasse E anzugehören;
die Formel (7) gibt also eine eineindeutige Zuordnung zwischen
der Gesamtheit der Funktionen w der Klasse E_n und der Gesamtheit der Funktionen $w^{(n+1)}$ der Klasse E.

Zusammenfassend hat man somit folgende Lösung des vorgelegten Problems:

Satz 1. *Notwendig und hinreichend, damit eine Funktion der
Klasse E_n existiere ist, dass einer der folgenden zwei Fälle eintrifft.*

1:o. *Es ist für einen gewissen Wert k der Folge $1, 2, \cdots, n$*

$$(8)\qquad \begin{cases} b_\nu \equiv |w^{(\nu)}_\nu| < 1 \ \textit{für } \ \nu < k, \\ b_k \equiv |w^{(k)}_k| = 1 \ \textit{und } \ w^{(k)}_\mu = w^{(k)}_k \quad (\mu = k+1,\cdots,n). \end{cases}$$

2:o. *Es ist*

$$(9)\qquad\qquad b_\nu < 1 \quad (\nu = 1,\cdots,n).$$

Im ersten Fall ist die Lösung w eindeutig bestimmt; sie ist eine rationale Funktion $(k-1)$:er Ordnung, deren absoluter Betrag für $|z|=1$ konstant gleich Eins ist.

Im zweiten Fall existieren unendlich viele Funktionen w der Klasse E_n; ihre Gesamtheit ergibt sich aus dem Algorithmus $(7)'$, wo für $w^{(n+1)}$ eine beliebige Funktion der Klasse E eingesetzt werden soll.

27. Wir setzen zur Abkürzung

$$e^{-ia_\nu} = \varepsilon_\nu, \; e^{-i\beta_\nu} = \eta_\nu$$

und finden durch Auflösung des Algorithmus $(7)'$

$$(10) \qquad w = \frac{A_\nu - B_\nu \, w^{(\nu+1)}}{C_\nu - D_\nu \, w^{(\nu+1)}} \; (\nu = 1, \cdots, n),$$

wo

$$(11) \quad \begin{cases} A_\nu = (s_\nu - r_\nu \, z\varepsilon_\nu) \, A_{\nu-1} - (p_\nu + q_\nu \, z\varepsilon_\nu) \, \overline{\eta}_\nu \, B_{\nu-1} \\ B_\nu = (q_\nu + p_\nu \, z\varepsilon_\nu) \, \eta_\nu \, A_{\nu-1} + (r_\nu - s_\nu \, z\varepsilon_\nu) \, B_{\nu-1} \\ C_\nu = (s_\nu - r_\nu \, z\varepsilon_\nu) \, C_{\nu-1} - (p_\nu + q_\nu \, z\varepsilon_\nu) \, \overline{\eta}_\nu \, D_{\nu-1} \\ D_\nu = (q_\nu + p_\nu \, z\varepsilon_\nu) \, \eta_\nu \, C_{\nu-1} + (r_\nu - s_\nu \, z\varepsilon_\nu) \, D_{\nu-1}. \end{cases} \quad (\nu = 1, \cdots, n).$$

Hier ist $A_0 = D_0 = 0$, $B_0 = -1$, $C_0 = 1$ und

$$(11)' \quad \begin{cases} p_\nu = b_\nu - a_\nu \, c_\nu, \\ q_\nu = c_\nu - a_\nu \, b_\nu, \\ r_\nu = a_\nu - b_\nu \, c_\nu, \\ s_\nu = 1 - a_\nu \, b_\nu \, c_\nu. \end{cases}$$

Es ist für das Folgende von grundlegender Bedeutung, dass die Beziehung (10) zwischen den Funktionen w und $w^{(\nu+1)}$ eine *lineare* ist. Für die Determinante findet man den Ausdruck

$$(12) \quad A_\nu \, D_\nu - B_\nu \, C_\nu = \prod_1^\nu \left\{ (1 - b_\mu^2)(1 - c_\mu^2)(a_\mu - z\varepsilon_\mu)(1 - a_\mu \, z\varepsilon_\mu) \right\};$$

sie verschwindet also im Einheitskreise in den Punkten $z = a_\mu \overline{\varepsilon}_\mu = z_\mu$ $(\mu = 1, \cdots, \nu)$ und nur in diesen, in Übereinstimmung mit der Tatsache, dass die Funktion w in den genannten Punkten die vorgeschriebenen Werte w_μ $(\mu = 1, \cdots, \nu)$ annimmt, unabhängig von der Wahl der Funktion $w^{(\nu+1)}$ der Klasse E.

28. Die Formel (10) lässt sich in interessanter Weise geometrisch interpretieren. Sei z^* ein innerer Punkt des Einheitskreises; die Gesamtheit der zulässigen Werte $w^* = w(z^*)$, wo $w(z)$ eine beliebige Funktion der Klasse E_n ist, wird im allgemeinen Fall (9) gegeben durch die Formel (10) für $\nu = n$, wobei $w^{(n+1)}$ eine beliebige Zahl bezeichnet, deren absoluter Betrag nicht grösser als Eins ist. Da nun diese Beziehung (10) linear ist, entspricht den Werten $|w^{(n+1)}| \leqq 1$ in der w-Ebene ein wohlbestimmter Kreis $C_n(z^*)$, der also den Variabilitätsbereich der möglichen Funktionswerte w^* darstellt. Wenn $|w^{(n+1)}| = 1$, so liegt w auf der Peripherie von C_n, und umgekehrt; dieser Fall trifft dann und nur dann ein, wenn $w^{(n+1)}$ eine Konstante der Form $e^{i\vartheta}$ ist und die Funktion w sich also auf eine rationale Funktion der Ordnung n von der oben angegebenen Art reduziert. Liegt wiederum der Wert w^* innerhalb des Kreises C_n, so ist $|w^{(n+1)}(z^*)| < 1$, und es existieren unendlich viele Funktionen der Klasse E_n, welche der Bedingung $w(z^*) = w^*$ genügen. Wir haben also den

Satz 2. *Unter den Bedingungen* (9) *liegt der Wert w^*, welchen eine Funktion der Klasse E_n im Punkte z^* ($|z^*| < 1$) annimmt, innerhalb oder auf der Peripherie eines durch die vorgegebenen Werte* (1), (2) *und den Punkt z^* wohlbestimmten Kreises $C_n(z^*)$.*

Ist w^* ein Randpunkt von C_n, so reduziert sich die betreffende Funktion w auf eine wohlbestimmte rationale Funktion der Ordnung n, welche für $|z| = 1$ dem absoluten Betrage nach gleich Eins ist.

Dieser Satz kann als eine Verallgemeinerung des SCHWARZschen Lemmas betrachtet werden, mit welchem er im Falle $n = 1$ übereinstimmt.

Indem man in der Formel (10) ν der Reihe nach die Werte $0, 1, \cdots$ gibt, sieht man, dass $C_0(z)$ ($\equiv$ der Einheitskreis), $C_1(z)$, $C_2(z)$, $\cdots$ eine Kette von ineinander geschalteten Kreisen bilden. Eine Ausnahme trifft die Punkte $z = z_\nu$ ein; sobald $\mu \gtreqqless \nu$, reduziert sich der Kreis $C_\mu(z_\nu)$ auf den Punkt w_ν.

3

Mit dem obigen Resultat haben wir auch eine geometrische Deutung der Kriterien (8) und (9) gewonnen. *Die Bedingung $b_\nu \leqq 1$ besagt, dass der Punkt w_ν innerhalb oder auf der Peripherie des Kreises $C_{\nu-1}(z_\nu)$ liegen soll.*

Wir haben oben angenommen, dass der Punkt z innerhalb des Einheitskreises liegt. Falls $|z| = 1$, so fallen sämtliche Kreise $C_0(z)$, $C_1(z)$, $\cdots$ mit dem Einheitskreis zusammen. Für *Randwerte* der Funktion ergeben also die vorgegebenen Wertzuordnungen keinerlei Einschränkungen.

29. Bei der Lösung des vorgelegten endlichen Problems haben wir die gegebenen Werte $z_1, z_2, \cdots$ in einer bestimmten Reihenfolge genommen. Ferner haben wir gewisse willkürliche Parameter c_ν ($0 \leqq c_\nu < 1$) eingeführt. Man fragt sich nun, wie eine Änderung der genannten Reihenfolge und der gegebenen Parameterwerte die obigen Ergebnisse beeinflusst. Vor allem ist es für das Folgende von Bedeutung zu erkennen, wie sich die Polynome A, B, C, D in dieser Hinsicht verhalten.

Sehen wir von dem Ausnahmefall (8) ab, wo das rekurrente Verfahren abbricht und die Funktion w sich auf eine wohlbestimmte rationale Funktion reduziert, und sei

$$(10)' \qquad w = \frac{A_\nu^* - B_\nu^* w_*^{(\nu+1)}}{C_\nu^* - D_\nu^* w_*^{(\nu+1)}}$$

die zu (10) analoge Formel, zu welcher man gelangt, indem man die Werte $z_1, \cdots, z_\nu$ in einer gewissen neuen Reihenfolge nimmt und die alten Parameterwerte c durch neue c^* ersetzt.

Es sei nun $z \neq z_\mu$ ($\mu = 1, \cdots, \nu$) ein beliebig gewählter Punkt innerhalb des Einheitskreises. Als Variabilitätsbereich der entsprechenden Wertes w der Funktionen der Klasse E_ν finden wir einerseits denjenigen Kreis $C_\nu(z)$, auf welchen die Transformation

$$(13) \qquad w = \frac{A_\nu - B_\nu t}{C_\nu - D_\nu t}$$

den Kreis $|t| \leqq 1$ abbildet, andererseits denjenigen Kreis $C_\nu^*(z)$, der vermöge

$$(13)' \qquad\qquad w = \frac{A_\nu^* - B_\nu^* \tau}{C_\nu^* - D_\nu^* \tau}$$

als Bild des Kreises $|\tau| \leqq 1$ erscheint. Diese Kreise sind also identisch und man schliesst, dass die Beziehungen (13) und (13)' t als eine lineare Transformation von τ definieren, welche den Einheitskreis invariant lässt. Es existieren also zwei Zahlen $\lambda \, (|\lambda| < 1)$ und $\varepsilon \, (|\varepsilon| = 1)$ derart, dass

$$t = \frac{\lambda + \varepsilon\tau}{1 + \bar{\lambda}\varepsilon\tau}.$$

Führt man diesen Ausdruck in (13)' ein, so schliesst man weiter, indem man die Koeffizienten der nach der Substitution identischen Transformationen (13)' und (13) vergleicht, dass

$$(14) \qquad \begin{cases} A_\nu^* = \mu \, (A_\nu - \lambda B_\nu), & B_\nu^* = \mu\varepsilon \, (B_\nu - \bar{\lambda}A_\nu), \\ C_\nu^* = \mu \, (C_\nu - \lambda D_\nu), & D_\nu^* = \mu\varepsilon \, (D_\nu - \bar{\lambda}C_\nu), \end{cases}$$

wo μ ein Proportionalitätsfaktor ist.

Wir behaupten nun, dass die Grössen ε, λ, μ *konstant*, d. h. von z unabhängig sind. In der Tat definieren die Relationen (14) die Grössen λ, $\bar{\lambda}$ und ε als rationale Funktionen der Polynome A_ν, A_ν^* usw. Diese Grössen sind somit analytische Funktionen von z. Es ist aber $|\varepsilon| = 1$ und $\lambda\bar{\lambda}$ reell für $|z| \leqq 1$, woraus man schliesst, dass ε und λ konstant sind.

Um einzusehen, dass auch μ konstant ist, bemerke man, dass das Verhältnis der Determinanten $A_\nu D_\nu - B_\nu C_\nu$ und $A_\nu^* D_\nu^* - B_\nu^* C_\nu^*$ gemäss Formel (12) von z unabhängig ist. Andererseits ergibt sich aber aus (14) für dieses Verhältnis der Wert $\varepsilon \, (1 - |\lambda|^2)\, \mu^2$, woraus die Behauptung folgt.

Ändert man in den Polynomen A_ν, B_ν, C_ν und D_ν die Reihenfolge der Wertpaare (z_μ, w_μ) $(\mu = 1, \cdots, \nu)$ und die Werte der Parameter c_μ, so transformieren sich die Polynome gemäss den Formeln (14), wo die Koeffizienten konstant sind und $|\varepsilon| = 1$, $|\lambda| < 1$.

30. Wir wollen zuletzt einige weitere Eigenschaften der oben betrachteten Polynome besprechen, die uns im Folgenden nützlich sein werden. Aus den Rekursionsformeln (11) folgt, dass

$$A_\nu(z) = -\, e^{i\vartheta_\nu}\, z^\nu\, \overline{D}_\nu\!\left(\frac{1}{\bar z}\right), \quad B_\nu(z) = -\, e^{i\vartheta_\nu}\, z^\nu\, \overline{C}_\nu\!\left(\frac{1}{\bar z}\right),$$

wo $\vartheta_\nu = -\sum\limits_1^\nu a_\nu$. Für $|z| = 1$ gilt also

$$(15)\qquad |A_\nu(z)| = |D_\nu(z)|, \quad |B_\nu(z)| = |C_\nu(z)|,$$

und da die Beziehung (10) für einen solchen Wert z eine lineare Transformation darstellt, welche den Kreis $|w^{(\nu+1)}| \leqq 1$ auf $|w| \leqq 1$ abbildet, so ist

$$(15)'\qquad |C_\nu(z)| > |D_\nu(z)|$$

in jedem Punkt der Peripherie $|z| = 1$.

Das Polynom C_ν ist im Einheitskreise von Null verschieden.

Nimmt man nämlich an, dass in einem Punkt $z = z^*$ des Einheitskreises $C_\nu = 0$, so muss in diesem Punkte auch $A_\nu = 0$ sein, weil der Quotient $A_\nu : C_\nu$ gemäss der Formel (10) als eine Funktion der Klasse E_ν für $z = z^*$ regulär ist. Hieraus folgt unter Beachtung der Relation (12), dass $z^* = z_\mu$, wo z_μ einen der gegebenen Punkte $z_1, \cdots, z_\nu$ bezeichnet, und weiter dass

$$(16)\qquad A'_\nu D_\nu - B_\nu C'_\nu \neq 0 \ \text{ für } z = z_\mu.$$

Andererseits folgt aber aus der Formel (10) für $z = z_\mu$, wenn man zuerst $w^{(\nu+1)} = 0$, dann $w^{(\nu+1)}$ einem von Null verschiedenen Wert gleich setzt, dass

$$w_\mu = \frac{A'_\nu(z_\mu)}{C'_\nu(z_\mu)} = \frac{B_\nu(z_\mu)}{D_\nu(z_\mu)},$$

was im Widerspruch zu (16) steht. Man schliesst somit, dass $C_\nu \neq 0$ für $|z| \leqq 1$, w. z. b. w.

Dividiert man nun die Polynome A_ν, B_ν und D_ν durch C_ν, so folgt dass

$$(17) \qquad \left|\frac{A_\nu}{C_\nu}\right| \leqq 1, \quad \left|\frac{B_\nu}{C_\nu}\right| \leqq 1, \quad \left|\frac{D_\nu}{C_\nu}\right| \leqq 1;$$

diese Beziehungen bestehen nämlich nach (15) und (15)′ auf der Peripherie $|z| = 1$, und sind deshalb auch im Innern des Einheitskreises gültig.

§ 2. Fall, wo die Anzahl der gegebenen Werte unendlich ist.

31. In diesem Abschnitt werden wir den allgemeinen Fall untersuchen, wo die Anzahl der vorgegebenen Werte

$$(18) \qquad z_1, \cdots, z_n, \cdots \qquad (z_n = a_n\, e^{i a_n},\, a_n < 1)$$

und

$$(19) \qquad w_1, \cdots, w_n, \cdots$$

unendlich ist. Die Klasse derjenigen Funktionen $w(z)$, welche der Eigenschaft E:

$$|w(z)| \leqq 1 \text{ für } |z| < 1$$

genügen und in den Punkten (18) die entsprechenden Werte (19) annehmen:

$$w(z_n) = w_n,$$

bezeichnen wir mit E_∞.

32. Die *Existenzbedingungen* ergeben sich sofort als eine Folgerung des Satzes 1, S. 31.

Satz 3. *Notwendig und hinreichend, damit eine Funktion der Klasse E_∞ existiert, ist, dass einer der folgenden zwei Fälle eintrifft:*

1:0 *Es ist für eine gewisse ganze Zahl n:*

$$(20)' \quad b_\nu < 1 \;(\nu < n), \; b_n = 1 \text{ und } w_\mu^{(n)} = w_n^{(n)} \quad (\mu = n, n+1, \cdots).$$

2:0 *Es ist*

$$(20) \qquad b_\nu < 1 \quad (\nu = 1, \cdots, n, \cdots).$$

Dass diese Bedingungen notwendig sind, ist auf Grund des zitierten Satzes unmittelbar klar. Ebenso schliesst man, dass die

Bedingungen (20)' hinreichend sind, denn die durch die Formel (10) (S. 32) für $v = n - 1$ und für $w^{(n)} \equiv w_n^{(n)}$ definierte rationale Funktion $R_n(z)$ gehört offenbar der Klasse E_∞ an.

Um zu beweisen, dass eine Funktion der Klasse E_∞ auch unter den Bedingungen (20) existiert, setze man in der Formel (10) für $w^{(v+1)}$ eine beliebige Funktion der Klasse E ein, z. B. $w^{(v+1)} = 0$; die Funktion

$$(21) \qquad \frac{A_v(z)}{C_v(z)}$$

gehört zur Klasse E_v. Wenn nun v die Folge $1, 2, \cdots$ durchläuft, so lässt sich nach dem STIELTJES-VITALIschen Satze aus (21) eine für $|z| \leqq r < 1$ gleichmässig konvergente Teilfolge herauswählen, und die Grenzfunktion stellt offenbar eine Funktion der Klasse E_∞ dar. Hiermit ist Satz 3 vollständig bewiesen.

33. Wir werden im Folgenden annehmen, dass die Bedingungen (20) oder (20)' erfüllt sind, und wenden uns zu der Frage, wann das vorgelegte Problem *bestimmt* ist, d. h. wann eine einzige Lösung des Problems existiert.

Zunächst folgt aus den Ergebnissen des vorigen Abschnittes, dass der Bestimmtheitsfall immer unter den Bedingungen (20)' vorliegt; die Klasse E_∞ besteht aus der oben besprochenen rationalen Funktion R_n allein.

Wir können also im Folgenden annehmen, dass die Bedingungen (20) erfüllt sind. In diesem Fall wird Satz 2, S. 33, uns sofort ein Kriterium für die Bestimmtheit des Problems geben. Es sei nämlich $w(z)$ eine Funktion der Klasse E_∞; dann gehört sie a fortiori zu jeder der Klassen E_n $(n = 1, 2, \cdots)$. Nach dem soeben erwähnten Satz liegt also für einen beliebigen Wert z $(|z| < 1)$ der Wert $w(z)$ in sämtlichen Kreisen

$$C_n(z) \quad (n = 0, 1, \cdots)$$

Nun liegt aber der Kreis C_{n+1} innerhalb C_n und man schliesst also, dass der Kreis $C_n(z)$ für $n \to \infty$ gegen einen wohlbestimmten Grenzkreis $C_\infty(z)$ konvergiert; der Wert $w(z)$ muss somit in diesen Kreis $C_\infty(z)$ fallen. Hieraus folgt, dass unser Problem sicher bestimmt ist, falls der Kreis $C_\infty(z)$ sich für jeden Punkt z des Einheitskreises *auf einen Punkt* reduziert.

Nehmen wir umgekehrt an, dass für einen gewissen Punkt $z = z^*$ ($|z^*| < 1$) der Radius $\varrho_\infty(z^*)$ von $C_\infty(z^*)$ *positiv* ist, und seien w_1^* und w_2^* zwei verschiedene Punkte dieser Kreisscheibe. Nach den Ergebnissen des ersten Paragraphen (vgl. inbesondere S. 33) existieren zwei Funktionen $f_n^{(1)}(z)$ und $f_n^{(2)}(z)$ der Klasse E_n derart, dass $f_n^{(1)}(z^*) = w_1^*$ und $f_n^{(2)}(z^*) = w_2^*$. Lässt man nun n unbeschränkt wachsen, so ergibt sich unter Anwendung des VITALISchen Satzes die Existenz von zwei Funktionen der Klasse E_∞, $f_\infty^{(1)}(z)$ und $f_\infty^{(2)}(z)$, derart dass $f_\infty^{(1)}(z^*) = w_1^*$ und $f_\infty^{(2)}(z^*) = w_2^*$. Diese Funktionen sind somit unter einander verschieden, und das Problem ist unbestimmt.

Satz 4. *Notwendig und hinreichend, damit das Problem unbestimmt sei, ist, dass der Radius $\varrho_\infty(z)$ des Kreises $C_\infty(z)$ für wenigstens einen inneren Punkt z des Einheitskreises einen positiven Wert hat.*

34. Aus dem obigen Resultat lässt sich leicht ein interessantes, von Herrn DENJOY[1]) neulich angebenes Bestimmtheitskriterium ableiten.

Zu diesem Zweck wählen wir mit Herrn DENJOY die willkürlichen Parameter c_n in folgender Weise

$$(22) \qquad\qquad c_n = a_n\, b_n.$$

Diese Festsetzung hat zur Folge, dass der Ausdruck $q_n = 0$ und dass also (vgl. (11), S. 32) das Polynom D_n im Nullpunkte verschwindet, was, wie wir sehen werden, die sogleich vorzunehmende Abschätzung des Radius $\varrho_\infty(z)$ wesentlich erleichtert. Gleichzeitig bietet diese Wahl den Vorteil, dass der Übergang zu dem Grenzfall, wo die gegebenen Punkte z_n auf der Peripherie des Einheitskreises belegen sind, in einer zu der S. 20 angebenen analogen

---

1) Vgl. die in der Einleitung S. 4 zitierten Noten.

Weise durchgeführt werden kann. Im Folgenden werden wir, falls Anderes nicht ausdrücklich gesagt wird, die Parameter $c_{n'}$ immer durch die Bestimmungen (22) festgelegt denken.

Für den Radius des Kreises $C_n\,(z)$, welcher den Variabilitäts-bereich des Wertes $w\,(z)$ einer Funktion der Klasse E_n darstellt, finden wir gemäss (10) nach einer einfachen Rechnung den Ausdruck

$$(23) \qquad \varrho_n\,(z) = \frac{|\,A_n\,D_n - B_n\,C_n\,|}{|\,C_n\,|^2 - |\,D_n\,|^2}$$

Insbesondere wird unter Beachtung der Rekursionsformeln (11) und (12), S. 32, da $D_n\,(0) = 0$,

$$(24) \qquad \varrho_n\,(0) = \left[\frac{A_n\,D_n - B_n\,C_n}{C_n^2}\right]_{z=0} = \prod_1^n \frac{a_\nu\,(1 - b_\nu^2)}{1 - a_\nu^2\,b_\nu^2}\,.$$

Der Grenzwert $\varrho_\infty\,(0)$ ist also positiv oder Null, je nachdem die Reihe

$$\sum^\infty \left(1 - \frac{a_\nu\,(1 - b_\nu^2)}{1 - a_\nu^2\,b_\nu^2}\right) = \sum^\infty \frac{(1 + a_\nu\,b_\nu^2)\,(1 - a_\nu)}{1 - a_\nu^2\,b_\nu^2}$$

konvergent oder divergent ist. Das allgemeine Glied dieser Reihe liegt zwischen den Grenzen

$$\frac{1}{2}\frac{1 - a_\nu}{1 - a_\nu\,b_\nu} \quad \text{und} \quad \frac{1 - a_\nu}{1 - a_\nu\,b_\nu}\,,$$

und da die Reihen

$$\sum \frac{1 - a_\nu}{1 - a_\nu\,b_\nu} \quad \text{und} \quad \sum \frac{1 - a_\nu}{1 - b_\nu}$$

offenbar gleichzeitig konvergent oder divergent sind, so schliesst man, dass $\varrho_\infty\,(0) >$ oder $= 0$, je nachdem die Reihe

$$(25) \qquad \sum \frac{1 - a_\nu}{1 - b_\nu}$$

konvergent oder divergent ist. Also gilt nach Satz 4:

Wenn die Reihe (25) konvergiert, so ist das Problem unbestimmt.

35. Die Umkehrung dieses Satzes ist auch richtig: *Das Problem ist bestimmt, sobald die Reihe* (25) *divergiert.*

Zum Beweise bemerken wir zunächst, dass der Quotient $D_n : C_n$ nach (17) S. 37 für $|z| \leqq 1$ dem absoluten Betrage nach nicht grösser als Eins ist und für $z = 0$ verschwindet. Nach dem Schwarzschen Lemma ist somit

$$| D_n | \leqq | z | \, | C_n | \text{ für } | z | \leqq 1,$$

und also, unter Beachtung der Formel (23),

$$(26) \qquad | \varphi_n (z) | \leqq \varrho_n (z) \leqq \frac{| \varphi_n (z) |}{1 - | z |^2} \qquad (| z | < 1),$$

wo

$$(26)' \qquad \varphi_n = \frac{A_n \, D_n - B_n \, C_n}{C_n^2}$$

Nach (26) genügt es zu zeigen, dass φ_n in jedem Punkt z ($| z | < 1$) für $n \to \infty$ gegen Null strebt, falls die Reihe (25) divergent ist.

Es ist $\varrho_n < 1$ und also (nach (26)) auch $| \varphi_n | < 1$ für $| z | < 1$; ferner ist $\varrho_n = \varphi_n = 0$ in den Punkten $z = z_\nu$ und nur in diesen. Nimmt man zunächst an, dass die gegebenen Punkte z_ν sich im Punkte $z = 0$ häufen, so muss ϱ_n nach dem Vitalischen Satz in jedem inneren Punkt des Einheitskreises gegen Null konvergieren.

Häufen sich die Punkte z_ν dagegen nicht im Punkte $z = 0$, so existiert eine positive Zahl $r < 1$ derart, dass die Funktionen φ_n ($n = 1, 2, \cdots$) im Kreise $| z | < r$ von Null verschieden sind; wir werden beweisen, dass innerhalb dieses Kreises $\varphi_n \to 0$ für $n \to \infty$.

Hierzu beachte man, dass wegen der vorausgesetzten Divergenz der Reihe (25), $| \varphi_n (0) | = \varrho_n (0) \to 0$ für $n \to \infty$. Nun gilt aber der Satz, dass eine im Einheitskreise beschränkte und von Null verschiedene Funktion, $\varphi_n \left(\dfrac{z}{r} \right)$, welche im Nullpunkte für $n \to \infty$ verschwindet, in jedem Punkt des Kreises für $n \to \infty$ gegen Null strebt. Der Beweis lässt sich bekanntlich mittels des Schwarzschen Lemmas in folgender Weise führen.

Jeder Zweig der Funktion $\log \varphi_n\left(\dfrac{z}{r}\right)$ ist eindeutig und hat einen negativen reellen Teil für $|z| < 1$. Es sei $\psi_n(z)$ einer dieser Zweige; die Werte von ψ_n fallen also für $|z| < 1$ in die linke Halbebene $R(\psi_n) < 0$. Überträgt man nun in bekannter Weise, durch konforme Abbildung des Einheitskreises auf diese Halbebene, die in jenem Kreis eingeführte nichteuklidische Massbestimmung auf die Halbebene, so schliesst man nach dem SCHWARZschen Lemma, dass die nichteuklidische Entfernung zwischen den Punkten $\psi_n(0)$ und $\psi_n(z)$, wo z ein beliebiger Punkt innerhalb des Einheitskreises ist, nicht grösser ist als der im Einheitskreise nichteuklidisch gemessene Abstand des Punktes z vom Nullpunkte. Da also die erstgenannte Entfernung für jedes n unter einer festen endlichen Schranke liegt und $R(\psi_n(0)) = \log|\varphi_n(0)|$ voraussetzungsgemäss gegen $-\infty$ strebt, so gilt auch: $R(\psi_n(z)) = \log\left|\varphi_n\left(\dfrac{z}{r}\right)\right| \to -\infty$ für $n \to \infty$, womit der Satz bewiesen ist.

Weil nun $\varphi_n(z) \to 0$ in dem Kreis $|z| < r$, so gilt dasselbe nach dem Satz von STIELTJES-VITALI in jedem Punkt des Einheitskreises, und es ist also, wie behauptet wurde, $\varrho_\infty(z) = 0$ für $|z| < 1$.

Zusammenfassend gilt also folgender

Satz 5 (*von* DENJOY). *Das Problem ist bestimmt dann und nur dann, wenn die Reihe*

$$(25) \qquad \sum \frac{1 - a_v}{1 - b_v}$$

divergiert [1]).

36. Wir nehmen im Folgenden die Reihe (25) konvergent an und suchen die Gesamtheit der Lösungen des Interpolationsproblems zu bestimmen. Zu diesem Zweck bemerken wir, dass die

---

[1]) Vgl. die in der Einleitung S. 4 zitierten Noten von Herrn DENJOY. — Falls die gegebenen Funktionswerte $w_1, w_2, \cdots$ sämtlich gleich Null sind, so ist auch $b_1 = b_2 = \cdots = 0$, und man findet einen bekannten Satz von Herrn BLASCHKE über das identische Verschwinden beschränkter Funktionen wieder. Vgl. W. BLASCHKE: *Eine Erweiterung des Satzes von Vitali über Folgen analytischer Funktionen* (Leipziger Berichte, B. 67, 1915.)

oben betrachtete Funktion φ_n gemäss (10) und den Rekursionsformeln (11) S. 32 sich in folgender Form schreiben lässt

$$(27) \qquad \varphi_n = \frac{\prod\limits_{1}^{n} \left[(1 - b_\nu^2)\,(1 - c_\nu^2)\,(1 - a_\nu z \varepsilon_\nu)^2\right]}{C_n^2}\, \Pi_n\,(z),$$

wo

$$(28) \qquad \Pi_n\,(z) = \prod\limits_{1}^{n} \frac{a_\nu - z\varepsilon_\nu}{1 - a_\nu z\varepsilon_\nu}$$

und also $|\Pi_n| <$ oder $= 1$, je nachdem $|z| <$ oder $= 1$ ist. Da
andererseits auch $|\varphi_n| \leqq 1$ für $|z| \leqq 1$ ist, so schliesst man mit-
tels des Modulprinzips, dass der Quotient $|\varphi_n| : |\Pi_n|$ ebenfalls nicht
grösser als Eins ist für dieselben Werte z. Dieser Quotient ist
ferner im Einheitskreise von Null verschieden, und wir haben also
folgendes Ergebnis:

Die rationale Funktion

$$(29) \qquad R_n\,(z) = p_n\,(z)\,C_n\,(z),$$

wo [1])

$$p_n = \prod\limits_{1}^{n} \frac{(1 - b_\nu)^{-\frac{1}{2}}\,(1 - c_\nu)^{-\frac{1}{2}}}{1 - a_\nu z\varepsilon_\nu},$$

ist für $|z| \leqq 1$ *regulär, und es gilt*

$$(30) \qquad |R_n\,(z)| \geqq 1 \; \text{für} \; |z| \leqq 1.$$

Wir ersetzen nunmehr auch die Polynome A, B, D durch die
rationalen Funktionen

$$(31) \qquad P_n = p_n\,A_n,\; Q_n = p_n\,B_n,\; S_n = p_n\,D_n,$$

welche sämtlich für $|z| \leqq 1$ regulär sind und gemäss (15) und (17),
S. 37, folgenden Bedingungen genügen:

$$|P_n| = |S_n|,\, |Q_n| = |R_n| \; \text{für} \; |z| = 1,$$

$$(32) \qquad \left|\frac{P_n}{R_n}\right| < 1,\, \left|\frac{S_n}{R_n}\right| < 1,\, \left|\frac{Q_n}{R_n}\right| \leqq 1 \; \text{für} \; |z| \leqq 1.$$

---

[1]) Man nehme hier die positiven Werte der Quadratwurzeln.

Für die Determinante haben wir gemäss (12) S. 32 den Ausdruck

$$P_n\, S_n - Q_n\, R_n = \Pi_n\,(z).$$

Wir bemerken sofort, dass sie für $n \to \infty$ gegen die innerhalb des Einheitskreises reguläre, nicht identisch verschwindende Funktion

$$\Pi\,(z) = \prod_1^\infty \frac{a_\nu - z\varepsilon_\nu}{1 - a_\nu\, z\varepsilon_\nu}$$

konvergiert. In der Tat impliziert die vorausgesetzte Konvergenz der Reihe (25) die Konvergenz der Reihe

$$\sum^\infty (1 - a_\nu),$$

und dies stellt bekanntlich (und wie leicht zu prüfen ist) die notwendige und hinreichende Bedingung dar, damit das Produkt Π konvergent sei.

37. Nach dem VITALIschen Satze können wir nun aus der Folge der beschränkten Funktionen

$$\frac{1}{R_n}$$

eine für $|z| \leq r < 1$ konvergente Teilfolge herauswählen; die Grenzfunktion verschwindet nicht identisch, sonst würde nach (27) die entsprechende Folge φ_n für $|z| < 1$ gegen Null streben, und es wäre (gemäss (26)) $\varrho_\infty\,(z) = 0$ für jedes $|z| < 1$, was nicht möglich ist, da wir uns im Unbestimmtheitsfalle befinden. Die entsprechende Teilfolge R_n konvergiert also gegen eine für $|z| < 1$ reguläre Funktion $R\,(z)$, welche der Bedingung $|R| \geq 1$ für $|z| < 1$ genügt.

Unter Beachtung der ersten der Beziehungen (32) schliessen wir ferner, dass aus der obigen Teilfolge der Indizes n eine neue Teilfolge herausgewählt werden kann derart, dass die entsprechenden Funktionen P_n innerhalb des Einheitskreises konvergieren; indem man in dieser Weise weiter verfährt, gelangt man zu folgendem Ergebnis:

Aus der Folge 1, 2, $\cdots$ *lässt sich eine unendliche Teilfolge* n_ν ($\nu =$ 1, 2, $\cdots$) *herauswählen, so dass die rationalen Funktionen* $P_{n_\nu}, Q_{n_\nu}, R_{n_\nu}, S_{n_\nu}$ *für* $|z| \leqq r. < 1$ *und* $\nu \to \infty$ *gleichmässig konvergieren.*

Die Grenzfunktionen $P(z), Q(z), R(z)$ und $S(z)$ sind sämtlich innerhalb des Einheitskreises regulär und ihre Determinante ist gleich

$$(33) \qquad PS - RQ = \Pi(z) = \prod_1^\infty \frac{a_\nu - z\varepsilon_\nu}{1 - a_\nu z\varepsilon_\nu}.$$

Ferner gilt für $|z| < 1$

$$(34) \qquad |P| \leqq |R|, |Q| \leqq |R|, |S| \leqq |R|.$$

38. Es sei nun w eine beliebige Funktion der Klasse E_α; man hat dann für jedes n

$$(35) \qquad w = \frac{A_n - B_n w^{(n+1)}}{C_n - D_n w^{(n+1)}} = \frac{P_n - Q_n w^{(n+1)}}{R_n - S_n w^{(n+1)}},$$

wo $w^{(n+1)}$ eine Funktion der Klasse E ist. Löst man nun (35) in bezug auf $w^{(n+1)}$ auf und lässt man die Indizes n die Folge n_ν durchlaufen, so ergibt sich die Existenz des Grenzwertes[1])

$$\lim_{\nu = \infty} w^{(n+1)} = \frac{P - Rw}{Q - Sw} \text{ für } |z| < 1.$$

Diese Grenzfunktion, die wir kurz mit w_∞ bezeichnen, gehört notwendigerweise der Klasse E an, und wir haben also für w die Darstellung

$$(36) \qquad w = \frac{P - Qw_\infty}{R - Sw_\infty}.$$

---

[1]) Man bemerke, dass die Determinanten der Koeffizienten P_n, Q_n, R_n, S_n und ihrer Grenzwerte für $z \neq z_\nu$ von Null verschieden sind.

Setzt man aber umgekehrt w_∞ gleich einer beliebigen Funktion der Klasse E, so gehört die durch (36) bestimmte Funktion w der Klasse E_∞ an. In der Tat: die Funktion

$$\frac{P_n - Q_n\, w_\infty}{R_n - S_n\, w_\infty}$$

ist eine Funktion der Klasse E_n; lässt man nun n durch die Werte n_ν ins Unendliche wachsen, so strebt dieser Ausdruck für $|z| < 1$ gegen die linke Seite von (36), welche also, als Grenzfunktion einer Funktion der Klasse E_{n_ν}, der Klasse E_∞ angehören muss.

Wir können somit folgendes Ergebnis aussprechen:

Satz 6. *Im Unbestimmtheitsfalle wird die Gesamtheit der Lösungen w des Problems definiert durch die Formel (36), wo P, Q, R, S Grenzfunktionen der rationalen Funktionen $P_{n_\nu}, Q_{n_\nu}, R_{n_\nu}, S_{n_\nu}$ sind und w_∞ eine beliebige Funktion bezeichnet, deren absoluter Betrag im Einheitskreise nicht grösser als Eins ist.*

39. Es hat ein gewisses Interesse nachträglich zu bestätigen, dass die Funktionen P_n, Q_n, R_n, S_n ohne irgendeine Auswahl für $n \to \infty$ gegen die oben betrachteten Grenzfunktionen konvergieren.

Im entgegengesetzten Fall könnte man nämlich, indem man die Überlegungen der Nummer 37 wiederholt, aus der Folge der Indizes n eine neue Teilfolge n_μ ($\mu = 1, 2, \cdots$) auswählen, so dass die rationalen Funktionen $P_{n_\mu}, Q_{n_\mu}, R_{n_\mu}, S_{n_\mu}$ gegen gewisse Grenzfunktionen P^*, Q^*, R^*, S^* streben, von denen wenigstens eine nicht identisch ist mit der entsprechenden der oben betrachteten Grenzfunktionen P, Q, R, S.

Für die Gesamtheit der Funktionen der Klasse E_∞ hat man so den neuen Ausdruck

$$w = \frac{P^* - Q^*\, w_\infty^*}{R^* - S^*\, w_\infty^*},$$

wo w_∞^* eine beliebige Funktion der Klasse E ist. Beachtet man nun, was S. 35 über die verschiedenen Darstellungen einer Funktion der Klasse E_n gesagt wurde, so ergibt sich, da diese Bemerkungen offenbar ihre Giltigkeit für die Klasse E_∞ behalten, dass

$$(37) \qquad \begin{cases} P^* = \mu\,(P - \lambda Q), \ \ Q^* = \mu\varepsilon\,(Q - \overline{\lambda}\,P), \\ R^* = \mu\,(R - \lambda S), \ \ S^* = \mu\varepsilon\,(S - \overline{\lambda}\,R), \end{cases}$$

wo $\varepsilon\,(|\,\varepsilon\,| = 1)$, λ und $\mu\,(\neq 0)$ von z unabhängig sind.

Ferner haben die neuen Grenzfunktionen, wie aus ihrer Definition unmittelbar folgt, folgende Eigenschaften mit den alten gemeinsam:

$$(38) \qquad \begin{aligned} P^* S^* - Q^* R^* = PS - QR &= \prod_1^\infty \frac{a_\nu - z\varepsilon_\nu}{1 - a_\nu\,z\varepsilon_\nu}, \\ S^*\,(0) = S\,(0) = 0,\ \ R_\nu^*\,(0) &> 0,\ \ R_\nu\,(0) > 0. \end{aligned}$$

Setzt man nun in (37) $z = 0$, so folgt, dass $S^*\,(0) = \mu\varepsilon\,(S\,(0) - \overline{\lambda}\,R\,(0))$ und somit $\mu\varepsilon\overline{\lambda}\,R\,(0) = 0$, woraus $\lambda = 0$. Ferner ist $R^*\,(0) = \mu R\,(0)$; der Faktor μ ist somit reell und positiv. Schliesslich ergibt (37) für das Verhältnis der Determinanten der neuen und der alten Grenzfunktionen den Wert $\mu^2\,\varepsilon$; nach (38) ist dieses Verhältnis gleich Eins, und es ist also $\varepsilon = 1, \mu = 1$. Somit würden die Funktionen P^* usw. identisch mit den Funktionen P usw. sein, im Widerspruch zu dem oben Gesagten.

Hiermit ist die behauptete Konvergenz der Folgen P_n, Q_n, R_n und $S_n\ (n = 1, 2, \cdots)$ nachgewiesen.

40. Der Kreis $C_\infty\,(z)$, welcher das Variabilitätsgebiet der (dem Punkt $z\ (|\,z\,| < 1)$ entsprechenden) Werte w der Funktionen E_∞ darstellt, ergibt sich mittels der Formel (36) als Bild des Einheitskreises $|\,w_\infty\,| \leqq 1$, wenn man w_∞ als eine unabhängige Veränderliche betrachtet.

Fällt der Wert $w\,(z)$ auf die Peripherie dieses Kreises, so ist die entsprechende Funktion $|\,w_\infty\,| = 1$ für den betrachteten inneren Punkt z und es ist also $|\,w_\infty\,(z)\,| = 1$, $w_\infty = e^{i\vartheta}$ (ϑ konstant), und somit

$$(39) \qquad w = \frac{P - Q\,e^{i\vartheta}}{R - S\,e^{i\vartheta}}.$$

Für diese Funktionen und nur für diese sind die Punkte, welche die Funktionswerte darstellen, auf den Peripherien der Kreise $C_\infty(z)$ belegen.

Ist w dagegen ein innerer Punkt des Kreises $C_\infty(z)$, wo z ein beliebiger innerer Punkt des Einheitskreises ist, so existieren immer unendlich viele Funktionen $w(z)$ der Klasse E_∞, so dass $w = w(z)$.

41. Nach einem bekannten Satz von Herrn Fatou strebt eine Funktion der Klasse E bei radialer Annäherung an einen Punkt $\zeta = e^{i\varphi}$ des Einheitskreises gegen einen wohlbestimmten Grenzwert, ausser möglicherweise für eine Nullmenge φ. Die extremalen Funktionen (39) der Klasse E_∞ besitzen nun folgende interessante Eigenschaft:

Satz 7. *Es ist $|w(re^{i\varphi})| \to 1$ für $r \to 1$, ausser möglicherweise für eine Wertmenge φ vom Masse Null.*

Beweis. — Wäre die Behauptung falsch, so müsste eine Zahl $h < 1$ existieren, so dass

$$(40) \qquad |w(e^{i\varphi})| \equiv \lim_{r=1} |w(re^{i\varphi})| \leqq h$$

für eine Wertmenge (φ) vom positiven Mass $2\pi m$ $(0 < m \leqq 1)$.

Um nachzuweisen, dass diese Antithese zu einem Widerspruch führt, bemerken wir zunächst, dass $w(z)$ als eine Funktion der Klasse E_n sich für jedes n in der Form

$$(41) \qquad w(z) = \frac{P_n(z) - Q_n(z)\, w^{(n+1)}(z)}{R_n(z) - S_n(z)\, w^{(n+1)}(z)}$$

darstellen lässt, wo die Funktion $w^{(n+1)}(z)$ der Klasse E angehört. Die rationalen Funktionen P_n usw. sind im abgeschlossenen Einheitskreis stetig; in jedem Punkt $z = e^{i\varphi}$, wo der Grenzwert $w(e^{i\varphi})$ (bei radialer Annäherung) existiert, hat man auch einen Grenzwert $w^{(n+1)}(e^{i\varphi})$ für die Funktion $w^{(n+1)}$, und zwar ist

$$(41)' \qquad w(e^{i\varphi}) = \frac{P_n(e^{i\varphi}) - Q_n(e^{i\varphi})\, w^{(n+1)}(e^{i\varphi})}{R_n(e^{i\varphi}) - S_n(e^{i\varphi})\, w^{(n+1)}(e^{i\varphi})}.$$

Diese Formel erlaubt uns nun die Grenzwerte $|w^{(n+1)}(e^{i\varphi})|$ für die Wertmenge (φ) abzuschätzen. Hierzu müssen wir aber, etwas genauer als dies oben (S. 43) geschehen ist, das Verhalten des Quotienten $P_n : R_n$ untersuchen. Wir erinnern daran, dass die rechte Seite von (41)′, wenn man φ einen festen Wert gibt und dann $w^{(n+1)}$ als eine freie Veränderliche betrachtet, eine lineare Transformation darstellt, welche den Einheitskreis $|w^{(n+1)}| \leqq 1$ invariant lässt (vgl. S. 34). Für den Radius $\varrho_n(e^{i\varphi})$ hat man also den Wert

$$\frac{|P_n S_n - Q_n R_n|}{|R_n|^2 - |S_n|^2} = 1.$$

Der Zähler ist aber nach (33) gleich dem Produkt $|\varPi_n| = 1$, und es ist also

$$|R_n|^2 - |S_n|^2 = 1 \ \text{ für } \ |z| = 1.$$

Ferner gilt für dieselben Werte z nach (15), S. 36, $|S_n| = |P_n|$, und es ist also auch $|R_n|^2 - |P_n|^2 = 1$ oder

$$(42) \qquad \left|\frac{P_n(e^{i\varphi})}{R_n(e^{i\varphi})}\right|^2 = 1 - \left|\frac{1}{R_n(e^{i\varphi})}\right|^2.$$

Weil nun $R_n(0)$ für $n \to \infty$ gegen den endlichen Wert $R(0)$ strebt, so existiert eine nur von den gegebenen Werten z_ν, w_ν $(\nu = 1, 2, \cdots)$ abhängige endliche Zahl M_0, so dass

$$|R_n(0)| < M_0 \ \text{ für } \ n = 0, 1, \cdots.$$

Nach dem Gausschen Mittelwertsatz ist dann

$$\log M_0 > \log |R_n(0)| = \frac{1}{2\pi} \int\limits_0^{2\pi} \log |R_n(e^{i\varphi})| \, d\varphi.$$

Bezeichnet man nun mit k eine positive Zahl und mit $2\pi\mu(k)$ das Mass derjenigen Werte φ $(0 \leqq \varphi < 2\pi)$, für welche

$$\log |R_n(e^{i\varphi})| > k,$$

4

so ist also, da der Integrand positiv ist, der obige Mittelwert grösser als $k\mu(k)$, und somit

$$\mu(k) < \frac{1}{k}\,\log M_0.$$

Für $k = \frac{2}{m}\,\log M_0$ ergibt sich demnach: Es ist

$$\log |\,R_n(e^{i\varphi})\,| \leqq \frac{2}{m}\,\log M_0$$

und also nach (42)

$$(43) \qquad \left|\frac{P_n(e^{i\varphi})}{R_n(e^{i\varphi})}\right| \leqq \sqrt{1 - M_0^{-\frac{4}{m}}}$$

für alle Werte φ, ausser möglicherweise für eine Wertmenge, deren Mass nicht πm übersteigt. Da nun die Menge (φ), wofür die Antithese (40) als giltig vorausgesetzt ist, das Mass $2\,\pi m$ hat, so folgt, dass *die Ungleichungen (40) und (43) gleichzeitig bestehen für eine Wertmenge $(\varphi)_n$, deren Mass wenigstens gleich πm ist.*

Wir kehren nun zu den Formel (41)′ zurück und setzen für φ einen beliebigen Wert der Menge $(\varphi)_n$ ein. Da $w = \dfrac{P_n(e^{i\varphi})}{R_n(e^{i\varphi})}$ für $w^{(n+1)} = 0$, so ist der nichteuklidische Abstand $[w^{(n+1)}(e^{i\varphi}),\,0]$ gleich dem Abstand $\left[w(e^{i\varphi}),\dfrac{P_n(e^{i\varphi})}{R_n(e^{i\varphi})}\right]$ und also (für $z = e^{i\varphi}$)

$$[w^{(n+1)},\,0] = \left[w,\frac{P_n}{R_n}\right] \leqq [w,\,0] + \left[\frac{P_n}{R_n},\,0\right].$$

Beachtet man nun, dass (vgl. S. 9)

$$[t,\,0] = \frac{1}{2}\,\log \frac{1 + |\,t\,|}{1 - |\,t\,|},$$

so schliesst man gemäss (40) und (43), dass die rechts stehenden Abstände unter endlichen, von n unabhängigen Schranken liegen; dasselbe gilt also auch für $[w^{(n+1)},\,0]$, woraus weiter folgt, dass *eine von n unabhängige Zahl Θ des Intervalles $0 < \Theta < 1$ existiert, so dass*

$$(44) \qquad | w^{(n+1)} (e^{i\varphi}) | < \theta < 1$$

für jeden Wert φ der Menge $(\varphi)_n$.

Der in Aussicht gestellte Widerspruch ergibt sich nunmehr leicht. Nach dem CAUCHYSCHEN Integralsatz ist

$$| w^{(n)} (0) | \leqq \frac{1}{2\pi} \int_0^{2\pi} | w^{(n)} (re^{i\varphi}) | \, d\varphi;$$

da der Grenzübergang $r \to 1$ unter dem Integralzeichen erlaubt ist, so gilt diese Ungleichung auch wenn man den Integranden durch seinen fast überall existierenden Grenzwert $| w^{(n)} (e^{i\varphi}) |$ ersetzt. Der Mittelwert dieser Grenzwerte wird vergrössert. wenn man den Integranden durch θ für die Menge $(\varphi)_{n-1}$ und durch Eins für die Komplementärmenge ersetzt, und man findet somit, weil das Mass von $(\varphi)_n$ wenigstens gleich πm ist, dass

$$| w^{(n)} (0) | < 1 - \frac{m (1 - \theta)}{2}$$

für jedes n. Dies ist andererseits nicht möglich, denn nach (41) und (39) gilt

$$| w^{(n)} (0) | \to | e^{i\vartheta} | = 1 \ \text{ für } \ n \to \infty.$$

Hiermit ist unser Satz vollständig bewiesen.

42. Zum Schluss machen wir auf einen besonders einfachen Spezialfall der oben erzielten Ergebnisse aufmerksam. Wenn die vorgegebenen Funktionswerte w_n alle gleich Null sind, so wird $b_n = c_n = 0$, und nach (11) S. 32 und (29) S. 43

$$P_n = S_n = 0, \ R_n = 1, \ Q_n = - \prod_1^n \frac{a_\nu - z\varepsilon_\nu}{1 - a_\nu z\varepsilon_\nu}.$$

Wenn die Reihe

$$\sum^\infty \frac{1 - a_n}{1 - b_n} = \sum^\infty (1 - a_n)$$

divergent ist, so ist das Problem bestimmt und seine einzige Lösung ist $w \equiv 0$. Im Falle der Konvergenz der Reihe hat man
dagegen eine unendliche Anzahl von Lösungen, deren Gesamtheit
durch die Formel

$$w = w_\infty \prod_1^\infty \frac{a_n - z\varepsilon_n}{1 - a_n z\varepsilon_n}$$

gegeben ist, wo w_∞ eine beliebige Funktion der Klasse E ist. Man
findet somit den bekannten (schon oben zitierten) Satz von BLASCHKE
wieder (vgl. die Fussnote S. 42).

Es folgt ferner aus unserem zuletzt bewiesenen Satz die ebenfalls bekannte Tatsache, dass das BLASCHKESCHE unendliche Pro-
dukt fast überall auf der Peripherie $|z| = 1$ (bei radialer Annähe-
rung) Grenzwerte vom absoluten Betrage Eins hat[1]); der obige
Beweis hierfür stellt sich in diesem Spezialfall wesentlich einfacher
als in dem oben betrachteten allgemeinen Fall.

---

[1]) Vgl. die in der Einleitung zitierte Arbeit von Herrn SCHUR.

III. Grenzfälle.

§ 1. Fall, wo die gegebenen Punkte auf der Peripherie des Einheitskreises liegen.

43. Nach dem Satze von Carathéodory (S. 15) besitzt eine Funktion $w(z)$, welche für $|z| < 1$ dem absoluten Betrage nach nicht grösser ist als Eins, die Eigenschaft, dass der Quotient

$$\frac{1 - |w|}{1 - |z|}$$

bei radialer Annäherung an einen beliebigen Randpunkt gegen einen (endlichen oder unendlichen) Grenzwert strebt, den wir als Abbildungsmodul in dem betreffenden Randpunkt bezeichnet haben. Als einen Grenzfall des im II. Abschnitt erledigten Interpolationsproblems kann man nun folgende Aufgabe betrachten.

Gegeben sind $3n$ Zahlen

$$(1) \quad z_\nu, w_\nu, l_\nu \quad (\nu = 1, \cdots, n; \ |z_\nu| = |w_\nu| = 1, \ z_\nu \neq z_\mu \ \text{für} \ \nu \neq \mu).$$

Unter welchen Bedingungen existiert eine Funktion $w(z)$ der Klasse E [1]), die bei radialer Annäherung an den Randpunkt z_ν gegen den Randwert w_ν strebt, so dass der Abbildungsmodul höchstens gleich l_ν ist?

Es gilt ferner zu entscheiden, ob eine oder mehrere Lösungen vorhanden sind, und im Unbestimmtheitsfalle sämtliche Lösungen zu bestimmen.

44. Diese Aufgabe lässt sich durch eine Methode behandeln, die der im vorigen Abschnitt entwickelten analog ist. Der Unterschied besteht darin, dass jetzt das Juliasche Lemma das Lemma

---

[1]) Die Klasse E wird, wie vorher, gebildet von allen für $|z| < 1$ regulären Funktionen, deren absoluten Beträge nicht grösser als Eins sind.

von SCHWARZ ersetzen wird. Der erste Schritt des eingeschlagenen rekurrenten Verfahrens gestaltet sich jetzt folgendermassen.

Angenommen, $w(z)$ sei eine Lösung des vorgelegten Problems, so muss die Grösse l_1, welche nach Voraussetzung eine obere Schranke des Abbildungsmoduls im Randpunkte $z_1 = e^{ia_1}$ angibt, nicht negativ sein:

$$l_1 \geqq 0.$$

Wenn $l_1 = 0$, so ist w nach dem Satz S. 15 konstant und gleich $w_1 = e^{i\beta_1}$; es ist demnach

$$w_\nu = w_1 \text{ und } l_\nu \geqq 0 \quad (\nu = 2, \cdots, n).$$

Ist wiederum der betrachtete Abbildungsmodul und also anch $l_1 > 0$, so kann man das JULIASche Lemma ansetzen. Nach S. 20 wird dann

$$(2) \qquad \lambda_1 \frac{1 + w^{(1)} e^{-i\beta_1}}{1 - w^{(1)} e^{-i\beta_1}} = \frac{1 + ze^{-ia_1}}{1 - ze^{-ia_1}} + \mu_1 \frac{1 + w^{(2)} e^{-i\beta_1}}{1 - w^{(2)} e^{-i\beta_1}},$$

wo $\lambda_1 \equiv l_1$, $w^{(1)} \equiv w$ und μ_1 eine willkürliche *positive* Zahl ist, und wo $w^{(2)}(z)$ der Klasse E angehört [1]:

$$| w^{(2)}(z) | \leqq 1 \text{ für } | z | < 1.$$

Die Randwerte von $w^{(2)}$ in den Punkten $z_\nu = e^{ia_\nu}$ $(\nu = 2, \cdots, n)$:

$$w_\nu^{(2)} = \lim_{r=1} w^{(2)}(re^{ia_\nu}) \qquad (\nu = 2, \cdots, n)$$

sind bekannt und berechnen sich aus

$$(3) \qquad \lambda_1 \frac{1 + w_\nu^{(1)} e^{-i\beta_1}}{1 - w_\nu^{(1)} e^{-i\beta_1}} = \frac{1 + e^{i(a_\nu - a_1)}}{1 - e^{i(a_\nu - a_1)}} + \mu_1 \frac{1 + w_\nu^{(2)} e^{-i\beta_1}}{1 - w_\nu^{(2)} e^{-i\beta_1}},$$

wo $w_\nu^{(1)} = w_\nu$; es ist $| w_\nu^{(2)} | = 1$.

Um den Abbildungsmodul $m_2(a)$ der Funktion $w^{(2)}$ in einem von z_1 *verschiedenen* Randpunkt $z = e^{ia}$ zu berechnen, nehme man in (2) beiderseits den reellen Teil:

$$(4) \qquad \lambda_1 \frac{1 - | w^{(1)} |^2}{| e^{i\beta_1} - w^{(1)} |^2} = \frac{1 - | z |^2}{| e^{ia_1} - z |^2} + \mu_1 \frac{1 - | w^{(2)} |^2}{| 1 - w^{(2)} |^2}$$

---

[1] Die Formel (2) ist auch im Falle $w \equiv e^{i\beta_1}$ anwendbar; man hat dann $w^{(2)} \equiv e^{i\beta_1}$ zu setzen.

und bezeichne mit $m_1(a)$ den Abbildungsmodul von $w^{(1)}$ in $z = e^{ia}$. Ist nun $m_1(a)$ endlich, so existiert nach dem CARATHÉODORYschen Satze der Grenzwert $e^{i\beta} = \lim\limits_{r=1} w^{(1)}(re^{ia})$ und somit, nach (2), auch der Grenzwert $e^{i\gamma} = \lim\limits_{r=1} w^{(2)}(re^{ia})$, und zwar ist $e^{i\gamma} =$ oder $\neq e^{i\beta_1}$, je nachdem $e^{i\beta} =$ oder $\neq e^{i\beta_1}$. In jenem Fall ergibt sich aus (4), dass $m_2(a)$ endlich ist und

$$(5) \qquad \lambda_1 \, m_2(a) = \mu_1 \, m_1(a);$$

in diesem Fall findet man gemäss (4)

$$(6) \qquad \lambda_1 \, m_1(a) = \left| \frac{e^{i\beta} - e^{i\beta_1}}{e^{ia} - e^{ia_1}} \right|^2 + \mu_1 \, m_2(a) \left| \frac{e^{i\beta} - e^{i\beta_1}}{e^{i\gamma} - e^{i\beta_1}} \right|^2.$$

Zu denselben Formeln gelangt man, wenn umgekehrt $m_2(a)$ als endlich vorausgesetzt wird, und man schliesst hieraus insbesondere, dass die Abbildungsmoduln $m_1(a)$ und $m_2(a)$ für $e^{ia} \neq e^{ia_1}$ gleichzeitig endlich oder unendlich sind.

Anders verhält es sich im Punkte e^{ia_1}, wo voraussetzungsgemäss $m_1(a_1) \leqq \lambda_1 (= l_1)$. Aus den Überlegungen S. 22 folgt, dass wenn $m_1(a_1) < \lambda_1$, notwendig $\lim w^{(2)}(re^{ia_1}) = e^{i\beta_1}$ und

$$(7) \qquad \frac{\lambda_1}{m_1(a_1)} = 1 + \frac{\mu_1}{m_2(a_1)},$$

somit $m_2(a_1) < \infty$. Ist wiederum $m_1(a_1) = \lambda_1$, so ist entweder $m_2(a_1) = \infty$ oder $m_2(a_1) < \infty$ und $e^{i\gamma_1} = \lim\limits_{r=1} w^{(2)}(re^{ia_1}) \neq e^{i\beta_1}$.

Und umgekehrt: wenn $m_2(a_1) < \infty$ und $e^{i\gamma} = e^{i\beta_1}$, so gilt die Beziehung (7) und es ist also $m_1(a_1) < \lambda_1$; sonst ist immer $m_1(a_1) = \lambda_1$.

Zusammenfassend gilt also folgendes:

Notwendig und hinreichend, damit eine Funktion w der verlangten Art existiert, ist, dass entweder

$$\lambda_1 = l_1 = 0, \, l_\nu \geqq 0, \, w_\nu = w_1 \quad (\nu = 2, \cdots, n),$$

oder dass $\lambda_1 > 0$ und eine Funktion $w^{2)}$ der Klasse E existiert, welche folgenden Bedingungen genügt:

1:o. Es ist

$$\lim\limits_{r=1} w^{(2)}(re^{ia_\nu}) = w_\nu^{(2)} \quad (\nu = 2, \cdots, n)$$

wo $w_\nu^{(2)}$ aus der Formel (3) zu berechnen ist.

2:o. Der Abbildungsmodul von $w^{(2)}$ im Randpunkte $z_\nu = e^{ia_\nu}$ $(\nu = 2, \cdots, n)$ ist höchstens gleich der Zahl $l_\nu^{(2)}$, welche durch die Formel

$$\lambda_1\, l_\nu^{(1)} = \left|\frac{w_\nu^{(1)} - w_1^{(1)}}{e^{ia_\nu} - e^{ia_1}}\right|^2 + \mu_1\, l_\nu^{(2)} \left|\frac{w_\nu^{(1)} - w_1^{(1)}}{w_\nu^{(2)} - w_1^{(1)}}\right|^2 \qquad (\nu = 2, \cdots, n;\ l_\nu^{(1)} \equiv l_\nu)$$

bestimmt ist, wo

$$\left|\frac{w_\nu^{(1)} - w_1^{(1)}}{w_\nu^{(2)} - w_1^{(1)}}\right| = \frac{l_\nu^{(1)}}{l_\nu^{(2)}}$$

zu setzen ist, falls $w_\nu^{(1)} = w_1^{(1)}$ und also $w_\nu^{(2)} = w_1^{(1)} \equiv e^{i\beta_1}$.

Der Abbildungsmodul von $w \equiv w^{(1)}$ in einem der Punkte $z = z_\nu$ $(\nu \geq 2)$ ist dann und nur dann gleich der oberen Schranke $l_\nu^{(1)}$, wenn der entsprechende Abbildungsmodul von $w^{(2)}$ gleich $l_\nu^{(2)}$ ist. Im Punkte $z = z_1$ erreicht der Abbildungsmodul $m_1\,(a_1)$ von w den gegebenen Wert $\lambda_1 = l_1^{(1)}$, ausser in dem einzigen Fall, wo die Funktion $w^{(2)}$ in demselben Punkte den Randwert $e^{i\beta_1}$ mit einem *endlichen* Wert $m_2\,(a_1)$ des Abbildungsmoduls annimmt, in welchem Fall die Beziehung (7) und also $m_1\,(a_1) < \lambda_1$ gilt.

45. Durch Wiederholung dieses Verfahrens gelangt man zu folgender Lösung des vorgelegten Problems:

Von den gegebenen Werten $z_\nu = e^{ia_\nu}$, w_ν, l_ν ausgehend berechne man mittels der Rekursionsformeln

$$(8)\qquad \lambda_k\,\frac{1 + w_\nu^{(k)}\, e^{-i\beta_k}}{1 - w_\nu^{(k)}\, e^{-i\beta_k}} = \frac{1 + e^{i\,(a_\nu - a_k)}}{1 - e^{i\,(a_\nu - a_k)}} + \mu_k\,\frac{1 + w_\nu^{(k+1)}\, e^{-i\beta_k}}{1 - w_\nu^{(k+1)}\, e^{-i\beta_k}},$$

wo $w_k^{(k)} = e^{i\beta_k}$, $\lambda_k = l_k^{(k)}$ [1]), und

$$(9)\qquad \lambda_k\, l_\nu^{(k)} = \left|\frac{w_\nu^{(k)} - w_k^{(k)}}{e^{ia_\nu} - e^{ia_k}}\right|^2 + \mu_k\, l_\nu^{(k+1)} \left|\frac{w_\nu^{(k)} - w_k^{(k)}}{w_\nu^{(k+1)} - e^{i\beta_k}}\right|^2,$$

wo für $w_\nu^{(k)} = w_k^{(k)}$, $w_\nu^{(k+1)} = e^{i\beta_k} \equiv w_k^{(k)}$

$$\left|\frac{w_\nu^{(k)} - w_k^{(k)}}{w_\nu^{(k+1)} - e^{i\beta_k}}\right| = \frac{l_\nu^{(k)}}{l_\nu^{(k+1)}}$$

zu setzen ist, die Werte $\lambda_k = l_k^{(k)}$, $l_\nu^{(k)}$ und $w_\nu^{(k)}$ $(\nu = k, \cdots, n)$.

---

[1]) Die μ_k sind willkürliche positive Parameter.

Das Problem hat dann und nur dann eine Lösung, wenn für ein gewisses $k \leq n$

(10) $\lambda_v > 0 \; (v < k), \; \lambda_k = 0, \; l_v^{(k)} \geqq 0 \text{ und } w_v^{(k)} = w_k^{(k)} \; (v = k+1, \cdots, n)$

oder

(11) $$\lambda_v > 0 \; (v = 1, \cdots, n).$$

Im Falle (10) ist die (einzige) Lösung des Problems eine rationale Funktion $(k-1)$:er Ordnung, welche den Einheitskreis $|z| = 1$ invariant lässt.

Im Falle (11) hat das Problem eine unendliche Anzahl von Lösungen $w \equiv w^{(1)}$, deren Gesamtheit mittels der Rekursionsformel

(12) $$\lambda_k \frac{1 + w^{(k)} e^{-i\beta_k}}{1 - w^{(k)} e^{-i\beta_k}} = \frac{1 + z e^{-i a_k}}{1 - z e^{-i a_k}} + \mu_k \frac{1 + w^{(k+1)} e^{-i\beta_k}}{1 - w^{(k+1)} e^{-i\beta_k}} (k = n, \cdots, 1)$$

wo für $w^{(n+1)}$ eine *beliebige* Funktion der Klasse E einzusetzen ist.

Die rationale Funktion w, welche im Ausnahmefalle (10) eindeutig bestimmt wird, nimmt die gegebenen Randwerte w_v mit den *maximalen* Werten l_v des Abbildungsmoduls dann und nur dann an, wenn $l_v^{(k)} = 0 \; (v = k+1, \cdots, n)$.

Im allgemeinen Fall (11) existieren dagegen immer unendlich viele Lösungen w, für welche der Abbildungsmodul in den Punkten z_v die vorgegebenen Werte l_v wirklich erreicht. Nach den obigen Überlegungen genügt es, um eine derartige Funktion w zu erhalten, für $w^{(n+1)}$ eine Funktion der Klasse E zu substituieren, welche in den gegebenen Randpunkten z_v entweder einen *unendlichen* Abbildungsmodul hat oder, falls der Abbildungsmodul endlich ist, einen Randwert hat, der *verschieden* ist von demjenigen Wert $w^{(n+1)}$, der aus den gegebenen Werten z_v, w_v, l_v mittels der Rekursionsformel (8) berechnet werden kann. Nimmt dagegen $w^{(n+1)}$ diesen Wert (bei radialer Annäherung an den Punkt z_v) mit einem *endlichen* Wert des Abbildungsmoduls an, so ist der Abbildungsmodul der entsprechenden Lösung w immer *kleiner* als der gegebene Wert l_v.

46. Beachtet man, dass das JULIAsche Lemma, das die Grundlage der vorhergehenden Betrachtungen bildet, ein Grenzfall des SCHWARZschen Lemmas ist, so erwartet man, dass die obigen Ergebnisse durch einen Grenzübergang direkt aus den Resultaten des ersten Paragraphen vom Abschnitt II abgeleitet werden können. Dies ist tatsächlich der Fall; wir werden insbesondere zeigen, wie der allgemeine Ausdruck der Lösung des zuletzt behandelten Problems aus dem S. 32 gegebenen Ausdruck einer Funktion der Klasse E_n gewonnen werden kann.

Zu diesem Zweck schreiben wir die Rekursionsformel $(7)'$ S. 31 (wir setzen hierbei nach der S. 39 gemachten Verabredung $c_\nu = a_\nu b_\nu$)

$$(13) \qquad zw^{(\nu)} = \varrho_\nu - \frac{\sigma_\nu}{\tau_\nu + zw^{(\nu+1)}},$$

wo

$$(14) \qquad \begin{cases} \varrho_\nu = \dfrac{e^{i\beta_\nu}}{b_\nu}\left[(1 + a_\nu^2 \lambda_\nu)\, z - a_\nu \lambda_\nu\, e^{ia_\nu}\right], \\[2ex] \sigma_\nu = \dfrac{\lambda_\nu (1 + a_\nu^2 \lambda_\nu)}{b_\nu^2\, e^{-2i\beta_\nu}}\, (a_\nu\, e^{ia_\nu} - z)\,(e^{ia_\nu} - a_\nu z), \\[2ex] \tau_\nu = \dfrac{e^{i\beta_\nu}}{b_\nu}\left[a_\nu \lambda_\nu z - (1 + a_\nu^2 \lambda_\nu)\, e^{ia_\nu}\right] \end{cases}$$

und

$$(15) \qquad \lambda_\nu = \frac{1 - b_\nu^2}{1 - a_\nu^2}.$$

Der allgemeine Ausdruck einer Funktion w der Klasse E_n ergibt sich hiernach in der Form eines endlichen Kettenbruches

$$(16) \qquad zw = \varrho_1 - \cfrac{\sigma_1}{\tau_1 + \varrho_2 - \ \cdots \ - \cfrac{\sigma_n}{\tau_n + zw^{(n+1)}}}.$$

Setzt man nun in den Ausdrücken (14) $a_\nu = b_\nu = 1$, so geht die Formel (13) in die Rekursionsformel (12) über, wenn man dem Parameter μ_ν den Wert

$$\mu_\nu = 1 + \lambda_\nu$$

erteilt. *Die Formel (16) gibt also auch den allgemeinen Ausdruck der Lösung des in diesem Abschnitt betrachteten Randwertproblems.*

47. Nunmehr lassen sich die obigen Ergebnisse ohne Schwierigkeit auf den Fall ausdehnen, wo die Anzahl der vorgegebenen Werte

$$z_\nu, w_\nu, l_\nu \quad (z_\nu = 1, 2, \cdots, |z_\nu| = w_\nu| = 1; \quad z_\mu \neq z_\nu \text{ für } \mu \neq \nu)$$

unendlich ist.

Als notwendig und hinreichend für die Existenz einer Funktion der Klasse E, welche in den gegebenen Randpunkten z_ν (bei radialer Annäherung) die Werte w_ν hat, so dass der entsprechende Abbildungsmodul höchstens gleich l_ν ist, ergibt sich das Bestehen der Bedingungen (10) oder (11) (wo $n = \infty$ zu setzen ist). Die Notwendigkeit ist evident. Dass die Bedingungen auch hinreichend sind, ist im Falle (10) auch einleuchtend; im allgemeinen Fall (11) sieht man es durch folgende Überlegung ein.

Man setze für $w'^{(n+1)}(z)$ in der Formel (16) eine beliebige Funktion der Klasse E ein, z. B. $w^{(n+1)} = 0$; die entsprechende Funktion $w(z)$ bezeichnen wir durch $w_1^{(n+1)}(z)$. Aus der Folge der Funktionen $w_1^{(n+1)} (n = 1, 2, \cdots)$ lässt sich gemäss dem Vitalischen Satz eine konvergente Teilfolge $w_1^{(n_k+1)} (k = 1, 2, \cdots)$ herauswählen. Die Grenzfunktion $w_1^{(\infty)}(z)$ stellt eine Lösung des Problems dar.

In der Tat gehört $w_1^{(\infty)}$ zunächst der Klasse E an. Um zu beweisen, dass sie in dem Randpunkt z_1 die geforderten Eigenschaften hat, bemerke man, dass wenn man in der Formel (2) (S. 54) $w = w_1^{(\infty)}$ setzt, die entsprechende Funktion $w^{(2)} = w_2^{(\infty)}$ der Klasse E angehört. Es ist nämlich

$$w_2^{(\infty)} = \lim w_2^{(n_k+1)},$$

wo $w_2^{n_k+1}$ diejenige Funktion bezeichnet, welche an die Stelle von $w^{(2)}$ in (2) gesetzt der Funktion $w^{(1)} = w_1^{(n_k+1)}$ entspricht. Diese letzte Funktion genügt aber nach N:o 44 den gegebenen Bedingungen im Punkte z_1, und die Funktion $w_2^{(n_k+1)}$ gehört daher der Klasse E an; dieselbe Eigenschaft muss demnach auch der Grenzfunktion $w_2^{(\infty)}$ zukommen. Sobald aber $w_2^{(\infty)}$ diese Bedingung erfüllt, hat die Funktion $w_1^{(\infty)}$, welche ja mit $w_2^{(\infty)}$ durch die Beziehung

$$\lambda_1 \frac{1 + w_1^{(\infty)} e^{-i\beta_1}}{1 - w_1^{(\infty)} e^{-i\beta_1}} = \frac{1 + ze^{-i\alpha_1}}{1 - ze^{-i\alpha_1}} + \mu_1 \frac{1 + w_2^{(\infty)} e^{-i\beta_1}}{1 - w_2^{(\infty)} e^{-i\beta_1}}$$

gebunden ist, für $z \to e^{i\alpha_1}$ (radial) den Grenzwert $e^{i\beta_1}$, und zwar ist der Abbildungsmodul hierbei $\leq \lambda_1 = l_1$, w. z. b. w.

Um schliesslich zu zeigen, dass $w_1^{(\infty)}$ in einem beliebigen der Randpunkte z_ν die geforderten Eigenschaften hat, nehme man an, dass dies für $z_1, \cdots z_n$ nachgewiesen ist; dasselbe gilt dann auch im Punkte z_{n+1}, sobald die mittels der Formel (16) aus der Funktion $w = w_1^{(\infty)}$ abgeleitete Funktion $w^{(n+1)}$ für $z \to z_{n+1}$ (radial) dem Grenzwert $w_{n+1}^{(n+1)} = e^{i\beta_{n+1}}$ zustrebt derart, dass der entsprechende Abbildungsmodul $\leq l_{n+1}^{(n+1)} = \lambda_{n+1}$ ist. Dass $w^{(n+1)}$ im Randpunkte z_{n+1} tatsächlich diese Eigenschaften hat, wird aber ähnlich bewiesen, wie die entsprechende Eigenschaft der Funktion $w_1^{(\infty)}$ im Punkte $z = z_1$. Man schliesst also, dass diese letztere Funktion allen geforderten Bedingungen genügt.

48. Die Formel (16), welche nach Obigem den allgemeinen Ausdruck einer Funktion der Klasse E_n gibt, sowohl im Falle $|z_\nu| = a_\nu < 1$ wie in dem vorliegenden Grenzfall $|z_\nu| = a_\nu = 1$, kann nach S. 45 auch in der Form

$$(17) \qquad w = \frac{P_n - Q_n w^{(n+1)}}{R_n - S_n w^{(n+1)}}$$

geschrieben werden, wo die Polynome P_n, Q_n, R_n, S_n durch die Formeln (29) und (31) S. 43 sowie die Rekursionsformel (11) S. 32 berechnet werden. Bezeichnet man, wie oben, mit λ_ν die durch (15) definierte Zahl, so lassen sich die Rekursionsformeln für die betrachteten Polynome auch schreiben

$$(18) \quad \begin{cases} d_\nu (1 - a_\nu z\varepsilon_\nu) P = (d_\nu^2 - a_\nu z\varepsilon_\nu) P_{\nu-1} - \dfrac{b_\nu \bar{\eta}_\nu}{\lambda_\nu} Q_{\nu-1}, \\[2ex] d_\nu (1 - a_\nu z\varepsilon_\nu) Q_\nu = \dfrac{b_\nu z\varepsilon_\nu \eta_\nu}{\lambda_\nu} P_{\nu-1} + (a_\nu - d_\nu^2 z\varepsilon_\nu) Q_{\nu-1}, \end{cases}$$

wo $d_\nu = \left(1 + \dfrac{b_\nu^2}{\lambda_\nu}\right)^{\frac{1}{2}}$.

Die Formeln für R_ν und S_ν erhält man, wenn man die Grössen P und Q durch die entsprechenden R und S ersetzt ($P_0 = S_0 = 0$, $Q_0 = -1$, $R_0 = 1$).

Der Ausdruck einer Funktion w der Klasse E, welche in den n ersten der gegebenen Randpunkte z_ν den S. 53 aufgestellten Bedingungen genügt, ergibt sich nun aus (17) einfach so, dass man in (18) $a_\nu = b_\nu = 1$ setzt und λ_ν die durch das Rekursionsverfahren von N:o 45 bestimmte obere Grenze des Abbildungsmoduls der Funktion $w^{(\nu)}$ im Randpunkte z_ν bedeuten lässt.

Als Variabilitätsgebiet des Wertes w, welchen eine Funktion der betrachteten Art in einem beliebigen inneren Punkt z des Einheitskreises annehmen kann, erhält man wieder eine wohlbestimmte Kreisscheibe $C_n(z)$. Die Kreise $C_1(z)$, $C_2(z)$, $\cdots$ sind in einander geschachtelt und zwar so, dass C_n und C_{n+1} einander *berühren* ($n = 1, 2, \cdots$).

49. Nachdem die Lösung des in diesem Paragraphen betrachteten Problems durch einen einfachen Grenzübergang aus den Resultaten des zweiten Abschnitts abgeleitet worden ist in dem Fall, wo die Anzahl n der gegebenen Werte endlich ist, lässt sich auch die allgemeine Lösung für $n = \infty$ aus den entsprechenden früheren Ergebnissen unmittelbar ablesen.

Als notwendige und hinreichende Bedingung für die *Bestimmtheit* des vorgelegten Problems ergibt sich nach wie vor, dass der Radius des Kreises $C_n(z)$ für jedes $|z| < 1$ mit wachsenden n gegen Null strebt. Dies trifft, falls $|z_\nu| < 1$ ($\nu = 1, 2, \cdots$), nach S. 42 dann und nur dann zu, wenn die Reihe

$$\sum \frac{1 - a_\nu}{1 - b_\nu}$$

divergent ist. Falls nun $a_\nu = b_\nu = 1$, so hat man einfach den Quotienten

$$\frac{1 - a_\nu}{1 - b_\nu} = \frac{1 + b_\nu}{1 + a_\nu} \cdot \frac{1 - a_\nu^2}{1 - b_\nu^2}$$

durch $\dfrac{1}{\lambda_\nu}$ zu ersetzen (vgl. S. 58), und man schliesst also, dass das Problem dann und nur dann bestimmt ist, wenn die Reihe

$$\sum \frac{1}{\lambda_\nu}$$

divergiert.

Ist wiederum diese Reihe konvergent, so schliesst man, wie vorher (S. 45), dass die rationalen Funktionen P_n, Q_n, S_n, R_n für $|z| < 1$ gegen wohlbestimmte, innerhalb des Einheitskreises reguläre Funktionen P, Q, R, S streben. Die allgemeine Lösung des Problems wird dann durch

$$w = \frac{P - Q\,w_\infty}{R - S\,w_\infty}$$

gegeben, wo w_∞ eine *beliebige* Funktion der Klasse E bezeichnet.

50. Die Hauptergebnisse des II. und III. Abschnitts können in folgender Weise zusammengefasst werden.

Von den gegebenen Werten

$$(19) \qquad z_\nu = a_\nu\, e^{i\alpha_\nu},\, w_\nu \qquad (\nu = 1, 2, \cdots)$$

bzw.

$$(19)' \qquad z_\nu = e^{i\alpha_\nu},\, w_\nu\,(|w_\nu| = 1),\, l_\nu\,(\nu = 1, 2, \cdots)$$

ausgehend, bildet man mittels der Rekursionsformeln (18) die für $|z| < 1$ regulären rationalen Funktionen $P_\nu, Q_\nu, R_\nu, S_\nu$ sowie die Werte

$$w_\mu^{(\nu+1)} = b_{\nu+1}\, e^{i\beta_{\nu+1}} = \frac{P_\nu(z_\mu) - R_\nu(z_\mu)\,w_\mu}{Q_\nu(z_\mu) - S_\nu(z_\mu)\,w_\mu} \qquad (\mu \geq \nu + 1),$$

und im Falle $(19)'$, wo $b_\nu = 1$, mittels der Formeln (9) S. 56 die Ausdrücke $l_\mu^{(\nu)}$; hierbei setzt man

$$\lambda_\nu = \frac{1 - b_\nu^2}{1 - a_\nu^2}$$

und im Falle $(19)'$

$$\lambda_\nu = l_\nu^{(\nu)}.$$

Dann gelten folgende Sätze:

I. Notwendig und hinreichend für die Existenz einer Funktion w der Klasse E, welche in den gegebenen Punkten z_ν die geforderten Eigenschaften hat (S. 37 und 59), ist, dass entweder für ein gewisses n

$$(20) \qquad \begin{cases} \lambda_\nu \;\; > 0 \;\; (\nu < n), \, \lambda_n = 0, \\ w_\mu^{(n)} = e^{i\beta_n} \; (\mu = n, n+1, \cdots), \\ l_\mu^{'n)} \geqq 0 \; (\mu = n+1, \cdots)^1), \end{cases}$$

oder

$$(21) \qquad \lambda_n > 0 \;\; (n = 1, 2, \cdots).$$

II. Das Problem ist bestimmt oder unbestimmt, je nachdem die Summe

$$(22) \qquad \sum \frac{1}{\lambda_\nu}$$

unendlich oder endlich ist.

III. Im *Bestimmtheitsfalle* $\left(\sum \dfrac{1}{\lambda_\nu} = \infty \right)$ wird die einzige Lösung definiert durch

$$w = \frac{P_{n-1} - Q_{n-1}\, e^{i\beta_n}}{R_{n-1} - S_{n-1}\, e^{i\beta_n}},$$

falls die Bedingungen (20) erfüllt sind; diese Funktion ist rational, von $(n-1)$:er Ordnung und dem absoluten Betrage nach gleich Eins für $|z| = 1$. Im allgemeinen Falle (21) ergibt sich wiederum die Lösung w als der Grenzwert

$$w = \lim_{n = \infty} \frac{P_n - Q_n\, w^{(n+1)}}{R_n - S_n\, w^{(n+1)}},$$

der bei beliebiger Wahl der Funktionenfolge $w^{(n)}$ ($|w^{'n)}| \leqq 1$ für $|z| < 1$) für $|z| < 1$ existiert und einen von der Wahl dieser Funktionenfolge unabhängigen Wert hat $^2)$.

$^1)$ Diese letzten Bedingungen kommen nur im Falle (19)′ vor.

$^2)$ Die Funktion w kann auch als der für für $n \to \infty$ konvergente Kettenbruch (16) S. 58 dargestellt werden.

Im *Unbestimmtheitsfalle* $\left(\sum \frac{1}{\lambda_\nu} < \infty \right)$ existieren die Grenzwerte

$$P = \lim_{n=\infty} P_n, \; Q = \lim_{n=\infty} Q_n, \; R = \lim_{n=\infty} R_n, \; S = \lim_{n=\infty} S_n$$

für $|z| < 1$ und stellen Funktionen dar, welche im Einheitskreise regulär sind. Die allgemeine Lösung w des Problems ist

$$(23) \qquad w = \frac{P - Q\,w_\infty}{R - S\,w_\infty},$$

wo w_∞ eine beliebige Funktion der Klasse E ist (d. h. $|w_\infty| \leqq 1$ für $|z| < 1$).

Die zulässigen Werte der Lösungen w, welche einem gegebenen inneren Punkt z des Einheitskreises entsprechen, füllen eine wohlbestimmte, innerhalb des Einheitskreises belegene Kreisscheibe $C_\infty(z)$ aus. Der Wert $w(z)$ fällt im allgemeinen innerhalb des Kreises $C_\infty(z)$; er liegt auf der Peripherie dann und nur dann, wenn

$$(23)' \qquad w = \frac{P - Q\,e^{i\vartheta}}{R - S\,e^{i\vartheta}},$$

wo ϑ eine reelle Konstante ist. Diese Lösungen haben die interessante Eigenschaft, dass sie bei radialer Annäherung an den Kreis $|z| = 1$ fast überall Randwerte vom absoluten Betrage Eins besitzen.

51. Ein näheres Studium derjenigen im Einheitskreise beschränkten Funktionen, welche durch die zuletzt genannte Randwerteigenschaft gekennzeichnet sind, erscheint aus mehreren Gründen wünschenswert. Es würde indes bei dieser Gelegenheit zu weit führen, auf diese Frage näher einzugehen. Indem wir auf die S. 28 angegebenen Sätze hinweisen, begnügen wir uns an dieser Stelle damit, an einen bekannten Satz von F. und M. RIESZ eine kleine Ergänzung zu bringen [1]).

F. und M. RIESZ: *Über die Randwerte analytischer Funktionen* (4. skand. Mathematikerkongress in Stockholm, 1916).

Nach dem Fatouschen Satze strebt eine Funktion $w\,(re^{i\varphi})$ der Klasse E für $r \to 1$ gegen bestimmte Grenzwerte $w\,(e^{i\varphi})$, ausser möglicherweise für eine Nullmenge φ. Der Satz von Riesz besagt, dass wenn $w\,(e^{i\varphi})$ einen konstanten Wert $a\,(|\,a\,| \leqq 1)$ hat für eine Wertmenge φ von positivem Mass, die Funktion $w\,(re^{i\varphi})$ überhaupt konstant und gleich a ist. Im Falle $|\,a\,| = 1$ lässt sich etwas mehr beweisen:

Die Menge der Werte $e^{i\varphi}$, wo eine nicht konstante Funktion w der Klasse E einen gegebenen Randwert a mit einem endlichen Wert des entsprechenden Abbildungsmoduls annimmt, ist abzählbar.

Dies folgt unmittelbar aus folgendem, schärferem Satz:

Es sei $|\,w\,(z)\,| < 1$ für $|\,z\,| < 1$ und

$$\lim_{r=1} \frac{1 - |\,w\,(re^{i\varphi_n})\,|}{1 - r} = l_n,\ \lim_{r=1} w\,(re^{i\varphi_n}) = a \quad (n = 1, 2, \cdots; e^{i\varphi_\mu} \neq e^{i\varphi_\nu}).$$

Dann ist die Summe

$$\sum \frac{1}{l_n}$$

endlich.

Der Beweis ergibt sich unmittelbar aus der Formel (2) S. 54, wenn man $a_1 = \varphi_1$ und $a = e^{i\beta_1}$ setzt und dem Parameter μ_1 den Wert $\lambda_1 = l_1$ gibt. Es wird dann für $z = 0$

$$\frac{1 + \bar{a}\,w\,(0)}{1 - \bar{a}\,w\,(0)} = \frac{1}{l_1} + \frac{1 + \bar{a}\,w^{(2)}\,(0)}{1 - \bar{a}\,w^{(2)}\,(0)}.$$

Aus der Formel (5) S. 55 ist aber zu ersehen, dass die Funktion $w^{(2)}\,(z)$ in dem Punkt $z_\nu = e^{i\varphi_\nu}\,(\nu = 2, \cdots)$ den Randwert a hat mit dem Abbildungsmodul l_ν, und man findet durch Iteration des obigen Schlusses, dass für jedes n

$$\frac{1 + \bar{a}\,w\,(0)}{1 - \bar{a}\,w\,(0)} = \sum_1^n \frac{1}{l_\nu} + \frac{1 + \bar{a}\,w^{(n+1)}\,(0)}{1 - \bar{a}\,w^{(n+1)}\,(0)}$$

5

Da das letzte Glied einen positiven Realteil hat, folgt, dass

$$\Re\left(\frac{1 + \bar{a}\,w\,(0)}{1 - \bar{a}\,w\,(0)}\right) \geqq \sum_{1}^{n}{}' \frac{1}{l_\nu},$$

woraus die Richtigkeit der Behauptung hervorgeht.

§ 2. Fall, wo die gegebenen Punkte z_ν zusammenfallen. Zusammenhang mit dem Stieltjesschen Momentenproblem.

52. Bisher haben wir vorausgesetzt, dass die gegebenen Punkte $z_1, z_2, \cdots$ unter einander verschieden sind. Die vorhergehenden Entwicklungen enthalten aber auch die Lösung gewisser Probleme, zu denen man geführt wird, wenn man einige oder sämtliche dieser Punkte zusammenfallen lässt. Als besonders interessant sind folgende Grenzfälle hervorzuheben.

1:o Es ist $z_\nu = z_0$ $(\nu = 1, 2, \cdots)$ und $|z_0| < 1$. In diesem Fall geben die obigen Resultate, in naheliegender Weise modifiziert, die Schursche Lösung des s. g. Carathéodoryschen Problems: die notwendigen und hinreichenden Bedingungen, welchen die Ableitungen einer beschränkten Funktion in einem gegebenen inneren Punkt (z_0) des Einheitskreises genügen.

2:o Es ist $z_\nu = z_0$ und $|z_0| = 1$. In diesem Falle enthalten die obigen Ergebnisse Kriterien über die Koeffizienten einer nach Potenzen von $z - z_0$ fortschreitenden Reihe, welche eine beschränkte Funktion im gegebenen Randpunkt im Sinne Poincarés asymptotisch darstellt, sowie den allgemeinen Ausdruck einer derartigen Funktion. Hierbei werden die gegebenen Koeffizienten der asymptotischen Reihenentwicklung a priori einer gewissen Einschränkung unterworfen; die Notwendigkeit und die Art dieser einschränkenden Voraussetzung gehen am einfachsten hervor, wenn man vom Einheitskreise zu einer Halbebene übergeht in der Weise, dass der kritische Randpunkt in den unendlich fernen Punkt fällt[1]).

Wir wollen daher zunächst die Ergebnisse des ersten Paragraphen dieses Abschnitts auf den Fall übertragen, wo die zu untersuchende Funktion $w\,(z)$ folgende Eigenschaft hat:

$w\,(z) = u + iv$ *ist in jedem endlichen Punkt der oberen Halbebene* $y > 0$ $(z = x + iy)$ *regulär und ihr imaginärer Teil nicht positiv:*

$$(24) \qquad\qquad v\,(x, y) \leqq 0.$$

Zur Abkürzung sagen wir, dass eine derartige Funktion der Klasse I angehört. Beachtet man, dass der Übergang von der Klasse E zur Klasse I durch die linearen Transformationen

$$(25) \qquad \frac{1}{i}\,\frac{1+w}{1-w} \quad \text{und} \quad i\,\frac{1+z}{1-z}$$

bewerkstelligt wird, so schliesst man, dass für eine Funktion $w = u + iv$ der Klasse I der Randabbildungsmodul in einem Punkt $z = x$:

$$\lim_{y=0} \frac{|\,v\,(x, y)\,|}{y}, \quad \lim_{y=0} \frac{1}{y\,|\,v\,(x, y)\,|}$$

existiert; der letzte Grenzwert kann nur dann einen endlichen Wert haben, wenn $w \to \infty$ für $z \to x$. Der Abbildungsmodul ist dann und nur dann Null, wenn die Funktion w reell und konstant ist (wobei auch die unendliche Konstante zu berücksichtigen ist).

Entsprechendes gilt im Randpunkte $z = \infty$, wo der Abbildungsmodul durch

$$\lim_{y=\infty} y\,|\,v\,(x, y)\,| \quad \text{bzw.} \quad \lim_{=\infty} \frac{y}{|\,v\,(x, y)\,|}$$

definiert ist.

---

[1]) Dieses Problem und das damit äquivalente Stieltjessche Momentenproblem haben wir in der dritten in der Fussnote[2]) S. 4 zitierten Arbeiten gelöst; für eine vollständige Darstellung verweisen wir auf jene Untersuchung. Zweck der folgenden Betrachtungen ist nur zu zeigen, dass dieses Problem in dem allgemeinen Interpolationsproblem als Spezialfall enthalten ist.

53. Stellt man sich nun die Aufgabe, die Gesamtheit derjenigen Funktionen $w(z)$ der Klasse I zu bestimmen, die in gegebenen Punkten

$$x_1, x_2, \cdots \quad (x_\mu \neq x_\nu \text{ für } \mu \neq \nu)$$

der reellen Achse vorgegebene reelle Randwerte

$$u_1, u_2, \cdots$$

hat in der Weise, dass die entsprechenden Abbildungsmoduln höchstens gleich den vorgeschriebenen Werten

$$l_1, l_2, \cdots$$

sind [1]), so geht man zunächst mittels der zu (25) inversen Transformationen zur Klasse E über. Die gegebenen Randpunkte transformieren sich in

$$(26) \qquad z_\nu = \frac{x_\nu - i}{x_\nu + i} \text{ bzw. } w_\nu = \frac{iu_\nu - 1}{iu_\nu + 1},$$

während die vorgeschriebenen Schranken l_ν des Abbildungsmoduls, wegen der Invarianz der letzten Grösse gegenüber konformer Abbildung, unverändert bleiben. Das Problem ist in dieser Weise auf die im vorhergehenden Paragraphen behandelte Aufgabe zurückgeführt. Setzt man nun das auf den S. 54 entwickelte rekurrente Verfahren an und transformiert man schliesslich sämtliche mittels der Formeln (8) und (9) (S. 56) abgeleiteten Werte durch die Transformationen (25), so ergibt sich folgendes:

Der Algorithmus (12) S. 57 geht über in

$$(27) \quad \lambda_\nu \frac{1 + u_\nu^{(\nu)} w^{\nu)}}{w^{(\nu)} - u_\nu^{(\nu)}} = \frac{1 + x_\nu z}{x_\nu - z} + \mu_\nu \frac{1 + u_\nu^{(\nu)} w^{(\nu+1)}}{w^{(\nu+1)} - u_\nu^{(\nu)}} \quad (\nu = 1, 2, \cdots),$$

wo $w^{(\nu)}$ eine Funktion der Klasse I ist, welche in den gegebenen Punkten x_k $(k \geq \nu)$ die reellen Grenzwerte $u_k^{(\nu)}$ hat, während der

---

[1]) Hierbei können ein gewisser der Werte x_ν und ein oder mehrere der Werte u_ν unendlich sein. — Die Annäherung an die gegebenen Randpunkte soll orthogonal zur reellen Achse geschehen.

entsprechende Abbildungsmodul höchstens gleich $l_k^{(\nu)}$ ist $\left(l_\nu^{(\nu)} = \lambda_\nu\right)$. Hierbei berechnen sich die Werte $l_k^{(\nu)}$ und $u_k^{(\nu)}$ aus den Formeln (26), (8), (9) (S. 56) und

$$(27)' \qquad u_k^{(\nu)} = \frac{1}{i}\,\frac{1 + w_k^{(\nu)}}{1 - w_k^{(\nu)}} \qquad \left(u_k^{(1)} \equiv u_k\,,\ w_k^{(1)} \equiv w_k\right).$$

Als notwendige und hinreichende Bedingungen für die Existenz einer Funktion w der Klasse I, welche den S. 68 aufgezählten Randbedingungen genügt, ergibt sich das Bestehen der Beziehungen (20) oder (21) (S. 63).

Im Falle (20) ist die einzige Lösung des Problems eine rationale Funktion $(n-1)$: er Ordnung, welche auf der reellen Achse reelle Werte annimmt. Im allgemeinen Fall (21) ist das Problem bestimmt oder unbestimmt, je nachdem die Summe

$$(28) \qquad \sum \frac{1}{\lambda_r}$$

unendlich oder endlich ist.

Unter den Bedingungen (21) ist die Gesamtheit der Funktionen w der Klasse I, welche in den n ersten der gegebenen Punkte x_ν den vorgeschriebenen Bedingungen genügt, gegeben durch einen Ausdruck der Form

$$(29) \qquad w = \frac{A_n + B_n\, w^{(n+1)}}{C_n + D_n\, w^{(n+1)}},$$

welche aus der Formel (17) S. 60 hervorgeht, wenn die Variabel z und die Funktion w durch (25) S. 67 transformiert werden; $w^{(n+1)}$ bezeichnet eine beliebige Funktion der Klasse I. Eine leichte Rechnung zeigt, dass die rationalen, für $y > 0$ regulären Funktionen A_n, B_n, C_n, D_n durch die Formeln

$$(30) \qquad \begin{cases} A + B = -2\,(Q + S),\ A - B = 2\,i\,(P + R), \\ C + D = 2\,i\,(Q - S),\ C - D = 2\,(P - R) \end{cases}$$

bestimmt sind, wobei die Polynome P_n, Q_n, R_n, S_n aus den Rekursionsformeln (18) S. 60 zu berechnen sind (hier hat man im vorliegenden Fall $a_\nu = b_\nu = 1$ zu setzen; ferner soll für z gemäss (25) die Transformation $\dfrac{z-i}{z+i}$ substituert werden).

Falls die Reihe (28) konvergent ist, so streben die rationalen Funktionen (30) gegen wohlbestimmte Grenzfunktionen A, B, C und D, welche in der oberen Halbebene regulär sind; die allgemeine Lösung des Problems ist

$$(31) \qquad w = \frac{A + B\, w_\infty}{C + D\, w_\infty},$$

wo w_∞ eine beliebige Funktion der Klasse I ist.

Wir bemerken schliesslich, dass der Ausdruck (29) sich auch in der Form eines endlichen Kettenbruches schreiben lässt. Die Rekursionsformel (27) kann nämlich auf die Form

$$(32) \qquad w^{(\nu)} = u_\nu^{(\nu)} + \cfrac{\lambda_\nu\left[1 + (u_\nu^{(\nu)})^2\right]}{\dfrac{1 + x_\nu z}{x_\nu - z} - u_\nu^{(\nu)} - (1 + \lambda_\nu)\,\dfrac{1 + (u_\nu^{(\nu)})^2}{u_\nu^{(\nu)} - w^{(\nu+1)}}},$$

gebracht werden, woraus die erwünschte Kettenbruchdarstellung unmittelbar folgt.

54. Nachdem wir die Resultate des ersten Paragraphen auf die Funktionsklasse I übertragen haben, wollen wir jetzt den in Aussicht gestellten Grenzübergang vornehmen. Wir lassen also alle gegebenen Punkte x_ν in einen einzigen Punkt x_0 zusammenfallen; es empfiehlt sich $x_0 = \infty$ zu setzen. Man sieht nun leicht ein, dass sämtliche durch die oben gegebenen Rekursionsformeln definierten Ausdrücke hierbei gegen bestimmte Grenzwerte streben; insbesondere geht (32) über in

$$(32)' \qquad w^{(\nu)} = a_\nu + \cfrac{\lambda_\nu\,(1 + a_\nu^2)}{z - a_\nu - (1 + \lambda_\nu)\,\dfrac{1 + a_\nu^2}{a_\nu - w^{(\nu+1)}}},$$

wo zur Abkürzung $a_\nu = u_\nu^{(\nu)}$ gesetzt worden ist.

Es stellt sich nun die Frage: welche Eigenschaften erhält diejenige Funktion $w = w^{(1)}$, die durch (32)' definiert wird, wenn für

$w^{(n+1)}$ eine beliebige Funktion der Klasse I eingesetzt wird und den Konstanten a_ν beliebige reelle, den Konstanten λ_ν beliebige *positive* Werte gegeben werden? Führt man die Auflösung von $(32)'$, von $w^{(n+1)}$ ausgehend, schrittweise aus, so sieht man leicht ein, dass die Funktion $w \equiv w^{(1)}$ unter den obigen Voraussetzungen der Klasse I angehören muss und dass sie ferner eine asymptotische Entwicklung der Form

$$(33) \qquad w = c_0 + \frac{c_1}{z} + \cdots + \frac{c_{2n-1}}{z^{2n-1}} + \varphi_n(z)$$

hat, wo φ_n in jedem Winkelraum $\varepsilon \leqq \arg z \leqq \pi - \varepsilon$ $(\varepsilon > 0)$ folgende Eigenschaft besitzt:

$$(34) \qquad \lim_{z=\infty} z^{2n-1}\, \varphi_n(z) = c^*_{2n-1},$$

wo c^*_{2n-1} (endlich) reell und nichtnegativ ist; ferner ist $c^*_{2n-1} \neq 0$ oder $= 0$, je nachdem der Abbildungsmodul von $w^{(n+1)}$ im Punkte $z = \infty$ endlich oder unendlich ist, d. h. je nachdem der reelle Grenzwert [1]

$$\lim_{z=\infty} \frac{w^{n+1)}}{z}$$

positiv oder Null ist. Die Koeffizienten $c_0, \cdots, c_{2n-1}$ sind ebenfalls reell und berechnen sich (rational) mit Hilfe der gegeben Konstanten.

Umgekehrt schliesst man aber (wie in § 1, unter Anwendung des JULIAsschen Lemmas), dass wenn eine Folge *reeller* Zahlen

$$(35) \qquad c_0, c_1, \cdots, c_{2n-1} \quad (n \geqq 1)$$

gegeben ist und w eine Funktion der Klasse I bezeichnet, welche die asymptotische Entwicklung (33) hat, wo φ_n im Winkelraum $\varepsilon \leqq \arg z \leqq \pi - \varepsilon$ der Bedingung

$$(36) \qquad \lim_{z=\infty} z^{2n-1}\, \varphi_n(z) = 0$$

genügt, entweder

---

[1]) Dass dieser reelle Grenzwert immer existiert, ist der Inhalt des CARATHÉODORYschen Satzes (S. 15).

$$c_1 = 0,$$

in welchem Fall $w \equiv c_0$ und $c_2 = c_3 = \cdots = c_{2n-1} = 0$, oder

$$c_1 > 0$$

und die Funktion $w^{(2)}$, welche durch die Beziehung

$$(37) \quad w = a_1 + \frac{\lambda_1 (1 + a_1^2)}{z - a_1 - (1 + \lambda_1) \dfrac{1 + a_1^2}{a_1 - w^{(2)}}} \quad \left(a_1 = c_0, \ \lambda_1 = \frac{c_1}{1 + a_1^2} \right)$$

definiert wird, folgende Eigenschaft hat:

$w^{(2)}$ gehört der Klasse I an und hat eine asymptotische Darstellung der Form

$$w^{(2)} = c_0^{(2)} + \frac{c_1^{(2)}}{z} + \cdots + \frac{c_{2n-3}^{(2)}}{z^{2n-3}} + \varphi_{n-1}(z),$$

wobei $z^{2n-2} \varphi_{n-1} \to 0$, wenn z (innerhalb des mehrmals erwähnten Winkelraums) gegen Unendlich rückt. Die Koeffizienten $c_\nu^{(2)}$ sind *reell* und berechnen sich rational aus den Koeffizienten (35).

Durch wiederholte Anwendung dieses Resultats definiert man der Reihe nach die Funktionen $w^{(3)}, \cdots, w^{(\nu)}, \cdots$. Die Funktion $w^{(\nu)}$ gehört der Klasse I an und besitzt für $z \to \infty$ eine asymptotische Entwicklung, deren Koeffizienten $c_0^{(\nu)}, \cdots, c_{2n-2\nu+1}^{(\nu)}$ reell sind und durch die Zahlen (35) rational ausgedrückt werden. Die Funktionen $w^{(\nu)}$ berechnen sich mittels der Rekursionsformel (32)′, wo

$$a_\nu = c_0^{(\nu)}, \ \lambda_\nu = \frac{c_1^{(\nu)}}{1 + a_\nu^2} \quad \left(c_k^{(1)} \equiv c_k \right).$$

Für die Funktion $w^{(n+1)}$ bleibt die einzige Bedingung übrig, der Klasse I anzugehören und für $z = \infty$ einen unendlichen Abbildungsmodul zu haben. Falls das Restglied φ_n der Bedingung (34) (statt (36)) genügt, wird der Abbildungsmodul von $w^{(n+1)}$ für $z = \infty$ *endlich*.

Notwendig und hinreichend, damit eine Funktion w der Klasse I existiert, welche eine asymptotische Entwicklung (33) besitzt, wo die Koeffizienten c_ν reell sind und das Restglied φ_n der Bedingung (36) genügt, ist also, dass entweder, für ein gewisses $k \leq n$,

$$(38) \quad \lambda_\nu > 0 \; (\nu < k), \; \lambda_k = 0, \; c_\mu^{(k)} = 0 \quad (\mu = k+1, \cdots, 2n-2k+1),$$

oder

$$(39) \qquad \lambda_\nu > 0 \quad (\nu = 1, \cdots, n).$$

Im Falle (38) ist das Problem bestimmt; die einzige Lösung ist rational und von $(k-1)$:er Ordnung. Im allgemeinen Falle (39) wird die Gesamtheit der Lösungen gegeben durch

$$(40) \qquad w = \frac{A_n + B_n \, w^{(n+1)}}{C_n + D_n \, w^{(n+1)}},$$

wo $w^{(n+1)}$ eine beliebige Funktion der Klasse I ist, und die Polynome A_n, B_n, C_n und D_n, wie früher, durch die Formeln (30) bestimmt sind. Die rationalen Funktionen P_n, Q_n, R_n, S_n sind, wie vorher, durch die Rekursionsformeln (18) S. 60 zu berechnen, wobei $a_\nu = b_\nu = \varepsilon_\nu = 1$ und die Variable z und die Funktionenwerte $\overline{\eta} = w_\nu^{(\nu)}$ gemäss (25) und (27)$'$ (S. 67 bzw. 69) durch

$$\frac{z-i}{z+i} \quad \text{bzw.} \quad \frac{ia_\nu - 1}{ia_\nu + 1}$$

ersetzt werden sollen.

55. Nunmehr sind wir auch im Besitz der Lösung des folgenden allgemeinen Problems:

Gegeben ist eine unendliche Folge reeller [1]) *Zahlen*

$$c_0, c_1, \cdots, c_n, \cdots.$$

Unter welchen Bedingungen existiert eine Funktion $w(z)$ der Klasse I, welche von der Reihe

$$(41) \qquad \sum_0^\infty \frac{c_n}{z^n}$$

im unendlich fernen Punkte asymptotisch dargestellt wird in der Weise, dass

---

1) Hierin besteht die Einschränkung bezüglich der vorgegebenen Koeffizienten c_ν, worauf S. 66 hingewiesen wurde.

$$z^n \left(w - \sum_0^n \frac{c_\nu}{z^\nu} \right) \to 0 \quad (n = 1, 2, \cdots),$$

wenn z innerhalb des Winkelraums $\varepsilon \leq \arg z \leq \pi - \varepsilon$ ($\varepsilon > 0$) gegen ∞ strebt?

Die notwendigen und hinreichenden Existenzbedingungen sind durch (38) bzw. (39) gegeben (wobei $n = \infty$).

Das Problem ist dann und nur dann bestimmt, wenn die Summe

$$\sum \frac{1}{\lambda_n}$$

unendlich ist.

Wenn diese Reihe konvergiert, so ist die Gesamtheit der Lösungen durch

$$(42) \qquad w = \frac{A + B\,w_\infty}{C + D\,w_\infty}$$

definiert, wo A, B, C, D die S. 70 besprochenen, für $y > 0$ regulären Grenzfunktionen der rationalen Funktionen A_n, B_n, C_n, D_n (vgl. (40) S. 73 und (30) S. 69) bezeichnen.

56. Wir bemerken nochmals, dass die zuletzt besprochenen Ergebnisse am einfachsten direkt, unter Anwendung des JULIAschen Lemmas hergeleitet werden können. In unserer S. 4 Fussnote [2] zitierten Arbeit haben wir in dieser Weise das vorliegende Problem eingehend behandelt und zugleich nachgewiesen, dass es äquivalent mit dem bekannten STIELTJESschen Momentenproblem ist.

In seiner von Herrn HAMBURGER [1] gegebenen, erweiterten Form lautet das letztgenannte Problem folgendermassen:

Unter welchen Bedingungen existiert eine monoton zunehmende Funktion $\psi(x)$, deren Momente vorgegebene reelle Werte c_n ($n = 1, 2 \cdots$) annehmen:

$$(43) \qquad \int_{-\infty}^{\infty} x^{n-1}\, d\psi(x) = c_n \quad (n = 1, 2, \cdots).$$

---

[1] H. HAMBURGER: *Über eine Erweiterung des STIELTJESschen Momentenproblems* I, II, III (Math. Annalen B. 81, 1920, B. 81, 1921).

Wann ist das Problem bestimmt, und welches ist im Unbestimmtheitsfalle die Gesamtheit der Lösungen $\psi(x)$?

Der Zusammenhang der soeben erwähnten zwei Probleme ist folgender:

Wenn $\psi(x)$ eine Lösung des Momentenproblems ist, so stellt die Funktion

$$w = c_0 + \int_{-\infty}^{+\infty} \frac{d\psi(x)}{z - x}$$

eine Funktion dar, welche der Klasse I angehört und von der Reihe (41) asymptotisch dargestellt wird. Und umgekehrt: wenn w den letztgenannten Bedingungen genügt, so strebt der Imaginärteil der Integralfunktion von w

$$V(z) = \Im \left(-\frac{1}{\pi} \int_{z_0}^{z} w(z)\, dz \right)$$

bei Annäherung an einen Punkt x der reellen Achse gegen einen Grenzwert

$$\psi(x) = \lim_{y=0} V(x, y),$$

welcher eine Lösung des Momentenproblems darstellt.

Die Lösungen der S. 73 und 74 formulierten Probleme entsprechen also eineindeutig einander. Durch die obigen Ergebnisse hat mithin auch das Momentenproblem eine vollständige Lösung gefunden [1]).

---

[1]) Eine andere, von der obigen unabhängige Lösung ist von Herrn CARLEMAN gegeben worden *(Sur les équations intégrales singulières à noyau réel et symétrique*, Uppsala Universitets Årsskrift, 1923).

Hermann Weyl

1935

ANNALS OF MATHEMATICS

(FOUNDED BY ORMOND STONE)

EDITED BY

S. LEFSCHETZ   J. VON NEUMANN

WITH THE COÖPERATION OF THE

DEPARTMENT OF MATHEMATICS OF PRINCETON UNIVERSITY

AND

THE SCHOOL OF MATHEMATICS OF THE INSTITUTE
FOR ADVANCED STUDY

AND

A. A. ALBERT	M. MORSE	H. S. VANDIVER
H. BATEMAN	OYSTEIN ORE	A. PELL-WHEELER
G. D. BIRKHOFF	J. F. RITT	NORBERT WIENER
E. HILLE	M. H. STONE	O. ZARISKI
	J. D. TAMARKIN	

SECOND SERIES, VOL. 36

PUBLISHED QUARTERLY
AT
MOUNT ROYAL AND GUILFORD AVENUES
BALTIMORE, MD.
BY THE
PRINCETON UNIVERSITY PRESS
PRINCETON, N. J.

ANNALS OF MATHEMATICS
Vol. 36, No. 1, January, 1935

ÜBER DAS PICK-NEVANLINNA'SCHE INTERPOLATIONSPROBLEM UND SEIN INFINITESIMALES ANALOGON

By Hermann Weyl

(Received August 7, 1934)

Literatur und Fragestellung

Das in der Ueberschrift genannte Interpolationsproblem verlangt die Konstruktion der in der oberen z-Halbebene $\Im z > 0$ regulären Funktionen $w(z)$, die in diesem Gebiet der Bedingung $\Im w \geqq 0$ genügen und an vorgegebenen Stellen im Bereich: $z = \alpha_1, \alpha_2, \cdots$ vorgegebene Werte $\beta', \beta'', \cdots$ annehmen. Für eine *unendliche* Anzahl von Wertzuordnungen wurde die Frage zuerst behandelt von R. Nevanlinna, Ann. Ac. Sc. Fenn. **13**, 1919. Als der Grenzfall, in welchem alle Punkte $\alpha_1, \alpha_2, \cdots$ in den unendlichfernen Randpunkt der Halbebene zusammenrücken, ergibt sich das Stieltjes'sche Momentenproblem, das in dieser Auffassung von R. Nevanlinna in einer nachfolgenden Abhandlung, ebendort vol. **18**, 1922, bearbeitet wurde.[1] Die Rolle, welche im Interpolationsproblem das Schwarz'sche Lemma spielt, wird hier vom Julia'schen Lemma übernommen. Nevanlinna kommt, durch eine wichtige Bemerkung von Denjoy veranlasst,[2] auf beide Fragestellungen nochmals zurück in seinem Beitrag zu den Commentationes i. h. E. L. Lindelöf, 1929. Das Stieltjes'sche Momentenproblem wurde in gleicher Allgemeinheit von E. Hellinger dadurch gelöst,[3] dass er die dem Kettenbruch entsprechende Differenzengleichung in Analogie stellt mit einer, den Spektralparameter linear enthaltenden sich selbst adjungierten Differentialgleichung 2. Ordnung und darauf die Methode anwendet, die vom Verf. für solche Differentialgleichungen in seiner Habilitationsschrift, Math. Annalen **68**, 1910, pp. 221–238, entwickelt wurde. Zweck der vorliegenden Arbeit ist es, das Problem im Gebiete der Differentialgleichungen anzugeben, das in ähnlicher Weise dem Pick-Nevanlinna'schen Interpolationsproblem korrespondiert, und es—nach Abstreifung aller für das Resultat irrelevanten Spezialisierungen—auf dem zuletzt angedeuteten Wege zu bewältigen. Ich setze den Gegenstand ab ovo und eingehend auseinander, weil er uns zu neuen Spektralproblemen für Differentialgleichungen führt und weil ich an dem von Herrn Hellinger und mir eingeschlagenen Vorgehen eine wesentliche Vereinfachung anzubringen habe.

---

[1] Nachdem die wesentlichen Resultate zuerst von H. Hamburger in drei Abhandlungen in den Math. Annalen **81, 82**, 1920–1921, gewonnen waren; die Hamburger'schen Arbeiten kommen jedoch für uns hier methodisch nicht in Betracht.

[2] Comptes rendus, **188**, 1929, p. 140 u. 1084.

[3] Math. Annalen **86**, 1922, p. 18.

§1. Das Interpolationsproblem auf eine Differenzengleichung reduziert. Uebergang zur korrespondierenden Differentialgleichung

Wir betrachten analytische Funktionen $w(z)$, welche in der oberen z-Halbebene, $\Im z > 0$, erklärt sind und deren Werte selber der Bedingung $\Im w \geqq 0$ genügen; sie mögen *positive Funktionen* heissen. Es sei die Aufgabe gestellt, alle solche Funktionen zu finden, welche an der Stelle $z = \alpha$ im Definitionsbereich den vorgegebenen Wert $w = \beta$ annehmen. *Die Aufgabe hat nur dann eine Lösung, wenn $\Im \beta \geqq 0$ gilt.* Ist $\Im \beta = 0$, so ist $w(z) = $ const. $= \beta$ die einzige Lösung. Wenn aber $\Im \beta > 0$ ist, erhalten wir nach dem Schwarz'schen Lemma für die durch

$$\frac{w - \beta}{w - \bar{\beta}} = \frac{z - \alpha}{z - \bar{\alpha}} \cdot W(z)$$

eingeführte Funktion $W(z)$ die Ungleichung $|\,W\,| \leqq 1$. Man nehme willkürlich eine positiv imaginäre Zahl γ, $\Im \gamma > 0$, zu Hilfe und setze

$$W = \frac{w' - \gamma}{w' - \bar{\gamma}} :$$

die Bedingung $|\,W\,| \leqq 1$ wird dadurch in $\Im w' \geqq 0$ zurückverwandelt. So werden wir zu dem Ansatz geführt:

$$(1) \qquad \frac{w - \beta}{w - \bar{\beta}} = \frac{z - \alpha}{z - \bar{\alpha}} \cdot \frac{w' - \gamma}{w' - \bar{\gamma}}$$

w genügt unserer Aufgabe dann und nur dann, wenn w' eine beliebige positive Funktion ist. Die Gleichung (1) lautet in aufgelöster Form

$$(2) \qquad w = \frac{-\,(z \cdot \Im\bar{\beta} - \Im\bar{\beta}\alpha)\, w' + (z \cdot \Im\bar{\beta}\gamma - \Im\bar{\beta}\alpha\gamma)}{\Im\alpha \cdot w' + (z \cdot \Im\gamma - \Im\alpha\gamma)} \, .$$

Die rekursive Anwendung dieses Verfahrens liefert die Lösung des Interpolationsproblems: diejenigen positiven Funktionen $w(z)$ zu bestimmen, welche an den verschiedenen Stellen $z = \alpha_1,\ \alpha_2,\ \cdots$ des Definitionsbereiches $\Im z > 0$ vorgegebene Werte $\beta',\ \beta'',\ \cdots$ annehmen. Man beginnt mit $w_1 = w$. Der einzelne Schritt der Rekursion sieht so aus. Man habe $n - 1$ Zahlen $\beta_1, \cdots,$ β_{n-1} gewonnen, welche den Ungleichungen genügen

$$\Im\beta_1 > 0, \cdots, \Im\beta_{n-1} > 0,$$

und eine Formel

$$(3) \qquad w(z) = \frac{-\,A_{n-1}(z) + B_{n-1}(z) \cdot w_n(z)}{C_{n-1}(z) - D_{n-1}(z) \cdot w_n(z)} \, .$$

Sie soll alle positiven Funktionen $w(z)$, welche den ersten $n - 1$ Bedingungen genügen,

$$w(\alpha_1) = \beta', \cdots, w(\alpha_{n-1}) = \beta^{(n-1)},$$

dadurch liefern, dass man für $w_n(z)$ eine *willkürliche* positive Funktion einsetzt.
Die weitere Forderung $w(\alpha_n) = \beta^{(n)}$ setzt sich vermöge (3) in eine Gleichung
$w_n(\alpha_n) = \beta_n$ um; *damit sie sich erfüllen lässt, muss* $\Im\beta_n \geqq 0$ *sein*. Ist $\Im\beta_n = 0$, so
bricht das Verfahren dadurch ab, dass $w_n(z) = \text{const.} = \beta_n$ die einzige Lösung
$w(z)$ liefert, welche den ersten n Werte-Zuordnungen genügt; mit $w(z)$ sind
auch die weiteren Werte $\beta^{(n+1)}, \cdots$ zwangsläufig festgelegt. Ist aber $\Im\beta_n > 0$,
so wählt man ein positiv imaginäres γ_n und erhält durch die Substitution

$$(4) \qquad w_n = \frac{-w_{n+1}(z\Im\bar{\beta}_n - \Im\bar{\beta}_n\alpha_n) + (z\cdot\Im\bar{\beta}_n\gamma_n - \Im\bar{\beta}_n\alpha_n\gamma_n)}{w_{n+1}\cdot\Im\alpha_n + (z\Im\gamma_n - \Im\alpha_n\gamma_n)}$$

nach dem Vorbild von (2) das nächstfolgende w_{n+1}:

$$(5) \qquad w = \frac{-A_n(z) + B_n(z)\cdot w_{n+1}}{C_n(z) - D_n(z)\cdot w_{n+1}}.$$

Daher für A_n, B_n die Rekursionsformeln:

$$(6) \qquad \begin{cases} A_n = A_{n-1}(z\Im\gamma_n - \Im\alpha_n\gamma_n) - B_{n-1}(z\Im\bar{\beta}_n\gamma_n - \Im\bar{\beta}_n\alpha_n\gamma_n)\,, \\ B_n = -A_{n-1}\cdot\Im\alpha_n - B_{n-1}(z\Im\bar{\beta}_n - \Im\bar{\beta}_n\alpha_n)\,, \end{cases}$$

denen auch das Paar C_n, D_n genügt. Ihr Unterschied kommt von den Anfangswerten her:

$$(7) \qquad A_0 = 0\,, B_0 = 1\,; \qquad C_0 = 1\,, D_0 = 0\,.$$

z sei ein fester Wert in der oberen Halbebene. Lassen wir in der Formel (5)
die Grösse w_{n+1} (unabhängig von z) über den Bereich $\Im w_{n+1} \geqq 0$ frei variieren, so
durchläuft w eine gewisse Kreisscheibe $\mathfrak{k}_n = \mathfrak{k}_n(z)$. Nach der Herleitung sind
diese Kreise ineinander eingeschachtelt und liegen alle in der oberen Halbe-
bene $\mathfrak{k}_0$: $\mathfrak{k}_0 \supset \mathfrak{k}_1 \supset \mathfrak{k}_2 \supset \cdots$. Unter der Voraussetzung $\Im\beta_\nu > 0$ ($\nu = 1, 2, \cdots, n$)
sind die Gleichungen $w(\alpha_\nu) = \beta^{(\nu)}$ ($\nu = 1, \cdots, n$) für die positive Funktion $w(z)$
der Forderung äquivalent, dass *der Wert* $w(z)$ *für alle positiv imaginären z in der
Kreisscheibe* $\mathfrak{k}_n(z)$ *gelegen ist*. Denn genügt $w(z)$ dieser Forderung und führt
man durch (5) eine analytische Funktion $w_{n+1}(z)$ ein, so erfüllt diese die
Bedingung $\Im w_{n+1} \geqq 0$.

Es entsteht nunmehr die *transzendente Frage*, wie weit die positive Funktion
$w(z)$ bestimmt ist, wenn die Stellen $z = \alpha_1, \alpha_2, \cdots$, an denen $w(z)$ vorgegebene
Werte $\beta', \beta'', \cdots$ annehmen soll, *in unendlicher Anzahl* vorhanden sind. Es ist
vorausgesetzt, dass alle Ungleichungen $\Im\beta_\nu > 0$ ($\nu = 1, 2, \cdots$, in inf.)
erfüllt sind. Das Hauptresultat der Nevanlinna'schen Theorie ist dies:
*Analog dem, was wir bei endlichem n gesehen haben, gibt es zwei Fälle, den
"Grenzpunkt"- und den "Grenzkreis"-Fall. Im ersten gibt es eine und nur eine
Lösung unseres Problems; im zweiten erhält man die allgemeinste Lösung in der Form*

$$(8) \qquad w(z) = \frac{-A(z) + B(z)\cdot w_\infty(z)}{C(z) - D(z)\cdot w_\infty(z)}\,,$$

wo A, B, C, D wohlbestimmte analytische Funktionen von z in der oberen Halbebene sind, während für $w_\infty(z)$ eine willkürliche positive Funktion eintreten kann.

Die Fallunterscheidung resultiert sofort aus der Betrachtung der Kreise $\mathfrak{k}_n$: infolge der Einschachtelung ziehen sie sich entweder auf einen Punkt (Grenzpunkt) oder auf einen Kreis (Grenzkreis) $\mathfrak{k}_\infty$ zusammen. Im ersten Fall muss der Wert von $w(z)$ für den betrachteten Argumentwert z notwendig dieser Grenzpunkt sein. Es entsteht die Aufgabe, einzusehen, *dass die Unterscheidung von Grenzpunkt und Grenzkreis unabhängig ist von dem betrachteten Werte von z.*

Wiederum sei die positiv imaginäre Zahl z fest gewählt. Um die Differenzengleichungen (6) in Parallele stellen zu können zu Differentialgleichungen, ist es bequem, dafür zu sorgen, dass in diesen Rekursionsformeln die Koeffizienten in der Hauptdiagonale auf der rechten Seite übereinstimmen. Das geschieht durch den Ansatz $\gamma_n = -\bar{\beta}_n$, der mit der Forderung $\Im\gamma_n > 0$ in Einklang steht. Der in A_n, B_n, C_n, D_n verbleibende willkürliche gemeinsame Faktor war in jenen Formeln so normiert, dass sich diese Grössen als Polynome in z vom Grade n ergaben. Für die Differentialgleichung ist das ohne Belang; hier ist es vielmehr zweckmässig, dafür zu sorgen, dass die Koeffizienten in der Hauptdiagonale $= 1$ werden. Man setze darum

$$(9) \qquad A_n = \prod_{\nu=1}^{n} (z\Im\gamma_\nu - \Im\alpha_\nu\gamma_\nu) \cdot f(n), \qquad B_n = \prod_{\nu=1}^{n} (z\Im\gamma_\nu - \Im\alpha_\nu\gamma_\nu) \cdot g(n).$$

Dann erhalten wir statt (6):

$$(10) \qquad \begin{cases} f(n) = f(n-1) + g(n-1)\cdot\dfrac{za_n'' - b_n''}{za_n' - b_n'}, \\[2ex] g(n) = g(n-1) + f(n-1)\cdot\dfrac{za_n - b_n}{za_n' - b_n'}. \end{cases}$$

Hier ist

$$(11) \qquad \begin{cases} a = \Im 1, & a' = \Im\gamma, & a'' = \Im\gamma^2\,; \\[1ex] b = \Im\alpha, & b' = \Im\alpha\gamma, & b'' = \Im\alpha\gamma^2 \end{cases}$$

gesetzt; überall ist der Index n hinzuzufügen.

Wie aus dem Folgenden hervorgehen wird, kommt es auf die besonderen Ausdrücke (11) nicht an, es ist—für die korrespondierende Differentialgleichung—allein wesentlich, dass *die beiden Determinanten*

$$p = a'b - b'a, \qquad\qquad q = a''b' - b''a'$$

positiv sind. Mit den Ausdrücken (11) ist in der Tat $p = \Im\alpha\cdot\Im\gamma$. q ist der imaginäre Teil von

$$\alpha\gamma\cdot\Im\gamma^2 - \alpha\gamma^2\cdot\Im\gamma = \frac{1}{2i}\left[\alpha\gamma(\gamma^2 - \bar{\gamma}^2) - \alpha\gamma^2(\gamma - \bar{\gamma})\right]$$

$$= \frac{1}{2i}(\alpha\gamma^2\bar{\gamma} - \alpha\gamma\bar{\gamma}^2) = \alpha\gamma\bar{\gamma}\cdot\frac{\gamma - \bar{\gamma}}{2i} = \alpha|\gamma|^2\cdot\Im\gamma,$$

also

$$q = \Im\alpha \cdot \Im\gamma \cdot |\gamma|^2 > 0.$$

In der Gestalt (10) ist der Uebergang zur Differentialgleichung trivial. Man ersetze die diskrete Variable n durch eine kontinuierliche s, die das Intervall von 0 bis $+\infty$ durchläuft. z ist der gewöhnlich mit λ bezeichnete Spektralparameter, für den nur positiv imaginäre Werte zugelassen sind.

$$a(s),\ a'(s),\ a''(s); \qquad\qquad b(s),\ b'(s),\ b''(s)$$

sind stetige reelle Funktionen von s, welche den beiden Ungleichungen genügen

$$(12) \qquad p(s) = a'b - b'a > 0, \qquad\qquad q(s) = a''b' - b''a' > 0.$$

Wir behandeln *das System der zwei Differentialgleichungen* 1. *Ordnung für die unbekannten Funktionen* $f(s)$, $g(s)$:

$$(13) \qquad \begin{cases} \dfrac{df}{ds} = g(s) \cdot \dfrac{za''(s) - b''(s)}{za'(s) - b'(s)}, \\[2ex] \dfrac{dg}{ds} = f(s) \cdot \dfrac{za(s) - b(s)}{za'(s) - b'(s)}. \end{cases}$$

Der Spektralparameter z tritt hier *linear gebrochen* auf, während er in die vielbehandelten klassischen Eigenwertprobleme ganz-linear eingeht. Diejenige Lösung, welche die Anfangswerte $f = 0$, $g = 1$ für $s = 0$ besitzt, werde wie in meiner oben zitierten Habilitationsschrift durch den Buchstaben ϑ gekennzeichnet, genauer $(f_\vartheta, g_\vartheta)$; diejenige mit den Anfangswerten $f = 1$, $g = 0$ heisse $\eta = (f_\eta, g_\eta)$.

In den entsprechenden Differenzengleichungen (10) führt $(f_\vartheta, g_\vartheta)$ mittels (9) zu (A, B) und (f_η, g_η) zu (C, D). Die Gleichung (5) lautet darum

$$(14) \qquad w = \frac{-f_\vartheta(n) + g_\vartheta(n) \cdot h}{f_\eta(n) - g_\eta(n) \cdot h}.$$

Hier ist h anstelle von w_{n+1} geschrieben. w durchläuft die Peripherie des Kreises $\mathfrak{k}_n$, wenn h die reelle Achse (incl. ∞) beschreibt. (14) lässt sich in die Form setzen:

$$(15) \qquad f(n) - h \cdot g(n) = 0,$$

wo $\omega = (f, g)$ die aus den beiden Partikularlösungen ϑ und η durch lineare Kombination entstehende Lösung

$$f(n) = f_\vartheta(n) + w \cdot f_\eta(n), \qquad\qquad g(n) = g_\vartheta(n) + w \cdot g_\eta(n)$$

ist. w liegt also dann und nur dann auf der Peripherie von $\mathfrak{k}_n$, wenn die zugehörige Lösung ω an der Stelle n einer reellen Randbedingung (15) genügt. In dieser Gestalt übertrage ich die Definition auf die Differentialgleichung: w sei eine willkürliche Konstante, und man betrachte die Lösung $\omega = (f, g)$:

$$(16) \qquad f(s) = f_\vartheta(s) + w \cdot f_\eta(s), \qquad\qquad g(s) = g_\vartheta(s) + w \cdot g_\eta(s)$$

der Differentialgleichungen (13) im endlichen Intervall $0 \leq s \leq l$. Sie genügt an dem Ende $s = l$ dann und nur dann einer reellen Randbedingung, wenn w auf einem gewissen Kreise $(\mathfrak{k}_l)$ liegt. In solcher Weise hatte ich in meiner Habilitationsschrift die Kreise $(\mathfrak{k}_l)$ eingeführt. Der Parameter w ist dort mit l bezeichnet.[4]

§2. Green'sche Formel. Die Kreise $\mathfrak{k}_l$

Wir benötigen die *"Green'sche Formel"* für eine Lösung $\omega = (f, g)$ der Gleichungen (13) und eine Lösung $\omega^* = (f^*, g^*)$ der entsprechenden Gleichungen mit dem Parameterwert z^* statt z. Für die Ableitung der Determinante

$$(\omega\omega^*) = fg^* - gf^*$$

nach s finden wir mittels einer leichten Rechnung, indem wir für die Derivierten $\dfrac{df}{ds}, \cdots$ ihre Werte aus den Differentialgleichungen einsetzen, den Ausdruck:

$$-(z - z^*) \cdot \frac{D(s; \omega\omega^*)}{(za' - b')(z^*a' - b')},$$

wo

$$(17) \qquad D(s; \omega\omega^*) = p(s)f(s)f^*(s) + q(s)g(s)g^*(s)$$

ist. Darum lautet die gewünschte Formel:

$$(18) \qquad (z - z^*) \cdot \int_0^l \frac{D(s; \omega\omega^*)\, ds}{(za'(s) - b'(s))(z^*a'(s) - b'(s))} = -(\omega\omega^*)_0^l.$$

In dreierlei Weise findet sie Anwendung: 1) für $z^* = z$, 2) wenn z und z^* zwei positiv imaginäre Werte sind, 3) für $z^* = \bar{z}$. Im Falle 1) kommt

$$(\omega\omega^*)_0^l = 0,$$

d.h. zwei Lösungen ω und ω^* der Differentialgleichungen (13) haben eine konstante Determinante $(\omega\omega^*)$. Insbesondere ist $(\eta\vartheta)_s = (\eta\vartheta)_0 = 1$, und wenn ω die Lösung $\vartheta(s) + w \cdot \eta(s)$ bezeichnet, gilt auch $(\eta\omega) = 1$. Anwendung 3) liefert die für jede Lösung ω unserer Gleichungen giltige Beziehung

$$(19) \qquad \Im z \cdot \int_0^l \frac{D(s; \omega\bar{\omega})}{|\, za'(s) - b'(s)\,|^2}\, ds = (\omega_1\omega_2)_0^l.$$

Hier sind wie im Folgenden stets Real- und Imaginärteil einer Grösse durch den angehängten Index 1 und 2 gekennzeichnet. Nunmehr erkennt man die Bedeutung der Voraussetzungen (12): *sie garantieren, dass der "Dirichlet-*

---

[4] Die unsymmetrische Behandlung der beiden Partikularlösungen ϑ, η ist hier nur scheinbar. Statt (16) könnte man die allgemeinste Lösung $\omega(s) = w_\vartheta \cdot \vartheta(s) + w_\eta \cdot \eta(s)$ betrachten. Da die Kreisscheibe $\mathfrak{k}_l$ aber sowohl den Punkt 0 wie den Punkt ∞ ausschliesst, kann man statt der beiden homogenen Parameter w_ϑ und w_η entweder den inhomogenen $w = w_\eta/w_\vartheta$ oder w_ϑ/w_η benutzen. Wir entschieden uns für das Erste.

Ausdruck" $D(s;\omega\bar{\omega})$ positiv-definit ist.—Der Fall 2) der Formel (18) wird erst in §3 benutzt werden.

Dass diejenigen Werte w, für welche die Lösung ω, Gl.(16), am Ende l des Intervalls $0 \leqq s \leqq l$ einer reellen Randbedingung genügt:

$$(20) \qquad f(l) - h \cdot g(l) = 0, \qquad\qquad h \text{ reell,}$$

auf einem Kreise $(\mathfrak{f}_l)$ liegen, geht natürlich aus der Gleichung (20) oder

$$w = \frac{-f_\vartheta(l) + hg_\vartheta(l)}{f_\eta(l) - hg_\eta(l)}$$

unmittelbar hervor.   Doch kann man dasselbe Resultat auch auf dem folgenden Wege gewinnen, der zugleich zu einer einfachen Berechnung des Durchmessers führt.   Bei festem reellen h ist $f(l) - h \cdot g(l)$ eine ganze lineare Funktion von w. Die Forderung, dass erstens der Real- und zweitens der Imaginär-Teil davon verschwindet, gibt daher zwei zueinander senkrechte Geraden $(h)_1$ und $(h)_2$ in der w-Ebene, die sich in dem gesuchten Punkte w schneiden.   Die Linie $(h)_1$ geht *für alle h* durch denjenigen Punkt $w = w^0$ hindurch, der durch die beiden Gleichungen $f_1(l) = 0$, $g_1(l) = 0$ gegeben ist; die Linie $(h)_2$ durch denjenigen Punkt $w = w_0$, der sich aus $f_2(l) = g_2(l) = 0$ ergibt.   Wenn h variiert, bewegt sich also w auf einem Kreise über dem Durchmesser $w^0 w_0$ (geometrischer Ort des Scheitels eines rechten Winkels, dessen Schenkel durch zwei feste Punkte w^0 und w_0 gehen). w^0 kann aus den beiden Gleichungen bestimmt werden

$$(\eta_1\omega_1)_l = 0, \qquad\qquad (\eta_2\omega_1)_l = 0.$$

Wegen $(\eta\omega) = 1$ oder

$$(\eta_1\omega_1) - (\eta_2\omega_2) = 1, \qquad\qquad (\eta_1\omega_2) + (\eta_2\omega_1) = 0$$

kann hier die zweite Gleichung durch $(\eta_1\omega_2) = 0$ ersetzt werden, sodass sich

$$(\eta_1\omega) = 0, \qquad\qquad (\eta_1\vartheta) + w(\eta_1\eta) = 0$$

ergibt oder

$$(\eta_1\vartheta)_l + iw^0(\eta_1\eta_2)_l = 0.$$

Ebenso folgt für w_0 die Gleichung $(\eta_2\omega) = 0$ oder

$$(\eta_2\vartheta)_l - w_0(\eta_1\eta_2)_l = 0.$$

Daraus kommt für die Differenz $w^0 - w_0$:

$$(\eta\vartheta)_l + i(w^0 - w_0)(\eta_1\eta_2)_l = 0, \qquad\qquad w^0 - w_0 = \frac{i}{(\eta_1\eta_2)_l}.$$

Weil $(\eta_1\eta_2)_0 = 0$ ist, erhält man für den Nenner aus (19) den Ausdruck

$$(\eta_1\eta_2)_l = z_2 \cdot \int_0^l \frac{D(s;\eta\bar{\eta})}{|\, za'(s) - b'(s)\,|^2}\, ds.$$

$w_0 w^0$ ist folglich der vertikale Durchmesser des Kreises $(\mathfrak{k}_l)$, w^0 der höchste, w_0 der tiefste Punkt und sein reziproker Durchmesser

$$(21) \qquad 1/d_l = z_2 \cdot \int_0^l \frac{D(s; \eta\bar{\eta})}{|\, za'(s) - b'(s)\,|^2}\, ds$$

Die Formel lässt unmittelbar erkennen, dass d_l mit wachsendem l abnimmt.

Die Tatsache, dass $\omega(s) = \vartheta(s) + w \cdot \eta(s)$ an der Stelle $s = l$ einer reellen Randbedingung genügen soll, lässt sich auch in der Gleichung $(\omega_1 \omega_2)_l = 0$ aussprechen, die auf Grund von (19) der Relation

$$z_2 \cdot \int_0^l \frac{D(s; \omega\bar{\omega})}{|\, za'(s) - b'(s)\,|^2}\, ds = -\,(\omega_1\, \omega_2)_0$$

äquivalent ist. Man sieht sofort, dass die rechte Seite $= w_2 = \Im w$ ist. Wir erhalten somit als Gleichung des Kreises $(\mathfrak{k}_l)$:

$$z_2 \cdot \int_0^l \frac{D(s; \omega\bar{\omega})}{|\, za'(s) - b'(s)\,|^2}\, ds = w_2 \qquad (\text{für } \omega = \vartheta + w \cdot \eta).$$

Da der Koeffizient von $w\bar{w}$ hierin positiv ist, wird die vom Kreise $(\mathfrak{k}_l)$ begrenzte Kreisscheibe $\mathfrak{k}_l$ durch die Ungleichung beschrieben:

$$(22) \qquad \Im z \cdot \int_0^l \frac{D(s; \omega\bar{\omega})\, ds}{|\, za'(s) - b'(s)\,|^2} \leqq \Im w$$

(mit dem Zeichen $\leqq$ und nicht etwa mit dem umgekehrten Zeichen $\geqq$). Daraus ergibt sich nun sogleich die *Tatsache der Einschachtelung: Ist $l' > l$, so liegt der Kreis $\mathfrak{k}_{l'}$ in $\mathfrak{k}_l$.* Denn ist $z_2 \cdot \displaystyle\int_0^{l'} \leqq w_2$, so ist a fortiori $z_2 \cdot \displaystyle\int_0^l \leqq w_2$, weil der Integrand in (22) positiv ist.

Die Kreisscheibe $\mathfrak{k}_l$ zieht sich mit unbegrenzt wachsendem l entweder auf *einen Grenzpunkt oder einen Grenzkreis* $\mathfrak{k}_\infty$ zusammen, der in allen Kreisen $\mathfrak{k}_l$ enthalten ist. Für einen Wert w, der zu $\mathfrak{k}_\infty$ gehört, gilt darum

$$z_2 \cdot \int_0^l \frac{D(s; \omega\bar{\omega})\, ds}{|\, za'(s) - b'(s)\,|^2} \leqq w_2$$

identisch in l, und darum konvergiert

$$(23) \qquad \int_0^\infty \frac{D(s; \omega\bar{\omega})\, ds}{|\, za'(s) - b'(s)\,|^2} \quad \text{und ist} \leqq w_2/z_2\,.$$

Die Gleichungen (13) *haben demnach stets mindestens eine im Sinne des Ausdrucks* (23) *von 0 bis ∞ „quadratisch integrierbare" nicht-verschwindende Lösung ω. Die Formel* (21) *lehrt: der Grenzpunkt- oder der Grenzkreis-Fall liegt vor, je nachdem*

$$(24) \qquad \int_0^\infty \frac{D(s; \eta\bar{\eta})\, ds}{|\, za'(s) - b'(s)\,|^2} \quad \textit{konvergiert oder divergiert.}$$

Dass in diesem Kriterium gerade die Lösung η bevorzugt wird, ist zufällig. Im Grenzkreisfall ist ausser $\eta(s)$ auch $\vartheta(s) + w \cdot \eta(s)$ quadratisch integrierbar, wenn w irgend ein Punkt im Grenzkreis ist; folglich auch $\vartheta(s)$ und damit jede Lösung überhaupt. Die Fallunterscheidung lässt sich darum auch so aussprechen: im Grenzkreisfall sind alle Lösungen quadratisch integrierbar, im Grenzpunktfall nur die Multipla einer bestimmten Lösung.

Den Anschluss an die Fragestellung, von welcher wir in §1 ausgingen, vollziehen wir durch die folgende Bemerkung. Drückt sich die in der oberen Halbebene $\Im z > 0$ definierte analytische und "positive" Funktion $w(z)$ mittels einer ebensolchen Funktion $w_s(z)$ in der Gestalt aus

$$w(z) = \frac{-f_\vartheta(z;\, s) + g_\vartheta(z;\, s) w_s(z)}{f_\eta(z;\, s) - g_\eta(z;\, s)\, w_s(z)}\,,$$

so wollen wir sagen: $w(z)$ habe die *Eigenschaft E_s*. Sie ist der Forderung äquivalent, dass der Wert $w(z)$ für jeden positiv imaginären Wert von z in dem Kreise $\mathfrak{k}_s(z)$ liegt. Der Einschachtelungssatz besagt, dass durch E_t die Funktion $w(z)$ stärker eingeschränkt wird als durch E_s, wenn $t > s$ ist. (Man erinnere sich, dass im Differenzenproblem E_n aus E_{n-1} entstand durch Hinzufügung der neuen Bedingung $w(\alpha_n) = \beta^{(n)}$.) Die Eigenschaft $E_\infty = \lim\limits_{s \to \infty} E_s$ besteht somit darin, dass *alle E_s* erfüllt sind. *Sie ist der Forderung gleichwertig, dass $w(z)$ für alle Werte von z in $\mathfrak{k}_\infty(z)$ liegt.*

§3. Vergleich verschiedener Werte des Spektralparameters

$z,\, z^*$ seien zwei positiv imaginäre Werte des Spektrumsparameters; wir wollen zeigen: *Tritt für z der Grenzkreisfall ein, so auch für z^*.*—Unter Vertauschung von z und z^* folgt daraus: *Tritt für z der Grenzpunktfall ein, so auch für z^*.* Die Fallunterscheidung Grenzpunkt—Grenzkreis ist demnach unabhängig von dem Wert des Spektralparameters.

Das Kriterium für Grenzkreis ist die Konvergenz des Integrals (24). Beim Uebergang von z zu z^* muss man beachten, dass in dem Integral der Nenner

$$|\, za'(s) - b'(s)\, |^2 \quad \text{in} \quad |\, z^*a'(s) - b'(s)\, |^2$$

abgeändert wird. Für die Frage der Konvergenz des Integrals ist dies jedoch irrelevant auf Grund des folgenden elementaren

HILFSSATZES: Sind $z,\, z^*$ zwei gegebene positiv imaginäre Zahlen, so liegt

$$\left|\, \frac{za - b}{z^*a - b}\, \right|$$

für alle reellen Zahlenpaare $(a, b) \neq (0, 0)$ zwischen festen positiven Grenzen.

Wir brauchen lediglich die obere Grenze. Sie ist

$$(25) \qquad \frac{|\, z - \bar{z}^*\, | + |\, z - z^*\, |}{|\, z^* - \bar{z}^*\, |} = \frac{|\, z - \bar{z}\, |}{|\, z^* - \bar{z}\, | - |\, z^* - z\, |}\,.$$

Man mache sich die einfache geometrische Bedeutung dieser Ausdrücke an dem Trapez mit den Ecken z, $\bar{z}$; z^*, $\bar{z}^*$ klar !

Zum Beweise setze man

$$\frac{c - \bar{z}}{c - z} = \zeta \, .$$

In dem abzuschätzenden Quotienten

$$Q = \left| \frac{c - z^*}{c - z} \right|$$

führe man statt der Variablen c, welche die reelle Achse durchläuft, die Variable ζ auf dem Einheitskreis ein: $|\,\zeta\,| = 1$.   Man erhält dann

$$Q = \left| \frac{(z^* - \bar{z}) - (z^* - z)\zeta}{z - \bar{z}} \right|$$

und

$$\frac{|\,z^* - \bar{z}\,| - |\,z^* - z\,|}{|\,z - \bar{z}\,|} \quad \text{bezw.} \quad \frac{|\,z^* - \bar{z}\,| + |\,z^* - z\,|}{|\,z - \bar{z}\,|}$$

als untere und obere Grenze.   Von den beiden Ausdrücken (25) ist der zweite das Reziproke der unteren Grenze, der erste entsteht aus der oberen Grenze durch Vertauschung von z und z^*.

Das zum Parameterwert z^* gehörige $\eta^* = (f_\eta^*, g_\eta^*)$ können wir aus dem zu z gehörigen η und ϑ mittels einer *Integralgleichung* bestimmen.   Wir haben nämlich nach (18)

$$(26) \quad \begin{cases} (f_\eta^* g_\eta - g_\eta^* f_\eta)_s = (z - z^*) \cdot \displaystyle\int_0^s \frac{D(t;\,\eta\eta^*)\, dt}{(za'(t) - b'(t))\,(z^*a'(t) - b'(t))} \, , \\[4mm] (f_\eta^* g_\vartheta - g_\eta^* f_\vartheta)_s = 1 + (z - z^*) \cdot \displaystyle\int_0^s \frac{D(t;\,\vartheta\eta^*)\, dt}{(za'(t) - b'(t))\,(z^*a'(t) - b'(t))} \, . \end{cases}$$

Daraus durch Auflösung nach $f_\eta^*(s)$ und $g_\eta^*(s)$:

$$(27) \quad \begin{cases} f_\eta^*(s) = f_\eta(s) + (z - z^*) \cdot \displaystyle\int_0^s \frac{f_\eta(s)D(t;\,\vartheta\eta^*) - f_\vartheta(s)D(t;\,\eta\eta^*)}{(za'(t) - b'(t))(z^*a'(t) - b'(t))} \, dt \, , \\[4mm] g_\eta^*(s) = g_\eta(s) + (z - z^*) \cdot \displaystyle\int_0^s \frac{g_\eta(s)D(t;\,\vartheta\eta^*) - g_\vartheta(s)D(t;\,\eta\eta^*)}{(za'(t) - b'(t))(z^*a'(t) - b'(t))} \, dt \, . \end{cases}$$

Diese Gleichungen für (f_η^*, g_η^*) subsumieren sich offenbar unter das Schema einer Volterra'schen Integralgleichung

$$\varphi(s) = f(s) + \int_0^s K(s, t) \cdot \varphi(t)\, \rho(t)\, dt \, .$$

$\rho > 0$ und f sind darin gegebene Funktionen. Wir setzen voraus, dass f und der Kern K quadratisch integrierbar sind, in dem Sinne, dass die Integrale

$$\int_0^\infty |f(s)|^2 \rho(s)\, ds, \qquad \int_0^\infty \int_0^\infty |K(s,t)|^2 \rho(s)\, \rho(t)\, dt\, ds$$

endliche Werte haben. Die Quadratwurzel aus dem ersten Integral werde zur Abkürzung mit $\|f\|$ beziechnet, und wenn als Grenzen a und b statt 0 und ∞ genommen werden, mit $\|f\|_a^b$. Unsere Behauptung ist, dass *alsdann auch φ im gleichen Sinne quadratisch integrierbar ist.* Beweis: Man multipliziere die Integralgleichung mit $\rho(s)\bar\varphi(s)$, integriere im Intervall $a \leqq s \leqq b$ und wende dann auf die beiden Summanden rechts die Schwarz'sche Ungleichung an. So kommt, wenn

$$\int_a^\infty \int_0^\infty |K(s,t)|^2 \rho(s)\rho(t)\, dt\, ds = k_a^2$$

gesetzt wird, nach Kürzung durch den Faktor $\|\varphi\|_a^b$:

$$\|\varphi\|_a^b \leqq \|f\|_a^\infty + k_a \|\varphi\|_0^b,$$

und wegen $\|\varphi\|_0^b \leqq \|\varphi\|_0^a + \|\varphi\|_a^b$:

$$(1 - k_a)\,\|\varphi\|_a^b \leqq \|f\|_a^\infty + k_a \|\varphi\|_0^a.$$

k_a strebt mit $a \to \infty$ gegen 0; a werde so angenommen, dass bereits $k_a < 1$ ist. Dann enthält die letzte Ungleichung eine von b unabhängige obere Schranke für $\|\varphi\|_a^b$. Daraus folgt die Konvergenz von $\|\varphi\|_a^\infty$ samt der expliziten Abschätzung

$$(28) \qquad (1 - k_a)\,\|\varphi\|_a^\infty \leqq \|f\|_a^\infty + k_a \|\varphi\|_0^a.$$

Es ist klar, wie dieses Schema auf (27) zur Anwendung kommt. Statt $\rho(s)\varphi(s)\bar\varphi(s)$ hat man hier zu bilden

$$\frac{p(s)f_\eta^*(s)\bar f_\eta^*(s) + q(s)g_\eta^*(s)\bar g_\eta^*(s)}{|z^*a'(s) - b'(s)|^2} = \frac{D(s;\,\eta^*\bar\eta^*)}{|z^*a'(s) - b'(s)|^2}$$

und bekommt so

$$D(s;\,\eta^*\bar\eta^*) = D(s;\,\eta\bar\eta^*)$$
$$(29) \qquad + (z - z^*) \cdot \int_0^s \frac{D(s;\,\eta\bar\eta^*)D(t;\,\vartheta\bar\eta^*) - D(s;\,\vartheta\bar\eta^*)D(t;\,\eta\bar\eta^*)}{(za'(t) - b'(t))(z^*a'(t) - b'(t))}\, dt.$$

Der immer wieder auftretende Nenner $za'(s) - b'(s)$ werde zur Abkürzung mit $(z;s)$, sein absoluter Betrag mit $|z;s|$ bezeichnet. Auf der rechten Seite wird man für beide $D(t)$ davon Gebrauch machen, dass zufolge der Schwarz'schen Ungleichung

$$|D(t;\,\vartheta\bar\eta^*)|^2 \leqq D(t;\,\vartheta\bar\vartheta) \cdot D(t;\,\eta^*\bar\eta^*),$$

$$\int_0^s \frac{|D(t;\,\vartheta\bar\eta^*)|\, dt}{|z;t| \cdot |z^*;t|} \leqq \|\vartheta\|_0^L \cdot \|\eta^*\|_0^L$$

ist, falls $s \le L$. Hier wurde gesetzt

$$\int_l^L \frac{D(t;\vartheta\bar\vartheta)\,dt}{|z;t|^2} = (\|\,\vartheta\,\|_l^L)^2\,, \qquad \int_l^L \frac{D(t;\eta^*\bar\eta^*)}{|z^*;t|^2}\,dt = (\|\,\eta^*\,\|_l^L)^2\,.$$

Für z liegt nach Voraussetzung der Grenzkreisfall vor; darum konvergieren die Integrale

$$\|\,\eta\,\|_0^\infty\,, \qquad\qquad \|\,\vartheta\,\|_0^\infty\,.$$

Dividiert man (29) durch $|\,z^*;s\,|^2$ und integriert nach s zwischen l und L, so treten nicht sie nach Anwendung der Schwarz'schen Ungleichung auf der rechten Seite auf, sondern der Integrand erscheint multipliziert mit einem "störenden Faktor"

$$(30) \qquad \left|\frac{za'(s) - b'(s)}{z^*a'(s) - b'(s)}\right|^2\,.$$

Er ist aber nach dem Hilfssatz ohne Einfluss auf die Konvergenz, da er unterhalb einer von s unabhängigen Schranke m liegt. Man erhält nach dem Schema (28):

$$(31) \qquad (1 - k_l)\,\|\,\eta^*\,\|_l^\infty \le m\cdot\|\,\eta\,\|_l^\infty + k_l\cdot\|\,\eta^*\,\|_0^l\,,$$

wo

$$(32) \qquad k_l = m\,|\,z - z^*\,|\,(\|\,\eta\,\|_0^\infty\,\|\,\vartheta\,\|_l^\infty + \|\,\vartheta\,\|_0^\infty\,\|\,\eta\,\|_l^\infty)$$

ist und l so gewählt werden muss, dass $k_l < 1$ ausfällt.

Uebrigens kann in dieser ganzen Ueberlegung ϑ ersetzt werden durch ein $\omega = \vartheta + w\cdot\eta$, das einem Punkt w im Grenzkreis entspricht. Dann ist

$$\|\,\omega\,\|_0^\infty \le \sqrt{w_2/z_2}\,.$$

In unnatürlicher Weise hatte ich in meiner Habilitationsschrift zur Bestimmung von η^* die Randwert- statt der Anfangswert-Aufgabe benutzt und sie überdies mit Hilfe der Eigenfunktionen gelöst. Dieser Weg ist offenbar hier ungangbar; denn zu den Differentialgleichungen (13) gehört kein vernünftiges Eigenwertproblem, weil für reelle z der Nenner $(z;s)$ null werden kann. Herr Hellinger hatte die Darstellung durch Eigenfunktionen ersetzt durch die quellenmässige Darstellung mittels der Green'schen Funktion, blieb aber auch noch an der Randwertaufgabe hängen. In einer peinlichen Fallunterscheidung verrät sich das Künstliche des Vorgehens. Der hier gegebene elementare Beweis ermöglicht die explizite Abschätzung.

Dies ist nicht ohne Belang. *Im Grenzkreisfall* werden die Punkte w_z auf der Peripherie des Kreises $\mathfrak{k}_l(z)$ durch die Gleichung geliefert:

$$w_z = \frac{-f_\vartheta + hg_\vartheta}{f_\eta - hg_\eta} \qquad\qquad (s = l;\,h\ \text{reell})\,,$$

die Punkte auf der Peripherie des Kreises $\mathfrak{k}_l(z^*)$ durch die entsprechende Gleichung

$$w_{z^*} = \frac{-f_{\vartheta}^* + hg_{\vartheta}^*}{f_{\eta}^* - hg_{\eta}^*} \, .$$

Ordnet man die Punkte der beiden Kreise projektiv einander zu durch gleiche Werte von h, so erhält man

$$w_{z^*} = -\frac{(\vartheta^*\vartheta)_l + (\vartheta^*\eta)_l \cdot w_z}{(\eta^*\vartheta)_l + (\eta^*\eta)_l \cdot w_z} \, .$$

Die hier auftretenden Determinanten $(\eta^*\eta)_l$ und $(\eta^*\vartheta)_l$ sind in (26) angegeben; für $(\vartheta^*\eta)_l$, $(\vartheta^*\vartheta)_l$ gelten entsprechende Ausdrücke. Es geht daraus hervor, dass sie mit $l \to \infty$ gegen bestimmte Grenzwerte streben. Nehmen wir für z einen festen Wert z_0, z.B. $z_0 = i$, und bezeichnen das im Gebiet $\Im z^* > 0$ variable z^* dann mit z, so ist, wie die explizite Abschätzung (31), (32) lehrt, die Konvergenz sogar *gleichmässig in z*. Darum ergeben sich im Limes *analytische Funktionen von z*. Sie sind die Koeffizienten derjenigen linearen Substitution, welche die Kreisscheibe $\mathfrak{k}_\infty(z_0)$ in die Kreisscheibe $\mathfrak{k}_\infty(z)$ überführt. Bildet man die obere Halbebene durch eine lineare Substitution auf den Kreis $\mathfrak{k}_\infty(z_0)$ ab, so bekommt man eine in z analytische Substitution:

$$w = \frac{-A(z) + B(z)\, w_\infty}{C(z) - D(z)\, w_\infty} \, ,$$

welche für jedes z die obere Halbebene $\Im w_\infty \geqq 0$ auf den Kreis $\mathfrak{k}_\infty(z)$ abbildet. *Eine analytische Funktion w(z) von der Eigenschaft E_∞ muss darum die Gestalt* (8) *besitzen, wo $w_\infty(z)$ eine analytische und "positive" Funktion ist.* Umgekehrt hat jede analytische Funktion $w(z)$ von dieser Gestalt die Eigenschaft E_∞.

Im Grenzpunktfall muss der Wert der gesuchten Funktion von der Eigenschaft E_∞ notwendig *der Grenzpunkt selbst* $w^* = w(z)$ sein. Dass er *analytisch* von z abhängt, würde man am einfachsten erkennen, wenn aus unserm Beweise hervorginge, dass der Durchmesser $d_l(z)$ gleichmässig in z mit $l \to \infty$ gegen 0 strebt. Aber dazu reichen unsere Ueberlegungen nicht aus, weil sie nur auf indirektem Wege zeigen, dass Grenzpunkt für z Grenzpunkt für z^* nach sich zieht und weil im Beweise von dem folgenden rein existentiellen, durch eine explizite Konstruktion nicht sicherzustellenden (und darum intuitionistisch anfechtbaren) Theorem Gebrauch gemacht wird: Wenn bei positivem Integranden das Integral $\displaystyle\int_0^L$ für alle L unterhalb einer festen Schranke bleibt, existiert zu beliebig vorgegebenem positiven ϵ ein l derart, dass $\displaystyle\int_l^L$ für alle $L > l$ kleiner als ϵ ist. Will man sich nicht auf indirekte funktionentheoretische Hilfsmittel, wie den Satz von Vitali stützen—und es ist ja mit der Zweck dieser Arbeit, solche von Nevanlinna konsequent benutzten funktionentheoretischen Ueberlegungen durch die explizite Lösung von Integralgleichungen zu ersetzen—, so muss man einen Weg beschreiten, der die *Randwertaufgabe* heranzieht und darauf beruht, dass ihre *Green'sche Funktion ein beschränkter Kern im Sinne der Integralgleichungen ist.*

Wiederum sei $\omega = (f_\omega,\ g_\omega)$ die Lösung $\vartheta + w \cdot \eta$. Wenn sie an dem Ende $s = l$ des endlichen Intervalls $0 \leqq s \leqq l$ der reellen Randbedingung (20) genügt und ω^* die gleiche Bedeutung hat für den Parameterwert z^*, so bilde man $(\omega^*\omega)_s^l$ und $(\omega^*\eta)_0^s$ mittels (18); durch Auflösung nach ω^* erhält man, analog zu (27):

$$(33) \quad \begin{cases} f_\omega^*(s) = f_\omega(s) - (z - z^*)\left[f_\omega(s) \int_0^s \frac{D(t;\eta\omega^*)\,dt}{(z;t)\,(z^*;t)} + f_\eta(s) \int_s^l \frac{D(t;\omega\omega^*)\,dt}{(z;t)\,(z^*;t)} \right], \\ g_\omega^*(s) \text{ entsprechend.} \end{cases}$$

Hier tritt als *symmetrischer Kern* die Green'sche Funktion

$$\left\| \begin{array}{cc} G_{pp}(s,\,t), & G_{pq}(s,\,t) \\ G_{qp}(s,\,t), & G_{qq}(s,\,t) \end{array} \right\|$$

auf, die durch die Gleichungen

$$G_{pp}(s,\,t) = \begin{cases} f_\omega(s)\,f_\eta(t) & (t \leqq s) \\ f_\eta(s)\,f_\omega(t) & (s \leqq t) \end{cases}, \qquad G_{pq}(s,\,t) = \begin{cases} f_\omega(s)\,g_\eta(t) & (t \leqq s) \\ f_\eta(s)\,g_\omega(t) & (s \leqq t) \end{cases},$$

$$G_{qp}(s,\,t) = \begin{cases} g_\omega(s)\,f_\eta(t) & (t \leqq s) \\ g_\eta(s)\,f_\omega(t) & (s \leqq t) \end{cases}, \qquad G_{qq}(s,\,t) = \begin{cases} g_\omega(s)\,g_\eta(t) & (t \leqq s) \\ g_\eta(s)\,g_\omega(t) & (s \leqq t) \end{cases}$$

erklärt ist. Soll die Abhängigkeit von dem Parameter w der gewählten Lösung ω in Evidenz gesetzt werden, so schreiben wir $G^{(w)}$ anstelle von G. Die Gleichungen (33) lauten

$$(34) \quad \begin{cases} f_\omega^*(s) = f_\omega(s) - (z - z^*) \cdot \int_0^l \frac{G_{pp}(s,\,t)\,p(t)f_\omega^*(t) + G_{pq}(s,\,t)\,q(t)\,g_\omega^*(t)}{(z;t)\,(z^*;t)}\,dt, \\ g_\omega^*(s) = \cdots. \end{cases}$$

Mit zwei willkürlichen Funktionenpaaren $\xi = (x_p(s),\ x_q(s))$, $\eta = (y_p(s),\ y_q(s))$ bildet man die zu $G = G^{(w)}$ gehörige symmetrische Bilinearform $K = K^{(w)}$, bezw. ihren l-Abschnitt:

$$(35) \qquad K_l[\xi,\,\eta] = \int_0^l \int_0^l \frac{\sum\limits_{\mu\,\nu} G_{\mu\nu}(s,\,t)\,\mu(s)\,\nu(t)\,x_\mu(s)\,y_\nu(t)}{(z;s)^2\,(z;t)^2}\,dt\,ds \qquad \begin{pmatrix} \mu = p,\,q \\ \nu = p,\,q \end{pmatrix}$$

(werden die Integrale bis ∞ ausgedehnt, so lassen wir den unteren Index l weg). Es gilt der folgende

Satz K: Die Form $K^{(w)}$ hat, wenn w ein Punkt im Grenzkreis ist, die Schranke $1/\Im z$; d. h. es ist

$$| K_l^{(w)}[\xi,\,\eta] | \leqq 1/\Im z$$

für alle l und für alle Funktionenpaare ξ und η, die den Bedingungen

$$\| \xi \|^2 = \int_0^\infty \frac{p(s)\,|\,x_p(s)\,|^2 + q(s)\,|\,x_q(s)\,|^2}{|\,z;s\,|^2}\,ds \leqq 1\,, \qquad \| \eta \|^2 \leqq 1$$

genügen.

Im Grenzpunktfall findet das Anwendung auf den Grenzpunkt w und das zugehörige $\omega = \vartheta + w\cdot\eta$. Wir bestimmen eine quadratisch integrierbare Lösung $\omega^* = \vartheta^* + w^*\cdot\eta^*$ der Differentialgleichungen (13) mit dem Parameterwert z^* dadurch, dass wir die Integralgleichungen (34) lösen, in denen G die zum Grenzpunkt w gehörige Green'sche Funktion $G^{(w)}$ und die obere Integralgrenze l durch ∞ zu ersetzen ist. *Eine solche Lösung erhält man einfach mittels der Neumann'schen Reihe.* Sie konvergiert, wenn die Schranke des Kernes < 1 ist. Dies ist der Fall, wenn

$$(36) \qquad |\,z - z^*\,|\cdot m < \Im z$$

ist. Denn der Kern $\tilde{K}$ der Integralgleichungen (34) unterscheidet sich von der Form K, (35), darin, dass im Nenner je ein Faktor $(z;s)$, $(z;t)$ durch $(z^*;s)$, bezw. $(z^*;t)$ ersetzt ist. Diese Faktoren können aber in die willkürlichen Funktionen ξ und η aufgenommen werden: mit

$$\bar{\xi} = \sqrt{\frac{(z;s)}{(z^*;s)}}\cdot\xi\,, \qquad\qquad \bar{\eta} = \sqrt{\frac{(z;s)}{(z^*;s)}}\cdot\eta$$

ist

$$\tilde{K}_l[\xi,\eta] = K_l[\bar{\xi},\bar{\eta}]\,,$$

und darum folgt aus

$$|\,K_l[\xi,\eta]\,| \leqq \frac{1}{\Im z}\cdot\|\,\xi\,\|\cdot\|\,\eta\,\|$$

die Ungleichung

$$|\,\tilde{K}_l[\xi,\eta]\,| \leqq \frac{1}{\Im z}\cdot\|\,\bar{\xi}\,\|\,\|\,\bar{\eta}\,\| \leqq \frac{m}{\Im z}\cdot\|\,\xi\,\|\,\|\,\eta\,\|\,.$$

Die Forderung (36) lautet, wenn man den expliziten Ausdruck (25) von m benutzt:

$$\frac{2\,|\,z^* - z\,|}{|\,z^* - \bar{z}\,| - |\,z^* - z\,|} < 1\,.$$

Wählt man z fest $= z_0$ und bezeichnet dann das variable z^* wiederum mit z, so bedeutet diese Ungleichung oder

$$\left|\frac{z - z_0}{z - \bar{z}_0}\right| < r = \frac{1}{3}$$

einen nichteuklidischen Kreis um den Punkt z_0 vom Radius

$$\frac{1}{2}\lg\frac{1 + r}{1 - r} = \frac{1}{2}\lg 2\,.$$

Die obere Halbebene ist dabei in Poincaré'scher Weise als nichteuklidische Ebene gedeutet. *In einem nichteuklidischen Kreis um z_0, dessen Radius kleiner* *ist als die feste Grenze* $\frac{1}{2}$ lg 2, *konvergiert darum die Neumann'sche Reihe gleich-mässig in z,* und so ergibt sich denn ω und damit $w = f_\omega(0)$ in seiner Abhängigkeit von z als eine *analytische Funktion.* Da die obere Grenze $\frac{1}{2}$ lg 2 unabhängig ist von dem Zentrum z_0, kann man mittels derartiger Kreise von einem festen Radius $< \frac{1}{2}$ lg 2 die analytische Fortsetzung über die ganze obere Halbebene vollziehen. Man kann darum auch auf dem hier angegebenen Wege, d.i. *mittels der Randwertaufgabe* zeigen, dass der Grenzkreisfall für *ein* z_0 den Grenzkreisfall für *alle* andern z nach sich zieht.

Um Satz K zu beweisen, zeigt man zunächst, dass *bei gegebenem l die Un-gleichung*

$$(37) \qquad | K_l^{(w)}[\xi, \eta] | \leqq 1/\Im z \ \text{für} \ \| \xi \|_0^l \leqq 1, \qquad \| \eta \|_0^l \leqq 1$$

gilt, wenn w auf der Peripherie von $\mathfrak{k}_l$ *liegt (Hilfssatz K_l).* Legt man durch einen Punkt w der Kreisscheibe $\mathfrak{k}_l$ eine Sehne, so erscheint w als der Schwerpunkt zweier Punkte w', w'' auf der Peripherie:

$$w = \tau' w' + \tau'' w''; \qquad \tau' \geqq 0, \ \tau'' \geqq 0, \ \tau' + \tau'' = 1.$$

Es ist dann

$$K_l^{(w)} = \tau' K_l^{(w')} + \tau'' K_l^{(w'')},$$

und so überträgt sich die Ungleichung (37) von den Punkten w der Peripherie auf die Punkte im Innern von $\mathfrak{k}_l$. Ein Punkt w des Grenzkreises liegt in *allen* Kreisen $\mathfrak{k}_l$; darum gilt für ein solches w die Ungleichung (37) identisch in l.

Um das in meiner Habilitationsschrift aufgestellte Muster zum Beweise des Hilfssatzes K_l von der dort betrachteten selbstadjungierten Differentialgleichung 2. Ordnung auf das System (13) zu übertragen, muss man es zuvor ein wenig umwandeln und vereinfachen. Ich schildere es in der modifizierten Form sogleich an dem uns hier interessierenden System (13).

Man stützt sich auf das allgemeine Kriterium: Für die aus einem stetigen komplexwertigen Kern K entspringende Bilinearform zweier willkürlicher Funktionen $x(s)$, $y(s)$:

$$K[x, y] = \int_0^1 \int_0^1 K(s, t)\, x(s)\, y(t)\, dt\, ds \qquad \left(\| x \|^2 = \int_0^1 | x(s) |^2\, ds \right)$$

gilt die Schranke

$$| K[x, y] | \leqq 1/\lambda_0 \ \text{im Bereich} \ \| x \| \leqq 1, \qquad \| y \| \leqq 1,$$

wenn das Intervall $| \lambda | < \lambda_0$ frei von Eigenwerten ist. Die Eigenwerte λ und zugehörigen Eigenfunktionen $(x(s), y(s)) \neq (0, 0)$ sind dabei erklärt durch das Gleichungspaar:

$$(38) \qquad \begin{cases} x(s) - \lambda \displaystyle\int_0^1 K(s, t)\, y(t)\, dt = 0, \\[2ex] y(s) - \bar{\lambda} \displaystyle\int_0^1 K^\dagger(s, t)\, x(t)\, dt = 0, \end{cases}$$

in welchem $K^\dagger(s, t)$ der Hermitisch konjugierte Kern $\bar{K}(t, s)$ ist.[5] *Ist K symmetrisch*—nicht im Hermiteschen, sondern im Sinne der Gleichung $K(t, s) = K(s, t)$,—*so genügt es zu zeigen, dass aus*

$$(39) \qquad x(s) - \lambda \int_0^1 K(s, t)\, \bar{x}(t)\, dt = 0$$

das Verschwinden von $x(s)$ folgt, solange $|\lambda| < \lambda_0$ ist. Denn in diesem Fall lautet die zweite der Gleichungen (38):

$$y(s) - \bar{\lambda} \int_0^1 \bar{K}(s, t)\, x(t)\, dt = 0\,,$$

während sich aus der ersten ergibt

$$\bar{x}(s) - \bar{\lambda} \int_0^1 \bar{K}(s, t)\, \bar{y}(t)\, dt = 0\,.$$

Mit $\xi = (x(s), y(x))$ ist darum auch $\xi^\dagger = (\bar{y}(s), \bar{x}(s))$ eine Eigenlösung zum gleichen Eigenwert λ. Jede Eigenlösung ist die Summe einer geraden und einer ungeraden: $\xi^\dagger = +\xi$, bezw. $\xi^\dagger = -\xi$. Die geraden Eigenlösungen genügen der Gleichung (39), die ungeraden derselben Gleichung mit dem Parameter $-\lambda$ statt $+\lambda$.

Beweis des Hilfssatzes K_l: w liege auf der Peripherie von $\mathfrak{k}_l$ und (20) sei die zugehörige reelle Randbedingung, G das zugehörige $G^{(w)}$. Die erste der Integralgleichungen (38) lautet hier, wenn (x_p, x_q) für x und (y_p, y_q) für y geschrieben wird:

$$(40) \qquad x_\mu(s) - \lambda \int_0^l \frac{\sum\limits_\nu G_{\mu\nu}(s, t)\, \nu(t)\, y_\nu(t)}{(z;t)^2}\, dt = 0 \qquad (\mu, \nu = p, q)\,.$$

Der Uebergang von dem Funktionenpaar

$$(41) \qquad \frac{\sqrt{\mu(s)} \cdot y_\mu(s)}{(z;s)} \quad \text{zu} \quad \frac{\sqrt{\mu(s)} \cdot x_\mu(s)}{(z;s)}$$

wird also durch den symmetrischen Kern

$$\left\| \frac{G_{\mu\nu}(s, t)\, \sqrt{\mu(s)\, \nu(t)}}{(z;s)\,(z;t)} \right\|_{\mu,\nu=p,q}$$

vollzogen. Darum darf man bei Ermittlung der Eigenwerte λ annehmen, dass in (40) die Paare (41) konjugiert-komplex sind. Dies liefert

$$(42) \qquad x_\mu(s) - \lambda \int_0^l \frac{\sum\limits_\nu G_{\mu\nu}(s, t)\, \nu(t)\, \bar{x}_\nu(t)}{|z;t|^2}\, dt = 0\,.$$

---

[5] Dies ergibt sich bekanntlich durch Anwendung der Theorie der Eigenwerte und Eigenfunktionen auf den Hermiteschen Kern $KK^\dagger$:

$$KK^\dagger(s, t) = \int_0^1 K(s, r)\, K^\dagger(r, t)\, dr\,.$$

Diese beiden Integralgleichungen sind äquivalent den beiden Differentialgleichungen im Intervall $0 \leqq s \leqq l$:

$$\frac{dx_p}{ds} - \frac{za''(s) - b''(s)}{za'(s) - b'(s)}\, x_q(s) = \frac{-\,\lambda\, q(s)\, \bar{x}_q(s)}{|\, za'(s) - b'(s)\,|^2}\,,$$

$$\frac{dx_q}{ds} - \frac{za(s) - b(s)}{za'(s) - b'(s)}\, x_p(s) = \frac{+\,\lambda\, p(s)\, \bar{x}_p(s)}{|\, za'(s) - b'(s)\,|^2}\,,$$

zusammen mit den *reellen* Randbedingungen

$$x_q(0) = 0\,, \qquad x_p(l) - h \cdot x_q(l) = 0\,.$$

Fügt man die konjugiert-komplexen Gleichungen hinzu, multipliziert die vier Gleichungen der Reihe nach mit

$$\bar{x}_q(s)\,,\ -\,\bar{x}_p(s)\,,\ -\,x_q(s)\,,\ x_p(s)$$

und addiert, so ergibt sich

$$\frac{d}{ds}\left(\frac{x_p\bar{x}_q - x_q\bar{x}_p}{2i}\right) + \frac{p(s)\, D(x_p) + q(s)\, D(x_q)}{|\, za'(s) - b'(s)\,|^2} = 0\,,$$

wo

$$D(x) = \frac{1}{2i}\,\{\lambda\bar{x}^2 - \bar{\lambda}x^2 + (z - \bar{z})\, x\bar{x}\} = \Im(\lambda\bar{x}^2) + |\, x\,|^2 \cdot \Im z\,.$$

Integration nach s von 0 bis l liefert, da $(\bar{x}_p,\ \bar{x}_q)$ *denselben* Randbedingungen genügt wie $(x_p,\ x_q)$:

$$(43) \qquad \int_0^l \frac{p(s)\, D(x_p) + q(s)\, D(x_q)}{|\, z;\, s\,|^2}\, ds = 0\,.$$

$D(x)$ ist aber positiv-definit, wenn $|\,\lambda\,| < \Im z$. Denn führt man durch $\bar{x}^2 = |\, x\,|^2 \cdot u$ die Richtungszahl u von $\bar{x}^2$ ein, so gilt

$$D(x) = |\, x\,|^2 \cdot \Im(z + \lambda u) \geqq |\, x\,|^2 \cdot (\Im z - |\,\lambda\,|)\,,$$

weil $z + \lambda u$ den Kreis vom Radius $|\,\lambda\,|$ um den Punkt z beschreibt, während u den Einheitskreis durchläuft. Unter dieser Voraussetzung $|\,\lambda\,| < \Im z$ folgt demnach aus (43): $x_p(s) = x_q(s) = 0$, *das Intervall* $|\,\lambda\,| < \Im z$ *ist von Eigenwerten frei.*[6]

§4. Analoge Behandlung des Differenzenproblems

Die Uebertragung der in §§2–3 geschilderten Methode auf das Interpolationsproblem, von welchem wir in §1 unsern Ausgang nahmen, führt einige Komplika-

---

[6] Man kann auf gleiche Weise auch direkt für die Punkte w *im Innern von* $\mathfrak{k}_l$ argumentieren. Dann tritt zu (43) der positive Beitrag hinzu:

$$\left(\frac{x_p\bar{x}_q - x_q\bar{x}_p}{2i}\right)_{s=l} = |\, x_q(l)\,|^2 \cdot \Im h\,.$$

tionen mit sich, um derentwillen es nötig ist, die einzelnen Schritte zu rekapitulieren. Wir haben es zu tun mit den Differenzengleichungen (10), in denen die sechs reellen Funktionen a_n und b_n von n zunächst beliebig sind.

1. *Green'sche Formel.* Mit einem noch zu bestimmenden Faktor $H(n)$ bilden wir aus zwei Funktionenpaaren $\omega = (f, g)$, $\omega^* = (f^*, g^*)$ die Differenz

$$(44) \qquad [H(\nu)(f(\nu)g^*(\nu) - g(\nu)f^*(\nu))]_{\nu=n-1}^n,$$

d.i. $H(n)$ mal

$$(45) \qquad [fg^* - gf^*]_{n-1}^n + (1 - H(n-1)/H(n)) \cdot (fg^* - gf^*)_{n-1}.$$

Dabei soll (f, g) den Differenzengleichungen (10) genügen, (f^*, g^*) den entsprechenden Differenzengleichungen mit dem Parameterwert z^*. Drückt man mit Hilfe dieser Gleichungen $f(n)$, $g(n)$; $f^*(n)$, $g^*(n)$ durch die Werte derselben Funktionen an der Stelle $n - 1$ aus und bestimmt darauf $1 - H(n-1)/H(n)$ so, dass (45) symmetrisch in ω und ω^* wird, so kommt für (44):

$$- \frac{(z - z^*)H(n; zz^*)}{(za_n' - b_n')(z^*a_n' - b_n')} \cdot D(n; \omega\omega^*)$$

mit

$$(46) \qquad \begin{aligned} D(n; \omega\omega^*) &= (ba' - ab')_n \cdot (ff^*)_{n-1} \\ &\quad + \tfrac{1}{2}(ba'' - ab'')_n \cdot (fg^* + gf^*)_{n-1} + (a''b' - b''a')_n \cdot (gg^*)_{n-1} \end{aligned}$$

ferner

$$(47) \qquad \frac{H(n-1; zz^*)}{H(n; zz^*)} = \frac{L(n; zz^*)}{(za_n' - b_n')(z^*a_n' - b_n')},$$

$$L(n; zz^*) = zz^*(a'^2 - aa'')_n - \frac{z + z^*}{2}(2a'b' - ab'' - ba'')_n + (b'^2 - bb'')_n.$$

Daraus ergibt sich vermöge der Normierung $H(0) = 1$:

$$(48) \qquad \frac{1}{H(n; zz^*)} = \prod_{\nu=1}^n \frac{L(\nu; zz^*)}{(za_\nu' - b_\nu')(z^*a_\nu' - b_\nu')}.$$

Setzen wir wiederum

$$fg^* - gf^* = (\omega\omega^*),$$

so lautet die Green'sche Formel demnach

$$(49) \quad (z - z^*) \cdot \sum_{\nu=1}^n \frac{H(\nu; zz^*) \cdot D(\nu; \omega\omega^*)}{(za_\nu' - b_\nu')(z^*a_\nu' - b_\nu')} = H(0; zz^*)(\omega\omega^*)_0 - H(n; zz^*)(\omega\omega^*)_n.$$

Da $H(n; zz^*)$ unter Umständen unendlich wird, gibt man dieser Gleichung besser diejenige Gestalt, die aus ihr mittels Division durch $H(n; zz^*)$ hervorgeht: in

$$H(\nu; zz^*)/H(n; zz^*) \qquad\qquad (0 \leq \nu \leq n)$$

treten höchstens im Zähler, nicht im Nenner verschwindende Faktoren L auf.

Für zwei Lösungen ω, ω^* der Gleichungen (10), $z^* = z$, gilt insbesondere

$$(\omega\omega^*)_n = (\omega\omega^*)_0/H(n; zz).$$

Um ähnliche Schlüsse zu ziehen, wie im Falle der Differentialgleichungen unter der Voraussetzung (12), müssen für $\omega^* = \bar{\omega}$ ($z^* = \bar{z}$) die Grössen $D(n; \omega\bar{\omega})$, $H(n; z\bar{z})$ positiv werden; d.h. die quadratischen Formen der reellen Variablen x, y:

$$(50) \qquad (ba' - ab')\, x^2 + (ba'' - ab'')\, xy + (a''b' - b''a')\, y^2$$

und

$$(51) \qquad \begin{aligned} &(a'^2 - aa'')\, x^2 - (2a'b' - ab'' - ba'')\, xy + (b'^2 - bb'')\, y^2 \\ &\qquad\qquad = (a'x - b'y)^2 - (ax - by)\,(a''x - b''y) \end{aligned}$$

müssen positiv definit sein. Diese beiden Voraussetzungen sind nicht unabhängig voneinander: die zweite ist eine Folge der ersten. Beweis: Man rechne aus, dass die zweite Form die gleiche Diskriminante hat wie die erste. Beide sind somit gleichzeitig definit. Ausserdem ist der Wert der zweiten Form für $x = b'$, $y = a'$ gleich dem Produkt der beiden Hauptkoeffizienten

$$ba' - ab', \qquad\qquad a''b' - b''a'$$

der ersten Form, mithin positiv, wenn diese definit ist. *Wir machen also fortan betreffs der sechs Funktionen a_n, b_n die Voraussetzung, dass die Form (50) positiv definit ist.*

Die Unumgänglichkeit der Voraussetzung des positiven Charakters der beiden Formen (50), (51) erhellt auch daraus, dass sie nötig ist, damit die Substitution

$$(52) \qquad w = \frac{-(za' - b')\,w' + (za'' - b'')}{(za - b)\,w' - (za' - b')},$$

von der wir in §1 ausgingen, positiv imaginären Werten z und w' ein positiv imaginäres w zuordnet. Denn berechnet man $\Im w = (w - \bar{w})/2i$, so ergibt sich ein Bruch, in dessen Nenner das Quadrat des absoluten Betrages des Nenners in (52) steht, dessen Zähler aber lautet:

$$\Im z \cdot [w'\bar{w}'(ba' - ab') - \tfrac{1}{2}(w' + \bar{w}')(ba'' - ab'') + (a''b' - b''a')]$$

$$+ \Im w' \cdot [z\bar{z}(a'^2 - aa'') - \tfrac{1}{2}(z + \bar{z})\,(2a'b' - ab'' - ba'') + (b'^2 - bb'')].$$

Ferner überzeugt man sich, dass für (11) die Form (50) in der Tat positiv definit ist. Denn ausser den schon berechneten

$$ba' - ab' = \Im\alpha \cdot \Im\gamma, \qquad\qquad a''b' - b''a' = \Im\alpha \cdot \Im\gamma \cdot |\,\gamma\,|^2$$

hat man

$$ba'' - ab'' = 2\Im\alpha \cdot \Im\gamma \cdot \Re\gamma,$$

also wird die Diskriminante von (50) gleich $4(\Im\alpha)^2\,(\Im\gamma)^4$.

Die quadratische Form $L(n; zz)$ hat wegen ihres definiten Charakters zwei konjugiert komplexe Wurzeln α_n, $\bar{\alpha}_n$; α_n sei diejenige mit positivem Imaginärteil.[7] Darum gilt

$$L(n; zz) = (a'^2 - aa'')_n \cdot (z - \alpha_n)(z - \bar{\alpha}_n),$$

$$L(n; zz^*) = \tfrac{1}{2}(a'^2 - aa'')_n \cdot [(z - \alpha_n)(z^* - \bar{\alpha}_n) + (z - \bar{\alpha}_n)(z^* - \alpha_n)].$$

Es ist leicht, die Grenzfälle einzuschliessen, indem man das Positiv-Sein der Form (50) als ≥ 0, nicht als > 0 interpretiert.

Approximieren wir die Differentialgleichungen von §§2–3, indem wir die Variable s nur diskontinuierlich um den kleinen festen Betrag ϵ wachsen lassen, so erhalten wir unsere Differenzengleichungen—mit dem Unterschied jedoch, dass die Funktionen a, a''; b, b'' mit ϵ zu multiplizieren sind. Im Limes $\epsilon \to 0$ geht alsdann die Form (50) nach Division durch ϵ in die Form $p(s)x^2 + q(s)y^2$ über, die im Differentialgleichungs-Problem die entscheidende Rolle spielt, und alle Faktoren H werden zu 1.

2. *Kreis* $\mathfrak{k}_n$. w liegt auf $(\mathfrak{k}_n)$, wenn $\omega(n) = \vartheta(n) + w \cdot \eta(n)$ für n einer reellen Randbedingung genügt. Die Kreisscheibe $\mathfrak{k}_n$ ist, wie aus (49) für $\omega^* = \bar{\omega}$ folgt, gekennzeichnet durch die Ungleichung

$$(53) \qquad \Im z \cdot \sum_{\nu=1}^{n} \frac{H(\nu; z\bar{z})\, D(\nu; \omega\bar{\omega})}{|\, za'_\nu - b'_\nu \,|^2} \leqq \Im w.$$

Daraus folgt, wie in §2, dass $\mathfrak{k}_n$ mit wachsendem n zusammenschrumpft.

Die Berechnung des Durchmessers d_n geschieht nach dem gleichen Muster wie in § 2. Indem man die Gleichungen

$$(\eta_1 \omega_1) = 0, \qquad\qquad (\eta_2 \omega_1) = 0$$

für w^0 direkt ausschreibt, erhält man:

$$(\eta \vartheta_1) + i w^0\, (\eta_1 \eta_2) = 0.$$

Zusammen mit der entsprechenden Gleichung für w_0 kommt so

$$\overline{(\eta\vartheta)} + i(w^0 - w_0)\, (\eta_1\eta_2) = 0.$$

Es gilt

$$(\eta\vartheta)_n = 1/H(n; zz); \qquad H(n; z\bar{z}) \cdot (\eta_1\eta_2)_n = z_2 \cdot \Sigma(n),$$

$$(54) \qquad \Sigma(n) = \sum_{\nu=1}^{n} \frac{H(\nu; z\bar{z})\, D(\nu; \eta\bar{\eta})}{|\, za'_\nu - b'_\nu \,|^2}.$$

---

[7] Auf Grund dieser Bemerkung wird man sich wohl davon überzeugen, dass die allgemeine Theorie mit den sechs willkürlichen Funktionen a und b im Grunde nicht allgemeiner ist als die spezielle, auf dem Ansatz (11) beruhende. Die grössere Willkür kommt nur dadurch hinein, dass man auf jeder Stufe des in §1 geschilderten rekursiven Algorithmus die positive Funktion w_n noch einer gebrochenen linearen Transformation mit reellen Koeffizienten von positiver Determinante unterwerfen kann.

Der Durchmesser $w_0 w^0$ steht jetzt nicht vertikal, für seine Grösse d_n ergibt sich

$$\Im z \cdot d_n = \frac{H(n;\, z\bar z)}{|\, H(n;\, zz)\,|} \cdot \frac{1}{\Sigma(n)}.$$

Der erste Faktor rechts besteht aus Teilfaktoren der Gestalt

$$\frac{|\, L(\nu;\, zz)\,|}{L(\nu;\, z\bar z)} = \frac{2\,|\, z - \alpha_\nu\,||\, \bar z - \alpha_\nu\,|}{|\, z - \alpha_\nu\,|^2 + |\, \bar z - \alpha_\nu\,|^2} \leqq 1.$$

Setzt man

$$\left|\frac{z - \alpha_n}{\bar z - \alpha_n}\right| = r_n(<1),$$

so haben wir

$$(55) \qquad \Im z \cdot d_n = \prod_{\nu=1}^{n} \frac{2r_\nu}{1 + r_\nu^2} \,\Big/\, \Sigma(n) = \Pi(n) \,/\, \Sigma(n).$$

Der Durchmesser nimmt mit wachsendem n ab aus zwei Gründen: $\Pi(n)$ nimmt ab, weil immer neue Faktoren $\leqq 1$ hinzukommen; die Summe $\Sigma(n)$ nimmt zu, weil immer neue positive Summanden hinzutreten.

3. *Grenzpunkt und Grenzkreis.*

$$\frac{2r_n}{1 + r_n^2} \text{ ist } = 1 - \frac{(1 - r_n)^2}{1 + r_n^2}.$$

Der Subtrahend rechts liegt zwischen $(1 - r_n)^2$ und $\frac{1}{2}(1 - r_n)^2$. Das unendliche Produkt

$$(56) \qquad \prod_{\nu=1}^{\infty} \frac{2r_\nu}{1 + r_\nu^2} = \Pi$$

konvergiert also oder divergiert (gegen 0), je nachdem $\Sigma(1 - r_\nu)^2$ konvergiert oder divergiert.   Daher ergeben sich folgende beiden Kriterien:

a) *Divergiert* $\sum_{n=1}^{\infty}(1 - r_n)^2$, *so liegt der Grenzpunktfall vor.*

b) *Konvergiert hingegen* $\Sigma(1 - r_n)^2$, *so liegt der Grenzpunkt- oder Grenzkreis-Fall vor, je nachdem die Summe*

$$(57) \qquad \Sigma(\infty) = \sum_{n=1}^{\infty} \frac{H(n;\, z\bar z)\, D(n;\, \eta\bar\eta)}{|\, z a_n' - b_n'\,|^2}$$

divergiert oder konvergiert.

Dass für alle Werte von z mit positivem Imaginärteil entweder simultan der Grenzkreis- oder der Grenzpunkt-Fall vorliegt, beruht darum auf den folgenden beiden Sätzen:

a) *Konvergenz und Divergenz der Reihe* $\Sigma(1 - r_n)^2$ *ist unabhängig von dem Werte von z.*

b) *Konvergiert $\Sigma(1 - r_n)^2$, so ist die Konvergenz oder Divergenz der Summe $\Sigma(\infty)$ unabhängig von dem Werte von z.*

Wesentlich ist, dass die Behauptung b) nur aufgestellt wird unter der "*präliminären Bedingung*" der Konvergenz von $\Sigma(1 - r_n)^2$; und dass die beiden Faktoren $\Pi(n)$ und $1/\Sigma(n)$ in d_n, welche auf die Entscheidung einwirken, in dieser Reihenfolge a), b) und nicht in umgekehrter Folge zur Geltung gebracht werden.—Ist die präliminäre Bedingung erfüllt, so ist $\lim_{n\to\infty} r_n = 1$, d.h. die Punkte α_n verdichten sich nicht im Inneren der oberen Halbebene. Alsdann reduziert sich *auch im Grenzkreisfall für die speziellen Werte $z = \alpha_n$* der Kreis $\mathfrak{k}_\infty$ auf einen Punkt—aber allein aus dem Grunde, weil bereits $\mathfrak{k}_n$ für diesen Wert ein Punkt ist oder weil der Faktor $2r_n/(1 + r_n^2)$ in dem *konvergenten* Produkt Π verschwindet. Für die richtige Interpretation des Satzes, dass die Unterscheidung von Grenzpunkt und Grenzkreis unabhängig ist von dem Werte von z, muss dieser Umstand beachtet werden.

Der Beweis der Behauptung a) ist nahezu trivial. Wir schreiben einen Augenblick z_0, z_0^* statt z und z^* und führen die lineare Substitution aus

$$\frac{z - z_0}{z - \bar{z}_0} = \zeta,$$

die die obere z-Halbebene in das Innere des Einheitskreises der ζ-Ebene verwandelt. Dadurch gehe insbesondere $z = \alpha_n$ in $\zeta = \zeta_n$ über; r_n ist $= |\zeta_n|$. Es handelt sich darum einzusehen, dass die Konvergenz von $\Sigma(1 - |\zeta_n|)^2$ nicht zerstört wird, wenn man ζ einer linearen, den Einheitskreis in sich überführenden Transformation unterwirft:

$$\zeta^* = \frac{\zeta - A}{1 - A\zeta} \qquad\qquad (0 \leqq A < 1).$$

Zum Beweise genügt die elementare Ungleichung

$$1 - |\zeta^*| \leqq \frac{1 + A}{1 - A}(1 - |\zeta|).$$

Der Beweis der Behauptung b) wird durch das Analogon der in §3 benutzten Integralgleichung erbracht. Man findet analog wie dort:

$$(58)\quad\begin{cases} f_\eta^*(n) = \\[2ex] \left[f_\eta(n) + (z - z^*) \cdot \sum_{\nu=1}^{n} \frac{f_\eta(n)D(\nu; \vartheta\eta^*) - f_\vartheta(n)D(\nu; \eta\eta^*)}{(za_\nu' - b_\nu')(z^*a_\nu' - b_\nu')} \cdot H(\nu; zz^*) \right] \cdot \frac{H(n; zz)}{H(n; zz^*)}, \\[2ex] g_\eta^*(n) \text{ analog.} \end{cases}$$

Das weitere Vorgehen ist durchaus entsprechend, nur muss man noch Folgendes beachten.

1) Um mit Sicherheit zu vermeiden, dass in $H(n; zz)$ verschwindende Nenner

auftreten, muss man (bei fest gegebenem z), statt mit $n = 0$, mit einem hinreichend hohen Wert $n = n_0$ beginnen. In (48) läuft das Produkt jetzt, entsprechend der Normierung $H(n_0) = 1$, erst von $\nu = n_0 + 1$ ab, ebenso die Summe in (58). η und ϑ sollen die Randbedingungen

$$f_\eta = 1, \quad g_\eta = 0; \qquad f_\vartheta = 0, \quad g_\vartheta = 1$$

an der Stelle $n = n_0$ erfüllen. Man vergesse aber nicht, dass wir auch jetzt damit rechnen müssen, dass in $H(n; zz^*)$ verschwindende Nenner vorkommen. Wir haben deshalb dafür gesorgt, dass diese Grösse nur in Quotienten

$$H(\nu; zz^*)/H(n; zz^*) \qquad\qquad (n_0 \leqq \nu \leqq n)$$

auftritt.

2) Aus den Ausdrücken (58) für $f_\eta^*(n)$ und $g_\eta^*(n)$ bildet man die definite Form $D(n + 1; \eta^*\eta^*)$. Auf der rechten Seite macht man bei Anwendung der Schwarz'schen Ungleichung wiederum Gebrauch von:

$$|\,D(\nu; \vartheta\eta^*)\,|^2 \leqq D(\nu; \vartheta\bar\vartheta)\cdot D(\nu; \eta^*\eta^*)\,.$$

Da ferner

$$|\,L(n; zz^*)\,|^2 \leqq L(n; z\bar z)\cdot L(n; z^*\bar z^*)$$

gilt, darf gleichzeitig

$$|\,H(\nu; zz^*)/H(n; zz^*)\,|^2 \qquad\qquad (n_0 \leqq \nu \leqq n)$$

durch das grössere

$$H(\nu; z\bar z)H(\nu; z^*\bar z^*)/H(n; z\bar z)H(n; z^*\bar z^*)$$

ersetzt werden (dies gilt selbstverständlich auch für den Faktor

$$H(n_0; zz^*)/H(n; zz^*),$$

den das vor dem Summenzeichen stehende Glied $f_\eta(n)$, bezw. $g_\eta(n)$ trägt).

3) Vor der Summation nach n ist $D(n + 1; \eta^*\eta^*)$ zu multiplizieren mit

$$\frac{H(n + 1; z^*\bar z^*)}{|\,z^*a'_{n+1} - b'_{n+1}\,|^2} = \frac{H(n; z^*\bar z^*)}{L(n + 1; z^*\bar z^*)}\,.$$

Mit dem zusammen, was durch Quadrierung und die Ersetzung 2) aus dem Faktor hinter der eckigen Klammer in (58) geworden ist:

$$\frac{|\,H(n; zz)\,|^2}{H(n; z\bar z)\cdot H(n; z^*\bar z^*)}\,,$$

gibt das

$$(59)\qquad \frac{|\,H(n; zz)\,|}{H(n; z\bar z)}\cdot\frac{|\,H(n + 1; zz)\,|}{H(n + 1; z\bar z)}\cdot\frac{|\,L(n + 1; zz)\,|}{L(n + 1; z^*\bar z^*)} \times \frac{H(n + 1; z\bar z)}{|\,za'_{n+1} - b'_{n+1}\,|^2}\,.$$

Die ersten beiden Faktoren in (59) sind jeder

$$\leqq 1/\Pi, \qquad \Pi = \prod_{\nu=1+n_0}^{\infty} \frac{2r_\nu}{1+r_\nu^2} \; ;$$

der dritte ist

$$\leqq \left| \frac{z - \alpha_{n+1}}{z^* - \alpha_{n+1}} \right| \cdot \left| \frac{z - \bar{\alpha}_{n+1}}{z^* - \bar{\alpha}_{n+1}} \right| .$$

Hinter dem $\times$ steht derjenige Faktor, mit welchem man $D(n + 1; \eta\bar{\eta})$ und $D(n + 1; \vartheta\bar{\vartheta})$ vor der Summation nach n multipliziert sehen möchte. Der "störende Faktor," der jetzt an die Stelle von (30) in §3 tritt, ist somit

$$\leqq \frac{1}{\Pi^2} \cdot \left| \frac{(z - \alpha_{n+1})(z - \bar{\alpha}_{n+1})}{(z^* - \alpha_{n+1})(z^* - \bar{\alpha}_{n+1})} \right| .$$

Von ihm muss noch festgestellt werden, dass er als Funktion von n beschränkt bleibt.

4) Zufolge der präliminären Bedingung und der unter 1) getroffenen Vorkehrung hat das konvergente Produkt Π einen positiven Wert, der sogar durch geeignete Wahl von n_0 so nahe wie man will an 1 herangebracht werden kann. Für

$$\left| \frac{(z - \alpha_n)(z - \bar{\alpha}_n)}{(z^* - \alpha_n)(z^* - \bar{\alpha}_n)} \right|$$

erhält man aus dem Beweise des entsprechenden Hilfssatzes in §3 die obere Schranke

$$c^2 \Big/ \left(a^2 + b^2 - \frac{1 + r_n^2}{2r_n} \cdot 2ab \right),$$

in der a, b, c die Entfernungen z^*z, $z^*\bar{z}$, $z\bar{z}$ bezeichnen.

So ergeben sich für das Differenzenproblem die gleichen Resultate wie für das Differentialproblem in §3.

THE INSTITUTE FOR ADVANCED STUDY,
PRINCETON, N. J.

Biographische Mitteilungen,

welche die Ksl. Leop.-Carol. Deutsche Akademie der Naturforscher

nach § 7 der Statuten

von ihren neueintretenden Mitgliedern zur Aufbewahrung im Archiv erbittet.

1. Wie lautet Ihr voller Name? (Der Rufname gefälligst zu unterstreichen.)

   Weyl, Claus Hugo Hermann

2. Tag und Ort der Geburt?

   9. Nov. 1885, Elmshorn

3. Voller Name und Stellung des Vaters?

   Ludwig Weyl.
   Direktor der Elmshorner Kreditbank

4. Name der Mutter?

   Anna, geb. Dieck

5. Auf welchen Lehranstalten erhielten Sie Ihre Vorbildung?

   Gymnasium (Christianeum) zu Altona

6. Welche Universitäten oder höhere Lehranstalten haben Sie besucht und während welcher Zeitperioden?

   Univ. Göttingen 1904/05
   „ München 1905/06
   „ Göttingen 1906/08

7. Wann und wo wurden Sie promoviert?

   1908, Göttingen

Von H. Weyl handschriftlich ausgefüllte „Biographische Mitteilungen" der Ksl. Leop.-Carol. Deutschen Akademie der Naturforscher

8. Welche Stellungen und innerhalb welcher Zeiten haben Sie früher inne gehabt, event. welche größere wissenschaftliche Reisen gemacht, welche sonstige Lebensereignisse wünschen Sie Ihren biographischen Mitteilungen hinzuzufügen?

Privatdozent a. d. Univ. Göttingen 1910/1913.

Februar – April 1922 hielt ich Gastvorlesungen am Institut d'Estudis Catalans, Barcelona, und an der Universität Central zu Madrid.

9. Welches sind Ihre gegenwärtigen Stellungen, Titel und genaue Adresse?

Professor der Mathematik a. d. Eidgenössischen Technischen Hochschule Zürich.

Zürich, Dolderstr. 52

10. Würden Sie die Akademie durch Uebersendung Ihrer Photographie oder eines anderen Bildes erfreuen?

Gelegentlich später; im Augenblick verfüge ich über keine geeignete Photographie.

11. Welcher Fachsektion (Statuten § 13 Anm.) wünschen Sie beizutreten?

für Mathematik u. Astronomie.

12. Welches sind die von Ihnen herausgegebenen Schriften?

1) *Die Idee der Riemannschen Fläche (1913, 2. Aufl. 1920)*

2) *Raum, Zeit, Materie (1918, 5. Aufl. 1923)*

3) *Das Kontinuum. Kritische Untersuchungen über die Grundlagen der Analysis (1918).*

4) *B. Riemann, über die Hypothesen, welche der Geometrie zu Grunde liegen. Neu herausgegeben u. erläutert (1919, 3. Aufl. 1923).*

5) *Mathematische Analyse des Raumproblems. Vorlesungen gehalten in Barcelona u. Madrid (1923).*

13. Würden Sie so gütig sein, die obigen Werke, sowie Ihre ferneren Schriften der Akademie-Bibliothek (Statuten § 2) zu überweisen?

1), 2) und 4) der obigen Verzeichnisse übersende ich jetzt. Die späteren Schriften und Neu-Auflagen werde ich gern die Akademie-Bibliothek berücksichtigen.

14. Wünschen Sie das Eintrittsgeld (Statuten § 8) und die Jahresbeiträge (§ 8 Abs. 1) bar zu leisten oder (nach § 11 sub 2) durch wissenschaftliche Arbeiten (unter Anrechnung des für Aufsätze in der Leopoldina gewährten Honorars)?

15. Ziehen Sie vor, die Jahresbeiträge jährlich (6 Rmk.) *Goldmark* zu leisten oder dieselben durch einmalige Zahlung des zehnfachen Betrages (60 Rmk.) *Goldmark* abzulösen? (§ 8 Abs. 4.) Letzteres wäre der Akademie erwünschter.) Die Akademie liefert die Leopoldina.

Jährliche Zahlung.

16. Wünschen Sie die Verabfolgung auch der Nova Acta? (§ 8 Abs. 7 mit Jahresbeitrag zusammen 80 Rmk.; die Nova Acta und Jahresbeitrag (Leopoldina) Ablösungssumme 300 Rmk.)

17. Die betreffenden Sendungen werden an die Adresse des Präsidiums der Akademie erbeten.

Ort: Datum: Name:

Zürich   *14. Nov. 1943.*   *Dr. Hermann Weyl*

The Bulletin

of the

London Mathematical Society

Volume XV

1983

LONDON:
PRINTED AND PUBLISHED FOR THE SOCIETY BY
C. F. HODGSON & SON LTD,
UNIT 4, CENTRAL TRADING ESTATE, STAINES, MIDDLESEX TW18 4UR

ISSAI SCHUR AND HIS SCHOOL IN BERLIN

W. LEDERMANN

1. *Biographical sketch*

Issai Schur was born on 10th January, 1875 at Mogilev on the Dniepr. In some of his early publications the initial letter was written J (not I), which has caused some confusion; for example I have a scholarly work on analysis which lists amongst the authors cited both J. Schur and I. Schur, and an author on number theory attributes one of the key results to I. J. Schur.

At the age of 13 Schur left his native town and went to live with a married sister at Libau (now called Lepaya) in Latvia. There he attended a German Grammar School. He wrote and spoke German so perfectly that no one could guess that German was not his native language. He left school with the award of a gold medal and entered the University of Berlin in 1894 to read mathematics and physics.

In the short Curriculum Vitae which in accordance with custom he attached to his doctoral dissertation, Schur gives a list of all his academic teachers: it comprises about 20 names and includes mathematicians, physicists and philosophers. But he expresses his special thanks to Professors Frobenius, Fuchs, Hensel and Schwarz:—"...besonders den Herren Professoren *Frobenius*, *Fuchs*, *Hensel* und *Schwarz* fühle ich mich zu grossen Dank verpflichtet".

Schur's contemporaries in Berlin included E. Landau, E. Zermelo and the physicist M. Abraham; also the physicist R. Apt, my mother's eldest brother, who used to relate to me his impressions of Schur as a fellow student.

In 1901 Schur passed his doctoral examination *summa cum laude*. The dissertation itself was classified as *egregium*. I shall presently revert to the mathematical content of this outstanding piece of work, but in the meantime I shall continue the narrative of Schur's life.

He was admitted to the Faculty in Berlin in 1903. From 1911 till 1916 he held the post of "planmässiger ausserordentlicher Professor" [associate professor] at Bonn as successor to Hausdorff. In 1916 he returned to Berlin where in 1919 he was appointed to a full professorship—a rather rare achievement for a Jew even under the Weimar Republic. In 1922 he was elected a member of the Prussian Academy of Sciences to fill the vacancy caused by the death of Frobenius in 1917.

Schur lived in Berlin as a highly respected member of the academic community. It is hard to imagine that he had any enemies either among his colleagues or among the rulers of the country. He was a quiet unassuming scholar who took no part in the fierce political struggles which preceded the downfall of the Weimar Republic.

When the storm broke in 1933, Schur was 58 years of age and, like many German Jews of his generation, he did not grasp the brutal character of the Nazi leaders and their followers. It is an ironic twist of fate that, until it was too late, many middle-aged Jews clung to the belief that Germany was the land of Beethoven, Goethe and

Received 7 October, 1982.

This paper is the text of a lecture delivered on 17 April 1982 to the London Mathematical Society at its meeting *A hundred years of algebra, 1830–1930* in Oxford.

Bull. London Math. Soc.; 15 (1983) 97–106

Gauss rather than the country that was now being governed by Hitler, Himmler and Goebbels. Thus Schur declined the cordial invitations to continue his life and work in America or Britain. There was another reason for his reluctance to emigrate: he had already once before changed his language, and he could not see his way to undergoing this transformation a second time.

So he endured six years of persecution and humiliation under the Nazis. Finally, a sick man in body and spirit, he reached Palestine, as it was then called, and died there two years later on his 66th birthday on 10th January, 1941. He was survived by his wife, after a happy marriage, their son and daughter.

2. *Extent of published work*

Schur's Collected Works were published in 1973 (Springer) under the joint editorship of Alfred Brauer and Hans Rohrbach. The first volume contains a moving Memorial Lecture on Schur's life and work by A. Brauer. Some of the biographical and other details included in this talk are borrowed from Brauer's essay and I should like to express my indebtedness to him. Also I am grateful to many friends for their help.

Schur published nearly 90 papers whose lengths vary from a few pages to almost 100 pages. The three volumes of his Collected Works, together with some joint papers with Frobenius and others occupy about 1500 pages. He remained creative throughout his professional life and continued his research even under the Nazi oppression. Some posthumous papers were published by A. Brauer, H. Rohrbach and other mathematicians who were close to Schur.

From the outset of his career Schur was profoundly influenced by Frobenius whose pupil, collaborator and successor he was in Berlin. When Schur came to Berlin, Frobenius was about to reach the height of his creative powers with the monumental discovery of group characters and the representation theory of groups. Incidentally, Frobenius was then approaching the 50th year of his life, thus belying the often expressed view that a mathematician does his best work before he is 35.

Schur contributed to most branches of algebra and number theory. It is perhaps less well known that he also wrote substantial papers on analysis, notably on integral equations, infinite bilinear forms, summability and power series—at least 15 papers in all. Modern analysts, in particular functional analysts, might find it profitable to study some of Schur's papers in those fields; they show a felicitous blend of analytic and algebraic thinking.

3. *Quality of work*

It is impossible in a short lecture to discuss or to summarize the content and scope of Schur's original work. Instead, I shall try to describe what I think are some characteristic features of his research, as they reflect his attitude to mathematics.

At the risk of over-simplification I venture to say that Schur was chiefly interested in concrete problems provided that they possessed significant generality and depth. Of course, there is no precise definition as to what is concrete and what is abstract mathematics. No doubt, these concepts change in time. In 1880, say, the notions of a matrix or group would have appeared to most mathematicians as unfamiliar abstract objects. So we can only compare Schur with his contemporaries: Dedekind was born in 1831, Cantor in 1845, Schur's friend, E. Steinitz, in 1871, while

Emmy Noether was seven years Schur's junior. All these mathematicians, it may be argued, favoured a more abstract pursuit of mathematics than Schur.

There is, of course, no evidence that Schur's capacity for abstract reasoning was inferior to those of his contemporaries. But it seems that he tended to use abstract or, as he would call it, "begriffliche Schlüsse" [conceptual reasoning] as a method rather than an end in itself. It sometimes happened that his incidental methods became very influential and indeed anticipated abstract theories that were developed by other authors much later.

Let us briefly look at representation theory, the topic to which Schur made his greatest contribution as did Frobenius before him. We shall follow Schur's approach: suppose that with each element x of a semi-group or, more often, of a group

$$G : 1, x, y, \ldots,$$

there is associated an $N \times N$ matrix $A(x)$, where N is fixed, such that

$$A(xy) = A(x)A(y). \tag{1}$$

Then we say that $A(x)$ is a representation of G of degree N. At the time of Frobenius, the elements of $A(x)$ were usually complex numbers, although real representations were also studied. The representations $A(x)$ and $B(x)$ are said to be *equivalent* if there exists a non-singular matrix P, independent of x, such that

$$B(x) = P^{-1}A(x)P. \tag{2}$$

Equivalent representations are not regarded as essentially distinct; so we are, in fact, interested only in equivalence classes of representations.

In the modern treatment one thinks of $A(x)$ as an endomorphism of a suitable vector space V which admits action by G; thus we have a homomorphic map

$$A(x): x \to \text{End}\,(V).$$

Schur was well aware that such an interpretation was possible. He does not speak of a vector space V but of a *transformable system* or *eigensystem* $(f_1, f_2, \ldots, f_N)$. The action of x on f is denoted by f^x, and it is postulated that there exist equations of the form

$$f_i^x = \sum_{i=1}^{N} a_{ij}(x)f_j.$$

Schur regarded transformable systems as a useful device for studying representations, thus adopting a point of view which is almost opposite to what is customary today.

Frobenius was chiefly interested in representations of a finite group over the complex field. He initiated this theory and by bringing to bear a wealth of ideas and ingenious techniques he established a highly satisfying coherent body of facts.

Inspired by Frobenius' triumph, Schur developed the theory of group representations in several directions. We sketch some of the most important results:

(i) In this doctoral dissertation (1901) Schur considered the case in which G is the infinite group GL_n which consists of all $n \times n$ non-singular matrices $x = (x_{rs})$

over the complex field; the problem is to determine all rational representations of GL_n, that is representations

$$A(x) = (a_{ij}(x)) \qquad (i, j = 1, 2, ..., N)$$

in which each element $a_{ij}(x)$ is a rational function of the n^2 independent variables x_{rs}. It is a remarkable achievement that he gave a complete and very satisfactory solution by showing that the rational representations of GL_n can be put into one-to-one correspondence with the representations of the symmetric groups (of suitable degree); and these had been completely investigated by Frobenius. About 25 years later (in 1927) Schur returned to the topic of his inaugural dissertation and published a smoother version of his results. By that time he had begun to interact with the ideas of H. Weyl. Interest in Schur's dissertation has continued up to the present time. In 1980 J. A. Green published a set of Springer Lecture Notes (No. 830) with the title *Polynomial representations of* GL_n which gives an account of Schur's results in an entirely modern setting. It would have intrigued and delighted Schur to see how far algebra had moved in eighty years.

(ii)   *Arithmetic investigations.*   Let $A(x) = (a_{ij}(x))$ be a representation of a finite group G over the complex numbers. It can be shown that there exists a representation $B(x) = (b_{ij}(x))$, equivalent to $A(x)$, whose coefficients lie in an algebraic number field S. Suppose now that S is such a field of minimal degree. Certainly the character

$$\chi(x) = \sum_i a_{ii}(x) = \sum_i b_{ii}(x) \qquad (x \in G)$$

lies in S. We define T to be the subfield of least degree which contains $\chi(x)$ for all x. Then $(S : T)$ is called the *Schur index* of $A(x)$. This integer may well be greater than unity; for example, there are complex-valued representations, not equivalent to real representations, whose character values are nevertheless real. The index is related to subtle properties of G itself.

It was conjectured that if G is of order g, then every representation is equivalent to a representation which can be written in the field of gth roots of unity. This conjecture was subsequently proved by R. Brauer with a brilliant argument. Of course, the field generated by the gth roots of unity is not necessarily the smallest field in which all representations can be realized.

(iii)   *Projective representations.*   This is the most far-reaching extension of representation theory due to Schur. Up to now, the matrix $A(x)$ could be regarded as describing a linear transformation in affine space. If, instead, we consider linear transformations in projective space, the matrices A and αA, where $\alpha \neq 0$, correspond to the same linear transformation. Hence if the set of matrices $A(x)$ $(x \in G)$ forms a projective representation of G, the equation (1) has to be replaced by

$$A(x)A(y) = \alpha(x, y)A(xy) \qquad (x, y \in G), \tag{3}$$

where $\alpha(x, y)$ is a non-zero (complex) number. The associative law demands that

$$\alpha(x, y)\alpha(xy, z) = \alpha(x, yz)\alpha(y, z). \tag{4}$$

A non-zero function on $G \times G$ which satisfies (4) is called a *factor set* on G. The collection of all factor sets on G forms an Abelian group under multiplication. If

$$\delta(1), \delta(x), \delta(y), \ldots \tag{5}$$

is a set of non-zero numbers associated with the elements of G, then the function

$$\lambda(x, y) = \frac{\delta(x)\delta(y)}{\delta(xy)} \tag{6}$$

is always a factor set whatever the choice of (5). Two factor sets $\alpha(x, y)$ and $\beta(x, y)$ are said to be equivalent if

$$\beta(x, y) = \frac{\delta(x)\delta(y)}{\delta(xy)} \alpha(x, y)$$

for a suitable choice of (5). The equivalence classes $[\alpha(x, y)]$ still form an Abelian group under multiplication. Schur called this group, $M(G)$, the *multiplier* of G.

To a modern audience of mathematicians it will be clear that

$$M(G) \cong H^2(G, \mathbb{C}),$$

the *second cohomology* group of G over $\mathbb{C}$, written in multiplicative notation. Schur's papers on projective representations were published between 1904 and 1907 and they afford a striking example of how an abstract concept of some complexity has arisen from a concrete problem. Schur proved that, if G is finite, then so is $M(G)$. It is of great interest to determine $M(G)$ for a given G. In most cases the factor set equations do not provide a good basis for computing $M(G)$, and so Schur invented a most ingenious construction which in 1907 would have appeared to the reader as very unusual and "modern". What he did would in our notation be described as follows: let $G \cong F/R$, where F is a free group and R the relation group. Then

$$M(G) = (R \cap F')/[R, F]. \tag{7}$$

Actually, this formula is due to H. Hopf (1942) who was not aware at the time that Schur's investigations 35 years previously amount to the same result expressed in less concise form. It must be recalled that free groups were not common knowledge in 1907.

There is no doubt that Schur's research on group representations constitute his most profound and influential contribution to any single area in mathematics.

He was, of course, a great master of group theory in general. It may therefore be surprising that only one of his papers is devoted to "pure" group theory—as distinct from numerous memoirs on groups of linear substitutions and groups of permutations: in this early paper (1902) he offers a new proof of a theorem due to Frobenius and he introduces the celebrated *transfer* homomorphism

$$G \to H/H'$$

where H is an arbitrary subgroup of G.

Schur also gave his attention to more humble mathematical objects. He was interested in questions of reducibility, location of roots and construction of the Galois group of classes of polynomials which play a part in other branches of mathematics, such as the Laguerre polynomials and the Hermite polynomials.

His research on number theory is not easy to summarize: there are several papers on *additive number theory*, in particular an interesting article on the Schnirelmann density (prior to H. B. Mann's famous discovery). Another paper, dealing with the congruence

$$x^m + y^m \equiv z^m \quad (\bmod\, p)$$

is typical of Schur's mathematical thinking in that, once again, he uses a 'lemma' of great generality:

LEMMA. *Suppose the numbers* $1, 2, ..., N$ *are distributed into* m *subsets in any manner whatever. Then, provided that* $N > m\,!\,e$, *there exists at least one subset which contains two of the numbers as well as their difference.*

When Schur was elected to the Prussian Academy in 1922, he was welcomed with gracious praise by Planck, who was the Academy's Secretary at the time. It seems that Planck's short address was based on an appreciation of Schur's achievements, supplied by Frobenius who had died 5 years previously; he said: "Denn nach seinem [Frobenius'] eigenem Zeugnis üben Sie wie nur wenige Mathematiker die grosse Abelsche Kunst, die Probleme richtig zu formulieren, passend umzuformen, geschickt zu teilen und dann einzeln zu bewältigen" [In a manner that only few mathematicians are capable of, you practise the great art of Abel which consists in formulating the problems correctly, recasting them conveniently, separating them skilfully and then overcoming them individually].

4. *Aesthetic appreciation*

Schur was very sensitive to the aesthetic quality of mathematics. His own papers are models of lucidity and contain a wealth of striking and 'elegant' results, attractively presented and proved. On occasions, he would refer to the significance or relative importance of a particular theorem. He took a great deal of trouble to find the most appropriate proof and, if possible, to use lemmas which were of "independent" interest.

• Schur was generous in his praise of other people's work: thus he would say that the proofs given by Hardy and Ramanujan are "von grosser Schönheit" [of great beauty], and their results "von einer erstaunenswerten Reichweite" [astonishing range]. Hurwitz overcomes some difficulties "in scharfsinniger Weise" [in a sagacious manner].

There can be no doubt that Schur approached mathematics as an Art rather than a Science.

5. *Attitude to "abstract" algebra*

I have already referred to the role of abstract reasoning in Schur's work. There is some evidence that he slightly underestimated the power of abstract methods or that he tended to avoid them for the sake of "purity of method" in a concrete problem.

Somehow the rumour went around in Berlin that he disliked abstract algebra. That this was untrue is borne out by the following little anecdote: in the 1950s I frequently went to Zürich on private visits and usually called on Heinz Hopf whose lectures and exercise classes I had attended in Berlin around 1930. Hopf told me of the electrifying effect which van der Waerden's textbook on Modern Algebra produced in the mathematical world at that time. The younger members of the faculty in Berlin, to which Hopf belonged in those days, proposed to run a seminar in order to study this revolutionary work. But academic etiquette demanded that such a venture had to be approved by the Professor of Algebra, that is Schur, and it was feared that he might withhold permission. In the end, Hopf was commissioned to seek an interview and asked Schur for approval. To his relief this was readily granted though Schur did not take part in the seminar on abstract algebra.

Indeed it would have been against his nature to denigrate branches of mathematics which did not appeal to him. Already at the time of his doctoral examination he chose as one of his "theses": "Es ist nicht möglich, allgemein geltende Grundsätze für die Wertschätzung mathematischer Probleme anzugeben". [It is impossible to put forward general principles for assessing the value of mathematical problems.]

6. Schur's school in Berlin

There is no obvious way in which the "school" of a mathematician can be defined. In contrast to many sciences, little or no team work is involved in mathematics apart from some joint papers, usually written by two authors.

I think a simple but rather narrow definition of "school" would be to restrict membership to those who took their Ph.D. under Schur's guidance. This is only a first approximation; for there are mathematicians who went to Schur's lectures and seminars in Berlin and were strongly influenced by him although they did not become his doctoral students.

Fortunately, the editors of Schur's Collected Works have appended a list of Schur's Ph.D. students together with the titles of their dissertations. There are 22 persons who completed their dissertations under Schur, covering the period 1917 to 1936, and 6 others who started under Schur but did not complete their work until after Schur's dismissal in 1936.

Schur's Ph.D. students

1917	Maria VERBEEK	1928	Arnold SCHOLZ
1921	Heinz PRÜFER	1931	Robert FRUCHT
1921	Arthur COHN	1932	Wilhelm SPECHT
1922	Dora PRÖLSZ	1932	Bernhard NEUMANN
1922	Felix POLLACZEK	1932	Hans ROHRBACH
1923	Maximilian HERZBERGER	1933	Richard RADO
1924	Hildegard ILLE	1933	Wolfgang HAHN
1925	Karl DÖRGE	1935	Helmut WIELANDT
1926	Richard BRAUER	1935	Karl MOLSEN
1928	Udo WEGNER	1936	Rose PELTESOHN
1928	Alfred BRAUER	1936	Feodor THEILHEIMER

Time does not allow more than a few brief comments on some of the mathematicians who began their career under Schur's guidance and whose subsequent research and attitude to mathematics may well have shown his influence.

Richard Brauer may be regarded as the principal heir of the Frobenius–Schur tradition in the vast research field of representation theory. Brauer's own contributions are very substantial indeed, notably his imposing development of representation theory over a field of prime characteristic.

Heinz Prüfer made fundamental contributions to the theory of infinite Abelian groups—and also to differential equations.

Richard Rado's doctoral dissertation was inspired by one of Schur's pregnant discoveries in combinatorial mathematics. It was the starting point of Rado's distinguished career in this field.

Bernhard Neumann and *Hanna Neumann* have made outstanding discoveries in the theory of infinite groups. Actually Hanna Neumann did not take her Ph.D. under Schur, but she attended many of his lectures.

Helmut Wielandt's most brilliant work is concerned with finite groups, in particular with permutation groups. The beauty and depth of his ideas make him a true successor to the Frobenius–Schur tradition in the area of finite groups.

The names of *Alfred Brauer* and *Hans Rohrbach* also occur among Schur's doctoral pupils. Both these men became creative mathematicians in their own right, but their service to the "school" of Issai Schur goes far beyond the papers which they wrote under his influence and thereafter.

I have already mentioned that Alfred Brauer and Hans Rohrbach undertook the task of producing Collected Works of Schur for which the whole mathematical community owes them a debt of gratitude. Around 1930 both Brauer and Rohrbach, together with H. Freudenthal, were Assistants to the Mathematics Department in Berlin. In this capacity they gave invaluable help to the large number of humbler students who followed an undergraduate course. Almost all students of mathematics or physics belonged to a flourishing undergraduate Society known as Mapha (Mathematisch–Physikalische Arbeitsgemeinschaft), which also provided a pleasant social centre much supported by devoted Assistants.

7. *Schur as teacher*

Each semester Schur gave two courses of four lectures a week (one lecture lasted 45 minutes), one of the courses being elementary and the other more advanced. Thus the elementary course was attended by students in their first four semesters. But types of courses were arranged in cycles continuing through four semesters. The elementary cycle consisted of courses on *Determinants* (a whole course!), *Algebra, Number Theory, Invariant Theory*; the more advanced course comprised: *Galois Theory, Analytic Number Theory I, II, Ideals*; but there were variations in the advanced course. Sometimes additional courses were offered by Schur; for example *Theory of Matrices, Group Representation, Elliptic Functions*. Schur was a superb lecturer. His lectures were meticulously prepared. It is known that he had very full notes, written on loose sheets which he carried in the breast pocket of his jacket. He hardly ever consulted his notes during the lecture. Indeed, each lecture was as well rehearsed as a professional stage performance. All his courses were carefully structured into chapters and sections, each bearing an appropriate heading and number. Schur had evidently memorized these before he came into the classroom.

Apart from an eminently lucid exposition of the mathematical material, there were occasional asides referring to the intrinsic value or to the intellectual beauty of particular results, sometimes also historical remarks, for example about Frobenius' and Burnside's rivalry in their group theoretic research.

Schur's lectures were exceedingly popular. I remember attending his algebra course which was held in a lecture theatre filled with about 400 students. Sometimes when I had to be content with a seat at the back of the lecture theatre, I used a pair of opera glasses to get at least a glimpse of the speaker.

University life at Berlin in the 1930s was very different from the tutorial oriented universities in this country. It was almost unheard of for an undergraduate to speak to a Professor. Any questions or queries had to be addressed to the Assistant. Nevertheless, quite effective teaching was provided: the more elementary courses were supplemented by exercise classes at two hours per week. Schur used to begin the exercise period by writing about eight questions on the blackboard (no stencils or xerox were available); the first two questions were usually straightforward numerical exercises and then followed more challenging problems. Every now and again when a problem was considered difficult, Schur put a sloping line (/) against it; and there were very few occasions when he resorted to a double line (//) to warn about exceptional difficulty. I still remember the excitement and the fever of competition when a double line had appeared on the blackboard. The problems which Schur had written up were intended as homework; they had to be handed in by a certain date and were then marked by the Assistant—this must have been a heavy burden on Alfred Brauer. I, for one, was always grateful for his constructive criticism. After Schur had written out the problems and made a few remarks about them, he left the lecture room and the Assistant took over: he went through some of the problems from the previous week and commented on our mistakes.

It was part of the undergraduate training to attend a seminar for one or more semesters held by Schur or one of the other professors. Each student had to give a lecture, usually on a published research paper selected by the professor. The standard of lecturing expected of the student was high: it was frowned upon to consult notes during the lecture; lack of clarity or faulty delivery were firmly criticized. Only a satisfactory performance earned the student a Certificate at the end of the semester.

All examinations consisted of a dissertation, whether they were for the doctor degree or for the State Diploma, followed by a rather formidable oral examination. As an examiner Schur was kind and helpful, but he formulated his questions in such a way that they tested knowledge as well as understanding and judgment—I remember vividly my own experience when I presented myself as a candidate for the Diploma. I had carefully revised all my lecture notes on Schur's courses on algebra and number theory (I must have attended about 500 lectures by him), but to my surprise he opened the proceedings with the question: "What, in your opinion, is the most important theorem in the differential calculus?" I gave the wrong answer, but the ensuing discussion with Schur was instructive and friendly.

8. Conclusion

Schur's standing as a creative mathematician is enshrined in his Collected Works: it is an imposing monument which inspires and delights. Many of his discoveries are classic and can be found in the textbooks; some of his papers still generate vigorous research, while other papers are now superseded but still repay study if only on account of their brilliant exposition. So Schur's influence on mathematics persists through his writing.

But what about Schur's school? Several of his pupils remained in Germany, but others became victims of Nazi persecution. They left Germany and settled in Great Britain, U.S.A., Australia, Israel and South America. Undoubtedly, all his pupils feel grateful to Schur. Even those who did not become professional mathematicians cherish the experience of having been introduced to an understanding and appreciation of the intellectual pleasure that mathematics can provide. And those who have had the opportunity, cannot fail to pass on some of Schur's vision of mathematics to future generations. Planck praised Schur's mastery of Abel's art in solving problems; to this must be added his superlative skill as a teacher and guide to mathematical beauty.

University of Sussex,
    Brighton.

Von I. SCHUR handschriftlich ausgefüllte „Biographische Mittheilungen" der Ksl. Leop.-Carol. Deutschen Akademie der Naturforscher

8. Welche Stellungen und innerhalb welcher Zeiten haben Sie früher inne gehabt, event. welche grössere wissenschaftliche Reisen gemacht, welche sonstige Lebensereignisse wünschen Sie Ihren biographischen Mitteilungen hinzuzufügen?

1903 – 1913 Privatdozent an der Berliner Universität.

1913 – 1916 außerordentlicher Professor an der Universität zu Bonn a/Rh.

9. Welches sind Ihre gegenwärtigen Stellungen, Titel und genaue Adresse?

Außerordentlicher Professor an der Berliner Universität, Mitglied der Schriftleitung der Mathematischen Zeitschrift, Vorsitzender der Berliner Mathematischen Gesellschaft, korrespondierendes Mitglied der Gesellschaft der Wissenschaften zu Göttingen, Berlin-Schmargendorf, Ruhlaer Str. 14.

10. Würden Sie die Akademie durch Übersendung Ihrer Photographie oder eines anderen Bildes erfreuen?

Ich werde der Akademie meine Photographie übersenden.

11. Welcher Fachsektion (Statuten § 13 Anm.) wünschen Sie beizutreten?

Der Fachsektion für Mathematik und Astronomie

12. Welches sind die von Ihnen herausgegebenen Schriften?

a. Über eine Klasse von Matrizen, die sich einer gegebenen Matrix zuordnen lassen; Leipzig. Diss. Berlin.

b. 34 Abhandlungen auf den verschiedenen Gebieten der Mathematik, die in folgenden Zeitschriften und Akademieberichten erschienen sind: Sitzungsberichte der Berliner Akademie, Math. Annalen, Journal für die r. u. a. Mathematik, Mathematische Zeitschrift, Jahresbericht der deutschen Mathematiker-Vereinigung, Sitzungsberichte der Berliner Mathematischen Gesellschaft, Archiv der Mathematik und Physik, Göttinger Nachrichten, Transactions of the American Mathematical Society.

13. Würden Sie so gütig sein, die obigen Werke, sowie Ihre ferneren Schriften der Akademie-Bibliothek (Statuten § 2) zu überweisen?

Ja

14. Wünschen Sie das Eintrittsgeld (Statuten § 8) und die Jahresbeiträge (§ 8 Abs. 1) bar zu leisten oder (nach § 11 sub 2) durch wissenschaftliche Arbeiten (unter Anrechnung des für Aufsätze in der Leopoldina gewährten Honorars)?

Ich werde das Eintrittsgeld und die Jahresbeiträge bar leisten

15. Ziehen Sie vor, die Jahresbeiträge jährlich (6 Rmk.) zu leisten oder dieselben durch einmalige Zahlung des zehnfachen Betrages (60 Rmk.) abzulösen? (§ 8 Abs. 4. Letzteres wäre der Akademie erwünschter.) Die Akademie liefert die Leopoldina.

Ich werde die Jahresbeiträge durch einmalige Zahlung des zehnfachen Betrages ablösen.

16. Wünschen Sie die Verabfolgung auch der Nova Acta? (§ 8 Abs. 7 mit Jahresbeitrag zusammen 30 Rmk.; für Nova Acta und Jahresbeitrag [Leopoldina] Ablösungssumme 300 Rmk.)

Nein

17. Die betreffenden Sendungen werden an die Adresse des Präsidiums der Akademie erbeten.

Ort: *Berlin*   Datum: *den 24. Juni 1919*   Name: *I. Schur*

ROLF NEVANLINNA

1. *Background*

Rolf Nevanlinna was born on the 22nd October 1895; he died on 28th May 1980. He came from a Swedish-speaking Finnish family containing soldiers, scientists and engineers. The family name of Neovius was changed to Nevanlinna by his father in 1906.

Rolf's paternal grandfather, Edward Engelbrekt, studied at the cadet school in Hamina (Finland) and the engineering academy in St Petersburg. He taught mathematics and topography at the cadet school and rose to the rank of major-general. Edward's brother, Frithiof, also studied at St Petersburg and taught mathematics and topography in various military schools in Russia. He returned at the age of 40 to head the cadet school at Hamina and had the reputation of being something of a martinet. On one occasion Mannerheim (later Field Marshal Baron von Mannerheim) went A.W.O.L. (leaving a mattress as his substitute). He had to leave the academy and continued his career in St Petersburg.

Rolf's maternal grandfather, Herman Romberg, was an astronomer, who catalogued stars in the observatory in Pulkova.

Rolf's father, Otto Wilhelm, was born in 1867. He went to the cadet school and then studied mathematics, physics and astronomy at Helsinki University. His Ph.D. thesis on spectral lines in oxygen and nitrogen, and some of his research, suggested the existence of the rare gases for which Ramsay was awarded the Nobel Prize in 1904. While studying with Herman Romberg at Pulkova, Otto Wilhelm met Margarete Romberg; they married in 1892 and settled in Joensuu, where Otto was a teacher. The children of the marriage were Frithiof (1894), Rolf (1895), Anna (1896) and Erik (1901).

2. *Education*

When Rolf went to school in 1902 he moved straight into the second class, since he could already read and write. He seems to have been rather bored and played with trains under the desk, consequently getting the low mark of 6 out of 10 for 'care and attention'. So he refused to go on and left school for one-and-a-half years until the family moved to Helsinki. Here things were better. He liked his cousin, Väinö, who was five years older, and together the boys were rather mischievous. On one occasion they dropped paper bags filled with water from the balcony of the flat. They also built paper warships and bombed them, inspired by the Russo–Japanese war.

At the school there were some outstanding and sometimes eccentric teachers, such as the historian, Melander, who wrote about hunting by the ancient Finns, and the Finnish teacher, Koskimies, who wrote poetry. Rolf also learned German and French and laid the basis for his superb gift for languages, although his fluency developed only on his trips abroad later. Perhaps the best teacher was his own father, who taught him mathematics and physics in the final years at the school.

Margarete was an excellent pianist and Frithiof and Rolf would lie under the piano and listen to her playing. At 13 they went to orchestra school and became

Received 22 March, 1982.

Bull. London Math. Soc., 14 (1982), 419–436.

accomplished musicians—Frithiof on the 'cello and Rolf on the violin. Through free tickets from the orchestra school they got to know and love the music of the great composers, Bach, Beethoven, Brahms, Schubert, Schumann, Chopin and Liszt, as well as the early symphonies of Sibelius (1865–1957), conducted by the composer. Rolf first met Sibelius' music in 1907, when he heard his Third Symphony. Although later he met Hilbert, Einstein, Th. Mann and other famous people, Rolf said that none had had such a strong effect on him as Sibelius. The boys played trios with their mother and their love of music—in particular of chamber music—lasted all their lives.

Rolf had a wonderful feeling for music: he belonged to a quartet in Helsinki and became chairman of the Sibelius Academy. The distinguished musicologist, Erik Tawaststjerna, told me how Rolf could remember whole scores by heart, discuss the music in detail—"... the drums come in here" he would say. Tawaststjerna was very glad to discuss his authoritative work on Sibelius with Rolf and paid tribute to the fine understanding he displayed. Kristiina, Rolf's daughter from his second marriage, is a pianist and music teacher; so the tradition continues in the next generation.

Rolf's sister, Anna, became a drawing teacher, and one of her sons, Heikki Haahti, became Professor of Mathematics at Oulu. The youngest son, Erik, was engaged on decoding in the Second World War. Veikko Nevanlinna, Frithiof's son, and Olavi Nevanlinna, Frithiof's grandson, also became professors of mathematics at Jyväskylä and Helsinki University of Technology, respectively.

Rolf did well at secondary school and matriculated near the top of his class. His chief interests were classics and mathematics, in that order. Between school and university he read Lindelöf's *Introduction to higher analysis* and did all the problems. In 1913 he went to Helsinki University, where Lindelöf (who was a cousin of Rolf's father) was the outstanding scientist. His lectures (in Swedish) went to the heart of things and his audience listened with rapt attention. Lindelöf was a very warm person with an attractive impulsiveness and he helped Rolf with advice and criticism. His highest praise for a piece of work was "this defends its place". Lindeberg and Johansson were other professors and F. Iversen was an assistant.

In 1915 Rolf felt he ought to go to Germany to get military training in a battalion established there for Finnish freedom fighters. His parents would have accepted this with great reluctance, feeling that his talents lay in other directions, and he was finally dissuaded. (If he had gone, the Russians might well have taken reprisals against his parents.) In 1918 Mannerheim defeated the Red troops and Finland became independent. In this civil war, Rolf was saved from conscription by his weight, which at 50 kilos was too low. He played a small part as a clerk and refused to take part in the execution of the Red guards, some of whom he rescued.

In 1918/19 he wrote his thesis. He put a great deal of effort into presenting his work in an optimal way, and then and afterwards he wrote and re-wrote his manuscripts. Many years later Carathéodory expressed his own feeling when he said, "Leading ideas came in minutes, but the development and foundation took decades".

3. *Family*

In 1911 Rolf and Frithiof travelled to Joensuu to recall their childhood and stayed for a few days with their aunt, Elise, in Wiborg. Her daughter Mary made a very deep impression on Rolf. They became engaged six years later and were married on 4 June 1919, the day Rolf got his doctorate. They spent the summer of that year in

Maarianhamina, on Aaland, an island in the Baltic. Rolf and Mary had four children: Kai, who was born in 1920, became a doctor and died in 1950 from the after effects of wounds sustained in the Second World War; Harri, born in 1922, who also studied medicine and became head of the blood transfusion service of the Finnish Red Cross, which until recently supplied all the world's Interferon; Aarne, born in 1925, who became an architect; Sylvi, 1930–1981, who married Robert Austerlitz, Professor of Fenno-ugrian languages at Columbia University. Sylvi was also a linguist. She died recently of cancer, just as her father had done.

Rolf and Mary used to speak Swedish to each other and with the older boys, Kai and Harri. With the younger children, Aarne and Sylvi, and the grandchildren, they spoke Finnish. When his children asked him what he was doing all by himself for so long, Rolf used to say, "I am counting". Once Kai was quiet for a bit and then said "You must have got a very long way by now".

Rolf was always an enthusiastic teacher. When Harri was studying genetics, Rolf taught him mathematics. They went through Lindelöf's *Introduction to analysis* together. When he heard that his barber's son needed coaching in mathematics, he offered to teach him too.

Rolf was very proud of Harri's success and used to like to tell how he was once asked by a medical man whether he was related to the famous Dr Nevanlinna.

Rolf and Mary got a summer house in Lohja in 1937 and Rolf worked in a study next to the sauna. There were many mathematicians, such as Ahlfors, Cramer, Fueter, the Pólyas, Speiser and Strebel, who visited him there. Strebel said once, "I am never going to go away again". The last part of the journey to Lohja had to be made by horse and cart. Once when Fueter made the journey it rained and Rolf walked by his side all the way, holding an umbrella.

In 1945, while Rolf was helping to organise a chamber music society, he met Sinikka Kallio-Visapää, an authoress and distinguished translator, particularly of Thomas Mann. Rolf's first marriage was dissolved and he and Sinikka were married in 1958 by the Finnish Ambassador in Paris. A second daughter, Kristiina, was born to Sinikka in 1946 to join Rolf's four children by his first marriage.

4. Career

When Rolf graduated in 1919 there were no jobs open in universities; so he became a school teacher, while Frithiof had joined the insurance company, Salama, as a mathematician. Rolf joined Frithiof there while continuing to teach 18 lessons a week at the school. In 1920 Landau invited Rolf to join him in Göttingen and he went there in 1924.

During these years Rolf started to develop the theory which bears his name. For the potential theoretic approach in particular he collaborated with Frithiof. Rolf became a Docent at the University of Helsinki in 1922 and Professor in 1926, and it was only then that he stopped teaching in school. Evenings and Sundays were excellent times for research, and Nevanlinna theory was greatly influenced by Rolf's discussions with Frithiof, which continued all their lives. They would walk up and down each side of a big square, talking mathematics.

In 1922 Rolf attended the 5th Scandinavian Mathematical Congress at Helsinki and there he met Mittag-Leffler, who had for a short time been Professor at Helsinki, as well as the brothers Bohr, T. Carleman and H. Cramer. He strongly supported international congresses because of the opportunities they give to younger mathematicians to appreciate the total mathematical situation. Rolf would point out how many fruitful personal contacts are made on these occasions and how international understanding is promoted and hostilities diminish when people meet face to face in this way.

Rolf always enjoyed lecturing and teaching on a personal basis. He prepared his lectures in outline and felt that there should be some room for improvisation around a fixed theme. Sometimes at the blackboard a connection with other areas would occur to him. Later on he would write up his lectures and sometimes turn them into books.

In 1924 Rolf visited Göttingen. Here he met Hilbert, Landau, Courant and Noether. After a lecture by Rolf there Hilbert said, "You have opened a hole in the wall of mathematics; soon other researchers will come and close it". However the wind of change continues to blow through that hole. Later Rolf met Alexandroff and Urysohn and also Carathéodory in Munich.

Landau at that time divided his days into 6 hours work alternating with 6 hours rest. When work started again at midnight, Landau used to call his assistant to help him work. When Rolf later told this story in Zürich he was immediately nicknamed Landau.

Rolf's French contacts started in 1926 when Lindelöf arranged for him to go to Paris, where he met Hadamard and Montel. He also visited Bloch in the mental hospital but this visit ended when guards took Bloch away. His first visit to Zürich took place in 1928, where he was accompanied by Lars Ahlfors, to whom Rolf suggested the Denjoy conjecture. Ahlfors' proof of this led to one of the first two Fields medals in 1936. Rolf refused the offer to succeed Weyl at Zürich. In 1936–37 Rolf was again in Göttingen as visiting Professor. Here he had an assistant for the first time, namely H. Wittich. He also met Herglotz, whom he described as a "most interesting person".

During the Second World War Rolf developed a method for reviewing ballistic tables. Kai went to the front and Harri volunteered for the army and went to the N.C.O. school.

In 1941 Rolf became Rector of Helsinki University and discussed with Mannerheim how soldiers could continue to study during quiet times at the front, and what could be done after the war. In 1944 a bomb hit the building he was working in, and he also found an unexploded bomb. Suddenly he was a hero.

Returning from Stockholm once with Vice-Rector Erik Lönnroth they were attacked by two men who tried to steal their luggage, which was being pushed by a sergeant. Together they fought off the robbers.

In 1945 Rolf was asked to resign his post as Rector, no doubt because of his pro-German sympathies, but the staff loved him and one of the porters thanked him "for not being a bureaucrat".

In October 1946 Rolf went again to Zürich. There he met many mathematicians and also the physicist, Pauli, of whom he said afterwards "Pauli was one of the very few men in whose company I immediately felt the presence of genius".

In 1948 he became one of the 12 members of the newly established Finnish Academy, encouraged by the president, A. I. Virtanen, the 1945 Nobel Laureate in Chemistry, for at first he had refused. (At that time academicians received a salary, but that is no longer the case.) Rolf continued to be Guest Professor at Zürich for the next 15 years. Among his former students are O. Lehto, L. Sario, H. Keller, A. Steiner, K. Strebel and G. Elfving.

After the war Rolf's interest began to turn to Calculus of Variations and applications to physics. He was also concerned in getting the first computer to Finland, and to establish Computer Science as a university subject. I first met him at the Harvard Congress in 1950 and again in 1953 in Ann Arbor, and we met frequently after that. He always seemed interested in what was going on and in the many ramifications of his theory. We would play sonatas together and he and my wife played the Bach double concerto. Once at Ann Arbor Rolf met some Finns, one of whom asked him what he was doing. "I am at the University of Michigan", said Rolf. "How old are you?" Fifty-seven!" "Won't you get your degree soon?". This illustrates Rolf's modesty very well. In 1953 I wrote a paper in which I rediscovered some of Rolf's results. He was the referee, but never said a word about it. Rolf's priority was pointed out to me many years later by A. A. Gol'dberg.

From 1959 to 1962 Rolf was President of the I.M.U. At that time the Secretary of the Union was Rolf's close friend, K. Chandrasekharan, who in 1971 became President himself.

Nevanlinna was fairly conservative in his views. He did not think that sets formed the best introduction to mathematics at school. He did not like to see children spoilt, feeling that they would find life hard later. "Immature and unrealistic radicalism will change in the hard school of life and reality" he used to say. But he took an optimistic view in general of the future of Finland and the world.

Rolf never needed much sleep. In the late 1930's he used to rise at 4, join his family at 10 till lunch time, then work again till 7, and spend the evening with his family. In later life I remember him bright and full of zest at 11 or 12 p.m. when all I wanted to do was go to sleep. The Helsinki congress took an enormous amount out of Olli Lehto, who organised it with his usual care. Afterwards Rolf said "I must go to the Joensuu conference because Olli is so tired".

Finally when he was dying he asked his doctor, "Can I still work?" When he heard that he could not he refused to eat any more and took only fluids. He was calm and peaceful at the end. Afterwards his doctor said "I have had hundreds of patients, but he is the first who has taught me something".

Rolf is not forgotten by his descendants. One boy told his mathematics teacher "My great grandfather is Rolf Nevanlinna". When the teacher said, "And who is he?" the boy replied, "if you don't know that, you don't know much mathematics". Christian Burr, another small mathematician, settled a long arithmetical problem in his head and was disappointed at getting less than full marks. His teacher said, "You should not have done it in your head". "What do I use my head for then", said Christian.

5. *Honours*

Considering the tremendous importance of Nevanlinna theory, recognition came relatively slowly to Rolf, but his last 30 years were very full of honours. He had honorary doctorates from Heidelberg (1936), Bucharest (1942), Giessen (1952), Berlin (1955), Jyväskylä (1969), Glasgow (1969), Uppsala (1974) and Istanbul (1976).

He received the International Wihuri Prize for Scientists and Artists in 1958 and the Henrik Steffens Prize for Nordic culture in 1967.

He was elected to Honorary Membership of the London Mathematical Society in 1959. He was also an honorary member of the following institutions: Finnish Academy of Science and Letters (1975); Deutsche Akademie (1938); Finnish Mathematical Society (1955); Swiss Mathematical Society (1962); Society of

Actuaries of Finland (1965); Teachers of Mathematics and Physics (1965); Göttingen Academy (1967); Royal Swedish Academy (1967) (Foreign Member); Danish Academy (1967) (Foreign Member); Leopoldina (1967); Hungarian Academy (1970); Correspondent of the Institut de France (1967). He was an Honorary Fellow of Göttingen University (1937) and Honorary Professor of Zürich University (1948). He was an Honorary member of the Sibelius Academy (1978) and Honorary President of the Finnish Cultural Foundation.

He had the Grand Cross of the Order of the White Rose of Finland and he was Commander, First Class, of the Order of the Lion of Finland. He had the Cross of Liberty, Second Class without Swords, for merit during the war 1939–40.

6. *Mathematical work*

Nevanlinna's thesis [1919] and its sequel [1922 *b*] are concerned with regular functions $f(z)$ satisfying $|f(z)| < 1$ in $|z| < 1$, which assume, at pre-assigned points z_1 to z_n, pre-assigned values w_1 to w_n. The problem is to find whether such functions exist and if so what is the range of variation of $f(z_{n+1})$, where z_{n+1} is a further point. The problem is solved completely by means of successive algorithms, and a number of previously known special cases arise as consequences. The theory was developed independently by Pick [1915] a little less completely.

In [1921] the author obtains the sharp coefficient estimates for starlike univalent functions. However Rolf Nevanlinna's immense international reputation is based on the value distribution theory, which bears his name. A most interesting account of the birth of this theory and its background has been given by Lehto [1982] and I am greatly indebted to that account for what follows.

Picard [1880] had proved his celebrated theorem that an entire function assumes every value with at most one exception. The question naturally arose whether anything further could be said about the roots of the equation $f(z) = a$ for different values of a. Let $n(r, a)$ be the number of these roots in $|z| < r$. The exponent of convergence, or order, $\rho(a)$ of the roots is defined by

$$(1) \qquad \rho(a) = \varlimsup_{r \to \infty} \frac{\log n(r, a)}{\log r} .$$

Hadamard [1893] showed that if

$$M(r) = M(r, f) = \max_{|z| = r} |f(z)|$$

and the order of f is defined as

$$(2) \qquad \rho = \limsup_{r \to \infty} \frac{\log \log M(r)}{\log r} ,$$

then $\rho(a) \leqslant \rho$ for every a. Borel [1897] notably extended Picard's theorem by proving that $\rho(a) = \rho$ for all a with at most one exception and that such an exceptional a can occur only if ρ is a positive integer or $+\infty$. For infinite order the corresponding result indicated by Borel was proved by Blumenthal [1910].

The theory obtained so far was based on the product decomposition of entire functions of finite order due to Hadamard [1893]. It had a number of disadvantages. The theory lacked precision and did not work well for functions of infinite order or meromorphic functions. For the latter the maximum modulus $M(r, f)$ could not be used satisfactorily as an indicator of growth since $M(r, f)$ is infinite whenever $f(z)$ has a pole on $|z| = r$.

The situation was revolutionised by Nevanlinna in the 1920's. He used a result of Jensen [1899], namely

$$(1) \qquad \log |f(0)| = \frac{1}{2\pi} \int_0^{2\pi} \log |f(re^{i\theta})| \, d\theta + \sum \log \frac{r}{|b_\nu|} - \sum \log \frac{r}{|a_\mu|},$$

where a_μ are the zeros and b_ν the poles of the meromorphic function $f(z)$ in $|z| \leqslant r$. Following Valiron [1913] he wrote

$$(2) \qquad \sum \log \frac{r}{|a_\mu|} = \int_0^r \log \left(\frac{r}{t} \right) dn(t, 0) = \int_0^r \frac{n(t, 0) \, dt}{t} = N(r, 0);$$

$$(3) \qquad \sum \log \frac{r}{|b_\nu|} = \int_0^r \log \left(\frac{r}{t} \right) dn(t, \infty) = \int_0^r n(t, \infty) \frac{dt}{t} = N(r, \infty).$$

He then wrote $\log^+ x = \max(\log x, 0)$, so that

$$\log x = \log^+ x - \log^+ \frac{1}{x}, \quad x \geqslant 0,$$

and

$$\frac{1}{2\pi} \int_0^{2\pi} \log |f(re^{i\theta})| \, d\theta = \frac{1}{2\pi} \int_0^{2\pi} \log^+ |f(re^{i\theta})| \, d\theta - \frac{1}{2\pi} \int_0^{2\pi} \log^+ \left| \frac{1}{f(re^{i\theta})} \right| \, d\theta.$$

This was the apparently simple but vital new step. Writing

$$m(r, \infty) = \frac{1}{2\pi} \int_0^{2\pi} \log^+ |f(re^{i\theta})| \, d\theta$$

and, for any finite complex a,

$$(4) \qquad m(r, a) = \frac{1}{2\pi} \int_0^{2\pi} \log^+ \left| \frac{1}{f(re^{i\theta}) - a} \right| \, d\theta,$$

we obtain Jensen's formula in the form [1924 c]

$$m(r, \infty) + N(r, \infty) = m(r, 0) + N(r, 0) + \log |f(0)|.$$

Ahlfors [1976] rightly wrote that this was the moment when Nevanlinna theory was born. On applying this result to $f(z) - a$ instead of $f(z)$, we see that $N(r, \infty)$ is unaltered and $m(r, \infty)$ is changed by at most $\log^+ |a| + \log 2$. Thus we obtain The First Fundamental Theorem

$$m(r, \infty) + N(r, \infty) = m(r, a) + N(r, a) + \log |f(0) - a| + \varepsilon(a),$$

where $|\varepsilon(a)| \leqslant \log^+ |a| + \log 2$.

Nevanlinna wrote for $f(0) \neq \infty$

$$(5) \qquad\qquad T(r, f) = m(r, \infty) + N(r, \infty)$$

and called $T(r, f)$ the characteristic function of $f(z)$. Then the First Fundamental Theorem shows [1925 g] that for every a in the closed plane other than $a = f(0)$

$$(6) \qquad\qquad m(r, a) + N(r, a) = T(r, f) + O(1),$$

as r varies. For $f(0) = a$ or ∞ a slight modification is required which we ignore here.

The function $T(r)$ gives an excellent description of the growth of any meromorphic function $f(z)$ either in a finite disk or in the whole plane. It is a convex increasing function of $\log r$. If f is entire it has roughly the same growth rate as $\log M(r)$ so that the order ρ can be defined, by replacing $\log M(r)$ by $T(r)$ in (2), but the new definition applies to any meromorphic function in the plane. Now (6) shows that f has in a certain sense the same affinity for every complex value a as measured by the sum of the terms m and N. The latter measures the number of roots of the equation $f(z) = a$ in $|z| \leqslant r$, while the former measures the average closeness of $f(z)$ to a on $|z| = r$. We deduce at once Hadamard's inequality, namely $\rho(a) \leqslant \rho$ for every a.

However, Nevanlinna's aim was to obtain a sharper version of Borel's inequality. He did this by showing that in general it is the term $N(r, a)$ which dominates in (6). More precisely he showed [1925 g] that if $q \geqslant 3$ then

$$(7) \qquad\qquad (q - 2) T(r, f) \leqslant \sum_{v=1}^{q} N(r, a_v) - N_1(r) + S(r).$$

This is the Second Fundamental Theorem. Here $N_1(r)$ measures the zeros of f' and the multiple poles of f, that is, the totality of the multiple roots of all equations $f = a$, a root of multiplicity p being counted $p - 1$ times. Also $S(r)$ is a term which is in general much smaller than $T(r)$. For instance, for a meromorphic function in the plane,

$$S(r) = O(\log \{r T(r)\}).$$

In the case of infinite order, certain intervals of finite total length must be excluded here.

It should be said that Nevanlinna only proved (7) in the case $q = 3$. This was enough to obtain a very much stronger form of Borel's result. If f is meromorphic and transcendental in the plane then

$$\overline{\lim} \frac{N(r, a)}{T(r)} \geqslant \frac{1}{3}$$

except for at most 2 values of a. Also $\rho(a) = \rho$ except for at most 2 values of a.

The extension of (7) to general q was obtained almost simultaneously by Littlewood in a letter to Nevanlinna and by Collingwood [1924]. Nevanlinna immediately saw the importance of this extension and used it in an appendix to [1925 g] to obtain the deficiency relation

$$\sum \delta(a) \leqslant 2$$

where

$$\delta(a) = \lim_{r \to \infty} \frac{m(r, a)}{T(r)} = 1 - \overline{\lim} \frac{N(r, a)}{T(r)}.$$

The result implies that $\delta(a) = 0$ except for a countable set of values of a. A stronger version results if we count multiple roots only once and write $\bar{N}(r, a)$ for the corresponding counting function. Then if

$$\theta(a) = 1 - \overline{\lim} \frac{\bar{N}(r, a)}{T(r)}$$

we obtain [1926], by using the term $N_1(r)$ in (7),

(8) $$\sum \theta(a) \leqslant 2.$$

Nevanlinna also defined [1929 a] the ramification index (Verzweigungsindex)

$$\mu(a) = \underline{\lim} \frac{N(r, a) - \bar{N}(r, a)}{T(r)}.$$

Thus $\theta(a) \geqslant \mu(a) + \delta(a)$ and we obtain

(9) $$\sum \delta(a) + \sum \mu(a) \leqslant 2.$$

The complete sharpness of (9) has only recently been shown by Drasin [1977] who has, for pre-assigned $\delta(a)$ and $\mu(a)$ subject to (9) and $0 \leqslant \delta(a) + \mu(a) \leqslant 1$, constructed a meromorphic function having precisely those values $\delta(a)$ and $\mu(a)$ for every a.

It would take us too far to give the many other beautiful applications made by Nevanlinna himself and others of the Second Fundamental Theorem (7) and its consequence (8). Here is one [1926]. Suppose that f_1, f_2 are transcendental meromorphic functions that assume 5 values a_v at exactly the same points possibly with different multiplicities. Then $f_1 \equiv f_2$. If the multiplicities are the same we obtain the same conclusion for 4 values a_v, except when a_1, a_2, a_3, a_4 form a harmonic range and both functions do not take two of the values a_2 and a_4. In this case $f_2 = S(f_1)$ where S is the bilinear transformation which permutes a_2 and a_4 and has a_1, a_3 as fixed points. The corresponding result for entire functions of finite order and 3 values a_v had previously been obtained by Pólya [1921].

The theory, almost complete now, was put together by Nevanlinna in his famous monograph [1929 a]. Much of it had been published in [1925 g]—according to Lehto [1982] Nevanlinna's most important work—the appearance of which Weyl [1943] described as "one of the few great mathematical events of our century".

The proofs so far had been entirely analytic in character and were based on a generalisation of Jensen's theorem which the inventor Nevanlinna called the Poisson–Jensen theorem. This has played a fundamental role in function theory ever since, to the extent that Boas once said to me (perhaps with slight exaggeration) "anything about meromorphic functions which cannot be deduced from the Poisson–Jensen theorem is not true". The Poisson–Jensen formula is obtained from Jensen's formula (1) by making a bilinear transformation of $|z| < r$ onto itself which sends the origin to a specified point ζ and thus yields a representation of $\log|f(\zeta)|$ in terms of the boundary values $\log|f(re^{i\theta})|$ and the zeros a_μ and poles b_ν of f in $|z| < r$. The analytic technique made it very easy to compare the characteristics and value distribution properties of sums, products, derivatives and other combinations of functions. However in the early 1930's two techniques came along which shed a powerful new light on the theory, namely the geometric approach of Ahlfors [1929] and to some extent Shimizu [1929] and the potential theoretic approach of Frostman [1935]. The first led to an exact form of the First Main Theorem 1, namely (Ahlfors [1929], Shimizu [1929]):

$$m_0(r, a) + N(r, a) = T_0(r) + m_0(0, a) .$$

Here $T_0(r)$ is the logarithmic integral of the area $A(r)$, counting multiplicity, of the image of $|z| < r$ by $f(z)$ when this image is regarded as lying on the Riemann sphere. Also

$$m_0(r, a) = \frac{1}{2\pi} \int_0^{2\pi} \log \frac{1}{k\{f(re^{i\theta}), a\}} \, d\theta ,$$

where

$$k(w_1, w_2) = \frac{|w_2 - w_1|}{\sqrt{(1 + |w_1|^2)(1 + |w_2|^2)}}$$

is the chordal distance of two points in the metric of the Riemann sphere. Using these ideas Ahlfors [1935] also obtained a second main theorem comparing $A(r)$ with the number of islands over mutually disjoint domains D_ν, that is, regions in $|z| = r$, which are mapped p to 1 onto D_ν, where p is the multiplicity of the islands.

Further the concept of capacity due to Frostman [1935] enabled Nevanlinna to show in [1936a] that given $\alpha > \frac{1}{2}$ we have, for any function of unbounded characteristic in $|z| < R$,

$$(10) \qquad\qquad m(r, a) = O\{T(r)^\alpha\} \quad \text{as } r \to R$$

for all a outside a set E of capacity zero. On the other hand if E is any compact set of capacity zero, there exists $f(z)$ of unbounded characteristic in $|z| < 1$ and assuming none of the values on E. Thus for every $a \in E$

$$N(r, a) = 0 , \quad m(r, a) = T(r) + O(1) \quad \text{as } r \to 1 .$$

Related results making stronger assertions, with larger exceptional sets, had been obtained earlier by Littlewood [1930] and Ahlfors [1931]. Nevanlinna had already shown in [1925g] that $f(z)$ has bounded characteristic in the plane only if it is constant, and in a finite disk $|z| < R$ only if $f = f_1/f_2$ there, where the f_j are regular and satisfy $|f_j| < 1$ in $|z| < 1$. Thus (10) can be regarded as a far-reaching generalisation of Weierstrass's theorem concerning the behaviour of functions near an isolated essential singularity. Nevanlinna [1936 c] also discussed the size in terms of Hausdorff measure of sets of capacity zero and gave a complete characterisation for generalised Cantor sets.

Other achievements during this period included the invention of harmonic measure [1935 a] and the associated principle, a strong generalisation of Hadamard's 3-circles Theorem. Nevanlinna had used a related idea to find in [1933 e] the exact form of an inequality of Milloux [1924], a result independently obtained by Beurling [1933] and a little earlier in a weaker form by Schmidt [1932]. The Milloux–Schmidt inequality, as it is now somewhat unjustly called, has proved to be a fundamental tool in the study of entire functions. These and a number of other matters were put together in [1936 a], a book which has inspired function theorists ever since it was written and which, like most of the later books, has been translated into Russian and English as well as having several German editions.

Compared with the achievements described above Nevanlinna's other work comes almost as an anticlimax. He continued to write a large number of papers and books throughout his life on many different topics ranging from ballistics [1943 a] to education [1966 d, e]. His book [1953 d] on Riemann surfaces is one of the best accounts of the subject and O. Pretzel has told me how interesting he found the book [1959 f] written with Frithiof on coordinate free analysis. He wrote an excellent elementary textbook with Paatero [1965 c]. However his survey lecture [1966 b] on complex analysis mentions nothing that happened after 1936. Perhaps after that time Rolf did not follow actively the further refinements and applications of his theory being created by a growing circle of younger admirers all over the world. An account of some of the achievements of this theory up to 1975 will be found in Ahlfors [1976].

During the last year or two a breakthrough has been created by S. Rickman with his proof of Picard's theorem for quasiregular mapping from R^n to R^n, the nearest analogue of the concept of a regular function when $n > 2$. Nevanlinna's ideas play a key role in Rickman's theory; there is, for instance, a deficiency relation. No doubt the theory will continue to flourish for many years to come.

Acknowledgments

When I was asked to write this obituary I realised that I ought to go to Finland at some stage. This visit was made possible by Ilpo Laine who kindly invited me to teach in the Nordic summer school at Jyväskylä. During the preceding weekend Sinikka Nevanlinna very graciously entertained me at her home and introduced me to Harri. I also had the privilege of having two long and interesting talks with Mary on the next two days. The conversations I was thus enabled to have with members of Rolf's family were most helpful, and I hope I have not abused their hospitality by misrepresenting what they said.

Sinikka also kindly lent me her copy of Rolf's autobiography [1976 b], which is now out of print. Aimo Hinkkanen spent many hours skilfully translating selected portions of this work for me and my account of Rolf's life is mainly based on these. I am also greatly indebted to Olli Lehto who smoothed my path everywhere and, together with Sinikka, provided me with a representative set of Nevanlinna's offprints. Sinikka read a preliminary version of the life and suggested a number of changes. I have already indicated my debt to Lehto [1982]. In addition I have consulted the account [1966] by Künzi and Louhivaara of Rolf's career, and the later account by Lehto and Louhivaara [1976]. The list of publications at the end of this memoir follows the list prepared by Louhivaara [1976 and an unpublished appendix to it]. Finally I have profited by the splendid account of Rolf's work given by Ahlfors [1976].

References

L. AHLFORS, 'Beiträge zur Theorie der meromorphen Funktionen', C.R. 7e Congr. Math. Scand. Oslo (1929), 84–88.

L. AHLFORS, 'Ein Satz von Henri Cartan und seine Anwendung auf die Theorie der meromorphen Funktionen', Soc. Sci. Fenn. Comment. Phys.-Math. 5, 16 (1931), 1–19.

L. AHLFORS, 'Zur Theorie der Überlagerungsflächen', Acta Math., 65 (1935), 157–194.

L. AHLFORS, 'Das mathematische Schaffen Rolf Nevanlinnas', Ann. Acad. Sci. Fenn. Ser. A I, Vol. 2 (1976), 175–201.

A. BEURLING, 'Études sur un problème de majoration', Thèse, Uppsala, 1933.

O. BLUMENTHAL, Principes de la théorie des fonctions entières d'ordre infini (Gauthier–Villars, Paris, 1910).

É. BOREL, 'Sur les zéros des fonctions entières', Acta Math., 20 (1897), 357–396.

E. F. COLLINGWOOD, 'Sur quelques théorèmes de M. Nevanlinna', C. R. Acad. Sci. Paris, 179 (1924), 1125–1128.

D. DRASIN, 'The inverse problem of the Nevanlinna theory', Acta Math., 138 (1977), 83–151.

O. FROSTMAN, 'Potentiel d'équilibre et capacité des ensembles avec quelques applications à la théorie des fonctions', Meddels Lunds. Univ. Mat. Sem 3 (1935), 1–118.

J. HADAMARD, 'Étude sur les propriétés des fonctions entières et en particulier d'une fonction considerée par Riemann', J. Math. Pures Appl., 9 (1893), 171–215.

J. L. W. V. JENSEN, 'Sur un nouvel et important théorème de la théorie des fonctions', Acta Math., 22 (1899), 359–364.

H. P. KÜNZI and I. S. LOUHIVAARA, 'Rolf Nevanlinna zum 70. Geburtstag', Festband zum 70. Geburtstag von Rolf Nevanlinna (Springer-Verlag, 1966), 1–6.

O. LEHTO, 'On the birth of Nevanlinna theory', Ann. Acad. Sci. Fenn. Ser. A I, 7: 1 (1982).

O. LEHTO and I. S. LOUHIVAARA, 'Rolf Nevanlinna', Ann. Acad. Sci. Fenn. Ser. A I, 2 (1976), ii–vi.

J. E. LITTLEWOOD, 'Mathematical Notes (11): On exceptional values of power series', J. London Math. Soc., 5 (1930), 82–87.

I. S. LOUHIVAARA, 'List of Rolf Nevanlinna's publications', Ann. Acad. Sci. Fenn. Ser. A I, 2 (1976), vii–xxv.

H. MILLOUX, 'Le théorème de Picard, suites de fonctions holomorphes, fonctions méromorphes et fonctions entières', J. Math. Pures Appl. (9), 3 (1924), 345–501.

É. PICARD, 'Mémoire sur les fonctions entières', Ann. École. Norm. 9, (1880), 145–166.

G. PICK, 'Über die Beschränkungen analytischer Funktionen welche durch vorgegebene Funktionswerte bewirkt werden', Math. Ann., 77 (1915), 7–23.

G. PÓLYA, 'Bestimmung einer ganzen Funktion endlichen Geschlechts durch viererlei Stellen', Matematisk Tidsskrift B, (København) (1921), 16–21.

E. SCHMIDT, 'Ueber den Millouxschen Satz', Sitzungsber. Preuss. Akad. Wiss. Phys. Math. Kl., 25 (1932), 394–401.

T. SHIMIZU, 'On the theory of meromorphic functions', Japan J. Math., 6 (1929), 119–171.

G. VALIRON, 'Sur les fonctions entières d'ordre fini et d'ordre nul, et en particulier les fonctions à correspondance régulière', Thèse, Toulouse, 1913.

H. WEYL and F. J. WEYL, Meromorphic functions and analytic curves (Princeton University Press, 1943).

Bibliography

1919   'Über beschränkte Funktionen die in gegebenen Punkten vorgeschriebene Werte annehmen', Ann. Acad. Sci. Fenn. Ser. A., 13: 1, 72 pp.

1920   'Über die schlichten Abbildungen des Einheitskreises', Översikt av Finska vetenskaps-societetens förhandlingar 62. A. 7 (1919–1920, Helsingfors), 14 pp.

1921   'Über die konforme Abbildung von Sterngebieten', Översikt av Finska vetenskaps-societetens förhandlingar 63. A. 6 (1920–1921, Helsingfors), 21 pp.

1922 a 'Asymptotische Entwicklungen beschränkter Funktionen und das Stieltjessche Momentenproblem', Ann. Acad. Sci. Fenn. Ser. A. 18, 53 pp.

b 'Kriterien für die Randwerte beschränkter Funktionen', Math. Z. 13, 1–9.

c 'Sur les relations qui existent entre l'ordre de croissance d'une fonction monogène et la densité de ses zéros', C. R. Acad. Sci. Paris 174, 1325–1327.

d (With J. H. LINDSTRÖM) 'Untersuchungen des Kohärerwiderstandes als abhängend von der Entfernung des Oszillators', Soc. Sci. Fenn. Comment. Phys.-Math. 1: 25, 10 pp.

     e (With F. NEVANLINNA) 'Über die Eigenschaften analytischer Funktionen in der Umgebung einer singulären Stelle oder Linie', *Acta Societatis scientiarum Fennicae* 50: 5 (Helsingfors), 46 pp.

1923 *a* 'Sur le théorème de M. Picard', *C. R. Acad. Sci. Paris* 177, 389–392.

     b 'Über die Anwendung des Poisson'schen Integrals zur Untersuchung der Singularitäten analytischer Funktionen', *Matematikerkongressen i Helsingfors*, 1922. *Redogörelse utgiven av kongressens organisationskommitté* (Akademiska bokhandeln, Helsingfors) pp. 273–289.

1924 *a* 'Sur les fonctions méromorphes', *C. R. Acad. Sci. Paris* 178, 367–370.

     b 'Sur les valeurs exceptionnelles des fonctions méromorphes', *C. R. Acad. Sci. Paris* 179, 24–27.

     c 'Über den Picard–Borelschen Satz in der Theorie der ganzen Funktionen', *Ann. Acad. Sci. Fenn. Ser. A.* 23, 37 pp.

     d 'Über eine Klasse meromorpher Funktionen', *Math. Ann.* 92, 145–154.

     e 'Untersuchungen über den Picard'schen Satz', *Acta Societatis scientiarum Fennicae* 50: 6 (Helsingfors), 42 pp.

     f (With F. NEVANLINNA) 'Über die Nullstellen der Riemannschen Zetafunktion', *Math. Z.* 20, 253–263.

1925 *a* 'Beweis des Picard–Landauschen Satzes', *Nachrichten von der Gesellschaft der Wissenschaften zu Göttingen aus dem Jahre* 1924, *Mathematischphysikalische Klasse* (Berlin), pp. 151–154.

     b 'Neuere Untersuchungen über den Picardschen Satz', *Matematikerkongressen i København*, 1925. *Beretning udgiven af kongressens organisationskomite* (København) pp. 77–95.

     c 'Quelques propriétés des fonctions méromorphes dans un angle donné', *C. R. Acad. Sci. Paris* 181, 352–354.

     d 'Über die Eigenschaften meromorpher Funktionen in einem Winkelraum', *Acta Societatis scientiarum Fennicae* 50: 12 (Helsingfors), 45 pp.

     e 'Über eine Erweiterung des Poissonschen Integrals', *Ann. Acad. Sci. Fenn. Ser. A.* 24, 15 pp.

     f 'Un théorème d'unicité relatif aux fonctions uniformes dans le voisinage d'un point singulier essentiel', *C. R. Acad. Sci. Paris* 181, 92–94.

     g 'Zur Theorie der meromorphen Funktionen', *Acta Math.* 46, 1–99.

     h (With F. NEVANLINNA) 'Über die Nullstellen der Riemannschen Zetafunktion', *Math. Z.* 23, 159–160.

1926   'Einige Eindeutigkeitssätze in der Theorie der meromorphen Funktionen', *Acta Math.* 48, 367–391.

1927 *a* 'Matematiikka ja luonnontieteet', *Valvoja–Aika* 5 (Helsinki), pp. 71–81.

     b 'Matematik och naturvetenskap', *Finsk tidskrift* 102 (Helsingfors), pp. 105–118.

     c 'Sur les valeurs exceptionnelles des fonctions méromorphes dans un cercle', *Bull. Soc. Math. France* 55, 92–101.

1928 *a* 'Compléments aux théorèmes d'unicité dans la théorie des fonctions méromorphes', *C. R. Acad. Sci. Paris* 186, 289–291.

     b 'Geometrian opetuksesta oppikoulussa', *Yksityiskoulu/Privatskolan* 10 (Helsinki), pp. 1–17.

1929 *a* *Le théorème de Picard–Borel et la théorie des fonctions méromorphes*, Collection de monographies sur la théorie des fonctions (Gauthier-Villars et Cie, Paris, 7 + 174 pp.

     b 'Remarques sur le lemme de Schwarz', *C. R. Acad. Sci. Paris* 188, 1027–1029.

     c 'Sur un problème d'interpolation', *C. R. Acad. Sci. Paris* 188, 1224–1226.

     d 'Über beschränkte analytische Funktionen', *Ann. Acad. Sci. Fenn. Ser. A.* 32, 75 pp.

1930 *a* 'Sur les théorèmes d'unicité dans la théorie des fonctions uniformes', *Atti del Congresso internazionale dei matematici, Bologna* 1928 (Comunicazioni, Nicola Zanichelli Editore, Bologna) pp. 223–228.

     b 'Sur une classe de fonctions transcendantes', *C. R. Acad. Sci. Paris* 191, 914–916.

     c 'Über die Herstellung transzendenter Funktionen als Grenzwerte rationaler Funktionen', *Acta Math.* 55, 259–276.

     d 'Ueber die Randwerte von analytischen Funktionen', *Comment. Math. Helv.* 2, 236–252.

     e 'Über gewisse neuere Ergebnisse in der Theorie der Wertverteilung', *Comptes rendus du septième congrès des mathématiciens scandinaves tenu à Oslo*, 1929 (A. W. Brøggers boktryckeri a/s, Oslo), pp. 68–80.

1931 *a* 'Eksaktisen tutkimuksen luonteesta', *Societas scientiarum Fennica. Årsbok–Vuosikirja* 8. B. 6 [9. B. 6] (1930–1931) (Helsingfors) 19 pp.

     b 'Remarques sur les fonctions monotones', *Bull. Sci. Math.* (2), 55, 140–144.

     c 'Über die Werteverteilung der eindeutigen analytischen Funktionen. Vier Vorlesungen, gehalten am Mathematischen Seminar der Universität Hamburg', *Abhandlungen aus dem Mathematischen Seminar der Hamburgschen Universität* 8 (Leipzig), pp. 351–400.

1932   'Über Riemannsche Flächen mit endlich vielen Windungspunkten', *Acta Math.* 58, 295–373.

1933 *a* 'Ein Satz über die konforme Abbildung Riemannscher Flächen', *Comment. Math. Helv.* 5, 95–107.

     b 'Matematiikan opetuksen päämääristä', *Matematiikan ja fysiikan opettajain päivät* 1932 (Kustannusosakeyhtiö Otava, Helsinki), pp. 12–27.

     c 'Ueber das Wesen der exakten Forschung', *Sitzungsberichte der Gesellschaft zur Beförderung der gesamten Naturwissenschaften zu Marburg* 67 (1932) (Berlin), pp. 119–149.

     d 'Über die Riemannsche Fläche einer analytischen Funktion', *Verhandlungen des Internationalen*

Mathematiker-Kongresses Zürich 1932, 1 (Orell Füssli Verlag. Zürich–Leipzig), pp. 221–239.

e 'Über eine Minimumaufgabe in der Theorie der konformen Abbildung', *Nachrichten von der Gesellschaft der Wissenschaften zu Göttingen aus dem Jahre 1933, Mathematisch-physikalische Klasse* (Berlin), pp. 103–115.

1934   *a*   'Jarl Waldemar Lindeberg', *Suomalainen tiedeakatemia. Esitelmät ja pöytäkirjat* 1933 (Helsinki) 115–123.

      b   'Sur la mesure harmonique des ensembles de points', *C. R. Acad. Sci. Paris* 199, 512–514.

      c   'Sur un principe général de l'Analyse', *C. R. Acad. Sci. Paris* 199, 548–550.

1935   *a*   'Das harmonische Mass von Punktmengen und seine Anwendung in der Funktionentheorie', *Comptes rendus du huitième congrès des mathématiciens scandinaves tenu à Stockholm*, 1934 (Håkan Ohlssons boktryckeri, Lund), pp. 116–133.

      b   'Jarl Waldemar Lindeberg (Nachruf 9.12.1933)', *Sitzungsberichte der Finnischen Akademie der Wissenschaften* 1933 (Helsinki), pp. 134–143.

      c   'Konjunkturförändringarnas inverkan på livförsäkringsbolagens ränteplan', *Den nionde nordiska livförsäkringskongressen i Stockholm* 1935 (Avhandlingar, Stockholm), pp. 313–318.

      d   (With E. PALE) *Salaman vakuutettujen kuolleisuus vuosina 1920–1930* (Keskinäinen henkivakuutusyhtiö Salama, Helsinki), 103 pp.

1936   *a*   *Eindeutige analytische Funktionen*, Die Grundlehren der math. Wiss. 46 (Verlag von Julius Springer, Berlin), 8+353 pp.

      b   'Språkfrågan i Finland', *Under dusken*, 22 (Trondheim), pp. 1–2, 24–25, 40–41.

      c   'Über die Kapazität der Cantorschen Punktmengen', *Monatshefte für Mathematik und Physik*, 43, pp. 435–447.

1938   'Fysikaalisesta ajan käsitteestä', *Ajatus. Filosofisen yhdistyksen vuosikirja* 9 (Porvoo–Helsinki), pp. 161–187.

1939   *a*   'Bemerkungen zum alternierenden Verfahren', *Monatshefte für Mathematik und Physik*, 48, pp. 500–508.

      b   'Die Mathematik und das wissenschaftliche Denken', *Neuvième congrès des mathématiciens scandinaves à Helsingfors* 1938 (Helsinki/Helsingfors) pp. 1–14.

      c   'Huomautuksia geometrian järjestelmistä', *Matemaattisten aineiden aikakauskirja* 1939 (Helsinki), pp. 157–187.

      d   'Über das alternierende Verfahren von Schwarz', *J. reine angew. Math.* 180, 121–128.

1940   *a*   'Ein Satz über offene Riemannsche Flächen', *Ann. Acad. Sci. Fenn. Ser. A.* 54, 18 pp.

      b   'Über die Lösbarkeit des Dirichletschen Problems für eine Riemannsche Fläche', *Nachrichten von der Gesellschaft der Wissenschaften zu Göttingen, Mathematisch-physikalische Klasse*, 1 (1934–40). Göttingen. pp. 181–193.

1941   *a*   'Avaruus-aikamaailman käsitteellisestä konstruoimisesta', *Ajatus. Filosofisen yhdistyksen vuosikirja* 10 (Porvoo-Helsinki), pp. 143–153.

      b   'Kokeista ja ajatuskokeista', *Suomalainen tiedeakatemia. Esitelmät ja pöytäkirjat* 1940 (Helsinki) pp. 24–35.

      c   'Quadratisch integrierbare Differentiale auf einer Riemannschen Mannigfaltigkeit', *Ann. Acad. Sci. Fenn. Ser. A. I. Math.-Phys.* 1, 34 pp.

1943   *a*   'Berechnung der Normalflugbahn eines Geschosses', *Ann. Acad. Sci. Fenn. Ser. A. I. Math.-Phys.* 15, 8.

      b   'Minerva im Panzer', *Finnischer Zeitspiegel* 3 (Helsinki) pp. 6–8.

      c   'Ueber die Konstruktion von analytischen Funktionen auf einer Riemannschen Fläche', *Atti dei convegni* 9, *Reale Accademia d'Italia*, Roma, pp. 307–324.

1944   'Über Experimente und Gedankenexperimente', *Sitzungsberichte der Finnischen Akademie der Wissenschaften* 1940 (Helsinki), pp. 26–40.

1946   'Ylioppilaan tehtävistä', *Kulttuurin saavutuksia suomalaisten tiedemiesten ja taiteilijain esittämänä* (Werner Söderströmin osakeyhtiö, Porvoo), pp. 15–21.

1947   *a*   'Eindeutigkeitsfragen in der Theorie der konformen Abbildung', *Comptes rendus du dixième congrès des mathématiciens scandinaves tenu à Copenhague* 1946 (Jul. Gjellerups forlag, København), pp. 225–240.

      b   'Ernst Leonard Lindelöf (Minnestal 19.3.1947)', *Societas scientiarum Fennica. Årsbok–Vuosikirja* 25. C. 4 (1946–1947). Helsingfors, 11 pp.

1948   *a*   'Tieteellinen tutkimustyö', *Kulttuurin saavutuksia suomalaisten tiedemiesten ja taiteilijain esittämänä* 2 (Werner Söderström osakeyhtiö, Porvoo), pp. 3–9.

      b   'Über das Anwachsen des Dirichletintegrals einer analytischen Funktion auf einer offenen Riemannschen Fläche', *Ann. Acad. Sci. Fenn. Ser. A. I. Math.-Phys.* 45, 9 pp.

1949   *a*   'Neliulotteisesta avaruudesta', *Arkhimedes* 1949: 1, pp. 3–15.

      b   'Sur l'existence de certaines classes de différentielles analytiques', *C. R. Acad. Sci. Paris* 228, pp. 2002–2004.

      c   'Tieteellinen ajattelu ja arkiajattelu', *Valvoja* 69 (Helsinki), pp. 257–265.

      d   'Über die Neumannsche Methode zur Konstruktion von Abelschen Integralen', *Comment. Math. Helv.* 22, 302–316.

  e 'Ueber die Randelemente einer Riemannschen Fläche', *Ann. Mat. Pura. Appl.* (4), 29, 71–73.
  f 'Über Mittelwerte von Potentialfunktionen', *Ann. Acad. Sci. Fenn. Ser. A. I. Math.-Phys.* 57, 12 pp.
1950 *a* 'Ernst Lindelöf 1870–1946'. [Finnish], *Arkhimedes* 1950: 2. 1–6.
  b 'Leitende Gesichtspunkte in der Entwicklung der Mathematik', *Vierteljschr. Naturforsch. Ges. Zürich* 95, pp. 1–22.
  c 'Matematiikan kehityksen johtavia periaatteita', *Arkhimedes* 1950: 1, 13–27.
  d 'Tieteellinen ajattelu ja arkiajattelu', *Kertomus Suomen Akatemian toiminnasta vuonna* 1949 (Helsinki), pp. 23–31.
  e 'Über die Anwendung einer Klasse von Integralgleichungen für Existenzbeweise in der Potentialtheorie', *Acta Sci. Math. (Szeged)* 12, pp. 146–160.
  f 'Über die Existenz von beschränkten Potentialfunktionen auf Flächen von unendlichem Geschlecht', *Math. Z.* 52, 599–604.
1951 *a* 'Beitrag zur Theorie der Abelschen Integrale', *Ann. Acad. Sci. Fenn. Ser. A. I. Math.-Phys.* 100, 11 pp.
  b 'Bemerkungen zur Lösbarkeit der ersten Randwertaufgabe der Potentialtheorie auf allgemeinen Flächen', *Math. Z.* 53, 106–109.
  c 'Beschränktartige Potentiale', *Math. Nachr.* 4, pp. 489–501.
  d 'Framställningens problem i matematiken', Matemaattisten aineiden aikakauskirja 15 (Helsinki), pp. 73–83. = *Matematisk tidsskrift* A. 1951 (København), pp. 79–89.
  e 'Tieteellisten maailmanselitysten luonteesta', *Valvoja* 71 (Helsinki), pp. 197–206.
  f 'Über den Gauss–Bonnetschen Satz', *Festschrift zur Feier des zweihundertjährigen Bestehens der Akademie der Wissenschaften in Göttingen.* I. *Mathematisch-physikalische Klasse.* (Springer-Verlag, Berlin-Göttingen-Heidelberg), pp. 175–178.
  g *Viivallinen Algebra*, Tiedekirjasto 21 (Kustannusosakeyhtiö Otava, Helsinki), 218 pp.
1952 *a* 'Beweis des Satzes über die Vertauschbarkeit der Differentiationen', *Math. Z.* 56, 120–121.
  b 'Erweiterung der Theorie des Hilbertschen Raumes', *Medd. Lunds Univ. Mat. Sem.* (Tome supplémentaire dédié à Marcel Riesz), pp. 160–168.
  c 'Surfaces de Riemann ouvertes', *Proceedings of the International congress of mathematicians, Cambridge, Massachusetts, U.S.A.*, 1950 (American Mathematical Society, Providence, Rhode Island), pp. 247–252.
  d 'Über die Polygondarstellung einer Riemannschen Fläche', *Ann. Acad. Sci. Fenn. Ser. A. I. Math.-Phys.* 122, 9 pp.
  e 'Über metrische lineare Räume. I. Allgemeine Bemerkungen zur Metrisierbarkeit', *Ann. Acad. Sci. Fenn. Ser. A. I. Math.-Phys.* 108, 8 pp.
  f 'Über metrische lincare Räume. II. Bilinearformen und Stetigkeit', *Ann. Acad. Sci. Fenn. Ser. A. I. Math.-Phys.* 113, 9 pp.
  g 'Über metrische lineare Räume. III. Theorie der Orthogonalsysteme', *Ann. Acad. Sci. Fenn. Ser. A. I. Math.-Phys.* 115, 27 pp.
1953 *a* 'Bemerkung zur Funktionalanalysis', *Math. Scand.* 1, 104–112.
  b 'Den fyrdimensionella rymden', *Nordisk Mat. Tidskr.* 1, 98–114.
  c *Eindeutige analytische Funktionen.* [Zweite verbesserte Auflage.] Die Grundlehren der math. Wiss. 46 (Springer-Verlag, Berlin-Göttingen-Heidelberg), 10 + 379 pp.
  d *Uniformisierung*, Die Grundlehren der math. Wiss. 64 (Springer-Verlag, Berlin-Göttingen-Heidelberg), 10 + 391 pp.
1954 *a* 'Avaruuden käsityksistä', *Valvoja* 74 (Helsinki), pp. 210–228.
  b 'Bemerkung zur absoluten Analysis', *Ann. Acad. Sci. Fenn. Ser. A. I. Math.-Phys.* 169, 7 pp.
  c 'Die konformen Selbstabbildungen des euklidischen Raumes', *Istanbul Üniv. Fen Fak. Meem. Ser. A.* 19, 133–139.
  d 'Differentiaaliyhtälön ratkaisun yksikäsitteisyydestä', *Arkhimedes* 1954: 2, 10–15.
  e 'Tutkimus ja tutkija', *Valvoja* 74 (Helsinki), pp. 5–10.
  f 'Über metrische lineare Räume. IV. Zur Theorie der Unterräume', *Ann. Acad. Sci. Fenn. Ser. A. I. Math.-Phys.* 163, 16 pp.
1955 *a* 'Albert Einstein' [Finnish], *Valvoja* 75 (Helsinki), pp. 129–148.
  b 'Countability of a Riemann surface', *Lectures on functions of a complex variable* (The University of Michigan Press, Ann Arbor, Michigan), pp. 61–64.
  c 'Gauss ja epäeuklidinen geometria', *Arkhimedes* 1955: 2, 1–14.
  d 'Om rymdbegreppets utveckling', (Nordisk sommeruniversitet 1954). *Orientering og debat* 4 (Munksgaard, København), pp. 101–118.
  e 'Polygonal representation of Riemann surfaces', *Lectures on functions of a complex variable* (The University of Michigan Press, Ann Arbor, Michigan), pp. 65–70.
  f 'Über die Umkehrung differenzierbarer Abbildungen', *Ann. Acad. Sci. Fenn. Ser. A. I. Math.-Phys.* 185, 12 pp.
1956 *a* 'A remark on differentiable mappings', *Michigan Math. J.* 3, 53–57.
  b 'Erhard Schmidt zu seinem 80. Geburtstag', *Forschungen und Fortschritte* 30 (Berlin), pp. 60–62. = *Math. Nachr.* 15, 3–6.
  c 'Gauss och den icke-euklidiska geometrin', *Nordisk Mat. Tidskr.* 4, 195–209.

d 'Sur la déformation dans la théorie de la représentation conforme', *J. Math. Pures Appl.* (9), 35, 109–114.

e 'Über den Satz von Stokes', *Ann. Acad. Sci. Fenn. Ser. A. I. Math.-Phys.* 219, 24 pp.

f 'Über metrische lineare Räume. V. Relationen zwischen verschiedenen Metriken', *Ann. Acad. Sci. Fenn. Ser. A. I. Math.-Phys.* 222, 6 pp.

g (With WERNER GRAEUB) 'Zur Grundlegung der affinen Differentialgeometrie', *Ann. Acad. Sci. Fenn. Ser. A. I. Math.-Phys.* 224, 23 pp.

1957 *a* 'Funktionaaliyhtälöstä $f(x+y) = f(x)f(y)$', *Arkhimedes* 1957: 1, 1–16.

b 'Zur Theorie der Normalsysteme von gewöhnlichen Differentialgleichungen', *Rev. Math. Pures Appl.* 2, 423–428.

c (With F. NEVANLINNA) 'Über die Integration eines Tensorfeldes', *Acta Math.* 98, 151–170.

1958 *a* 'Application d'un principe de E. Goursat dans la théorie des équations aux dérivées partielles du premier ordre', *C. R. Acad. Sci. Paris* 247, 2087–2090.

b 'Cauchyn murtoviivamenettelystä', *Arkhimedes* 1958: 2, 1–11.

c 'Sur les équations aux dérivées partielles du premier ordre', *C. R. Acad. Sci. Paris* 247, 1953–1954.

d 'Tutkimus ja yhteiskunta', *Suomalainen Suomi. Suomalaisuuden liiton kulttuuripoliittinen aikakauskirja* 26 (Helsinki), pp. 247–251.

e 'Über fastkonforme Abbildungen' (Proceedings of the International colloquium on the theory of functions. Helsinki 1957), *Ann. Acad. Sci. Fenn. Ser. A. I. Math.* 251/7. 10 pp.

f 'Über Tensorrechnung', *Rend. Circ. Mat. Palermo* (2), 7, 285–302.

1959 *a* 'Avaruuden käsityksen muodostumisesta', *Teekkari. Tekniikan ylioppilaiden osakuntalehti* 30: 2 (Helsinki), pp. 4–8.

b 'Onko maamme kilpailukykyinen?', *Akateeminen* 4: 3 (Helsinki), pp. 10–11.

c 'Tutkimus ja opetus korkeakouluissamme', *Valvoja* 79 (Helsinki), pp. 53–61.

d 'Wissen und Erkenntnis in der exakten Forschung', *Glaube und Unglaube in unserer Zeit* (Atlantis-Verlag, Zürich), pp. 49–60.

e 'Yrjö Kilpinen in memoriam', [Finnish], *Suomen musiikin vuosikirja* 1958–59 (Kustannusosakeyhtiö Otava, Helsinki), pp. 10–11.

f (With F. NEVANLINNA) *Absolute Analysis*, Die Grundlehren der math. Wiss. 102 (Springer-Verlag, Berlin-Göttingen-Heidelberg), 8 + 259 pp.

g (With HANS WITTICH) 'Egon Ullrich in memoriam', *Jber. Deutsch. Math.-Verein.* 61, pp. 57–61, 61–65.

1960 *a* 'On differentiable mappings', *Analytic functions*, Princeton Mathematical Series 24 (Princeton University Press, Princeton, New Jersey), pp. 3–9.

b 'Über die Methode der sukzessiven Approximationen', *Ann. Acad. Sci. Fenn. Ser. A. I. Math.* 291, 10 pp.

c 'Yrjö Kilpinen in memoriam' [Finnish], *Kertomus Suomen Akatemian toiminnasta vuonna* 1959 (Helsinki), pp. 7–8.

1961 'Tämän hetken henkisestä tilanteesta', *Valvoja* 81 (Helsinki), pp. 1–9.

1962 *a* 'De elektromagnetiska fenomenens ställning i den exakta forskningens världsbild', *Kraft och ljus* 35 (Helsingfors), pp. 247–250. = *Tekniskt forum. Tekniska föreningens i Finland förhandlingar* 83 (Helsingfors), pp. 382–384.

b 'Kompleksilukujen järjestelmistä', *Arkhimedes* 1962: 2, 16–21.

c 'Matematiikan asema koulussa ja yhteiskunnassa', *Vanhojen norssien hallitus*, Helsinki, pp. 40–43.

d 'Remarks on complex and hypercomplex systems', *Soc. Sci. Fenn. Comment. Phys.-Math.* 26: 3 B, 6 pp.

e 'Sähkömagneettisten ilmiöiden asema eksaktin tutkimuksen maailmankuvassa', *Voima ja valo* 35 (Helsinki), pp. 247–250.

1963 *a* 'Eksaktin luonnontutkimuksen yhtenäistymisestä', *Kertomus Suomen Akatemian toiminnasta vuonna* 1962 (Helsinki), pp. 31–36.

b *Suhteellisuusteorian periaatteet*, Universitas 2 (Werner Söderström osakeyhtiö, Porvoo), 4 + 256 pp.

c (With V. PAATERO) *Funktioteoria*, (Kustannusosakeyhtiö Otava, Helsinki), 380 pp.

1964 *a* 'Enligt vilka riktlinjer bör matematikundervisningen reformeras', *Matemaattisten aineiden aikakauskirja* 28, (Helsinki), pp. 30–50.

b *Raum, Zeit und Relativität*, (Vorlesungen, gehalten an den Universitäten Helsinki und Zürich) Wissenschaft und Kultur 19, (Birkhäuser Verlag, Basel–Stuttgart), 229 pp.

c 'Tutkimus ja korkein opetus', *Valvoja* 84 (Helsinki), pp. 305–314.

d 'Zur Frage der mathematischen Behandlung von Erlebnismannigfaltigkeiten', *Ajatus* (Essays dedicated to Professor Yrjö Reenpää on the occasion of his seventieth birthday 18 July 1964.) Helsinki, pp. 147–156.

1965 *a* 'Laajeneva todellisuus', *Kollega. Turun lääketieteenkandidaattiseura ry:n julkaisu* 4: 4, *Turku*, pp. 17–19.

b 'Mihin minä uskon', *Suomen Kuvalehti* 49: 2 (Helsinki), pp. 24–25, 44.

c (With V. PAATERO) *Einführung in die Funktionentheorie*. Lehrbücher und Monographien aus dem

Gebiete der exakten Wissenschaften. Mathematische Reihe 30 (Birkhäuser Verlag, Basel—Stuttgart), 388 pp.

1966 a 'Akateeminen vapaus—Mitä se nykyisin voi olla ja mitä sen tulisi olla', *Suomalainen Suomi. Kulttuuripoliittinen aikakauskirja* 34, (Helsinki), pp. 148–152.

b 'Entwicklung der Theorie der eindeutigen analytischen Funktionen einer komplexen Veränderlichen seit Weierstraß', Festschrift zur Gedächtnisfeier für Karl Weierstraß 1815–1965. *Wissenschaftliche Abhandlungen der Arbeitsgemeinschaft für Forchung des Landes Nordrhein-Westfalen* 33, (Westdeutscher Verlag, Köln-Opladen), pp. 97–122.

c 'Methods in the theory of integral and meromorphic functions', *J. London Math. Soc.* 41, pp. 11–28.

d 'Reform des mathematischen Unterrichts in der Schule', *Math.-Phys. Semesterber (Neue Folge)*, 13, pp. 13–31.

e 'Reform in teaching mathematics', *Amer. Math. Monthly* 73, pp. 451–464.

f *Rum, tid och relativitet*, Almqvist & Wiksell, Stockholm/Schildts (Holger Schildts förlag, Helsingfors), 177 pp.

g 'Tieteellisistä malleista eli modelleista', *Kertomus Suomen Akatemian toiminnasta vuonna 1965. (Helsinki)*, pp. 10–16.

h 'Über die Konstruktion von meromorphen Funktionen mit gegebenen Wertzuordnungen', Festschrift zur Gedächtnisfeier für Karl Weierstraß 1815–1965. *Wissenschaftliche Abhandlungen der Arbeitsgemeinschaft für Forschung des Landes Nordrhein-Westfalen* 33, (Westdeutscher Verlag, Köln-Opladen), pp. 579–582.

1967 a 'Calculus of variation and partial differential equations', *J. Analyse Math.* 19, 273–281.

b 'Kaksi kulttuuria—yksi kulttuuri', *Itäsuomi. Sitoutumaton mielipidelehti* 2: 2 (Savonlinna), p. 47.

c 'Kulttuuri ja oppikoulu', *Oppikoululehti-Läroverkstidningen* 1967: 5, (Helsinki), 4 pp.

1968 a 'Kokeellisen ja teoreettisen tutkimuksen vuorovaikutuksesta', *Duodecim. Lääketieteellinen aikakauskirja* 84, (Helsinki), pp. 1105–1109.

b 'Matematiikka ja nykyaika', *Suomen Akatemia puhuu* (Werner Söderström osakeyhtiö, Porvoo-Helsinki), pp. 87–112.

1969 a 'Variaatiolaskenta ja 1. kertaluvun osittaiset differentiaaliyhtälöt', *Arkhimedes* 1969: 2, pp. 1–12.

b 'Yliopistokysymys', *Suomalainen Suomi—Valvoja* 37 (Helsinki), pp. 342–346.

1973 a *Geometrian perusteet*, (Werner Söderström osakeyhtiö, Porvoo-Helsinki), 12 + 102 pp.

b 'Über die Metrisierung der affinen Geometrie', *Acta Sci. Math. (Szeged)* 34, 297–300.

c 'Über die Riemannsche Grundlegung einer allgemeinen Mannigfaltigkeitslehre', *Ajatus* 35. (Essays dedicated to Professor Oiva Ketonen on the occasion of his sixtieth birthday 21 January 1973), Helsinki, pp. 246–260.

1975 a 'Johdannoksi. Matematiikan ja logiikan tutkimuksen alkuvaiheita'. Luonnontieteellisen tutkimuksen historiaa. (Edited by VILHO NIITEMAA.) *Elävää historiaa* 4. Taskutieto 127. (Werner Söderström osakeyhtiö, Porvoo-Helsinki), pp. 5–7, 23–29.

b 'Menneisyys, nykyhetki, tulevaisuus', *Kanava* 3, (Helsinki), pp. 391–395.

1976 a 'Matematiikan opetuksen tavoitteista', *Matemaattisten aineiden aikakauskirja* 40, (Helsinki), pp. 13–23.

b *Muisteltua. Kustannusosakeyhtiö Otava* (Helsinki), 244 pp. + 44 plates.

c 'Opettajakunnan ääni', *Matemaattisten aineiden aikakauskirja* 40 (Helsinki), pp. 282–283.

d 'Vaikutelmia Erik Tawaststjernasta', *Musikvetenskapliga sällskapet i Finland.* (Kustannuosakeyhtiö Otava, Helsinki), pp. 7–12.

e (With PAUL EDWIN KUSTAANHEIMO) *Grundlagen der Geometrie. (I. Teil: Affine Geometrie der Ebene* von ROLF NEVANLINNA. *II. Teil: Finite Geometrien* von PAUL E. KUSTAANHEIMO). Lehrbücher und Monographien aus dem Gebiet der exakten Wissenschaften. Mathematische Reihe 43. (Birkhäuser Verlag, Basel-Stuttgart, 135 pp.)

f 'Theory and application in exact science', *Bull. Math. Soc. Sci. Math. R. S. Roumanie (N. S.)* 20 (68), pp. 303–306.

1977 a 'Kokeista ja ajatuskokeista', *Ajatus ja analyysi*, (Edited by Tauno Nyberg), *Taskutieto* 134. (Werner Söderström osakeyhtiö, Porvoo-Helsinki-Juva), pp. 83–95.

b 'Randbemerkungen zum Begriff der Realität', *Logik, Mathematik und Philosophie des Transzendenten.* (Festgabe für Uuno Saarnio zum achtzigsten Geburtstag edited by Ahti Hakamies). (Verlag Ferdinand Schöningh, München-Paderborn-Wien), pp. 61–66.

1978 a 'Lindelöf, Ernst' [Finnish], *Otavan suuri ensyklopedia* 5, (Kustannusosakeyhtiö Otava, Helsinki), p. 3752.

b 'On the minimalmodulus of an entire function'. *Compleksnii anal. i pril. (Complex analysis and its applications)* (Nauka, Moscow), pp. 418–420.

1979 'Musiikkimuistoja', *Ihminen musiikin valtakentässä. Juhlakirja Professori Timo Mäkiselle 6.6.1979.* (Edited by Reijo Pajamo), *Jyväskylä Studies in the Arts* 11 (Jyväskylän yliopisto, Jyväskylä), pp. 154–159.

1980 a 'Riemann, Bernhard', [Finnish], *Otavan suuri ensyklopedia* 8 (Kustannusosakeyhtiö Otava, Helsinki), pp. 5729–5730.

b 'Suhteellisuusteoria', *Otavan suuri ensyklopedia* 8, (Kustannusosakeyhtiö Otava, Helsinki),
     pp. 6485–6487.
c 'Über rationale Approximation meromorpher Funktionen mit dem totalen Defekt 2' (Vorträge,
     gehalten am 9. Dezember 1977 auf dem Festkolloquium zum Anlasse des 70. Geburtstages
     von Prof. Dr. Dr.h.c. Ernst Peschl am Math. Inst. der Universität Bonn), *Bonn. Math. Schr.*
     121 (Sonderband), pp. 33–40.

WALTER K. HAYMAN

Department of Mathematics,
    Imperial College of Science and Technology,
      Huxley Building,
        Queen's Gate,
          London SW7 2BZ.

Issai Schur
10. Januar 1875–10. Januar 1941

Nachwort

Alle mathematischen Rechnungen, ganz gleich, ob von Maschinen unterstützt oder nicht, beinhalten letztlich nur endlich viele Schritte. Aus diesem Grunde ist eine Approximation von unendlichen Prozessen durch endliche erforderlich. Im Kontext der komplexen Funktionentheorie leisten dies die Interpolationstheorie und die Approximationstheorie.

Eine im Innern des Einheitskreises holomorphe Funktion kann eine sehr komplizierte Werteverteilung haben, vor allem das Randverhalten kann höchst eigenartig sein. Die Taylorkoeffizienten hingegen liefern ein natürliches Mittel finiter Approximation.

Einige Eigenschaften der Funktion sind jedoch nicht unmittelbar aus den Taylorkoeffizienten ablesbar. Ein gutes Beispiel hierfür ist die Beschränktheit. Wie müssen die Taylorkoeffizienten gewählt werden, um zu erreichen, daß die zugehörige Funktion im Innern des Einheitskreises holomorph und betragsmäßig durch 1 beschränkt ist? Solche und ähnliche Probleme waren Ausgangspunkt klassischer Arbeiten von CARATHÉODORY [1], [2], CARATHÉODORY/FEJÉR [1], HERGLOTZ [1], FISCHER [1], TOEPLITZ [1]. Ihre umfassendste Behandlung erfuhr in jenem frühen Stadium zwischen 1910 und 1920 diese Aufgabenklasse jedoch in der fundamentalen Arbeit [2] von I. SCHUR, in der nicht nur notwendige und hinreichende Bedingungen zur Lösung von Interpolationsproblemen angegeben wurden, sondern gleichzeitig auch ein tiefsinniger Algorithmus konstruiert wurde, mit dessen Hilfe sich die gesamte Lösungsmenge explizit beschreiben läßt. Nachfolgend soll nun umrissen werden, welche enorme Renaissance die Methode von SCHUR vornehmlich im letzten Jahrhundert erfuhr. Dies führte zur Herausbildung einer neuen mathematischen Richtung, welche jetzt unter der Bezeichnung „Schur-Analysis" geführt wird und dadurch gekennzeichnet ist, an der Nahtstelle einer ganzen Reihe mathematischer Disziplinen lokalisiert zu sein. Man denke hierbei z. B. nur an Vorhersagetheorie, Streutheorie, Systemtheorie, Interpolationstheorie, schnelle Algorithmen der linearen Algebra oder inverse Probleme bei Differentialoperatoren. Das vorliegende Nachwort zielt darauf ab, die wesentlichsten Momente, Anwendungen und Resultate der Schur-Analysis zu skizzieren, wobei kein Anspruch auf Vollständigkeit erhoben werden kann.

1. Momentenprobleme und Koeffizientenprobleme für spezielle holomorphe Funktionen

Momentenprobleme sind klassische Fragestellungen der Analysis, die sowohl durch innermathematische Eleganz als auch durch außerordentlich breite Anwendungen theoretischer und angewandter Natur gekennzeichnet sind. Sie lösten zahlreiche wichtige Entwicklungen in Funktionentheorie, Funktionalanalysis, Wahrscheinlichkeitstheorie und Statistik, Approximationstheorie und Fourieranalyse aus. Es sollen nun einige der grundlegenden Ideen bei der klassischen Behandlung von Momentenproblemen skizziert werden. Dazu werden zunächst die beiden Grundtypen klassischer Momentenprobleme formuliert:

a) Potenzmomentenproblem:

Es sei Δ eine Borelsche Teilmenge der Menge $\mathbf{R}$ aller reellen Zahlen, und $(s_n)_{n=0}^{\infty}$ sei eine Folge reeller Zahlen. Dann ist die Menge $\mathcal{M}((s_n)_{n=0}^{\infty})$ aller endlichen Borelmaße μ auf Δ anzugeben, welche für $n \in \mathbf{N}_0 := \{0, 1, 2, ...\}$ gerade s_n als n-tes Moment besitzen, d. h. den Gleichungen

$$s_n = \int_{\Delta} z^n \, \mu \, (\mathrm{d}z), \, n \in \mathbf{N}_0,$$

genügen. Insbesondere sind notwendige und hinreichende Bedingungen dafür anzugeben, daß $\mathcal{M}((s_n)_{n=0}^{\infty})$ nichtleer ist.

Im Fall $\Delta = \mathbf{R}$ bzw. $\Delta = [0, \infty)$ spricht man hierbei auch vom Hamburgerschen bzw. Stieltjesschen Momentenproblem, während der Spezialfall eines endlichen abgeschlossenen Intervalls Δ als Hausdorffsches Momentenproblem bezeichnet wird.

b) Trigonometrisches Momentenproblem:

Es sei $\mathbf{T}$ die Einheitskreislinie der komplexen Ebene $\mathbf{C}$, und $(c_m)_{m=-\infty}^{\infty}$ sei eine Folge komplexer Zahlen. Dann ist die Menge $\mathfrak{N}((c_m)_{m=-\infty}^{\infty})$ aller endlichen Borelmaße σ auf $\mathbf{T}$ anzugeben, welche für alle ganzen Zahlen m gerade c_m als m-ten Fourierkoeffizienten besitzen, d. h. den Gleichungen

$$c_m = \int_{\mathbf{T}} z^{-m} \, \sigma(\mathrm{d}z), \quad m \in \mathbf{Z} := \{..., -1, 0, 1, ...\},$$

genügen. Insbesondere sind notwendige und hinreichende Bedingungen dafür anzugeben, daß $\mathfrak{N}((c_m)_{m=-\infty}^{\infty})$ nichtleer ist.

Die beiden angegebenen Momentenprobleme besitzen naheliegende finite Versionen, die dadurch gekennzeichnet sind, daß nur endliche Momentenfolgen vorgegeben sind.

Anknüpfend an klassische Untersuchungen der Petersburger Schule von CHEBYSHEV und MARKOV behandelte STIELTJES [1] das später nach ihm benannte Momentenproblem mit Methoden aus der Theorie der Kettenbrüche. Dabei gelang ihm die Charakterisierung der Lösbarkeit des Problems in Termen der positiven Semidefinitheit von Folgen gewisser aus der Momentenfolge gebildeter Hankelmatrizen. Ebenfalls mit Kettenbruchmethoden untersuchte HAMBURGER [1], [2] das später nach ihm benannte Momentenproblem. Ähnlich wie STIELTJES konnte er die Lösbarkeit des Problems in Termen der positiven Semidefinitheit einer Folge von aus den Momenten gebildeten Hankelmatrizen charakterisieren. Damit kristallisierte sich bereits die typische Form der Charakterisierung der Lösbarkeit von Momentenproblemen heraus, denn positive Semidefinitheit suggeriert Konvexität. Aus diesem Grund assoziierten CARATHÉODORY, HERGLOTZ, SCHUR und R. NEVANLINNA zu den obigen Momentenproblemen entsprechende Interpolationsprobleme für konvexe Familien holomorpher Funktionen mit der Zielstellung der Anwendung wichtiger Integralformeln. Darauf wird später noch detaillierter eingegangen.

M. RIESZ [1] erweiterte das Konvexitätskonzept durch Methoden der seinerzeit gerade aufkeimenden linearen Funktionalanalysis. Insbesondere studierte er das Problem der Fortsetzung von positiven Funktionalen.

M. G. KREIN knüpfte an frühere Untersuchungen von CARATHÉODORY [1], [2] und CARATHÉODORY/FEJÉR [1] an, welche einen stark geometrischen Zugang zur Lösung von Momentenproblemen beinhalteten, der auf der Beschreibung der Geometrie konvexer Körper basierte. Ausgehend hiervon schuf KREIN die Theorie der Chebyshev-Räume, deren spezifische Rolle im Rahmen der Approximationstheorie in den Monographien KREIN/NUDELMAN $\langle 1 \rangle$ und KARLIN/STUDDEN [1] ausführlich dargelegt ist (vgl. auch KREIN $\langle 10 \rangle$).

Als notwendig und hinreichend für die Lösbarkeit des trigonometrischen Momentenproblems erweist sich, daß für jede nichtnegative ganze Zahl n die Toeplitzmatrix $(c_{j-k})_{j,\,k=0}^{n}$ nichtnegativ hermitesch ist. Diese Charakterisierung geht auf TOEPLITZ [1] zurück, der die in CARATHÉODORY [1] mittels konvexer Körper gegebene Formulierung auf die obige algebraische Form brachte. Elementar läßt sich zeigen, daß im Falle der Lösbarkeit des trigonometrischen Momentenproblems durch

$$f(z) := c_0 + 2 \sum_{k=1}^{\infty} c_k z^k, \quad |z| > 1, \tag{1}$$

eine im Innern des Einheitskreises holomorphe Funktion f mit nichtnegativem Realteil definiert wird. Falls umgekehrt f eine solche Funktion ist, deren Imaginärteil in 0 verschwindet und deren Potenzreihenentwicklung um 0 durch (1) gegeben ist, so liefert das F. Riesz-Herglotz-Theorem (vgl. F. RIESZ [1], HERGLOTZ [1]), daß, wenn für $k \in \mathbb{N}$ die Setzung $c_{-k} := \overline{c_k}$ vorgenommen wird, dann für jedes nichtnegative n die Toeplitzmatrix $(c_{j-k})_{j,\,k=0}^{n}$ nichtnegativ hermitesch ist. Es zeigt sich weiterhin, daß, falls ein trigonometrisches Momentenproblem lösbar ist, dann Eindeutigkeit der Lösung vorliegt. Die eindeutige Lösung dieses Momentenproblems ist dann nämlich gerade dasjenige eindeutig bestimmte Borelmaß μ auf $\mathbb{T}$, welches die Riesz-Herglotz-Darstellung von f realisiert, d. h., für alle w aus der offenen Einheitskreisscheibe $\mathbb{D} := \{v \in \mathbb{C} : |v| < 1\}$ gilt

$$f(w) = \int_{\mathbb{T}} \frac{z+w}{z-w}\, \mu(\mathrm{d}z).$$

Von besonderem Interesse hinsichtlich des engen Zusammenhanges zur Vorhersagetheorie stationärer Folgen ist das endliche trigonometrische Momentenproblem, bei dem eine endliche Folge $(c_m)_{m=-n}^{n}$ vorliegt. Die vorangehenden Betrachtungen machen also deutlich, daß das endliche trigonometrische Momentenproblem dem folgenden funktionentheoretischen Interpolationsproblem äquivalent ist.

Carathéodory-Problem:
Gegeben seien eine nichtnegative ganze Zahl n und eine Folge $(\gamma_j)_{j=0}^{n}$ von komplexen Zahlen. Dann ist die Menge $\mathfrak{C}\,((\gamma_j)_{j=0}^{n})$ aller in $\mathbb{D}$ holomorphen Funktionen mit nichtnegativem Realteil zu bestimmen, deren erste $n+1$ Taylorkoeffizienten gerade $\gamma_0, \gamma_1, \ldots, \gamma_n$ sind. Insbesondere ist der Fall zu charakterisieren, daß $\mathfrak{C}\,((\gamma_j)_{j=0}^{n})$ nichtleer ist.

Dieses Problem wurde in Carathéodory [1], [2] sowie Carathéodory/Fejér [1] erstmals studiert, wobei die Charakterisierung der Lösbarkeit in Termen konvexer Hüllen erfolgte.

Ähnliche Problemstellungen sowie auch alternative Beweise der Resultate Carathéodorys sind in den Arbeiten von Fischer [1], Herglotz [1], Frobenius [1], Schur [1], Gronwall [1], F. Riesz [2], [3], Szász [1], [2] enthalten, wobei insbesondere das mehr algebraische Vorgehen von Herglotz bei der Behandlung des trigonometrischen Momentenproblems Beachtung verdient. Die berühmte Arbeit [2] von I. Schur stellt gewissermaßen einen ersten Höhepunkt der von Carathéodory eingeleiteten Untersuchungen dar. In ihr werden über die Charakterisierung der Lösbarkeit des Carathéodory-Problems hinaus zugleich (wenn auch implizit) eine Beschreibung der Lösungsmenge $\mathfrak{C}((\gamma_j)_{j=0}^n)$ und ein Algorithmus zu deren schrittweiser Bestimmung mitgeliefert. Schur arbeitet allerdings nicht mit der sogenannten Carathéodory-Klasse, d. h. der Menge aller in $\mathbb{D}$ holomorphen Funktionen mit nichtnegativem Realteil. Er benutzt den Umstand, daß die Carathéodory-Klasse per gebrochenlinearer Transformation auf die Klasse der in $\mathbb{D}$ holomorphen Funktionen, deren Betrag 1 nicht übertrifft, abgebildet werden kann. Die letztere Klasse wird heute als Schur-Klasse bezeichnet, die entsprechenden Funktionen heißen Schur-Funktionen. Das dem Carathéodory-Problem entsprechende Problem für die Schur-Klasse lautet wie folgt:

Schur-Problem (auch *Carathéodory-Fejér-Problem* genannt):

Gegeben seien eine nichtnegative ganze Zahl n und eine Folge $(a_j)_{j=0}^n$ komplexer Zahlen. Dann ist die Menge $\mathfrak{S}((a_j)_{j=0}^n)$ aller in $\mathbb{D}$ holomorphen Funktionen zu bestimmen, deren Wert den Betrag 1 nicht übertrifft und deren erste $n + 1$ Taylorkoeffizienten gerade $a_0, a_1, \ldots, a_n$ sind. Insbesondere ist der Fall zu charakterisieren, daß $\mathfrak{S}((a_j)_{j=0}^n)$ nichtleer ist.

Basierend auf einer geometrischen Idee, deren Implementierung mittels iterierter Anwendung des Lemmas von H. A. Schwarz und der allgemeinen Gestalt der die Einheitskreisscheibe invariant lassenden Möbiustransformationen vollzogen wird, konstruierte Schur einen scharfsinnigen Algorithmus, der auf eine innere Parametrisierung der Taylorkoeffizienten von Schur-Funktionen durch endliche oder unendliche Folgen kontraktiver Parameter hinausläuft. Über die weitreichenden Entwicklungen, die dieser Algorithmus auslöste, wird später noch vielfach zu reden sein.

Die explizite Beschreibung der Lösungsmengen der Interpolationsprobleme von Carathéodory und Schur erfolgte unabhängig voneinander in den Arbeiten Artemenko ⟨1⟩ und Geronimus ⟨3⟩, [1]. Aus beiden Arbeiten kann man den Einfluß der Weylschen Methode der ineinandergeschachtelten Kreise und des inzwischen erschienenen Memoirs Nevanlinna [3] deutlich herauslesen.

Auch das Hamburgersche Momentenproblem steht in engem Zusammenhang mit einem funktionentheoretischen Interpolationsproblem, wie aus dem folgenden Theorem, welches auf Hamburger [3] und Nevanlinna [2] zurückgeht, ersichtlich wird.

Theorem: (a) Es stamme n aus der Menge $\mathbb{N}$ aller positiven ganzen Zahlen. Weiter sei μ ein Borelmaß auf $\mathbb{R}$, für welches die Momente

$$s_k := \int_{\mathbb{R}} x^k \mu$$

der Ordnung $k = 0, 1, \ldots, 2n$ existieren. Die auf der oberen Halbebene Π_+ aller komplexen Zahlen mit positivem Imaginärteil gemäß

$$f(z) := \int_{\mathbb{R}} \frac{\mu\,(\mathrm{d}z)}{x - z}$$

definierte komplexwertige Funktion f ist dann holomorph in Π_+ und besitzt dort einen nichtnegativen Imaginärteil. Für jedes $\delta \in \left(0, \dfrac{\pi}{2}\right)$ besteht dann gleichmäßig im Sektor $\delta \leq \arg z \leq \pi - \delta$ die Limesrelation

$$\lim_{z \to \infty} z^{2n+1}\left\{ f(z) + \frac{s_0}{z} + \frac{s_1}{z^2} + \ldots + \frac{s_{2n-1}}{z^{2n}} \right\} = -s_{2n}\,. \tag{2}$$

(b) Es sei f umgekehrt eine in Π_+ holomorphe Funktion mit nichtnegativem Imaginärteil, für die mit einem $n \in \mathbb{N}$ und gewissen Zahlen $s_0, s_1, \ldots, s_n$ die für jedes $\delta \in \left(0, \dfrac{\pi}{2}\right)$ gleichmäßig im Sektor $\delta \leq \arg z \leq \dfrac{\pi}{2}$ bestehende Limesrelation (2) erfüllt ist. Dann gibt es ein Borelmaß μ auf $\mathbb{R}$ mit den Momenten

$$s_k = \int_{\mathbb{R}} x^k \mu\,(\mathrm{d}x), \quad k = 0, 1, \ldots, 2n;$$

derart, daß

$$f(z) = \int_{\mathbb{R}} \frac{\mu\,(\mathrm{d}z)}{x - z}$$

für alle $z \in \Pi_+$ gilt.

Aufgrund des eben formulierten Theorems ist somit jedem Hamburgerschen Momentenproblem in eineindeutiger Weise ein Interpolationsproblem im Sinne einer durch (2) vorgegebenen asymptotischen Entwicklung für in Π_+ holomorphe Funktionen mit nichtnegativem Imaginärteil zugeordnet. NEVANLINNA [2] beschrieb die Lösungsmenge des Interpolationsproblems mit Hilfe einer gebrochenlinearen Transformation, deren erzeugende Matrix eine geeignet aus der vorgegebenen Momentenfolge $(s_k)_{k \in \mathbb{N}_0}$ definierte Matrix ganzer Funktionen ist und deren Parametermenge durch die Menge aller in Π_+ holomorphen Funktionen mit nichtnegativem Imaginärteil (ergänzt durch die Konstante ∞) gegeben ist. Hier tritt ein Charakteristikum zutage, welches typisch für funktionentheoretische Interpolationsprobleme der betrachteten Klassen ist: Die Lösungsmenge wird stets durch eine gebrochenlineare Transformation beschrieben, deren Parametermenge eine geeignete Funktionenklasse durchläuft. Aus später deutlich werdenden Gründen wird die erzeugende Matrix einer solchen gebrochenlinearen Transformation dann in Anlehnung an M. G. KREIN auch eine Resolventenmatrix des Problems genannt.

Eine andere klassische Methode des Lösens von Momentenproblemen besteht im sukzessiven Lösen einer Folge von finiten Momentenproblemen verbunden mit einem Kompaktheitsargument zur Gewinnung einer Lösung des Ausgangsproblems. Wir erläutern dies am Beispiel des Hamburgerschen Momentenproblems. Für jedes $n \in \mathbb{N}$ wird hier das zur Folge $(s_j)_{j=0}^n$ gehörige finite Problem betrachtet. Für dieses wird eine sogenannte wohlbestimmte elementare rein atomare Lösung μ_n bestimmt. Hierbei ist μ_n ein diskretes Borelmaß auf $\mathbb{R}$, welches genau $n + 1$ Atome besitzt. Ein grundlegendes Theorem von Helly, welches in verallgemeinerter Form auf Prohorov $\langle 1 \rangle$ zurückgeht, ermöglicht dann die Existenz einer schwach konvergenten Teilfolge von $(\mu_n)_{n \in \mathbb{N}}$, deren schwacher Limes μ eine Lösung des Ausgangsproblems ist. Hinsichtlich der eben geschilderten Methode für den Fall des trigonometrischen Momentenproblems sei auf Kapitel 4 von Grenander/Szegö [1] verwiesen. Im letzten Jahrhundert wurden, bedingt durch die Anwendungen von Momentenproblemen in der Signalübertragung, der Theorie digitaler Filter, der Padéapproximation, der rationalen Approximation u. a., die ursprünglich überaus engen, dann jedoch etwas in den Hintergrund gerückten Zusammenhänge zur Theorie der Kettenbrüche wieder stärker betont (vgl. Jones/Thron [1], [2], Jones/Njastad/Thron [1]−[3], Baker/Graves-Morris [1], Bultheel [1], Perron [1]).

Beginnend mit der Arbeit Livšic $\langle 1 \rangle$ setzte in den 40er Jahren die zunächst vornehmlich durch die Schule von M. G. Krein getragene operatortheoretisch orientierte Behandlung von Momentenproblemen ein. Das Wesen dieser Methode besteht darin, daß zu einem vorliegenden Momentenproblem ein geeigneter Hilbertraum und ein passender, darin definierter symmetrischer oder isometrischer Operator assoziiert werden, mit deren Hilfe ein eineindeutiger Zusammenhang zwischen den Lösungen des ursprünglichen Momentenproblems und den selbstadjungierten bzw. unitären Fortsetzungen dieses Operators mit möglichem Austritt aus diesem Raum erzielt wird. Die Theorie dieser Operatorerweiterungen wurde von Naimark $\langle 1 \rangle - \langle 3 \rangle$ ausgearbeitet und von Krein $\langle 5 \rangle$ für den Fall halbbeschränkter symmetrischer Operatoren ergänzt. Zur Beschreibung der Lösungen eines Momentenproblems ist nach obigen Ausführungen nun eine Parametrisierung aller selbstadjungierten bzw. unitären Erweiterungen eines gegebenen symmetrischen oder isometrischen Operators nötig. Eine solche ist über die verallgemeinerten Resolventen möglich, für die Krein $\langle 2 \rangle$, $\langle 4 \rangle$ entsprechende Darstellungsformeln fand, die dann bis in die heutige Zeit hinein ständig verallgemeinert wurden (vgl. Štraus $\langle 1 \rangle$, Saakjan $\langle 1 \rangle$, Krein/Saakjan $\langle 1 \rangle$, Mc Kelvey [1], Čumakin $\langle 1 \rangle$, Gibson [1], Arov/Grossman $\langle 1 \rangle$ sowie für indefinite Situationen Krein/Langer [1], [2], Langer/Sorjonen [1]). Eine auf der eben geschilderten Grundlage stehende Behandlung von Momentenproblemen erfolgte in Krein $\langle 5 \rangle$, Krein/Krasnoselskii $\langle 1 \rangle$ und dann auch für den indefiniten Fall in Krein/Langer [3]−[6].

Die enge Verbindung zwischen Momentenproblemen und Operatortheorie schälte sich frühzeitig heraus und ist auch heute noch höchst aktuell. Wie bereits angedeutet wurde, erweist es sich als typisch, daß ein Momentenproblem in natürlicher Weise mit einem linearen Operator in einem geeigneten Hilbertraum verknüpft ist und daß dessen Lösung auf die Bestimmung aller Erweiterungen eines bestimmten Typs dieses Operators hinausläuft. Dieser Sachverhalt soll nun exemplarisch anhand des Hamburgerschen Momentenproblems verdeutlicht werden. Notwendig und hinreichend für dessen Lösbarkeit ist, daß für jedes $n \in \mathbb{N}_0$ die Hankelmatrix $(s_{j+k})_{j,k=0}^n$ nichtnegativ hermitesch ist. Der Einfachheit halber sei vorausgesetzt, daß sogar der positiv hermitesche Fall vorliegt. Es sei H_0 der

Raum der komplexen Polynome. Definiert man für zwei solche Polynome $P(t) = p_m t^m + \ldots + p_1 t + p_0$ und $Q(t) = q_n t^n + \ldots + q_1 t + q_0$ nun

$$(P, Q) := \sum_{j=0}^{m} \sum_{k=0}^{n} p_j \overline{q}_k \, s_{j+k},$$

so erhält man hierdurch ein Skalarprodukt auf H_0. Es bezeichne H die Vervollständigung von H_0. Dann erweist sich derjenige Operator S in H, der jedes Polynom $P(t)$ auf das Polynom $t \cdot P(t)$ abbildet, als ein symmetrischer Operator in H, dessen Defektindizes gleich sind und entweder die Werte (0, 0) oder (1, 1) annehmen. Falls isomorphe selbstadjungierte Erweiterungen von S identifiziert werden, so erhält man, daß die Menge aller Lösungen des ursprünglich gestellten Momentenproblems in eineindeutiger Weise der Menge aller selbstadjungierten Fortsetzungen von S (mit möglichem Austritt aus dem Raum) zugeordnet ist. Falls also die Defektindizes die Werte (0, 0) annehmen, so ist das Hamburgersche Momentenproblem insbesondere eindeutig lösbar. Es lassen sich auch eine Reihe hinreichender Bedingungen für die eindeutige Lösbarkeit in Termen der Momentenfolge angeben. Eine solche ist z. B. die Carlemansche Bedingung

$$\sum_{n=0}^{\infty} s_{2n}^{-1/2n} = +\infty \, .$$

Hinsichtlich weiterer solcher hinreichender Bedingungen sowie des Hilbertraumzugangs zum Hamburgerschen Momentenproblem sei auf die Monographien SHOHAT/TAMARKIN [1], STONE [1], ACHIESER $\langle 1 \rangle$, die Übersichtsarbeiten SARASON [3], H. J. LANDAU [2] sowie auch auf die Einzelarbeit H. J. LANDAU [1] verwiesen.

2. Nevanlinna-Pick-Interpolation

Der Problemkreis der Nevanlinna-Pick-Interpolation ist eine Thematik, zu der, obwohl etwa 1915 aufgeworfen, auch in der Gegenwart noch eine Vielzahl von Arbeiten erscheint (vgl. z. B. DELSARTE/GENIN/KAMP [3], YOUNG [1], KOVALISHINA $\langle 1 \rangle$, MARSHALL [1]). Ein Grund hierfür ist rein mathematischer Natur. Die Entwicklung verschiedener Zweige der Operatortheorie ermöglicht es, klassische Probleme und deren Verallgemeinerungen unter einem neuen Aspekt zu beleuchten und so besser zu durchdringen. Andererseits gibt es einen zweiten Grund, der wahrscheinlich schwerwiegender als der erste ist, und zwar handelt es sich hierbei um die Anwendbarkeit der Nevanlinna-Pick-Interpolation in den verschiedensten Bereichen von Naturwissenschaft und Technik. So gibt es Anwendungen in der Theorie der elektrischen Netzwerke, die bereits vor 40 Jahren bemerkt wurden. Weiterhin erkannten Ingenieure die Anwendbarkeit bei Problemen der Modellreduktion und der Konstruktion digitaler Filter (vgl. DELSARTE/GENIN/KAMP [4]). Ebenso spielt das Nevanlinna-Pick-Problem eine bedeutende Rolle in HELTONS weitreichender Anwendung [4] der nichteuklidischen Funktionalanalysis auf die Elektronik, während EVANS/HELTON [1] sogar die Modellierung gewisser Vorgänge in der menschlichen Lunge auf dieser Grundlage vornahmen. Bevor wir nun das klassische Nevanlinna-

Pick-Problem formulieren, sei noch auf die umfassende Bibliographie Heins [1] zu Fragen der Nevanlinna-Pick-Interpolation hingewiesen.

Nevanlinna-Pick-Problem:

Es sei M ein endlicher oder unendlicher Abschnitt der positiven ganzen Zahlen. Weiterhin seien $(z_j)_{j \in M}$ bzw. $(w_j)_{j \in M}$ Folgen aus dem offenen bzw. abgeschlossenen Einheitskreis, wobei die z_j paarweise verschieden angenommen werden. Dann ist die Menge $\mathcal{NP}((z_j)_{j \in M}, (w_j)_{j \in M})$ aller Schur-Funktionen f anzugeben, welche für $j \in M$ der Bedingung $f(z_j) = w_j$ genügen. Insbesondere ist der Fall zu charakterisieren, daß $\mathcal{NP}((z_j)_{j \in M}, (w_j)_{j \in M})$ nichtleer ist.

Bedingt durch die Wirren des ersten Weltkrieges hatte R. Nevanlinna, als er seine Dissertation [1] zu obiger Fragestellung verfaßte, keine Kenntnis von der bereits erschienenen Arbeit Pick [1]. Bemerkenswert ist, daß Pick und Nevanlinna völlig unterschiedliche Methoden zur Anwendung brachten. Während Pick im wesentlichen den Fall charakterisierte, daß $\mathcal{NP}((z_j)_{j \in M}, (w_j)_{j \in M})$ nichtleer ist, adaptierte Nevanlinna in seiner Dissertation den Schur-Algorithmus, um die Menge $\mathcal{NP}((z_j)_{j \in M}, (w_j)_{j \in M})$ beschreiben zu können. Wenig später kommt Pick in [3] auf Nevanlinnas Arbeit [1] zurück, „in welcher" (wie Pick schreibt) „der Verfasser ohne Kenntnis meiner Arbeit und auf einem andern Wege im wesentlichen dieselben Ergebnisse erzielt hat. Nicht nur die verwendete Methode ist dabei bemerkenswert, welche darin besteht, das gesamte Resultat auf das eine Prinzip zurückzuführen, daß eine reguläre Funktion das Maximum des Betrages nicht im Inneren annimmt, oder, wenn man will, darin, daß der Fall mehrerer Wertzuordnungen auf den Fall einer einzigen zurückgeführt wird. Sondern es findet sich in Nevanlinnas Arbeit vor allem auch ein wesentlich neues Ergebnis: der allgemeine Ausdruck für eine beschränkte Funktion, der n zulässige Wertzuordnungen auferlegt sind." Bei der Behandlung unendlicher Nevanlinna-Pick-Probleme studierte Nevanlinna die zugehörigen Folgen endlicher Probleme desselben Typs. Betrachtet man hierbei für jedes $z \in \mathbb{D}$, welches nicht zur Menge der Interpolationspunkte $(z_j)_{j \in \mathbb{N}}$ gehört, bei beliebigem $n \in \mathbb{N}$ die Menge der Werte, die von den Funktionen aus $\mathcal{NP}((z_j)_{j \in M}, (w_j)_{j \in M})$ im fixierten Punkt z angenommen wird, so ist diese Menge eine abgeschlossene Kreisscheibe $\mathcal{K}_n(z)$. Hierbei wird jeder innere Punkt von $\mathcal{K}_n(z)$ von unendlich vielen Funktionen aus $\mathcal{NP}((z_j)_{j \in M}, (w_j)_{j \in M})$ angenommen, jeder Randpunkt hingegen von genau einer solchen Funktion. Falls nun n wächst, so erhalten wir eine unendliche Folge ineinandergeschachtelter abgeschlossener Kreisscheiben, deren Durchschnitt unabhängig von $z \in \mathbb{D} \setminus \{(z_j)_{j \in \mathbb{N}}\}$ entweder ein Punkt (der Grenzpunktfall, wo das Interpolationsproblem genau eine Lösung besitzt) oder eine Kreisscheibe ist (der Grenzkreisfall, wo es unendlich viele Lösungen gibt). Diese Situation erinnert an die bekannte Alternative in H. Weyls Habilitationsschrift [1] über singuläre Differentialgleichungen zweiter Ordnung.

Das Interpolationsproblem ist, wie Ahlfors in [1] schreibt, eines von Nevanlinnas Lieblingsgebieten geblieben. Er kommt darauf schon 1922 mit der Abhandlung [2] über asymptotische Entwicklungen und das Stieltjessche Momentenproblem zurück. Schließlich schreibt er 1929 die durch Untersuchungen von Denjoy [1] und Carathéodory [3] inspirierte endgültige Fassung Nevanlinna [3] seiner Interpolationstheorie, wo alle in der Dissertation noch offen gebliebenen Fragen beantwortet werden. Insbesondere gewinnt er dort das wichtige notwendige und hinreichende Kriterium für den Grenzpunktfall, welches in der Divergenz der Reihe

$$\sum_{n=1}^{\infty} \frac{1 - |z_n|}{1 - |w_n|}$$

besteht. Hinsichtlich einer Darlegung von NEVANLINNAS Beitrag zur Interpolationstheorie sei auch auf PFLUGER [2] verwiesen.

Einen eleganten Zugang zu Interpolationsproblemen vom Nevanlinna-Pick-Typ und auch zu solchen vom Löwner-Typ mittels Operatortheorie und Hilberträumen mit reduzierender Kernfunktion kreierten Sz.-NAGY/KORANYI [1]. Hierbei werden unter Interpolationsproblemen vom Löwner-Typ Randinterpolationsaufgaben des folgenden Typs verstanden.

Löwner-Problem:

Es sei I ein Intervall der reellen Achse, und f sei eine auf I definierte reellwertige Funktion. Dann ist die Menge aller in der offenen oberen Halbebene Π_+ holomorphen Funktionen g mit nichtnegativem Imaginärteil zu bestimmen, welche eine stetige Fortsetzung auf I gestatten, die dort mit f übereinstimmt.

Dieses Problem geht auf LÖWNER [2] zurück, der unter Verwendung tiefliegender Ergebnisse über die Interpolation durch monotone Matrixfunktionen die Lösbarkeit in Termen der positiven Definitheit eines auf $I \times I$ definierten Kernes charakterisiert. Bemerkenswert ist, daß LÖWNER, wie von seinem Schüler FITZGERALD überliefert wurde, bei relativitätstheoretischen Betrachtungen auf obiges Problem geführt wurde, während es WIGNER/VON NEUMANN [1] vorbehalten blieb, entsprechende Zusammenhänge zur Quantenmechanik aufzudecken. Hinsichtlich moderner Darstellungen über Nevanlinna-Pick- und Löwner-Interpolation sei der Leser verwiesen auf DONOGHUE [1], FITZGERALD [1], FITZGERALD/HORN [1], ROSENBLUM/ ROVNYAK [3].

Geraume Zeit schien es so, als wären die Möglichkeiten der Schur-Analysis auf die Behandlung klassischer Interpolationsaufgaben beschränkt. So vertraten z. B. SHAPIRO/SHIELDS [1] die Ansicht, daß die von BUCK aufgeworfene Frage der Charakterisierung der universellen Interpolationsfolgen außerhalb der Reichweite der Schur-Nevanlinna-Theorie liege. Hierbei heißt eine Folge $(z_n)_{n \in \mathbb{N}}$ von paarweise verschiedenen Punkten aus $\mathbb{D}$ eine universelle Interpolationsfolge, wenn zu jeder beschränkten Folge $(w_n)_{n \in \mathbb{N}}$ von komplexen Zahlen eine Funktion f aus dem Raum $H^{\infty}(\mathbb{D})$ aller in $\mathbb{D}$ beschränkten und holomorphen Funktionen derart existiert, daß $f(z_n) = w_n$ für alle $n \in \mathbb{N}$ gilt. Nach einem berühmten Theorem von CARLESON [1] ist eine Folge $(z_n)_{n \in \mathbb{N}}$ von paarweise verschiedenen Punkten aus $\mathbb{D}$ genau dann eine universelle Interpolationsfolge, wenn sie gleichmäßig separiert ist, d. h., wenn ein $\delta \in (0, \infty)$ derart existiert, daß

$$\prod_{n=1}^{\infty} \left| \frac{z_k - z_n}{1 - \bar{z}_n z_k} \right| \geq \delta \tag{3}$$

für alle $k \in \mathbb{N}$ gilt. In den 70er Jahren fand EARL [1], [2] (vgl. auch GARNETT [1, Kap. 7]) in der Schur-Nevanlinna-Theorie angesiedelte Beweise für das obige Theorem von Carleson und ein anderes auf Pehr Beurling zurückgehendes Theorem. Earl [1] zeigte sogar, daß bei Erfülltsein der Bedingung (3) jedes zu einer beschränkten Folge $(w_n)_{n \in \mathbb{N}}$ gehörige Interpolationsproblem durch ein konstantes Vielfaches eines Blaschkeproduktes gelöst werden kann und erhielt auf diese Weise also noch eine zusätzliche Aussage hinsichtlich der Struktur der Lösungsmenge.

3. Extremalprobleme der komplexen Funktionentheorie, Bieberbachsche Vermutung

In den ersten drei Jahrzehnten des 20. Jahrhunderts setzte die Entwicklung der sogenannten metrischen komplexen Funktionentheorie ein, d. h. das Studium von Funktionen der Klassen von Hardy und Nevanlinna.

Die Behandlung von Extremalproblemen in diesen Funktionenräumen stand stets in enger Wechselwirkung zur Schur-Analysis. So geht bereits Schur [2, § 9] auf ein von E. Landau [1] behandeltes Extremalproblem für beschränkte Funktionen ein und zeigt (vgl. Satz XIII), daß Landaus Resultate aus einem allgemeinen Prinzip geschlußfolgert werden können. Carathéodory/Fejér [1] betrachten das Problem der Minimierung von $\| f \|_\infty$ für alle $f \in H^\infty(\mathbb{D})$ mit vorgeschriebenen $n + 1$ ersten Taylorkoeffizienten $a_0, a_1, \ldots, a_n$. Sie zeigten Existenz und Eindeutigkeit der Lösung und gaben eine algebraische Methode zur Berechnung des Minimums an. Gronwall [1] vereinfachte deren Methoden. F. Riesz [3] studierte dasselbe Problem im Hardyraum $H^1(\mathbb{D})$, bewies hierbei Existenz und Eindeutigkeit der Lösung und charakterisierte diese durch eine Variationsmethode. Pick [1], [2] und Nevanlinna [1] betrachteten das Problem der Bestimmung eines $f \in H^\infty(\mathbb{D})$ mit minimaler $\| . \|_\infty$ -Norm, welches vorgegebenen Interpolationsbedingungen $f(z_j) = w_j, j = 1, \ldots, n$, genügt. Hinsichtlich der Behandlung weiterer solcher funktionentheoretischer Extremalprobleme in der frühen Phase der Theorie sei auch auf Egervary [1], Kakeya [1], [2] und Geronimus $\langle 1 \rangle$, $\langle 2 \rangle$ verwiesen.

Der erste systematische Versuch, die Theorie zu vereinheitlichen und auf die Hardyräume $H^p(\mathbb{D})$, $p \in [1, \infty]$, auszudehnen, war die Arbeit von Macintyre/Rogosinski [1]. Sie formulierten die Dualitätsrelation in voller Allgemeinheit, zeigten die Existenz extremaler Funktionen und extremaler Kerne, beschrieben deren Gestalt im Falle eines rationalen Kerns und konnten mittels der allgemeinen Theorie explizite Lösungen in einer ganzen Reihe von Spezialfällen erhalten. Ungeachtet dessen erhielt die Theorie erst dann ihre Einheit und Eleganz, als Havinson $\langle 1 \rangle$ sowie Rogosinski/Shapiro [1] funktionalanalytische Methoden zum Einsatz brachten. Hinsichtlich der systematischen Behandlung funktionentheoretischer Extremalprobleme sei auch auf die Monographien Hoffman [1], Duren [1], Garnett [1], Havinson $\langle 2 \rangle$, $\langle 3 \rangle$ und die Kommentare in Nikolskii/Havin $\langle 1 \rangle$ verwiesen.

Falls eine holomorphe Funktion beschränkt ist, so hat das weitreichende Konsequenzen. Dies liegt im engen Zusammenhang begründet, der zwischen der Smirnov-Faktorisierung von im Einheitskreis beschränkten holomorphen Funktionen und invarianten Unterräumen linearer Operatoren besteht. Diese Querverbindung wurde erstmals in den fundamentalen Arbeiten von Beurling [1] und Livšic/Potapov [1] verdeutlicht. Die Interpolationstheorie beschränkter holomorpher Funktionen paßte Sarason [1] in eine Konzeption ein, deren Eckpfeiler shiftinvariante Unterräume sind und die selbst wiederum sich als Spezialfall der weiterreichenden Theorie von Sz.-NAGY/FOIAŞ [1] erwies. Im Rahmen ihrer Untersuchungen über die Existenz invarianter Unterräume schufen DE BRANGES/ROVNYAK [1], [2] die Theorie quadratisch summierbarer Potenzreihen. Ausgehend hiervon entwickelte DE BRANGES einen Zugang zum Schur-Problem, dessen Behandlung einen wichtigen Zwischenschritt in der Konzeption seines Beweises der Vermutung von BIEBER-BACH [1] darstellt (vgl. DE BRANGES [3], [4]). In diesem Zusammenhang sei erwähnt, daß in den von LÖWNER [1] eingebrachten Aggregaten zur Bieberbach-Problematik auch parametrische Familien von Carathéodory-Funktionen und deren F. Riesz-Herglotz-Integraldarstellung eine wesentliche Rolle spielen. DE BRANGES drückt in [4] die Hoffnung aus, daß eine Zeit erwartet werden kann, in der solche fundamentalen Fragen wie die Charakterisierung der Menge aller n-Tupel $(a_1, \ldots, a_n)$, welche als erste n Taylorkoeffizienten einer normierten schlichten Funktion auftreten, behandelt werden.

4. Das Interpolationsproblem von Nehari und seine Verallgemeinerungen

Einen bedeutenden Meilenstein hinsichtlich der Renaissance der Schur-Analysis markieren die fundamentalen Adamjan-Arov-Krein-Arbeiten $\langle 1 \rangle - \langle 5 \rangle$ zur Behandlung der nachfolgenden, von NEHARI [1] aufgeworfenen Interpolationsaufgabe.

Nehari-Problem:
Es sei $(d_n)_{-n \in \mathbb{N}}$ eine Folge aus $\mathbb{C}$. Dann ist die Menge $\mathcal{N}((d_n)_{-n \in \mathbb{N}})$ aller Funktionen φ aus dem Raum $L^\infty(\mathbb{T})$ aller auf der Einheitskreislinie $\mathbb{T}$ definierten, beschränkten borelmeßbaren komplexwertigen Funktionen zu bestimmen, welche $\| \varphi \|_\infty \leqq 1$ sowie für $n = -1, -2, \ldots$ die Bedingungen

$$d_n = \frac{1}{2\pi} \int_{\mathbb{T}} z^{-n} \varphi(z) \, \lambda(\mathrm{d}z)$$

erfüllen. Hierbei bezeichnet λ das lineare Lebesgue-Borelmaß auf $\mathbb{T}$. Insbesondere ist der Fall zu charakterisieren, daß $\mathcal{N}((d_n)_{-n \in \mathbb{N}})$ nichtleer ist.

Das Nehari-Problem enthält (vgl. z. B. AROV/KREIN $\langle 2 \rangle$) das Schur-Problem und das finite Nevanlinna-Pick-Problem als Spezialfall. NEHARI [1] charakterisierte die Lösbarkeit des später nach ihm benannten Problems durch die Bedingung, daß die unendliche Hankelmatrix $(d_{-j-k+1})_{j,k=1}^{\infty}$ einen kontraktiven Operator definiert.

Das Nehari-Problem gestattet eine Umformulierung als Approximationsproblem, wie nachfolgend skizziert wird. Falls das Problem lösbar ist, so ist $(d_n)_{-n \in \mathbb{N}}$ die Folge der Fourierkoeffizienten einer beschränkten und damit quadratisch integrierbaren Funktion, so daß also insbesondere

$$\sum_{n=-\infty}^{-1} |d_n|^2 < +\infty$$

erfüllt sein muß. Wir setzen dies deshalb nun voraus und wählen ein $\varphi_0 \in L^2(\mathbb{T})$, welches für $n \in \mathbb{N}$ den Relationen

$$d_n = \frac{1}{2\pi} \int_{\mathbb{T}} z^{-n}\,\varphi_0(z)\,\lambda(dz)$$

genügt. (Ein solches φ_0 existiert stets.) In diesem Fall ist das Nehari-Problem genau dann lösbar, wenn eine Funktion ψ aus dem Hardyraum $H^2(\mathbb{T})$ derart existiert, daß

$$\|\varphi_0 - \psi\|_\infty \leqq 1$$

ist. Falls, wie das in den Anwendungen auch i. allg. der Fall ist, sogar $\varphi_0 \in L^\infty(\mathbb{T})$ gilt, so läuft das Nehari-Problem auf die Approximation von φ_0 durch Funktionen aus $H^\infty(\mathbb{T})$ in der L^∞-Norm hinaus. Da $L^\infty(\mathbb{T})$ als der Raum der Randfunktionen von in $\mathbb{D}$ beschränkten harmonischen Funktionen aufgefaßt werden kann, läßt sich das Nehari-Problem dann auch als Problem der gleichmäßigen Approximation von in $\mathbb{D}$ beschränkten harmonischen Funktionen durch beschränkte holomorphe Funktionen interpretieren.

Die weitreichendste Behandlung erfuhr das Nehari-Problem im Zyklus der berühmten Adamjan-Arov-Krein-Arbeiten $\langle 1 \rangle - \langle 5 \rangle$, wo u. a. auch eine Parametrisierung der Lösungsmenge $\mathcal{N}((d_n)_{-n \in \mathbb{N}})$ mit Hilfe einer geeignet konstruierten gebrochenlinearen Transformation angegeben wird. Diese Arbeiten wurden, obwohl das aus ihnen nicht ganz explizit herauslesbar ist, vor dem Hintergrund der Adamjan-Arov-Arbeit [1] über Streutheorie geschrieben. Sarason macht in [3] den streutheoretischen Charakter des Adamjan-Arov-Krein-Zugangs deutlich, der von seiner Natur her auf Hilbertraumtechniken beruht und als eine Fortsetzung der Traditionen der Linie der Arbeiten von Livšic $\langle 1 \rangle - \langle 3 \rangle$, Naimark $\langle 1 \rangle - \langle 3 \rangle$, Krein $\langle 2 \rangle$, $\langle 4 \rangle - \langle 7 \rangle$, Krein/Krasnoselskii $\langle 1 \rangle$, Saakjan $\langle 1 \rangle$ und Krein/Saakjan $\langle 1 \rangle$ angesehen werden kann. Weiterhin sollte nicht unerwähnt bleiben, daß die Adamjan-Arov-Krein-Arbeiten in ganz besonderer Weise durch die klassischen Arbeiten von Carathéodory/Fejér [1], F. Riesz [1], Schur [2], Nevanlinna [3], Takagi [1], Geronimus $\langle 1 \rangle$, $\langle 2 \rangle$ inspiriert wurden und daß in ihnen viele der klassischen Problemstellungen unter neuen Aspekten beleuchtet wurden. Die Arbeit Adamjan/Arov/Krein $\langle 5 \rangle$ stellt einen besonderen Meilenstein in der Entwicklung der Schur-Analysis dar, da hierin erstmals ein matrizielles Interpolationsproblem in der von Schur [2] initiierten Weise in eine unendliche Folge von Einschritterweiterungsproblemen dekomponiert wurde. Aufbauend auf den Adamjan-Arov-Krein-Theorie entwickelte Arov $\langle 5 \rangle$ einen wirkungsvollen Zugang zur Behandlung sogenannter verallgemeinerter bitangentieller Schur-Nevanlinna-Pick-Probleme.

Inspiriert durch das Studium von Verschärfungen klassischer Theoreme von M. Riesz sowie Helson/Szegö stießen Arocena, Cotlar und Sadosky auf eine wichtige Erweiterung des Nehari-Problems, aus welcher, wie nachfolgend erläutert wird, eine ganze Reihe bekannter Aussagen der komplexen Analysis, der Operatortheorie und der Theorie stochastischer Prozesse als Spezialisierungen entspringen. Überdies erwuchs aus diesen Untersuchungen eine wichtige Verallgemeinerung des Herglotz-Bochner-Theorems, welche eine exponierte Rolle in der Dilationstheorie spielt. Bevor auf all diese Dinge präziser eingegangen wird, soll zunächst einmal die Matrixversion des verallgemeinerten Nehari-Problems formuliert werden.

Verallgemeinertes Nehari-Problem:
Es seien p, $q \in \mathbb{N}$. Weiterhin sei F_{11} bzw. F_{22} ein nichtnegativ hermitesches $p \times p$- bzw. $q \times q$-Borelmaß auf $\mathbb{T}$, und $(\beta_k)_{k=0}^{\infty}$ sei eine Folge von komplexen $p \times q$-Matrizen. Dann ist die Menge $\mathcal{F}(F_{11}, F_{22}, (\beta_k)_{k=0}^{\infty})$ aller σ-additiven Abbildungen F_{12} von der borelschen σ-Algebra auf $\mathbb{T}$ in die Menge der komplexen $p \times q$-Matrizen zu bestimmen, welche den Bedingungen

$$\int_{\Pi} z^{-k} F_{12}(\mathrm{d}z) = \beta_k, \quad k \in \mathbb{N}_0,$$

genügen und für welche

$$\begin{bmatrix} F_{11} & F_{12} \\ F_{12}^* & F_{22} \end{bmatrix}$$

ein nichtnegativ hermitesches $(p + q) \times (p + q)$-Borelmaß auf $\mathbb{T}$ ist. Insbesondere sind notwendige und hinreichende Bedingungen dafür anzugeben, daß $\mathcal{F}(F_{11}, F_{22}, (\beta_k)_{k=0}^{\infty})$ nichtleer ist.

Im Fall, daß $p = q = 1$ und $F_{11} = F_{22} = \dfrac{1}{2\pi}\lambda$, wobei λ das lineare Lebesgue-Borel-Maß auf $\mathbb{T}$ bezeichnet, ist dies gerade das gewöhnliche Nehari-Problem. Aufgrund der Matrixfassung des F. Riesz-Herglotz-Theorems läßt sich das obige Problem (vgl. Katsnelson $\langle 3 \rangle$ oder Fritzsche/Kirstein [31]) in nahezu äquivalenter Weise folgendermaßen formulieren.

Problem von der Troika:
Es seien p, $q \in \mathbb{N}$ und α bzw. β bzw. δ sei eine in $\mathbb{D}$ holomorphe $p \times p$- bzw. $p \times q$- bzw. $q \times q$-Matrixfunktion. Dann ist die Menge $\mathcal{NC}(\alpha, \beta, \delta)$ aller in $\mathbb{D}$ holomorphen $q \times p$-Matrixfunktionen γ zu bestimmen, für welche

$$\begin{bmatrix} \alpha & \beta \\ \gamma & \delta \end{bmatrix}$$

eine $(p + q) \times (p + q)$-Matrixfunktion der Carathéodory-Klasse ist. Insbesondere ist der Fall zu charakterisieren, daß $\mathcal{NC}(\alpha, \beta, \gamma)$ nichtleer ist.

Es sei erwähnt, daß ein analoges Troika-Problem für die Schur-Klasse mit den Methoden der Schur-Analysis in Fritzsche/Kirstein [7] behandelt wurde.

Das verallgemeinerte Nehari-Problem führt auf das Studium von auf $\mathbb{N}_0 \times \mathbb{N}_0$ definierten Kernen vom sogenannten gemischten Toeplitz-Hankel-Typ. Dazu setzen wir für $k \in \mathbb{Z}$ nun

$$\alpha_k := \int_{\mathbb{T}} z^{-k} F_{11}(\mathrm{d}z) \quad \text{und} \quad \delta_k := \int_{\mathbb{T}} z^{-k} F_{22}(\mathrm{d}z)$$

und definieren

$$K(m, n) := \begin{bmatrix} \alpha_{m-n} & \beta_{m+n} \\ \beta_{m+n}^* & \gamma_{n-m} \end{bmatrix}; \quad m, n \in \mathbb{N}_0. \tag{4}$$

Die positive Definitheit des Kernes K erweist sich dann als notwendig und hinreichend dafür, daß $\mathcal{F}(F_{11}, F_{22}, (\beta_t)_{t \in \mathbb{N}_0})$ nichtleer ist (vgl. Katsnelson $\langle 3 \rangle$ oder Fritzsche/Kirstein [3]). Diese Ausgabe läßt sich auch umformulieren und führt dann auf das folgende fundamentale verallgemeinerte Herglotz-Bochner-Theorem, welches auf Cotlar und seine Schüler zurückgeht (vgl. Cotlar/Sadosky [1]–[6], Arocena/Cotlar [1]–[4]) und eine tiefgehende Verallgemeinerung der klassischen Resultate von Herglotz [1] und Bochner [1] darstellt.

Verallgemeinertes Herglotz-Bochner-Theorem:

Es seien p, $q \in \mathbb{N}$ sowie $(\alpha_k)_{k \in \mathbb{N}_0}$, $(\beta_k)_{k \in \mathbb{N}_0}$ und $(\delta_k)_{k \in \mathbb{N}_0}$ Folgen von komplexen $p \times p$- bzw. $p \times q$- bzw. $q \times q$-Matrizen. Dann ist die positive Definitheit des in (4) definierten Kerns K notwendig und hinreichend dafür, daß ein nichtnegativ hermitesches Borelmaß F auf $\mathbb{T}$ existiert, welches für $(m, n) \in \mathbb{N}_0 \times \mathbb{N}_0$ der Bedingung

$$K(m, n) = \int_{\mathbb{T}} \operatorname{diag}(z^{-m}I_p, z^m I_q)\, F(\mathrm{d}z)\, [\operatorname{diag}(z^{-n}I_p, z^n I_q)]^* \tag{5}$$

genügt.

Im Gegensatz zum gewöhnlichen matriziellen Herglotz-Bochner-Theorem ist F durch (5) nicht eindeutig bestimmt.

Arocena, Cotlar und Sadosky gelang es, ein einheitliches Konzept zum Beweis des Theorems von Helson/Szegö [1] aus der Vorhersagetheorie und seiner von Helson/Sarason [1] sowie Ibragimov/Rozanov [1] gegebenen Verfeinerungen, des Theorems von Devinatz [3] und Widom [1] zur Invertierung von Toeplitz-Operatoren sowie von Resultaten von Koosis [1] über die Hilberttransformation zu schaffen, indem sie jedem der hier anstehenden Probleme einen geeigneten Kern vom gemischten Toeplitz-Hankel-Typ zuordnen (vgl. hierzu Arocena [1]–[8], Arocena/ Cotlar [1]–[4] und Arocena/Cotlar/Sadosky [1]).

Das verallgemeinerte Herglotz-Bochner-Theorem kann als Fourierdarstellung verallgemeinerter invarianter Kerne oder als Liftingeigenschaft von Hankelkernen interpretiert werden. Unter dem ersten Aspekt steht es in enger Relation zu Ideen von Berezanskii $\langle 1 \rangle$ und L. Schwartz [1] bezüglich invarianter Kerne. Was den zweiten Aspekt angeht, so ist es stark angelehnt an Studien von Coifman/Rochberg/Weiss [1], Peller/Hruščev $\langle 1 \rangle$, Adamjan/Arov/Krein $\langle 1 \rangle$–$\langle 5 \rangle$, Ibragimov/ Rozanov $\langle 1 \rangle$. Als Liftingeigenschaft subordinierter Kerne ist es eine Verfeinerung von Methoden, welche von Beatrous/Burbea [1] und Burbea/Masani [1] zur Behandlung von Interpolationsproblemen eingesetzt wurden (vgl. auch Devinatz [1]). Als eine Liftingeigenschaft von Hankelformen betrachtet, ist das verallgemeinerte Herglotz-Bochner-Theorem sowohl mit der Sz.-Nagy-Foiaş-Dilationstheorie als auch mit der Lax-Phillips-Streutheorie eng verbunden. In der Tat kann das Kommutant-Lifting-Theorem, wie Arocena [3] zeigte, aus einem Spezialfall des verallgemeinerten Herglotz-Bochner-Theorems hergeleitet werden, welches seinerseits (vgl. Cotlar/Sadosky [4], [5]) aus einem Spezialfall des Kommutant-Lifting-Theorems erschlossen werden kann. Das Liftingtheorem von Sarason [1], welches einen Spezialfall des allgemeinen Kommutant-Lifting-Theorems darstellt, ist bekanntermaßen äquivalent zum Theorem von Nehari [1] (vgl. hierzu Page [1], Nikolskii [1] und Cotlar/Sadosky [4]).

Hinsichtlich weiterer Arbeiten zum Nehari-Problem sei auch auf die Arbeiten Dym/Gohberg [7], [8], Foiaş [2], Foiaş/Tannenbaum [1], [2] verwiesen.

5. Der Schur-Algorithmus und seine Anwendungen

ACHIESER $\langle 1 \rangle$ entdeckte die enge Verbindung zwischen Schur-Algorithmus und der auf SZEGÖ [2] zurückgehenden Theorie orthogonaler Polynome auf der Einheitskreislinie. Er bemerkte nämlich, daß die Schur-Parameter einer Schur-Funktion f gerade die konjugiert komplexen der Szegöparameter desjenigen Borelmaßes sind, welches einer modifizierten Cayleytransformierten von f über das Riesz-Herglotz-Theorem zugeordnet ist. Dieser überaus wesentliche Zusammenhang wurde von DELSARTE/GENIN/KAMP [2] auf den Matrixfall übertragen und bildet seinerseits ein wesentliches Hilfsmittel bei der in FRITZSCHE/KIRSTEIN [2] erfolgten Diskussion der Abbruchkriterien für den Schur-Potapov-Algorithmus, der die unmittelbare matrizielle Verallgemeinerung des Schur-Algorithmus darstellt. Auf der Grundlage dieses Algorithmus, und damit wohl am engsten der klassischen Leitlinie von SCHUR [2] und GERONIMUS $\langle 3 \rangle$ folgend, basiert der Zugang von FRITZSCHE/KIRSTEIN [1], [2] zu den Matrixversionen der Interpolationsprobleme von SCHUR und CARATHÉODORY, bei dem die von DELSARTE/GENIN/KAMP [1] nach dem Vorbild der klassischen Theorie von GERONIMUS $\langle 4 \rangle$ entwickelte Theorie orthogonaler Matrixpolynome wesentlich verwendet wird.

Der oben erwähnte Zusammenhang zwischen Schur-Parametern und Szegöparametern erhellt die engen Beziehungen, welche zwischen dem Schur-Algorithmus und dem auf LEVINSON [1] zurückgehenden klassischen Algorithmus zur Lösung von Gleichungssystemen mit Toeplitzscher Koeffizientenmatrix bestehen. Der Schur-Algorithmus benötigt bei parallelen Berechnungen auf der Grundlage von m Prozessoren O(m) Zeiteinheiten, während für den Levinsonalgorithmus O($m \log m$) nötig sind, die hauptsächlich durch eine Skalarproduktberechnung entstehen. Hinsichtlich einer ausführlichen Darstellung dieser Thematik sei auf KAILATH [2], [3] sowie HEINIG/JANKOWSKI [1], [2] verwiesen.

Wir wollen noch einige weitere Resultate und Problemstellungen aufführen, die entweder direkt aus dem Schur-Algorithmus resultieren oder durch ihn inspiriert werden. So liefert der Schur-Algorithmus, wie schon SCHUR (vgl. [2, Formel (14)]) im wesentlichen erhielt, die Choleskyfaktorisierung einer positiv definiten Matrix der Form

$$R = L(u) \, L^{\mathrm{T}}(u) - L(v) \, L^{\mathrm{T}}(v),$$

wobei $L(u)$ eine gewisse untere Dreieckstoeplitzmatrix mit der ersten Spalte u ist (vgl. KAILATH [3], [4]).

Weiterhin lassen sich solche Problemstellungen wie Padéapproximation oder das sogenannte minimale partielle Realisierungsproblem mit denselben Ideen behandeln, die dem Schur-Algorithmus zugrundeliegen (vgl. CITRON/BRUCKSTEIN/KAILATH [1]).

Darüber hinaus besitzt der Schur-Algorithmus zahlreiche Anwendungen in der Filtertheorie stationärer und auch nichtstationärer stochastischer Prozesse (vgl. RAO/KAILATH [1], [2], LEV-ARI/KAILATH [1], [2]). Hinsichtlich weiterer Anwendungen des Schur-Algorithmus sei auch auf CHAMFY [1], BOYD [1] und YAGLE/LEVY [1] verwiesen.

6. Über die Lokalisierung von Nullstellen eines Polynoms und weitere Problemstellungen, welche durch Schurs Arbeit inspiriert wurden

In Abschnitt 13 seiner fundamentalen Arbeit [2] wendet sich Schur dem Problem der Lokalisierung der Nullstellen eines Polynoms unter Heranziehung rein algebraischer Methoden zu. Hierbei erhält er (vgl. Satz XVII) ein Kriterium, welches aussagt, daß die Nullstellen eines Polynoms genau dann sämtlich im Innern des Einheitskreises liegen, wenn eine gewisse aus den Koeffizienten des Polynoms gebildete hermitesche Form nichtnegativ ist. Schurs Doktorand Cohn erweiterte in seiner Dissertation [1] die Resultate seines Lehrers und gab sogar Algorithmen an, mit denen man die Anzahl der innerhalb und außerhalb des Einheitskreises gelegenen Nullstellen bestimmen kann. Fujiwara [1] leitete mit Hilfe von Bezoutiantenmethoden die Resultate von Schur und Cohn sowie auch frühere Resultate von Routh und Hurwitz über die Lokalisation von Nullstellen in Halbebenen her. Hinsichtlich der algebraischen Theorie der Lokalisation der Nullstellen von Polynomen sei auf Krein/Naimark [1], Chebotarev/Meiman $\langle 1 \rangle$ und die moderne Darstellung von Heinig/Rost [1] verwiesen.

Ausgehend von der richtungweisenden Arbeit $\langle 13 \rangle$ von M. G. Krein (vgl. auch Ellis/Gohberg/Lay [2]) setzte das Studium der Nullstellenverteilung von Polynomen, welche orthogonal bezüglich eines indefiniten Gewichts auf der Einheitskreislinie sind, ein. Die matrizielle Verallgemeinerung dieser Problemstellung ist, wie die jüngst erschienenen Arbeiten von Alpay/Gohberg [2], Ben-Artzi/Gohberg [2], Dym [5] und Gohberg/Lerer [1] belegen, Gegenstand aktueller Forschung.

Schurs Arbeit [2] unterstrich die Relevanz von Matrizen der Form

$$R = L(u)\, L^{\mathrm{T}}(u) - L(v)\, L^{\mathrm{T}}(v),$$

wobei $L(u)$ die untere Dreieckstoeplitzmatrix mit der ersten Spalte u ist. Hierunter fällt insbesondere die Klasse der Toeplitzmatrizen, welche in mancherlei Hinsicht im Herz der Theorie liegt. So wurde früh für diese Klasse zunächst die für die weitere Entwicklung enorm bedeutsame Formel von Gohberg/Semencul $\langle 1 \rangle$ bewiesen, welche besagt, daß die Inverse einer regulären Toeplitzmatrix unter einer Zusatzbedingung die Gestalt

$$T^{-1} = L(a)\, L^{\mathrm{T}}(a) - L(b)\, L^{\mathrm{T}}(b)$$

mit gewissen Vektoren a, b hat. Hinsichtlich weiterer Resultate zur Invertierung von Toeplitz- und Blocktoeplitzmatrizen sei auf Gohberg/Krupnik $\langle 1 \rangle$, Gohberg/Heinig $\langle 1 \rangle$, Sahnovič $\langle 1 \rangle$, Ben-Artzi/Shalom [1], [2], Gohberg/Feldman [1], Heinig/Rost [1], Kailath/Vieira/Morf [1] verwiesen. Die dort erhaltenen Resultate lassen sich teilweise auf andere Klassen von Matrizen übertragen (vgl. Gohberg/Shalom [1], [2]). Motiviert durch gewisse Resultate über schnelle Algorithmen bei Problemen in der Kontrolltheorie entdeckten Kailath/Kung/Morf [1], daß die Gohberg-Semencul-Formel ein Spezialfall eines allgemeineren Sachverhalts ist, der in ihrem bekannten „Displacement Structure Theorem" mündet. Eine funktionentheoretische Interpretation der „Displacement Structure" in Kombination mit dem Schur-Algorithmus wurde von LEV-ARI/KAILATH [2] zur Konstruktion schneller Algorithmen zur Dreiecksfaktorisierung strukturierter hermitescher Matrizen verwendet. Schnelle Algorithmen lassen sich auch konstruieren für Klassen strukturierter Matrizen, die nicht mehr Toeplitz-artig sind, sondern eine allgemeinere rekursive Struktur besitzen. Dazu gehören Verallgemeinerungen von Vandermonde- und Cauchymatrizen sowie Toeplitz-plus-Hankel-Matrizen (siehe HEINIG/ROST [1], GOHBERG/KAILATH/KOLTRACHT [1], GOHBERG/KAILATH/KOLTRACHT/LANCASTER [1]). Schließlich möchten wir noch einige Worte zum Begriff des Schur-Komplements anfügen, der ebenfalls auf SCHURS Arbeit [2] zurückzugehen scheint. Ist

$$A = \begin{bmatrix} a & b \\ c & d \end{bmatrix}$$

eine Blockmatrix mit quadratischen Diagonalblöcken, so heißt die Matrix

$$a - b\,d^+\,c \ (\text{bzw. } d - c\,a^+\,b)$$

das Schur-Komplement von d (bzw. a) in A, wobei d^+ (bzw. a^+) die Moore-Penrose-Inverse von d (bzw. a) bezeichnet. SCHUR betrachtete allerdings nur solche Situationen, in denen die Matrizen d bzw. a regulär sind. Schur-Komplemente treten in natürlicher Weise als Fehlerkovarianzmatrizen in verschiedenen Problemstellungen der mathematischen Statistik auf. Dieser Thematik wurde in den letzten beiden Jahrzehnten eine ganze Reihe von Arbeiten gewidmet. Wir verweisen hier nur auf die diesbezüglichen Übersichtsartikel von COTTLE [1] und OUELETTE [1].

7. Vorhersagetheorie stationärer Folgen

Das trigonometrische Momentenproblem steht in engem Zusammenhang mit der Theorie diskreter schwach stationärer stochastischer Prozesse, für die KOLMOGOROV $\langle 1 \rangle$ eine Hilbertraumbehandlung initiierte, die fortan stets Verwendung fand und auch eine Hilbertmodulverallgemeinerung im mehrdimensionalen Fall erfuhr (vgl. WIENER/MASANI [1], HELSON/LOWDENSLAGER [1], HELSON [1], MASANI [1], ROZANOV $\langle 1 \rangle$).

Eine Folge $(g_k)_{k \in \mathbb{Z}}$ aus einem komplexen Hilbertraum (H, (.,.)) heißt stationär, falls

$$(g_j, g_k) = (g_{j-k}, g_0)$$

für alle ganzen Zahlen j und k gilt. Wählen wir für H hier den Hilbertraum aller quadratisch integrierbaren Zufallsvariablen mit Erwartungswert Null über einem Wahrscheinlichkeitsraum, so gelangen wir zu einem gewöhnlichen schwach stationären zentrierten stochastischen Prozeß in diskreter Zeit, dessen Kovarianzfolge gerade die Folge $(c_k)_{k \in \mathbb{Z}}$ mit $c_k := (g_k, g_0)$ ist. Da für $n \in \mathbb{N}$ und $a_0, a_1, \ldots, a_n \in \mathbb{C}$ offensichtlich

$$\sum_{j=0}^{n} \sum_{k=0}^{n} a_j\, c_{j-k}\, \bar{a}_k = \left\| \sum_{j=0}^{n} a_j\, g_j \right\|^2 \geqq 0$$

gilt, ist das zur Folge $(c_k)_{k \in \mathbb{Z}}$ gehörige trigonometrische Momentenproblem lösbar. Die eindeutige Lösung μ heißt dann auch nichtstochastisches Spektralmaß der

Folge $(g_k)_{k \in \mathbf{Z}}$. Der Raum $L^2(\mathbf{T}, \mathcal{B}, \mu; \mathbf{C})$, wobei $\mathcal{B}$ die Borelsche σ-Algebra auf $\mathbf{T}$ ist, erweist sich dann als in natürlicher Weise zum von der Folge $(g_k)_{k \in \mathbf{Z}}$ erzeugten abgeschlossenen Unterraum von H isomorph. Dieser Isomorphismus gestattet es nun, ursprünglich für die Folge $(g_k)_{k \in \mathbf{Z}}$ formulierte Aufgabenstellungen in den Raum $L^2(\mathbf{T}, \mathcal{B}, \mu; \mathbf{C})$ zu übertragen. So transformiert sich z. B. das Problem der besten linearen Vorhersage von g_0 aus der unendlichen Vergangenheit in das Problem der Approximation der konstanten Funktion 1 durch Polynome mit verschwindendem Absolutglied. Der hierbei auftretende Fehler wurde von Szegö [1] im Zusammenhang mit seinen Untersuchungen über Toeplitzsche Formen im Falle eines absolutstetigen Maßes μ berechnet, während Kolmogorov $\langle 1 \rangle$ bzw. Krein $\langle 3 \rangle$ zeigten, daß die Voraussetzung der Absolutstetigkeit überflüssig ist bzw. daß Szegös Resultat im Sinne der L^p-Approximation mit $p \geqq 1$ richtig ist. Bezeichnet W die Radon-Nikodym-Ableitung des absolutstetigen Anteils von μ, so ist der Vorhersagefehler gerade durch das Szegö-Integral

$$\exp \left\{ \frac{1}{2\pi} \int_{\mathbf{T}} \log [W(z)] \, \lambda \, (\mathrm{d}z) \right\}$$

gegeben. Ausgehend hiervon wird nun in Anlehnung an die mathematische Statistik die Größe

$$h(\mu) := - \frac{1}{4\pi} \int_{\mathbf{T}} \log [W(z)] \lambda(\mathrm{d}z)$$

die Entropie des Maßes μ genannt, deren systematisches Studium durch Burgs Dissertation [1] eingeleitet wurde.

In den Anwendungen ist zumeist nur ein endlicher Abschnitt $(c_k)_{k=0}^{n}$ der Kovarianzfolge bekannt. Das Problem besteht nun darin, das Verhalten der stationären Folge aus dieser endlichen Information zu erschließen. Hierfür gilt es, zunächst einen solchen Selektionsmechanismus zu bestimmen, der aufgrund eines statistischen Prinzips diejenige Kovarianzstruktur auswählt, die mit dem vorgegeben finiten Abschnitt am besten verträglich ist. Als ein solches Prinzip wurde bereits im 19. Jahrhundert von Maxwell, Boltzmann, Gibbs die Entropieminimalität mit großem Erfolg in der statistischen Mechanik angewandt, wo sie auch heute noch eine dominierende Rolle spielt. Die Beobachtung von van Campenhout/Cover [1], daß alle gewöhnlich in der Statistik auftretenden Wahrscheinlichkeitsverteilungen unter geeignet gewählten linearen Nebenbedingungen die Entropie minimieren, bestärkt noch in der Anwendung des Minimumentropieprinzips.

Aufgrund des oben erläuterten Zusammenhanges zwischen dem finiten trigonometrischen Momentenproblem und den Interpolationsproblemen von Carathéodory und Schur ist es dann unmittelbar klar, in welcher Weise mit diesen Interpolationsproblemen eine Entropieminimierungsaufgabe assoziiert ist. Die Verknüpfung von Interpolationsproblemen mit Entropieextremalaufgaben wurde erstmals in Arov/Krein $\langle 1 \rangle$, $\langle 2 \rangle$ herausgestellt, wo die Entropiediskussion in Termen gebrochenlinearer Transformationen von Matrizen erfolgte. Später zeigte es sich, daß der Schur-Algorithmus und seine matriziellen und operatoriellen Verallgemeinerungen einen besonders transparenten geometrischen Zugang zur Entropieminimierung liefern (vgl. hierzu Constantinescu [1]–[9], Arsene/Constantinescu [1], [2], Dym/Gohberg [1]–[3], [7], [8] und Fritzsche/Kirstein [1], [2], [4]–[6]).

Das Vorhersageproblem für stationäre Folgen ist eng mit der Spektralfaktorisierung der Radon-Nikodym-Dichte des absolutstetigen Anteils des nichtstochastischen Spektralmaßes verbunden. Im mehrdimensionalen Falle konnte bislang noch keine Integraldarstellung für eine äußere Matrixfunktion gefunden werden, welche in geeigneter Weise die bekannte Szegö-Formel verallgemeinert. Lediglich eine Darstellungsformel für die Determinante des Vorhersagefehlers konnte bisher von WIENER/MASANI [1] und HELSON/LOWDENSLAGER [1] hergeleitet werden. Aus diesem Grunde ist das Vorhersageproblem für mehrdimensionale stationäre Folgen noch nicht vollständig gelöst. Allerdings gelang es CONSTANTINESCU [3] sowie FRITZSCHE/KIRSTEIN [1] unabhängig voneinander mit Hilfe von Schur-Analysis-Methoden eine Grenzwertdarstellung der Vorhersagefehlermatrix zu erhalten, welche eine direkte Verallgemeinerung der klassischen Verblunsky-Formel darstellt. KATSNELSON ⟨4⟩ wies im Falle kontinuierlicher stationärer stochastischer Prozesse auf einen interessanten Zusammenhang zwischen den Halbradien der Weylschen Grenzkreise und den äußeren Spektralfaktoren hin. Hinsichtlich der Spektralfaktorisierung sei der Leser hierbei auf WIENER/MASANI [1], DEVINATZ [1] und ROSENBLUM/ROVNYAK [1] verwiesen.

8. Schur-Analysis von Blockmatrizen

Die von SCHUR in [2] hergeleitete Parametrisierung der Taylorkoeffizienten einer Schur-Funktion mittels einer Folge kontraktiver Parameter bildet den Ursprung für die nun unter der Rubrik „Schur-Analysis von Blockmatrizen bestimmter Typen" gefaßte Thematik. Die aus den Taylorkoeffizienten einer Schur-Funktion gebildeten unteren Dreieckstoeplitzmatrizen sind nämlich, wie SCHUR zeigte, sämtlich kontraktiv. In diesem Sinne erwiesen sich SCHURS Untersuchungen als ein markanter Spezialfall, der viel Licht auf die allgemeine Schur-Analysis von Blockmatrizen warf. Deren Wesenszüge lassen sich am suggestivsten für den Fall nichtnegativ hermitescher Blockmatrizen verdeutlichen. Es zeigt sich nämlich, daß eine nichtnegativ hermitesche Blockmatrix vollständig durch ihre Diagonalblöcke und ein dreieckiges Schema kontraktiver Matrizen (auch „Choice-Dreieck" genannt) charakterisiert wird. Jeder nichtnegativ hermiteschen Blockmatrix ist ein dreieckiges Schema von Matrizenkreisen (vgl. SMULJAN ⟨3⟩) zugeordnet, wobei die jeweiligen kontraktiven Parameter aus dem Choice-Dreieck dann gerade die Position des zugehörigen Blocks im entsprechenden Matrizenkreis beschreiben. Hinsichtlich der Wesenszüge der Schur-Analysis von Blockmatrizen sei der Leser verwiesen auf CONSTANTINESCU [1], [2], [4], [5], ARSENE/CEAUŞESCU/CONSTANTINESCU [1], ARSENE/GHEONDEA [1], FRITZSCHE/KIRSTEIN [1]–[6], DEWILDE/DEPRETTERE [1], NELIS/DEWILDE/DEPRETTERE [1], WOERDEMAN [1], GOHBERG/KAASHOEK/WOERDEMAN [1], [2], DAVIS/KAHAN/WEINBERGER [1] und SMULJAN/JANOVSKAJA ⟨1⟩.

Das durch die Schur-Analysis von Blockmatrizen gelieferte Schema von Matrizenkreisen erhellt die Struktur von Matrizenerweiterungsproblemen und ermöglicht zudem eine effektive Behandlung solcher Matrix- und Hilbertraumoptimierungsprobleme wie Minimum-Distanz-Problem und Maximum-Distanz-Problem, welche der Stochastik entstammen und ursprünglich von OLKIN/PUKELSHEIM [1] bzw. ELLIS/GOHBERG/LAY [1], [3], [4], BEN-ARTZI/ELLIS/GOHBERG/LAY und BEN-

ARTZI/GOHBERG [1] mit Mitteln der klassischen Optimierung bzw. mit der Wiener-Hopf-Faktorisierung entlehnten Methoden behandelt wurden. Hinsichtlich des Schur-Analysis-Zuganges zu den eben genannten Distanzproblemen sei auf ARSENE/CEAUȘESCU/CONSTANTINESCU [1] sowie APITZSCH/FRITZSCHE/KIRSTEIN [1], [2] verwiesen.

Die Beschreibung einer Blockmatrix mit Hilfe eines Systems von Matrizenkreisen vermittelt eine klare geometrische Einsicht in deren Struktur und ermöglicht (vgl. CONSTANTINESCU [1], [2], [5], ARSENE/CEAUȘESCU/CONSTANTINESCU [1] und FRITZSCHE/KIRSTEIN [1], [2], [4]–[6]) einen transparenten Zugang zu solchen Problemstellungen wie Entropieoptimierung und Banderweiterung, die von DYM/GOHBERG [1]–[3] aufgeworfen und zunächst mit Faktorisierungsmethoden bearbeitet wurden.

Hinsichtlich weiterer Arbeiten zu Matrixerweiterungsproblemen und verwandten Problemstellungen sind die Arbeiten BALL/GOHBERG [1]–[3], GRONE/JOHNSON/SÁ/WOLKOWICZ [1], JOHNSON/RODMAN [1], [2] und FREUND/HUCKLE [1], [2] zu nennen.

Eine korrelationstheoretische Interpretation der Schur-Analysis von nichtnegativ hermiteschen Blockmatrizen wurde in FRITZSCHE/KIRSTEIN [8] gegeben.

9. Über Methoden zur Lösung matrizieller und operatorieller Momenten- und Interpolationsprobleme

Matrizielle und operatorielle Versionen von Momenten- und Interpolationsproblemen erfreuen sich gegenwärtig einer besonders hohen Aufmerksamkeit. Dies liegt sowohl in dem ihnen innewohnenden mathematischen Interesse als auch in ihrer Anwendbarkeit auf solche Bereiche wie die Theorie elektrischer Netzwerke (vgl. z. B. EFIMOV/POTAPOV [1], DELSARTE/GENIN/KAMP [4]), die Kontrolltheorie (vgl. z. B. GLOVER [1]), Systemtheorie (vgl. z. B. AROV ⟨3⟩, ⟨4⟩) oder die Vorhersagetheorie (vgl. z. B. ARSENE/CONSTANTINESCU [1], [2], CONSTANTINESCU [1], [2] und FRITZSCHE/KIRSTEIN [1], [2]) begründet. Bemerkenswert ist die große Vielfalt verschiedener Zugänge zu Problemen matriziellen Typs. Wir wollen nun auf einige von ihnen näher eingehen. Da wären zunächst diejenigen Zugänge, die darin bestehen, ein Interpolationsproblem in eine unendliche Folge von Einschritterweiterungsproblemen für gewisse Taylor- oder Fourierkoeffizienten zu zerlegen, um dann ausgehend von der vorwiegend auf algebraischem Wege erhaltenen Lösung des Koeffizientenproblems eine Parametrisierung der Lösung des ursprünglichen analytischen Problems zu erhalten. Dieser Zugang ist eng an den klassischen Schur-Algorithmus angelehnt und hat folglich starke Beziehungen zur Theorie orthogonaler Matrixpolynome, welche z. B. in den Arbeiten von DELSARTE/GENIN/KAMP [1], [2], YOULA/KAZANJIAN [1] und GERONIMO [1] entwickelt wurde. Eine derartige schrittweise Behandlung von Interpolationsproblemen erfolgte z. B. in ADAMJAN/AROV/KREIN ⟨5⟩, DEWILDE/DYM [1]–[3] und FRITZSCHE/KIRSTEIN [1]–[3].

In diesem Zusammenhang sei erwähnt, daß die direkte matrizielle Verallgemeinerung des klassischen Schur-Algorithmus inklusive der Charakterisierung seiner Durchführbarkeit in Termen der strengen Kontraktivität gewisser Blocktoeplitzmatrizen in FRITZSCHE/KIRSTEIN [2] die umfassendste Behandlung erfuhr.

Auf der Basis der von ihm in [1] geschaffenen *J*-Theorie kreierte V. P. Potapov einen wirkungsvollen Zugang zur Behandlung matrizieller Interpolationsprobleme, die sogenannte Methode der fundamentalen Matrixungleichung. Das Wesen dieser Methode liegt in einer tiefgehenden Verallgemeinerung des klassischen Lemmas von H. A. Schwarz. Einem matriziellen Interpolationsproblem vom Nevanlinna-Pick-Typ wird eine gewisse Matrixungleichung zugeordnet, deren Lösungsmenge genau mit der des ursprünglichen Problems übereinstimmt. Auf diese Weise wird das Interpolationsproblem auf das Lösen einer Matrixungleichung zurückgeführt. Im Falle einer gewissen Nichtdegeneriertheitsvoraussetzung wurde hierfür eine effektive Faktorisierungsmethode entwickelt, in deren Ergebnis eine Parametrisierung der Lösungsmenge in Termen einer gebrochenlinearen Transformation von Matrizen erhalten wird, wobei die erzeugende Matrix ein Objekt mit gewissen *J*-Eigenschaften ist. Umgekehrt wird gezeigt, daß unter einer Normierungsbedingung eine Matrixfunktion mit eben diesen *J*-Eigenschaften als Resolventenmatrix genau eines Interpolationsproblems des betrachteten Typs erscheint, d. h., die Potapovsche Methode liefert auch gleichzeitig eine vollständige Analyse des zugehörigen inversen Problems. Sie ermöglicht außerdem eine dem Schur-Algorithmus entlehnte sukzessive Einschrittprozedur des Lösens von Interpolationsproblemen, die sich hier konkret in der multiplikativen Zerlegung eines sogenannten *J*-Elementarfaktors in einfachste Bestandteile desselben Typs äußert. Weiterhin sollte unbedingt erwähnt werden, daß im Rahmen des Zugangs von Potapov Weyls Methode der ineinandergeschachtelten Kreise eine umfassende matrizielle Verallgemeinerung fand und aufbauend auf einem fundamentalen Theorem von Orlov ⟨4⟩ über die Stabilität des Ranges der Halbradien des Grenzmatrizenkreises eine Klassifikation von matriziellen Schur- oder Carathéodory-Funktionen und auch das Studium weiterer inverser Probleme erfolgt. Hinsichtlich von Arbeiten, in denen die Potapov-Methode auf diskrete Interpolationsprobleme angewandt wird, sei auf Kovalishina ⟨1⟩, Galstjan ⟨1⟩, Dubovoj ⟨1⟩, Djukarev/Katsnelson ⟨1⟩, ⟨2⟩ und Djukarev ⟨1⟩ verwiesen. Der Anwendung des Potapov-Zugangs auf sogenannte kontinuierliche Probleme vom Typ der Aufgabe der Fortsetzung einer in einem endlichen Intervall definierten, positiv definiten Funktion auf die reelle Achse, welche von Krein ⟨1⟩ gestellt wurde, sind die Monographien Kovalishina/Potapov ⟨2⟩ und Katsnelson ⟨2⟩ (vgl. auch Kovalishina/Potapov ⟨3⟩) gewidmet. Nicht unerwähnt bleiben sollte, daß die Methode von Potapov auch bei Randinterpolationsaufgaben und indefiniten Interpolationsaufgaben eingesetzt werden kann (vgl. Kovalishina ⟨2⟩–⟨5⟩ bzw. Golinskii ⟨1⟩, ⟨2⟩). Der Potapov-Zugang stößt im Falle gewisser Degeneriertheiten (Singularität des sogenannten Informationsblocks) auf eine Reihe von Schwierigkeiten, die bislang nur im Falle des Schur-Problems durch Dubovoj ⟨1⟩–⟨3⟩ bzw. Dubovoj/Zinenko ⟨1⟩ überwunden werden konnten. Hinsichtlich einer operatoriellen Verallgemeinerung der Potapov-Methode sei die Arbeit von Ivančenko/Sahnovič ⟨1⟩ genannt. Ein weiterer, gegenwärtig breit angewendeter Zugang zu Interpolationsproblemen basiert auf der Dilationstheorie. Ausgangspunkt hierfür ist das fundamentale Kommutant-Lifting-Theorem, welches in seiner allgemeinen Form auf Sz.-Nagy/Foiaş [1], [2] zurückgeht. In der Zwischenzeit tauchten eine Reihe alternativer Beweise für dieses Theorem auf (vgl. Douglas/Muhly/Pearcy [1], Parrott [1], Arocena [3], Foiaş/Frazho [1], [2]). Stimulierend auf die Untersuchungen von B. Sz.-Nagy und C. Foiaş, die zum all-

gemeinen Kommutant-Lifting-Theorem führten, wirkte die berühmte Arbeit [1]
von Sarason, in der unter der Zielstellung der Anwendung auf Interpolationsprobleme vom Nevanlinna-Pick-Typ ein wichtiger Spezialfall des Theorems bewiesen
wurde und gleichzeitig die Perspektiven der Anwendung von Liftingtheoremen in
der Interpolationstheorie angedeutet wurden. Es sollte nicht unerwähnt bleiben,
daß die Liftingproblematik starken Bezug auf die Charakterisierung shiftinvarianter
Unterräume nimmt, welche von Beurling [1] für den skalaren Fall gegeben wurde
und später von Lax [1], Halmos [1] und Masani [1] verallgemeinert wurde.

Das Lösen eines Interpolationsproblems mittels Dilationstheorie führt stets auf
die Parametrisierung aller „contractive intertwining dilations" eines gewissen Operators. Dieses Problem wurde beginnend mit der richtungweisenden Arbeit Sz.-
Nagy/Foiaş [3] insbesondere von der rumänischen Schule intensiv untersucht (vgl.
Ando/Ceauşescu/Foiaş [1], Arsene/Ceauşescu [1], [2], Ceauşescu/Foiaş [1], [2]
und Arsene/Ceauşescu/Foiaş [1]). Im Ergebnis dieser Arbeiten wurde eine dem
Vorbild des Schurschen Algorithmus entnommene Parametrisierung einer „contractive intertwining dilation" durch eine Folge kontraktiver Parameter (genannt
„choice sequence") erhalten. Ausgehend von einer solchen Parametrisierung
konnte dann eine ganze Reihe von Operatorerweiterungs- und Operatorinterpola-
tionsproblemen behandelt werden, wobei insbesondere stets Anwendungen in der
Vorhersagetheorie und Entropieoptimierung berücksichtigt wurden (vgl. Arsene/
Constantinescu [1], [2], Arsene/Ceauşescu/Constantinescu [1], Constantinescu
[1]–[9] und Timotin [1]).

Ein Nachteil des Liftingzugangs besteht darin, daß er nicht für Randinterpolationsaufgaben wirksam ist. Inspiriert durch Nudelman ⟨1⟩ formulierten Rosen-
blum/Rovnyak [2], [3] ein allgemeines Operatorinterpolationsproblem, welches als
Spezialfälle die klassischen Aufgaben von Schur, Carathéodory, Nevanlinna,
Pick und Löwner enthält.

Einen weitreichenden operatortheoretischen Zugang zur Interpolation schufen
Ball/Helton [1]–[7] (vgl. hierzu auch Sarason [2], [3], Ball [1], [2]). Sie hatten die
originelle Idee, Interpolationsprobleme in einen Kreinraumkontext einzubetten.
Hierdurch werden die assoziierten Operatorerweiterungsprobleme in Unterraumer-
weiterungsprobleme im Kreinraum transformiert. Die Methode von Ball und Helton ermöglicht auch eine effektive Behandlung von Randinterpolationsaufgaben
und indefiniten Interpolationsaufgaben. Es sollte unbedingt erwähnt werden, daß
ein wesentliches Moment des Ball-Helton-Zugangs in geeigneten indefiniten Verallgemeinerungen des Theorems von Beurling/Lax/Halmos/Masani über shiftinvariante Unterräume, dessen zentrale Rolle nicht stark genug unterstrichen werden
kann, besteht. Darüber hinaus erzielten Ball und Helton die weitreichendsten Resultate hinsichtlich der Behandlung ein- oder zweiseitiger tangentieller Interpolationsprobleme, welche erstmals von Fedčina ⟨1⟩–⟨4⟩ in Anlehnung an die Adamjan-Arov-Krein-Arbeiten studiert wurden. Solche tangentiellen Interpolationsprobleme sind grob gesprochen dadurch charakterisiert, daß jetzt nicht mehr die
Interpolationswerte selbst, sondern lediglich deren Projektionen in gewisse vorgegebene Richtungen fixiert sind. Hinsichtlich eines mehr elementaren rekursiven Zugangs zu zweiseitigen tangentiellen Interpolationsproblemen, welcher auf Anwendungen in der Kontrolltheorie ausgerichtet ist, sei auf Limebeer/Anderson [1] verwiesen, welche eine matrizielle Version des Schur-Algorithmus benutzten.

Ein weiterer aktueller Zugang zu Interpolationsproblemen basiert auf der von ARONSZAJN [1] geschaffenen Theorie von Hilberträumen mit reproduzierendem Kern. Diese Methode erschien erstmals in der fundamentalen Arbeit Sz.-NAGY/KORANYI [1], in der notwendige und hinreichende Bedingungen für die Lösbarkeit von Problemen vom Nevanlinna-Pick- und Löwner-Typ verifiziert wurden. BALL [1] verallgemeinerte diese Vorgehensweise auf indefinite Problemstellungen. DYM und seine Schüler erarbeiteten auf der Grundlage spezieller von DE BRANGES/ROVNYAK [1], [2] eingeführter Hilberträume mit reproduzierendem Kern ein tragfähiges Konzept zur Behandlung von Interpolationsproblemen. Die Grundstrategie besteht darin, daß, wenn eine aus den konkreten Interpolationsdaten gebildete Matrix positiv definit ist, dann dem Problem ein solcher Hilbertraum zugeordnet ist, dessen reproduzierender Kern durch eine Signaturmatrix J und die J-Form einer gewissen assoziierten J-inneren Matrixfunktion U gegeben ist, wobei U eine gebrochenlineare Transformation erzeugt, mit deren Hilfe sich die Lösungsmenge des ursprünglichen Problems parametrisieren läßt. Hinsichtlich des Dym-Zugangs sei der Leser auf die Arbeiten DYM [2]–[5] und ALPAY/DYM [1], [2] verwiesen.

Es sei insbesondere erwähnt, daß ALPAY/DYM [2] ein neues Licht auf den Schur-Algorithmus und seine matrizielle Verallgemeinerung warfen, indem sie zeigten, daß dieser in der Konstruktion einer ineinandergeschachtelten Folge spezieller Hilberträume mit reproduzierendem Kern besteht, von denen jeder isometrisch in seinen Vorgänger eingebettet ist.

Kompliziertere Interpolationsaufgaben lassen sich in zahlreichen Fällen nicht mehr allein im Rahmen eines einzelnen der oben vorgestellten Zugänge lösen. Es ist dann vielmehr eine Kombination verschiedener Zugänge erforderlich, mit deren Hilfe es erst möglich wird, mehrere Aspekte simultan zu erfassen. Die vielleicht weitreichendste Methode wurde in der Schule von KATSNELSON entwickelt, wo auf der Grundlage einer Verallgemeinerung von POTAPOVS Methode der fundamentalen Matrixungleichungen ein sogenanntes abstraktes Interpolationsproblem studiert wird, bei dessen Behandlung aber gleichzeitig wesentliche Elemente der Theorie der Modelle von Operatoren (vgl. Sz. NAGY/FOIAŞ [1], DE BRANGES/ROVNYAK [1], DOUGLAS [2], NIKOLSKII/VASYUNIN [1], [2]), der Theorie offener Systeme (vgl. AROV $\langle 3 \rangle$, $\langle 4 \rangle$) sowie der Theorie verallgemeinerter Resolventen in ihrer reifsten Form, nämlich der Resultate von AROV/GROSSMAN $\langle 1 \rangle$, einfließen.

Diese Resultate von KATSNELSON und seinen Schülern sind bislang leider noch nicht sehr ausgiebig publiziert (vgl. hierzu KATSNELSON/HEIFETS/JUDITSKII $\langle 1 \rangle$, HEIFETS $\langle 1 \rangle$).

Hinsichtlich weiterer Zugänge zu Momenten- und Interpolationsproblemen und entsprechenden Verallgemeinerungen seien die Arbeiten MAC NERNEY [1], ANDO [1], STEWART [1]) sowie die Monographie von BERG/CHRISTENSEN/RESSEL [1] genannt.

10. Spektraltheorie gewöhnlicher Differentialoperatoren

Die Arbeiten von Sturm und Liouville, in denen um 1830 der Differentialoperator

$$D = -\left(\frac{\mathrm{d}}{\mathrm{d}t}\right)\left[p\,(t)\left(\frac{\mathrm{d}}{\mathrm{d}t}\right)\right] + q\,(t)$$

untersucht wurde, markieren den Beginn eines systematischen Zugangs zum Problem der Entwicklung eines beliebigen selbstadjungierten Differentialoperators nach Eigenfunktionen. In obigem Differentialausdruck sind q eine reellwertige und p eine positive zweimal differenzierbare Funktion auf einem abgeschlossenen Intervall. Obwohl die Arbeiten von Sturm und Liouville aus heutiger Sicht einige Ungereimtheiten enthalten, stecken in ihnen doch fast alle für die spätere Theorie wesentlichen Elemente.

Als besonderer Meilenstein in der Entwicklung der Spektraltheorie von Differentialoperatoren ist die Habilitationsschrift [1] von H. Weyl anzusehen, welche in den „Mathematischen Annalen" abgedruckt wurde. Ihm gelang es, alle bis dahin vorliegenden Einzelergebnisse unter einem gemeinsamen Aspekt zu betrachten, um letztlich eine weit führende Theorie allgemeinster formal selbstadjungierter singulärer Differentialoperatoren zu schaffen, die viele Jahre ein wichtiger Eckpfeiler der linearen Funktionalanalysis blieb.

Weyls Memoir ist aus vielerlei Hinsicht bemerkenswert. Die Darstellung von quadratisch integrierbaren Funktionen mit Hilfe eines Fourierintegrals der Eigenfunktionen eines singulären Differentialoperators zeigte von neuem die Relevanz des Hilbertschen Spektraltheorems. Zudem wurde das Spektraltheorem hier erstmals auf einen unbeschränkten Operator angewandt. Im Grunde genommen werden in Weyls Habilitationsschrift erstmals zahlreiche Struktureigenschaften abgeschlossener unbeschränkter selbstadjungierter Operatoren erörtert wie z. B. die Invarianz der Defektindizes und spezielle Fragen der Erweiterungstheorie symmetrischer Operatoren zu selbstadjungierten. Hierbei wendet Weyl seine überaus geistreiche geometrische Methode der ineinandergeschachtelten Kreise an, welche später auch zu einem Angelpunkt der Schur-Analysis werden sollte. In diesem Zusammenhang sei erwähnt, daß Weyls Methode der ineinandergeschachtelten Kreise bei diskreten Problemen bzw. Differenzengleichungen erstmals in einer Arbeit von Hellinger [1] auftrat. Weyls Grenzpunkt-Grenzkreis-Alternative, deren Wesen in der Stabilität der Defektindizes eines symmetrischen Operators begründet ist, stellt in ihren Verallgemeinerungen und Modifikationen ein wesentliches Element der Schur-Analysis dar und wird, wie bereits oben erläutert, insbesondere zur Klassifikation von solchen Objekten wie Carathéodory- oder Schur-Funktionen herangezogen.

Bekanntermaßen stellte die mathematische Physik eine Reihe von Randwertaufgaben für Differentialgleichungen mit linear eingehendem komplexem Parameter. Differentialgleichungen, bei denen der komplexe Parameter gebrochenlinear in die Randbedingung einging, wurden erstmals in Weyl [2] untersucht, der, beeinflußt durch das Memoir [3] von R. Nevanlinna, über Interpolationsprobleme ein kontinuierliches Analogon von Differenzengleichungen untersucht, bei denen ein komplexer Parameter gebrochenlinear eingeht. Diese Arbeit Weyls ist Bestandteil einer sich immer stärker ausprägenden Wechselwirkung zwischen diskreten und kontinuierlichen Problemen, deren gemeinsamer Kern, wie sich später herausstellen sollte, in der Theorie der Erweiterungen von symmetrischen bzw. isometrischen zu selbstadjungierten bzw. unitären Operatoren im Hilbertraum besteht.

Inspiriert von WEYLS Habilitationsschrift erhielt HELLINGER in [1] eine Lösung des Stieltjesschen Momentenproblems in der Weise, daß er die dem Kettenbruch entsprechende Differenzengleichung in Analogie zu einer den Spektralparameter enthaltenden selbstadjungierten Differentialgleichung stellt und darauf die Weylsche Methode anwendet. Die Arbeit [2] von H. WEYL behandelt das dem Nevanlinna-Pickschen Interpolationsproblem analoge Problem für Differentialgleichungen und liefert zugleich einige wesentliche Verallgemeinerungen der Methode von HELLINGER.

Initiiert durch M. G. KREIN erfolgte eine systematische Untersuchung von sogenannten kanonischen Differentialgleichungssystemen. Hierunter verstehen wir Gleichungen der Form

$$- iJ \frac{dx}{dt} - v(t) \, x = \lambda \, x, \quad t \in [0, \infty]. \tag{6}$$

Hierbei ist J eine $m \times m$-Signaturmatrix (d. h., es gilt $J = J^*$, $J^2 = I_m$), v ist eine geeignet normierte $m \times m$-Matrixfunktion der Klasse $m \times m$-L^1 $([0, \infty])$ oder $m \times m$-L^1 $([0, \infty]) \cap m \times m$-$C$ $([0, \infty])$, x ist die gesuchte vektor- bzw. matrixwertige Funktion, und λ ist ein komplexer Spektralparameter.

Die Spektraltheorie von Systemen der Form (6) wurde in den letzten 40 Jahren in einer ganzen Reihe von Arbeiten eingehend untersucht. Der Leser sei hierbei verwiesen auf KREIN $\langle 11 \rangle$, $\langle 12 \rangle$, KREIN/LANGER $\langle 1 \rangle$, [5], KREIN/MELIK-ADAMJAN $\langle 1 \rangle$–$\langle 3 \rangle$, GOHBERG/KREIN $\langle 1 \rangle$, F. E. MELIK-ADAMJAN $\langle 1 \rangle$, $\langle 2 \rangle$, P. E. MELIK-ADAMJAN $\langle 1 \rangle$, $\langle 2 \rangle$, ATKINSON [1], DYM/IACOB [2], IACOB [1], ORLOV $\langle 1 \rangle$–$\langle 6 \rangle$, LANGER [1] sowie HINTON/SHAW [1]–[3]. (Hinsichtlich verwandter Aufgabenstellungen vgl. auch SCHÄFKE/SCHNEIDER [1] und den Übersichtsartikel KRALL [1].)

Die $m \times m$-matrixwertige Lösung $u(., \lambda)$ von (6), für die die Anfangsbedingung $u(0, \lambda) = I_m$ erfüllt ist, heißt der zu (6) gehörige Matrizant. Für jedes t ist dann die Abbildung $\lambda \rightarrow u(t, \lambda)$ eine J-innere Matrixfunktion in der offenen oberen Halbebene, woraus der Zusammenhang von kanonischen Systemen mit der J-Theorie unmittelbar ersichtlich wird.

Ein interessanter neuerer Zugang zur Spektraltheorie kanonischer Systeme wurde von DYM/IACOB [2] kreiert (vgl. auch die Dissertation von IACOB [1]). Er basiert auf der Methode von DYM [1], welche mit de Brangesschen Hilberträumen von ganzen Funktionen mit reproduzierendem Kern operiert. Dieser Zugang erlaubt u. a. den direkten Nachweis der Existenz einer Spektralfunktion, welcher Bezug auf die Integrierbarkeitsvoraussetzung an das Potential v nimmt (und nicht auf KREINS Methode der richtenden Funktionale wie z. B. in LANGER [1], LANGER/TEXTORIUS [1], [2] oder F. E. MELIK-ADAMJAN $\langle 1 \rangle$, $\langle 2 \rangle$). Insbesondere werden die de Branges-Räume dazu genutzt, die Spektraltheorie und die zugehörige Fourieranalysis für das kanonische System zu entwickeln. Weiterhin erfolgt eine Ausarbeitung des konkreten Zusammenhangs zwischen der Spektraltheorie kanonischer Systeme und einem speziellen kontinuierlichen Kovarianzerweiterungsproblem. Die Lösbarkeit dieses Kovarianzerweiterungsproblems wurde von KREIN $\langle 12 \rangle$ und unabhängig davon in einem allgemeineren Zusammenhang von DYM/GOHBERG [2] gezeigt (vgl. auch KREIN/LANGER ⟨1⟩). Es bestehen enge Verbindungen der Theorie kanonischer Systeme zur abstrakten Hibertraumtheorie, ja sogar zur Theorie der Räume mit indefiniter Metrik. Was die konkreten Zusammenhänge zur allgemeinen Theorie der sogenannten kanonischen Darstellungen hermitescher Operatoren und kanonischen Modelle nichtselbstadjungierter Operatoren betrifft, so sei auf die Monographie GOHBERG/KREIN ⟨1⟩ verwiesen, während z.B. die Serie der Arbeiten DIJKSMA/LANGER/DE SNOO [1]–[7] deutlich macht, in welcher Weise solche Objekte wie unitäre Operatorknoten in Pontrjaginräumen oder Erweiterungen symmetrischer Relationen in Kreinräumen zu selbstadjungierten relevant in der Spektraltheorie kanonischer Systeme sind.

11. Inverse Probleme für Differentialoperatoren

Die breite Anwendung der Spektraltheorie von Differentialoperatoren auf verschiedene Probleme der modernen Physik zeigte nicht nur den physikalischen Sinn vieler mathematischer Begriffe, sondern trug auch zur Entdeckung einer Reihe von Aufgaben bei, die zum Teil noch nicht vollständig gelöst sind. Dazu gehören die sogenannten inversen Probleme. Hierunter versteht man die Aufgabe, notwendige und hinreichende Bedingungen dafür anzugeben, daß ein gegebenes nichtnegativ hermitesches Borelmaß auf der reellen Achse aus einer Spektraldarstellung einer selbstadjungierten Erweiterung eines gewissen symmetrischen Differentialoperators hervorgeht und gegebenenfalls die Beschreibung aller solchen Differentialoperatoren gestattet. Erstmals scheint eine solche Aufgabe von BORG [1] betrachtet worden zu sein, der den Fall diskutierte, daß ein Differentialoperator zweiter Ordnung auf einem kompakten Intervall vorliegt. Er zeigte, daß durch die Vorgabe des Eigenwertspektrums zweier selbstadjungierter Erweiterungen des Differentialoperators

$$D = -\left(\frac{d}{dt}\right)^2 + q(t), \; 0 \leqq t \leqq \pi,$$

die Funktion q eindeutig bestimmt ist. LEVINSON [2] vereinfachte BORGS Untersuchungen, indem er zeigte, daß unter der Bedingung $q(\pi - t) = q(t)$ bereits die Vorgabe der Eigenwerte einer selbstadjungierten Erweiterung von D die eindeutige Bestimmtheit von q induziert.

Die singuläre Aufgabe für auf der positiven Halbachse gegebene Differentialoperatoren zweiter Ordnung wurde erstmals von KREIN ⟨8⟩, ⟨9⟩ untersucht, der hierzu die von ihm in ⟨1⟩ geschaffene Theorie der Fortsetzung positiv definiter Funktionen heranzog. Eindeutigkeitsfragen wurden im singulären Fall erstmals von MARČENKO ⟨1⟩ studiert.

Spätere Arbeiten enthielten solche Formulierungen der Aufgabenstellung, bei denen die Differentialgleichung nicht aus einem vorgegebenen Eigenspektrum, sondern aus Spektralfunktion, Grenzphase oder Streumatrix zurückgewonnen werden sollte. Der grundlegende Apparat hierfür wurde in der Arbeit GELFAND/LEVITAN ⟨1⟩ entwickelt. Weiterhin sind in diesem Zusammenhang die Arbeiten von FADDEEV ⟨1⟩, GASYMOV ⟨1⟩, KAY/MOSES [1], DEIFT/TRUBOWITZ [1], ISAACSON/TRUBOWITZ [1], ISAACSON/MC KEAN/TRUBOWITZ [1], DAHLBERG/TRUBOWITZ [1] sowie die Monographien AGRANOVIĆ/MARČENKO $\langle 1 \rangle$, LEVITAN $\langle 1 \rangle$, $\langle 2 \rangle$, MARČENKO $\langle 2 \rangle$, ATKINSON [1], CHADAN/SABATIER [1] und PÖSCHEL/TRUBOWITZ [1] zu nennen. Das Studium von inversen Aufgaben für reelle Polynome auf der reellen Achse und trigonometrische Polynome auf der Einheitskreislinie wurde vermutlich durch die originelle Arbeit von CASE/KAC [1] angeregt, welche die Schrödinger-Gleichung in geschickter Weise diskretisierten und dann bemerkten, daß die Gelfand-Levitan-Prozedur ein äußerst durchsichtiges diskretes Analogon besitzt. Dieses Analogon kann andererseits wiederum dazu benutzt werden, durch entsprechenden Grenzübergang die ursprünglich in GELFAND/LEVITAN $\langle 1 \rangle$ erhaltenen Formeln neu herzuleiten. Diskrete Analoga der auf MARČENKO $\langle 1 \rangle$ zurückgehenden Prozedur wurden später in den Arbeiten von CASE/CHIU [1], GERONIMO/CASE [1], [2] und GUSEINOV $\langle 1 \rangle$ entwickelt. Die umfassendsten Resultate zu dieser Problematik scheint die Arbeit DYM/IACOB [1] zu beinhalten. Dort wird neben den diskreten Analoga der Prozeduren von GELFAND/LEVITAN und MARČENKO auch ein diskretes Analogon der Methoden von KREIN $\langle 8 \rangle$, $\langle 9 \rangle$ vorgestellt. Außerdem wird von DYM und IACOB die zentrale Rolle der Faktorisierungstheorie bei inversen Aufgaben herausgearbeitet. Die Schlüsselinformation, welche die diskreten inversen Aufgaben liefern, scheint darin zu liegen, daß sie zur Aufklärung der Tatsache beitragen, daß die Prozeduren von GELFAND/LEVITAN und MARČENKO auf gewisse Faktorisierungsaufgaben hinauslaufen. So besteht die Gelfand-Levitan-Prozedur darin, daß ein gewisser Operator eine Darstellung als Produkt eines unteren und eines oberen Dreiecksoperators erfährt, während die Marčenko-Prozedur darauf hinausläuft, einen anderen (aber verwandten) Operator als Produkt eines oberen und eines unteren Dreiecksoperators darzustellen. Hier sei daran erinnert, daß ein Operator A in einem Hilbertraum H unterer (bzw. oberer) Dreiecksoperator bezüglich einer maximalen Kette $(\pi_t)_{t \in (0,\, \infty)}$ von Orthoprojektoren heißt, falls für alle $t \in [0,\, \infty]$ die Beziehung

$$\pi_t A = \pi_t A \pi_t \quad (\text{bzw. } A \pi_t = \pi_t A \pi_t)$$

besteht. Der Unterschied zwischen diskreten und kontinuierlichen inversen Spektralproblemen liegt dann primär in der Wahl von Hilbertraum und Projektorenkette.

Die Behandlung diskreter inverser Aufgaben mittels der Prozeduren von GELFAND/LEVITAN $\langle 1 \rangle$ bzw. MARČENKO $\langle 1 \rangle$ läuft auf das Lösen von Matrixgleichungen hinaus. Mitte der 70er Jahre entdeckten jedoch Geophysiker eine direktere Methode für inverse Probleme im Zusammenhang mit dem „layered-earth model", welches starken Bezug zu dem von Elektroingenieuren benutzten „transmission-line model" besitzt. Es stellte sich dann später heraus, daß dieser direkte Algorithmus exakt der Schur-Algorithmus ist. Die Analyse des inversen Streuproblems für das „transmission-line model" macht diesen Zusammenhang besonders deutlich (vgl. KAILATH [2], [3], BRUCKSTEIN/KAILATH [1], wobei in letzterer Arbeit auch eine „transmission-line"-Herleitung der Gelfand-Levitan-, Marčenko- und Krein-Gleichungen des diskreten inversen Streuproblems erfolgt).

12. Lax-Phillips-Streutheorie

Dem Lax-Phillips-Zugang zur Streutheorie (vgl. Lax/Phillips [1]) liegt die Wellenausbreitung im dreidimensionalen Raum bei Vorliegen eines Hindernisses zugrunde. Hierbei zeigt es sich, daß das Hindernis einen schwachen Einfluß auf das Langzeitverhalten der Welle hat. Genauer besagt dies folgendes: Es sei u eine Lösung mit endlicher Energie der Wellengleichung

$$\frac{\partial^2 u}{\partial t^2} - \Delta u = 0,$$

wobei diese außerhalb des Hindernisses erfüllt sein soll. Dann existieren zwei Lösungen u_+ bzw. u_- mit endlicher Energie der freien Wellengleichung derart, daß die Energie von $u - u_-$ bzw. $u - u_+$ gegen Null strebt, wenn der Zeitparameter t gegen $-\infty$ bzw. $+\infty$ strebt; d. h., u verhält sich in der entfernten Vergangenheit bzw. fernen Zukunft wie u_- bzw. u_+. Der mit dem Hindernis assoziierte Streuoperator S ist dann definiert durch

$$S\,u_- := u_+ \,.$$

Eine ähnliche Situation tritt bei der quantenmechanischen Beschreibung von Wechselwirkungen zwischen Atomkern und Teilchen auf. Hierbei zeigt es sich, daß der Streuoperator die fundamentale Observable ist, falls das Hindernis selbst nicht direkt beobachtbar ist. Aus diesem Grund formulierte Heisenberg die These, daß alle Information über die nuklearen Kräfte im Streuoperator enthalten ist. Diese Information aus ihm zu extrahieren, bildet grob gesprochen den Inhalt des inversen Streuproblems.

Lax und Phillips zeigten nun, daß die klassische Definition des Streuoperators mit Hilfe von Wellenoperatoren im Rahmen eines abstrakten Streumodells axiomatisiert werden kann. Dieses Modell lautet wie folgt:

Es sei H ein komplexer Hilbertraum, und $(U_t)_{t \in \mathbb{R}}$ sei eine Gruppe von in H unitären Operatoren, für welche zwei abgeschlossene lineare Teilräume D_+ und D_- von H derart existieren, daß folgende Bedingungen erfüllt sind:

1) D_+ und D_- sind orthogonal.
2) Für $t \in (0, \infty)$ gilt $U_t(D_t) \subseteq D_+$ und $U_{-t}(D_-) \subseteq D_-$.
3) Es ist $\bigcap_{t \in \mathbb{R}} U_t(D_+) = \{0\}$ und $\bigcap_{t \in \mathbb{R}} U_t(D_-) = \{0\}$.
4) Es gilt $\overline{\bigcup_{t \in (-\infty, 0)} U_t(D_+)} = \overline{\bigcup_{t \in (0, \infty)} U_t(D_-)} = H$.

Die Unterräume D_- bzw. D_+ heißen Eingangs- bzw. Ausgangsraum. Da eine Gruppe unitärer Operatoren eindeutig durch ihren Generator bestimmt ist, läßt sich der Übergang zum folgenden diskreten Lax-Phillips-Streumodell vollziehen:

Es sei H ein komplexer Hilbertraum und U ein unitärer Operator in H, für den zwei abgeschlossene lineare Teilräume D_+ und D_- von H derart existieren, daß folgende Bedingungen erfüllt sind:

1) D_+ und D_- sind orthogonal.
2) $U(D_+) \subseteq D_+, \quad U^{-1}(D_-) \subseteq D_-$.

3) $\bigcap_{n \in \mathbf{N}_0} U^n(D_+) = \{0\}, \quad \bigcap_{n \in \mathbf{N}_0} U^{-n}(D_-) = \{0\}.$

4) $\overline{\bigcup_{n \in \mathbf{N}_0} U^n(D_+)} = \overline{\bigcup_{n \in \mathbf{N}_0} U^{-n}(D_-)} = H.$

Es läßt sich dann zeigen, daß die Unterräume D_+ bzw. D_- jeweils eine Fourierdarstellung von H definieren, d. h., es existieren komplexe Hilberträume E_+ bzw. E_- sowie unitäre Operatoren $R_+ : H \to L^2(E_+)$ bzw. $R_- : H \to L^2(E_-)$, welche U in den Multiplikationsoperator mit der unabhängigen Veränderlichen im Raum $L^2(E_+)$ bzw. $L^2(E_-)$ überführen. Der Operator

$$S := R_+ R_-^{-1}$$

heißt dann der zum obigen diskreten Lax-Phillips-System gehörige abstrakte Streuoperator. Der in analoger Weise zum kontinuierlichen Lax-Phillips-System assoziierte abstrakte Streuoperator stimmt mit dem aus dem obigen motivierenden Beispiel überein.

Es zeigt sich, daß der abstrakte Streuoperator eine holomorphe Operatorfunktion in $\mathbb{D}$ definiert, deren Werte kontraktive Operatoren von E_- in E_+ sind und welche die zugehörige Streumatrix genannt wird. An dieser Stelle kommt also eine operatorielle Schur-Funktion ins Spiel, wodurch der Zusammenhang zwischen Streutheorie und Schur-Analysis offensichtlich wird.

ADAMJAN/AROV $\langle 1 \rangle$ kreierten eine wesentliche Verallgemeinerung des Lax-Phillips-Streumodells, die darin besteht, daß sie auf die Orthogonalität von D_+ und D_- verzichteten. Weiterhin führten beide den Begriff der unitären Kopplung für ein Paar von isometrischen Operatoren $V_+ : D_+ \to D_+$ und $V_- : D_- \to D_-$ ein. Hierunter verstehen wir einen unitären Operator U, der in einem D_+ und D_- umfassenden Hilbertraum H agiert und den Bedingungen Rstr. $_{D_+} U = V_+$ sowie Rstr. $_{D_-} U^{-1} = V_-$ genügt. In Verallgemeinerung der Lax-Phillips-Theorie prägten ADAMJAN und AROV dann die Begriffe des Wellenoperators, des Streuoperators und des Substreuoperators für ein Paar von unitären Kopplungen U_1 und U_2 der vorgegebenen Isometrien V_+ und V_-.

Die Adamjan-Arov-Erweiterung des Lax-Phillips-Streumodells stand im Hintergrund des in den berühmten Adamjan-Arov-Krein-Arbeiten [1]–[5] entwickelten Zugangs zum Nehari-Problem. Darüber hinaus lieferte sie die Grundlage für die in AROV/GROSSMAN [1] angegebene Weiterentwicklung der Resolventenformeln von M. G. KREIN.

In der klassischen Streutheorie betrachtet man Paare $(U, \hat{U})$ von unitären Operatoren in einem Hilbertraum, für welche die starken Limites

$$W_\pm := s - \lim_{n \to \pm \infty} U^{-n} \hat{U}^n$$

existieren. Der Operator $S := W_+^* W_-$ heißt dann Streuoperator von $(U, \hat{U})$. Es zeigt sich, daß S mit $\hat{U}$ kommutiert. Es läßt sich nun das folgende abstrakte inverse Streuproblem formulieren:

Gegeben seien ein komplexer Hilbertraum H sowie ein unitärer Operator $\hat{U}$ in H und eine mit $\hat{U}$ vertauschbare Kontraktion S in H. Dann sind alle unitären Operatoren U in H zu bestimmen, für die S der Streuoperator von $(U, \hat{U})$ ist.

Dieses Problem geht auf das Jahr 1963 zurück, als M. G. KREIN die Frage des Zusammenhangs zwischen Quantenstreutheorie und Lax-Phillips-Streumodell aufwarf. ADAMJAN/AROV [1] erhielten eine Lösung des abstrakten inversen Streuproblems unter Verwendung von über das Lax-Phillips-Modell hinausgehenden Methoden. Einen alternativen, mehr klassischen Zugang zum inversen Streuproblem kann man bei HRUŠČEV [1] finden.

In den 60er Jahren entwickelten Ingenieure einen eleganten theoretischen Zugang zur Systemtheorie, welcher bei geeigneter Spezifizierung viele der in der Praxis relevanten Spezialfälle erfaßte. Während der gleichen Periode arbeiteten LAX und PHILLIPS eine Streutheorie für energieerhaltende hyberbolische Systeme von Differentialgleichungen aus. In den gleichen Zeitraum fielen auch die Untersuchungen von SZ.-NAGY und FOIAŞ, welche zu einem Funktionalmodell für Kontraktionen im Hilbertraum führten. All diese Theorien differieren rein äußerlich in mancherlei Hinsicht, haben aber doch den gleichen mathematischen Kern. Dieser besteht darin, daß in allen drei Modellen die wesentliche Information in einer operatoriellen Schur-Funktion enthalten ist, und zwar handelt es sich hier um die Transferfunktion der Systemtheorie bzw. die S-Matrix der Streutheorie bzw. die charakteristische Operatorfunktion der Sz.-Nagy/Foiaş-Theorie. Wie M. G. KREIN in seinem Geleitwort zur russischen Übersetzung der Monographie SZ.-NAGY/FOIAŞ [1] schreibt, war jener Moment, als SZ.-NAGY und FOIAŞ um 1963/64 in ihrem Kalkül den Begriff der charakteristischen Operatorfunktion prägten, ein besonders entscheidender, da nun die Verbindung zu den Untersuchungen der ukrainischen Schule zur Operatortheorie um M. G. KREIN hergestellt wurde, in der der ursprünglich von LIVŠIC ⟨2⟩, ⟨3⟩ geprägte Begriff der charakteristischen Funktion eines isometrischen Operators und seine Verallgemeinerungen (vgl. SMULJAN ⟨1⟩, ⟨2⟩, LIVŠIČ ⟨4⟩, LIVŠIC/JANTSEVIC ⟨1⟩, BRODSKII ⟨1⟩) eine zentrale Rolle spielte. Die Zusammenhänge zwischen den Theorien von LAX/PHILLIPS und SZ.-NAGY/FOIAŞ wurden erstmals in ADAMJAN/AROV ⟨1⟩ klargelegt, während die Beziehungen beider Theorien zur Systemtheorie wohl zuerst in HELTON [1] verdeutlicht wurden.

Literatur

ACHIESER, N. I.; GLASMANN, I. M.
[1] Theorie der linearen Operatoren im Hilbert-Raum. Berlin: Akademie-Verlag 1981.

AHLFORS, L. V.
[1] Das mathematische Schaffen Rolf Nevanlinnas. Ann. Acad. Sci. Fenn., Ser. A I 2 (1976), 1–15.

ALPAY, D.; DYM, H.
[1] Hilbert spaces of analytic functions, inverse scattering and operator models. Integral Equations and Operator Theory, Teil I: 7 (1984), 589–641; Teil II: 8 (1985), 145–180.
[2] On applications of reproducing kernel spaces to the Schur algorithm and J unitary factorization. In: I. Schur Methods in Operator Theory and Signal Processing (Hrsg. I. GOHBERG), Operator Theory Series; 18. Basel: Birkhäuser 1986, 89–159.

ALPAY, D.; GOHBERG, I.
[1] Unitary rational matrix functions. In: Topics in Interpolation Theory of Rational Matrix Valued Functions (Hrsg. I. GOHBERG), Operator Theory Series; 33. Basel: Birkhäuser 1988, 175–222.
[2] On orthogonal matrix polynomials. In: Orthogonal Matrix-valued Polynomials and Applications (Hrsg. I. GOHBERG), Operator Theory Series; 34. Basel: Birkhäuser 1988, 25–46.

AMMAR, G. S.; GRAGG, W. G.
[1] The implementation and use of generalized Schur algorithm. In: Computational and Combinatorical Methods in Systems Theory (Hrsg. C. I. BYRNES; A. LINDQUIST). Amsterdam: Elsevier North Holland 1986, 265–279.
[2] Superfast solution of real positive definite Toeplitz systems. SIAM J. Matrix Anal. Appl. 9/1 (1988), 61–76.

ANDO, T.
[1] Truncated moment problems for operators. Acta Sci. Math. (Szeged) 31 (1970), 319–334.

ANDO, T.; CEAUŞESCU, Z.; FOIAS, C.
[1] On intertwining dilations II. Acta Sci. Math. (Szeged) 39 (1977), 3–14.

APITZSCH, W.; FRITZSCHE, B.; KIRSTEIN, B.
[1] A Schur analysis approach to minimum distance problems, erscheint in Linear Alg. Appl.
[2] A Schur analysis approach to maximum distance problems in Hilbert space and prediction, erscheint in Optimization.

AROCENA, R.
[1] A refinement of the Helson-Szegö-Theorem and the determination of extremal measures. Studia Math. 71 (1981), 203–221.
[2] On the parametrization of Adamjan, Arov and Krein. Publ. Math. d'Orsay 83–02 (1983), 7–23.
[3] Generalized Toeplitz kernels and dilations of intertwining operators. Integral Equations and Operator Theory 6 (1983), 759–778.
[4] On generalized Toeplitz kernels and their relations with a paper of Adamjan, Arov and Krein. In: Functional Analysis, Holomorphy and Approximation Theory II (Hrsg. G. ZAPATA). Amsterdam: North-Holland 1984, 1–22.
[5] Scattering functions, Fourier transforms of measures, realization of linear systems and dilations of operators to Krein spaces: a unified approach. Publ. Math. d'Orsay 85–02 (1985), 1–55.
[6] A theorem of Naimark, linear systems and scattering operators. J. Functional Anal. 69 (1986), 281–288.
[7] Unitary extensions of isometries and contractive intertwining dilations. In: The Gohberg Anniversary Collection – Vol. II: Topics in Analysis and Operator Theory (Hrsg. H. DYM u. a.), Operator Theory Series; 41. Basel: Birkhäuser 1989, 13–23.
[8] On the extension problem for a class of translation invariant forms. J. Operator Theory 21 (1989), 323–347.

AROCENA, R.; COTLAR, M.
[1] Generalized Toeplitz kernels and Adamjan-Arov-Krein moment problems. In: Toeplitz Centennial (Hrsg. I. GOHBERG), Operator Theory Series; 4. Basel: Birkhäuser 1982, 37–55.
[2] Dilation of generalized Toeplitz kernels and some vectorial moment and weighted moment problems. In: Harmonic Analysis (Hrsg. F. RICCI, G. WEISS), Lecture Notes in Math.; 908. Berlin: Springer-Verlag 1982, 169–188.

[3] On a lifting theorem and its relation to some approximation problems. In: Functional Analysis, Holomorphy and Approximation Theory (Hrsg. J. Barroso). Amsterdam: North-Holland 1982, 1–26.

[4] Generalized Toeplitz kernels, Hankel forms and Sarason's commutation theorem. Acta Científica Venezolana 33 (1982), 89–98.

Arocena, R.; Cotlar, M.; Sadosky, C.

[1] Weighted inequalities in L^2 and lifting properties. Adv. Math. Suppl. Studies 7 A (1981), 95–128.

Aronszajn, N.

[1] The theory of reproducing kernels. Trans. Amer. Math. Soc. 68 (1950), 337–404.

Arsene, G.; Ceauşescu, Z.

[1] On intertwining dilations IV. Tohoku J. Math. 30 (1978), 423–438.

[2] On intertwining dilations VII. In: Complex Analysis, Joensuu 1978 (Hrsg. I. Laine u. a.). Lecture Notes in Math.; 747. Berlin: Springer-Verlag 1979, 24–45.

Arsene, G.; Ceauşescu, Z.; Constantinescu, T.

[1] Schur analysis of some completion problems. Linear Algebra Appl. 109 (1988), 1–35.

Arsene, G.; Ceauşescu, Z.; Foiaş, C.

[1] On intertwining dilations VIII. J. Operator Theory 4 (1980), 55–91.

Arsene, G.; Constantinescu, T.

[1] The structure of the Naimark dilation and Gaussian stationary processes. Integral Equations and Operator Theory 8 (1985), 181–204.

[2] Structure of positive block matrices and nonstationary prediction, J. Functional Anal. 70 (1987), 402–425.

Arsene, G.; Gheondea, A.

[1] Completing matrix contractions. J. Operator Theory 7 (1982), 179–189.

Atkinson, F.

[1] Discrete and Continuous Boundary Value Problems. New York: Academic Press 1964.

Baker, G. A. Jr.; Graves-Morris, P.

[1] Padé Approximants, Vol. I: Basic Theory. Encyclopedia of Mathematics and its Applications; 13. Reading, Mass.: Addison-Wesley 1981.

[2] Padé Approximants, Vol. II: Extensions and Applications, Encyclopedia of Mathematics and its Applications; 14. Reading, Mass.: Addison-Wesley 1981.

Ball, J. A.

[1] Interpolation problem of Pick-Nevanlinna and Loewner types for meromorphic matrix functions. Integral Equations and Operator Theory 6 (1983), 804–840.

[2] Nevanlinna-Pick interpolation: generalizations and applications. In: Surveys of Some Recent Results in Operator Theory, Vol. I (Hrsg. J. B. Conway, B. B. Morrel), Pitman Research Notes in Math.; 171. Harlow: Longman 1988, 51–94.

Ball, J. A.; Gohberg, I.

[1] Shift invariant subspaces, factorization and interpolation for matrices, I: The canonical case. Linear Algebra Appl. 74 (1986), 87–150.

[2] A commutant lifting theorem for triangular matrices with diverse applications. Integral Equations and Operator Theory 8 (1985), 205–267.

[3] Classification of shift invariant subspaces of matrices with hermitian form and completion of matrices. In: Operator Theory and Systems (Hrsg. H. Bart u. a.), Operator Theory Series; 19. Basel: Birkhäuser 1986, 23–85.

Ball, J. A.; Gohberg, I.; Rodman, L.

[1] Realization and interpolation of rational matrix functions. In: Topics in Interpolation Theory of Rational Matrix Valued Functions (Hrsg. I. Gohberg), Operator Theory Series; 33. Basel: Birkhäuser 1988, 1–72.

Ball, J. A.; Helton, J. W.

[1] Lie groups over the field of rational functions, signed spectral factorization, signed interpolation, and amplifier design. J. Operator Theory 8 (1982), 19–64.

[2] A Beurling-Lax theorem for the Lie group U (m, n) which contains most classical interpolation theory. J. Operator Theory 9 (1983), 107–142.

[3] Beurling-Lax representation using classical Lie groups with many applications, II: GL(n, C) and Wiener-Hopf factorization. Integral Equations and Operator Theory 7 (1984), 291–309.

[4] Beurling-Lax representations using classical Lie groups with many applications, III: Groups preserving two bilinear forms. Amer. J. Math. 108 (1986), 95–176.

[5] Beurling-Lax representations using classical Lie groups with many applications, IV: GL(n, R), U*(2n), SL(n, C), and a solvable group. J. Functional Anal. 69 (1986), 178–206.

[6] Interpolation theorems of Pick-Nevanlinna and Loewner types for meromorphic matrix factions: parametrization of the set of all solutions. Integral Equations and Operator Theory 9 (1986), 155–203.

[7] Shift invariant subspaces, passivity, reproducing kernels and H^∞-optimization. In: Contributions to Operator Theory and its Applications (Hrsg. I. GOHBERG u. a.), Operator Theory Series; 35. Basel: Birkhäuser 1988, 265–310.

BALL, J. A.; RAN, A. C. M.

[1] Local inverse spectral problems for rational matrix functions. Integral Equations and Operator Theory 10 (1987), 349–415.

[2] Global inverse spectral problems for rational matrix functions. Linear Algebra Appl. 86 (1987), 237–282.

BEATROUS, F.; BURBEA, J.

[1] Positive definiteness and its applications to interpolation problems for holomorphic functions. Trans. Amer. Math. Soc. 284 (1984), 247–270.

BEN-ARTZI, A.; ELLIS, R. L.; GOHBERG, I.; LAY, D. L.

[1] The maximum distance problem and band sequences. Linear Algebra Appl. 87 (1987), 93–112.

BEN-ARTZI, A.; GOHBERG, I.

[1] Nonstationary Szegö theorems, band sequences and maximum entropy. Integral Equations and Operator Theory 11 (1988), 10–27.

[2] Extension of a theorem of M. G. Krein on orthogonal polynomials for the nonstationary case. In: Orthogonal Matrix-valued Polynomials and Applications (Hrsg. I. GOHBERG), Operator Theory Series; 34. Basel: Birkhäuser 1988, 65–78.

BEN-ARTZI, A.; SHALOM, T.

[1] On inversion of Toeplitz and close to Toeplitz matrices. Linear Algebra Appl. 75 (1986), 173–192.

[2] On inversion of block Toeplitz matrices. Integral Equations and Operator Theory 8 (1985), 751–779.

BERG, C.; CHRISTENSEN, J. P. R.; RESSEL, P.

[1] Harmonic Analysis on Semigroups. New York: Springer-Verlag 1984.

BEURLING, A.

[1] On two problems concerning linear transformations in Hilbert space. Acta Math. 81 (1949), 239–255.

BIEBERBACH, L.

[1] Über die Koeffizienten derjenigen Potenzreihen, welche eine schlichte Abbildung des Einheitskreises vermitteln. Sitzungsber. Preuß. Akad. Wiss. 1916, 940–955.

BOCHNER, S.

[1] Monotone Funktionen, Stieltjessche Integrale und harmonische Analyse. Math. Ann. 108 (1933), 378–410.

BORG, G.

[1] Eine Umkehrung der Sturm-Liouvilleschen Eigenwertaufgabe. Bestimmung der Differentialgleichung durch die Eigenwerte. Acta Math. 78 (1946), 1–96.

BOYD, D. W.

[1] Schur's algorithm for bounded holomorphic functions. Bull. London Math. Soc. 11 (1979), 145–150.

BRANGES, L. DE

[1] Hilbert Spaces of Entire Functions. Englewood Cliffs, N. J.: Prentice-Hall 1968.

[2] The Carathéodory-Fejér extension theorem. Integral Equations and Operator Theory 5 (1982), 160–183.

[3] A proof of the Bieberbach conjecture. Acta Math. 154 (1985), 137–152.

[4] Underlying concepts in the proof of the Bieberbach conjecture. Pro. Intern. Congr. Math., Berkeley/Calif. 1986, Vol. 1 (1987), 25–42.

BRANGES, L. DE; ROVNYAK, J.

[1] Square Summable Power Series. New York: Holt, Rinehart and Winston 1966.

[2] Canonical models in quantum scattering theory. In: Perturbation Theory and its Applications in Quantum Mechanics (Hrsg. C. H. WILCOX). New York: Wiley 1966, 295–392.

BRUCKSTEIN, A. M.; KAILATH, T.

[1] Some matrix factorization identities for discrete inverse scattering. Linear Algebra Appl. 74 (1986), 157–172.

[2] Inverse scattering for discrete transmission-line models. SIAM Review 29 (1987), 359–389.

BRUCKSTEIN, A. M.; KOLTRACHT, I.; KAILATH, T.

[1] Inverse scattering with noisy data. SIAM J. Sci. Statist. Comput. 7 (1986), 1331–1349.

BULTHEEL, A.

[1] Laurent Series and their Padé Approximations. Operator Theory Series; 27. Basel: Birkhäuser 1987.

Burbea, J.; Masani, P. R.

[1] Banach and Hilbert Spaces of Vector-Valued Functions. Pitman Research Notes in Math.; 90. London: Pitman 1984.

Burg, J.

[1] Maximum entropy spectral analysis. Ph. D. dissertation. Stanford University 1975.

Carathéodory, C.

[1] Über den Variabilitätsbereich der Koeffizienten von Potenzreihen, die gegebene Werte nicht annehmen. Math. Ann. 64 (1907), 95–115.

[2] Über den Variabilitätsbereich der Fourierschen Konstanten von positiven harmonischen Funktionen. Rend. Circ. Mat. Palermo 32 (1911), 193–217.

[3] Über die Winkelderivierten von beschränkten analytischen Funktionen. Sitzungsber. Preuß. Akad. Wiss. 32 (1929), 39–54.

Carathéodory, C.; Fejér, L.

[1] Über den Zusammenhang der Extremen von harmonischen Funktionen mit ihren Koeffizienten und über den Picard-Landauschen Satz. Rend. Circ. Mat. Palermo 32 (1911), 218–239.

Carleson, L.

[1] An interpolation problem for bounded holomorphic functions. Amer. J. Math. 80 (1958), 921–930.

[2] Interpolation by bounded analytic functions and the corona problem. Ann. Math. 76 (1962), 547–559.

Case, K. M.; Chiu, S. C.

[1] The discrete version of the Marchenko equations in the inverse scattering problem. J. Math. Phys. 14 (1973), 1643–1650.

Case, K. M.; Kac, M.

[1] A discrete version of the inverse scattering problem. J. Math. Phys. 14 (1973), 594–603.

Ceauşescu, Z.; Foiaş, C.

[1] On intertwining dilations, V. Acta Sci. Math. (Szeged) 40 (1978), 9–32.

[2] On intertwining dilations, VI. Rev. Roumaine Math. Pures Appl. 23 (1978), 1471–1482.

Chadan, K.; Sabatier, P. C.

[1] Inverse Problems in Quantum Scattering Theory. New York: Springer-Verlag 1977.

Chamfy, C.

[1] Fonctions meromorphes dans le cercle-unite et leurs series de Taylor. Ann. Inst. Fourier 8 (1958), 211–251.

Citron, T. K.; Bruckstein, A. M.; Kailath, T.

[1] An inverse scattering interpretation of the partial realization problem. Proc. 23rd IEEE Conf. Dec. Contr. Las Vegas 1984, 1503–1506.

Cohn, A.

[1] Über die Anzahl der Wurzeln einer algebraischen Gleichung in einem Kreis. Math. Z. 14 (1922), 110–148.

Coifman, R. R.; Rochberg, R.; Weiss, G.

[1] Factorization theorems for Hardy spaces in several variables. Ann. Math. 103 (1976), 711–735.

Constantinescu, T.

[1] On the structure of positive Toeplitz forms. In: Dilation Theory, Toeplitz Operators and Other Topics (Hrsg. C. Apostol u. a.), Operator Theory Series; 11. Basel: Birkhäuser 1983, 127–149.

[2] An algorithm for the operatorial Carathéodory-Fejér problem. In: Spectral Theory of Linear Operators and Related Topics (Hrsg. H. Helson u. a.), Operator Theory Series; 14. Basel: Birkhäuser 1984, 81–107.

[3] On the structure of the Naimark dilation. J. Operator Theory 12 (1984), 159–175.

[4] Schur analysis for matrices with a finite number of negative squares. In: Advances in Invariant Subspaces and Other Results of Operator Theory (Hrsg. G. Arsene), Operator Theory Series; 17. Basel: Birkhäuser 1985, 87–108.

[5] Schur analysis of positive block matrices. In: I. Schur Methods in Operator Theory and Signal Processing (Hrsg. I. Gohberg), Operator Theory Series; 18. Basel: Birkhäuser 1986, 191–206.

[6] A maximum entropy principle for contractive intertwining dilations. In: Operators in Indefinite Metric Spaces, Scattering Theory and Other Topics (Hrsg. H. Helson u. a.), Operator Theory Series; 24. Basel: Birkhäuser 1987, 69–85.

[7] On a general extrapolation problem. Rev. Roumaine Math. Pures Appl. 32 (1987), 509–521.

[8] Operatorial Schur algorithm and associated functions. Mathematica Balkanica, N. S. 2 (1988), 244–252.

[9] On the structure of the Naimark dilation-complements. Rev. Roumaine Math. Pures Appl. 34 (1989), 1–10.

CONSTANTINESCU, T.; GHEONDEA, A.

[1] On unitary dilations and characteristic functions in indefinite inner product spaces. In: Operators in Indefinite Metric Spaces, Scattering Theory and. Other Topics (Hrsg. H. HELSON u. a.), Operator Theory Series; 24. Basel: Birkhäuser 1987, 87–102.

COTLAR, M.; SADOSKY, C.

[1] A moment theory approach to the Riesz theorem on the conjugate function with general measures. Studia Math. 53 (1975), 75–101.

[2] On the Helson-Szegö theorem and a related class of modified Toeplitz kernels. Proc. Symp. Pure Math., Amer. Math. Soc. 35 (1979), 383–407.

[3] On some L^p versions of the Helson-Szegö theorem. In: Conference on Harmonic Analysis in Honour of A. Zygmund (Hrsg. W. BECKNER u. a.), Wadsworth Intern. Math. Ser. Wadsworth 1983, 306–317.

[4] Generalized Toeplitz kernels, stationarity and harmonizability. J. Anal. Math. 44 (1985), 117–133.

[5] A lifting theorem for subordinated invariant kernels. J. Functional Anal. 67 (1986), 345–359.

[6] Lifting properties, Nehari theorem and Paley lacunary inequality. Rev. Mat. Iberoamericana 2 (1986), 55–71.

COTTLE, R. W.

[1] Manifestations of the Schur complement. Linear Algebra Appl. 8 (1974), 189–211.

DAHLBERG, B. E. J.; TRUBOWITZ, E.

[1] The inverse Sturm-Liouville problem III. Comm. Pure Appl. Math. 37 (1984), 255–267.

DAVIS, C.; KAHAN, W. M.; WEINBERGER, H. F.

[1] Norm-preserving dilations and their applications to optimal error bounds. SIAM J. Numer. Anal. 19 (1982), 445–469.

DEIFT, P.; TRUBOWITZ, E.

[1] Inverse scattering on the line. Comm. Pure Appl. Math. 32 (1979), 121–251.

DELSARTE, P.; GENIN, Y.; KAMP, Y.

[1] Orthogonal polynomial matrices on the unit circle. IEEE Trans. Circuits and Systems CAS – 25 (1978), 145–160.

[2] Schur parametrization of positive definite block-Toeplitz systems. SIAM J. Appl. Math. 36 (1979), 34–46.

[3] The Nevanlinna-Pick problem for matrix-valued functions. SIAM J. Appl. Math. 36 (1979), 47–61.

[4] On the role of the Nevanlinna-Pick problem in circuit and system theory. Intern. J. Circuit Theory Appl. 9 (1981), 177–187.

[5] Generalized Schur representations of matrix-valued functions. SIAM J. Alg. Discr. Meth. 2 (1981), 94–107.

[6] Pseudo-Carathéodory functions and hermitian Toeplitz matrices. Philips J. Res. 41 (1986), 1–54.

DENJOY, A.

[1] Sur une classe de fonctions analytiques. C. R. Acad. Sci. Paris 188 (1929), 140 u. 1084.

DEVINATZ, A.

[1] On extensions of positive definite functions. Acta Math. 102 (1959), 109–134.

[2] The factorization of operator-valued functions. Ann. Math. 73 (1961), 458–495.

[3] Toeplitz operators on H^2 spaces. Trans. Amer. Math. Soc. 112 (1964), 304–317.

DEWILDE, P.; DEPRETTERE, E. F. A.

[1] The generalized Schur algorithm, approximation and hierarchy. In: Topics in Operator Theory and Interpolation (Hrsg. I. GOHBERG), Operator Theory Series; 29. Basel: Birkhäuser 1988, 97–116.

DEWILDE, P.; DYM, H.

[1] Schur recursions error formulas and convergence of rational estimations for stationary stochastic processes. IEEE Trans. Inf. Theory 27 (1981), 416–461.

[2] Lossless chain scattering matrices and optimum linear prediction: the vector case. Intern. J. Circuit Theory Appl. 9 (1981), 135–175.

[3] Lossless inverse scattering for digital filters. IEEE Trans. Inf. Theory 30 (1984), 644–662.

DEWILDE, P.; VIEIRA, A.; KAILATH, T.

[1] On a generalized Szegö-Levinson realization algorithm for optimal linear prediction based on a network synthesis approach. IEEE Trans. Circuits and Systems CAS – 25 (1978), 663–675.

DIJKSMA, A.; LANGER, H.; DE SNOO, H. S. V.

[1] Selfadjoint Π_x-extensions of symmetric subspaces: an abstract approach to boundary problems with spectral parameter in the boundary conditions. Integral Equations and Operator Theory 7 (1984), 459–515.

[2] Unitary colligations in Π_x-spaces, characteristic functions and Straus extensions. Pacific J. Math. 125 (1986), 347–362.

[3] Characteristic functions of unitary operator colligations in Π_κ-spaces. In: Operator Theory and Systems (Hrsg. H. BART u. a.), Operator Theory Series; 19. Basel: Birkhäuser 1986, 125–194.

[4] Representations of holomorphic functions by means of resolvents of unitary or selfadjoint operators in Krein spaces. In: Operators in Indefinite Metric Spaces, Scattering Theory and Other Topics (Hrsg. H. HELSON u. a.), Operator Theory Series; 24. Basel: Birkhäuser 1987, 123–143.

[5] Unitary colligations in Krein spaces and their role in the extension theory of isometries and symmetric linear relations in Hilbert spaces. In: Functional Analysis II (Hrsg. S. KUREPA u. a.), Lecture Notes in Math.; 1242. Berlin: Springer-Verlag 1987, 1–42.

[6] Symmetric Sturm-Liouville operators with eigenvalue depending boundary conditions. Can. Math. Soc. Conf. Proc. 8 (1987), 87–116.

[7] Hamiltonian systems with eigenvalue depending boundary conditions. In: Contributions to Operator Theory and its Applications (Hrsg. I. GOHBERG u. a.), Operator Theory Series; 35. Basel: Birkhäuser 1988, 37–83.

DONOGHUE, W. F., JR.

[1] Monotone Matrix Functions and Analytic Continuation. New York: Springer-Verlag 1974.

DOUGLAS, R. G.

[1] Banach Algebra Techniques in Operator Theory. New York: Academic Press 1972.

[2] Canonical models. In: Topics in Operator Theory (Hrsg. C. PEARCY), Math. Surveys; 13. Providence, R. I.: Amer. Math. Soc. 1974, 161–218.

DOUGLAS, R. G.; MUHLY, P. S.; PEARCY, C. M.

[1] Lifting commuting operators. Michigan Math. J. 15 (1968), 385–395.

DUBOVOJ, V. K.; FRITZSCHE, B.; KIRSTEIN, B.

[1] On a class of matrix completion problems. Math. Nachr. 143 (1989), 211–226.

DUREN, P. L.

[1] Theory of H^p Spaces. New York: Academic Press 1970.

DYM, H.

[1] An introduction to the de Branges spaces of entire functions with applications to differential equations of the Sturm-Liouville type. Advances Math. 5 (1970), 395–471.

[2] Hermitian block Toeplitz matrices, orthogonal polynomials, reproducing kernel Pontryagin spaces, interpolation and extension. In: Orthogonal Matrix-valued Polynomials and Applications (Hrsg. I. GOHBERG), Operator Theory Series; 34. Basel: Birkhäuser 1988, 79–135.

[3] J Contractive Matrix Functions, Reproducing Kernel Hilbert Spaces and Interpolation. CBMS Regional Conf. Ser. Math.; 71. Providence, R. I.: Amer. Math. Soc. 1989.

[4] On Hermitian block Hankel matrices, matrix polynomials, the Hamburger moment problem, interpolation and maximum entropy. Integral Equations and Operator Theory 12 (1989), 757–812.

[5] On reproducing kernel spaces, J unitary matrix functions, interpolation and displacement rank. In: The Gohberg Anniversary Collection – Vol. II: Topics in Analysis and Operator Theory (Hrsg. H. DYM u. a.), Operator Theory Series; 41. Basel: Birkhäuser 1989, 173–239.

DYM, H.; GOHBERG, I.

[1] Extensions of matrix valued functions with rational polynomial inverses. Integral Equations and Operator Theory 2 (1979), 503–528.

[2] On an extension problem, generalized Fourier analysis and an entropy formula. Integral Equations and Operator Theory 3 (1980), 143–215.

[3] Extensions of band matrices with band inverses. Linear Algebra Appl. 36 (1981), 1–24.

[4] Extensions of matrix-valued functions and block matrices. Indiana Univ. Math. J. 31 (1982), 733–765.

[5] Unitary interpolants, factorization indices and infinite Hankel block matrices. J. Functional Anal. 54 (1983), 229–289.

[6] Hankel integral operators and isoperimetric interpolants on the line. J. Functional Anal. 54 (1983), 290–307.

[7] A maximum entropy principle for contractive interpolants. J. Functional Anal. 65 (1986), 83–125.

[8] A new class of contractive interpolants and maximum entropy principles. In: Topics in Operator Theory and Interpolation (Hrsg. I. GOHBERG), Operator Theory Series; 29. Basel: Birkhäuser 1988, 117–150.

DYM, H.; IACOB, A.

[1] Application of factorization and Toeplitz operators to inverse problems. In: Toeplitz Centennial (Hrsg. I. GOHBERG), Operator Theory Series; 4. Basel: Birkhäuser 1982, 233–260.

[2] Positive definite extensions, canonical equations and inverse problems. In: Topics in Operator Theory Systems and Networks (Hrsg. H. DYM, I. GOHBERG), Operator Theory Series; 12. Basel: Birkhäuser 1984, 141–240.

DYM, H.; MCKEAN, H. P., JR.
[1] Gaussian Processes, Function Theory, and the Inverse Spectral Problem. New York: Academic Press 1976.

EARL, J. P.
[1] On the interpolation of bounded sequences by bounded functions. J. London Math. Soc. (2) 2 (1970), 544–548.
[2] A note on bounded interpolation in the unit disc. J. London Math. Soc. (2) 13 (1976), 419–423.

EGERVÁRY, E.
[1] Über gewisse Extremumprobleme der Funktionentheorie. Math. Ann. 99 (1928), 542–561.

ELLIS, R. L.; GOHBERG, I.; LAY, D. C.
[1] Band extensions, maximum entropy and the permanence principle. In: Maximum Entropy and Bayesian Methods in Applied Statistics (Hrsg. J. JUSTICE). Cambridge: Cambridge Univ. Press 1986, 131–155.
[2] The maximum distance problem in Hilbert space. In: Operator Theory and Systems (Hrsg. H. BART u. a.), Operator Theory Series; 19. Basel: Birkhäuser 1986, 195–206.
[3] On two theorems of M. G. Krein concerning polynomials orthogonal on the unit circle. Integral Equations and Operator Theory 11 (1988), 87–104.
[4] Invertible selfadjoint extensions of band matrices and their entropy. SIAM J. Algebraic Discr. Meth. 8 (1987), 483–500.
[5] On negative eigenvalues of selfadjoint extensions of band matrices. Linear and Multilinear Algebra 24 (1988), 15–25.

EVANS, J. W.; HELTON, J. W.
[1] Applications of Pick-Nevanlinna theory to retention-solubility studies in the lungs. Math. Biosci. 63 (1983), 215–240.

FEJÉR, L.
[1] Über gewisse Minimumprobleme der Funktionentheorie. Math. Ann. 97 (1926), 104–123.

FISCHER, E.
[1] Über das Carathéodorysche Problem, Potenzreihen mit positivem reellen Teil betreffend. Rend. Circ. Mat. Palermo 32 (1911), 240–256.

FITZGERALD, C. H.
[1] Quadratic inequalities and analytic continuation. J. Anal. Math. 31 (1977), 19–47.

FITZGERALD, C. H.; HORN, R. A.
[1] On quadratic and bilinear forms in function theory. Proc. London Math. Soc. 44 (1982), 554–576.

FOIAŞ, C.
[1] On the Lax-Phillips non-conservative scattering theory. J. Functional Anal. 19 (1975), 275–301.

FOIAŞ, C.; FRAZHO, A. E.
[1] On the Schur representation in the commutant lifting theorem I. In: I. Schur Methods in Operator Theory and Signal Processing (Hrsg. I. GOHBERG), Operator Theory Series; 18. Basel: Birkhäuser 1986, 207–217.
[2] On the Schur representation in the commutant lifting theorem II. In: Topics in Operator Theory and Interpolation (Hrsg. I. GOHBERG), Operator Theory Series; 29. Basel: Birkhäuser 1988, 171–179.
[3] The Commutant Lifting Approach to Interpolation Problems. Operator Theory Series; 44. Basel: Birkhäuser 1990.

FRAZHO, A. E.
[1] Three inverse scattering algorithms for the lifting problem. In: I. Schur Methods in Operator Theory and Signal Processing (Hrsg. I. GOHBERG), Operator Theory Series; 18. Basel: Birkhäuser 1986, 219–248.

FREUND, R.; HUCKLE, T.
[1] On hermitian block Toeplitz matrices and a theorem of C. Carathéodory. Sitzungsber. Bayr. Akad. Wiss., Math.-Nat. Kl. 1988, 41–61.
[2] On H-contractions and the extension problem for Hermitian block Toeplitz matrices. Linear and Multilinear Algebra 25 (1980), 27–37.

FRITZSCHE, B.; KIRSTEIN, B.
[1] An extension problem for non-negative Hermitian block Toeplitz matrices. Math. Nachr., Teil I: 130 (1987), 121–135; Teil II: 131 (1987), 287–297; Teil III: 135 (1988), 319–341; Teil IV: 143 (1989), 329–354; Teil V: 144 (1989), 283–308.
[2] A Schur type matrix extension problem. Math. Nachr., Teil I: 134 (1987), 257–271; Teil II: 138 (1988), 195–216; Teil III: 143 (1989), 227–247; Teil IV: 147 (1990), 235–258.
[3] On generalized Nehari problems. Math. Nachr. 138 (1988), 217–237.
[4] A matrix extension problem with entropy optimization. Optimization 19 (1988), 85–99.

[5] A Schur parametrization of non-negative Hermitian and contractive block matrices and the corresponding maximum entropy problems. Optimization 19 (1988), 737–755.

[6] On the structure of the maximum entropy extension. Optimization 20 (1989), 177–191.

[7] A Nehari type problem for matricial Schur functions. Zeitschr. Anal. Anw. 9 (1990), 73–84.

Frobenius, G.

[1] Ableitung eines Satzes von Carathéodory aus einer Formel von Kronecker. Sitzungsber. Preuß. Akad. Wiss. 1912, 16–31.

Fujiwara, M.

[1] Über die algebraischen Gleichungen, deren Wurzeln in einem Kreis oder in einer Halbebene liegen. Math. Z. 24 (1926), 161–169.

Gantmacher, F. R.

[1] Matrizentheorie. Berlin: Dt. Verl. d. Wiss. 1986.

Garnett, J. B.

[1] Bounded analytic functions. New York: Academic Press 1981.

Genin, Y.; Van Dooren, P.; Kailath, T.; Delosme, J.-M.; Morf, M.

[1] On $\sum$-lossless transfer functions and related questions. Linear Alg. Appl. 50 (1983), 251–285.

Geronimo, J. S.

[1] A relation between the coefficients in the recursion formula and the spectral function for orthogonal polynomials. Trans. Amer. Math. Soc. 260 (1980), 65–82.

[2] Matrix orthogonal polynomials on the unit circle. J. Math. Phys. 22 (1981), 1359–1365.

Geronimo, J. S.; Case, K. M.

[1] Scattering theory and polynomials orthogonal on the unit circle. J. Math. Phys. 20 (1979), 299–310.

[2] Scattering theory and polynomials orthogonal on the line. Trans. Amer. Math. Soc. 258 (1980), 467–494.

Geronimus, J. L.

[1] On the trigonometric moment problem. Ann. Math. 47 (1946), 742–761.

Gibson, A. W.

[1] Triples of operator-valued functions related to the unit circle. Pac. J. Math. 28 (1969), 503–531.

Glover, K.

[1] All optimal Hankel-norm approximations of linear multivariable systems and their L^∞-error bounds. Intern. J. Control 39 (1984), 1115–1193.

Gohberg, I. C.; Feldman, I. A.

[1] Faltungsgleichungen und Projektionsverfahren zu ihrer Lösung. Berlin: Akademie-Verlag 1974.

Gohberg, I. C.; Kaashoek, M. A.; Van Schagen, F.

[1] Rational contractive and unitary interpolants in realized form. Integral Equations and Operator Theory 11 (1988), 105–127.

Gohberg, I. C.; Kaashoek, M. A.; Woerdeman, H.

[1] The band method for positive and strictly contractive extension problems: an alternative approach and new applications. Integral Equations and Operator Theory 12 (1989), 343–382.

[2] The band method for positive and contractive extension problems. J. Operator Theory 22 (1989), 109–155.

Gohberg, I. C.; Kailath, T.; Koltracht, I.

[1] Efficient solution of linear systems of equations with recursive structure. Linear Algebra Appl. 80 (1986), 81–113.

Gohberg, I. C.; Kailath, T.; Koltracht, I.; Lancaster, P.:

[1] Linear complexity parallel algorithms for linear systems of equations with recursive structure. Lin. Algebra Appl. 88/89 (1987), 271–316.

Gohberg, I. C.; Lerer, L.

[1] Matrix generalizations of M. G. Krein theorems on orthogonal polynomials. In: Orthogonal Matrix-valued Polynomials and Applications (Hrsg. I. Gohberg), Operator Theory Series; 34. Basel: Birkhäuser 1988, 137–202.

Gohberg, I. C.; Shalom, T.

[1] On inversion of square matrices partitioned into non-square blocks. Integral Equations and Operator Theory 12 (1989), 539–566.

[2] On Bezoutian of non-square matrix polynomials and inversion of matrices with non-square blocks. Linear Alg. Appl. 137/38 (1990), 249–324.

Grenander, U.; Szegö, G.

[1] Toeplitz Forms and their Applications. Berkeley: Univ. of California Press 1958.

GRONE, R.; JOHNSON, C. R.; SÁ, E. M.; WOLKOWICZ, H.
[1] Positive definite completions of partial Hermitian matrices. Linear Alg. Appl. 58 (1984), 109–125.
GRONWALL, T. H.
[1] On the maximum modulus of an analytic function. Ann. Math. 16 (1914–15), 77–81.
HALMOS, P. R.
[1] Shifts in Hilbert spaces. J. reine u. angew. Math. 208 (1961), 102–112.
HAMBURGER, H. L.
[1] Beiträge zur Konvergenztheorie der Stieltjesschen Kettenbrüche. Math. Z. 4 (1919), 186–222.
[2] Über die Konvergenz eines mit einer Potenzreihe assoziierten Kettenbruchs. Math. Ann. 81 (1920), 31–45.
[3] Über eine Erweiterung des Stieltjesschen Momentenproblems. Math. Ann., Teil I: 81 (1920), 235–319; Teil II: 82 (1921), 120–164; Teil III: 82 (1921), 168–187.
[4] Hermitian transformations of deficiency-index (1,1), Jacobi matrices and undetermined moment problems. Amer. J. Math. 66 (1944), 489–522.
[5] Contributions to the theory of closed Hermitian transformations of deficiency index (m,m). Ann. Math. 45 (1944), 59–99.
[6] On a class of Hermitian transformations containing self-adjoint differential operators. Ann. Math. 47 (1946), 667–687.
HAUSDORFF, F.
[1] Summationsmethoden und Momentenfolgen. Math. Z. 9 (1921), Teil I: 74–109; Teil II: 280–299.
HEINIG, G.; JANKOWSKI, P.
[1] Parallel and superfast algorithms for Hankel systems of equations. Numerische Math. 58 (1990), 109–127.
[2] Parallel and superfast algorithms for Toeplitz systems of equations. Wiss. Zeitschr. TU Karl-Marx-Stadt 32 (1990), 12–18.
HEINIG, G.; ROST, K.
[1] Algebraic Methods for Toeplitz-like Matrices and Operators. Mathematische Forschung; 19. Berlin: Akademie-Verlag 1984.
HEINS, M.
[1] A bibliography on Pick-Nevanlinna interpolation and cognate questions. Preprint 1984.
HELLINGER, E.
[1] Zur Stieltjesschen Kettenbruchtheorie. Math. Ann. 86 (1922), 18–29.
HELSON, H.
[1] Lectures on Invariant Subspaces. New York: Academic Press 1964.
HELSON, H.; LOWDENSLAGER, D.
[1] Prediction theory and Fourier series in several variables. Acta Math., Teil I: 99 (1958), 162–202; Teil II: 106 (1961), 175–213.
HELSON, H.; SARASON, D.
[1] Past and future. Math. Scand. 21 (1967), 5–16.
HELSON, H.; SZEGÖ, G.
[1] A problem in prediction theory. Ann. Mat. Pura Appl. 51 (1960), 107–138.
HELTON, J. W.
[1] Discrete time systems, operator models and scattering theory. J. Functional Anal. 16 (1974), 15–38.
[2] Orbit structure of the Möbius transformation semigroup acting in H^∞: broadband matching. In: Topics in Functional Analysis (Hrsg. I. GOHBERG, M. KAC), Advances in Math., Suppl. Stud.; 3. New York: Academic Press 1979, 129–157.
[3] The distance of a function to H^∞ in the Poincaré metric; electrical power transfer. J. Functional Anal. 38 (1980), 273–314.
[4] Non-euclidean functional analysis and electronics. Bull. Amer. Math. Soc., N. S. 7 (1982), 1–64.
[5] Operator Theory, Analytic Functions, Matrices and Electrical Engineering. CBMS Regional Conf. Series in Math.; 68. Providence, R. I.: Amer. Math. Soc. 1987.
HERGLOTZ, G.
[1] Über Potenzreihen mit positivem, reellen Teil im Einheitskreis. Sitzungsber. Sächs. Akad. Wiss. Leipzig, Math.-Phys. Kl. 63 (1911), 501–511.
HINTON, D. B.; SHAW, J. K.
[1] On Titchmarsh-Weyl $m(\lambda)$-functions for linear Hamiltonian systems. J. Diff. Equations 40 (1981), 316–342.
[2] Hamiltonian systems of limit point or limit circle type with both endpoints singular. J. Diff. Equations 50 (1983), 444–464.

[3] Spectrum of a Hamiltonian system with spectral parameter in a boundary condition. Can. Math. Soc. Conf. Proc. 8 (1987), 171–186.

HOFFMAN, K.

[1] Banach Spaces of Analytic Functions. Englewood Cliffs, N.J.: Prentice-Hall 1962.

HRUSČEV, S. V.

[1] The abstract inverse scattering problem and the instability of completeness of orthogonal systems. J. Functional Anal. 80 (1988), 421–450.

IACOB, A.

[1] On the spectral theory of a class of canonical systems of differential equations. Dissertation, Weizmann Inst. of Science, Rehovot 1986.

ISAACSON, E. L.; MCKEAN, H. P.; TRUBOWITZ, E.

[1] The inverse Sturm-Liouville problem, II. Comm. Pure Appl. Math. 37 (1984), 1–11.

ISAACSON, E. L.; TRUBOWITZ, E.

[1] The inverse Sturm-Liouville problem, I. Comm. Pure Appl. Math. 36 (1983), 767–783.

JOHNSON, C. R.; RODMAN, L.

[1] Completion of partial matrices to contractions. J. Functional Anal. 69 (1986), 260–267.

[2] Completion of Toeplitz partial contractions. SIAM J. Matrix Anal. Appl. 9 (1988), 159–167.

JONES, W. B.; NJASTAD, O.; THRON, W. J.

[1] Continued fractions and strong Hamburger moment problems. Proc. London Math. Soc. 47 (1983), 363–384.

[2] Schur fractions, Perron-Carathéodory fractions and Szegö polynomials: a survey. In: Analytic Theory of Continued Fractions II (Hrsg. W. J. THRON). Lecture Notes in Math.; 1199. Berlin: Springer-Verlag 1986, 127–158.

[3] Continued fractions associated with the trigonometric and other strong moment problems. Constructive Approximation 2 (1986), 197–211.

[4] Moment theory, orthogonal polynomials, quadrature, and continued fractions associated with the unit circle. Bull. London Math. Soc. 21 (1989), 113–152.

JONES, W. B.; THRON, W. J.

[1] Continued Fractions. Encyclopedia of Mathematics and its Applications; 11. Reading, Mass.: Addison-Wesley 1980.

[2] Survey of continued fraction methods of solving moment problems and related topics. In: Analytic Theory of Continued Fractions (Hrsg. W. B. JONES u. a.). Lecture Notes in Math.; 932. Berlin: Springer-Verlag 1982, 4–36.

KAILATH, T.

[1] Linear Systems. Englewood Cliffs, N.J.: Prentice-Hall 1980.

[2] A theorem of I. Schur and its impact on modern signal processing. In: I. Schur Methods in Operator Theory and Signal Processing (Hrsg. I. GOHBERG), Operator Theory Series; 18. Basel: Birkhäuser 1986, 9–30.

[3] Signal processing applications of some moment problems. In: Moments in Mathematics (Hrsg. H. J. LANDAU), Proc. Symp. Appl. Math.; 37. Providence, R. I.: Amer. Math. Soc. 1987, 71–109.

KAILATH, T.; KUNG, S.-Y.; MORF, M.

[1] Displacement ranks of matrices and linear equations. J. Math. Anal. Appl. 68 (1979), 395–407.

KAILATH, T.; VIEIRA, A.; MORF, M.

[1] Inverses of Toeplitz operators, innovations and orthogonal polynomials. SIAM Review 20 (1978), 106–119.

KAKEYA, S.

[1] General mean modulus of analytic functions. Proc. Phys.-Math. Soc. Japan 3 (1921), 48–58.

[2] Maximum modulus of some expressions of limited analytic functions. Trans. Amer. Math. Soc. 22 (1921), 489–504.

KARLIN, S. J.; STUDDEN, W. J.

[1] Tschebyscheff systems: with applications in analysis and statistics. New York: Wiley 1966.

KAY, I.; MOSES, H. B.

[1] The determination of the scattering potential from the spectral measure functions. Nuovo Cimento, Teil I: 2 (1955), 917–961; Teil II: 3 (1956), 66–84; Teil III: 3 (1956), 276–304; Teil V: 5 (1957), 230–242.

KOOSIS, P.

[1] Weighted quadratic means and Hilbert transforms. Duke Math. J. 38 (1971), 609–634.

KRALL, A. M.

[1] The developments of general differential and general differential-boundary systems. Rocky Mountain J. Math. 5 (1975), 493–542.

KREIN, M. G.; LANGER, H.

[1] Über die verallgemeinerten Resolventen und die charakteristische Funktion eines isometrischen Operators im Raume Π_x. In: Coll. Math. Soc. J. Bolyai 5 (Hrsg. B. Sz.-NAGY). Amsterdam: North-Holland 1972, 353–399.

[2] Über die Q-Funktion eines Π-hermiteschen Operators im Raume Π_x. Acta Sci. Math. (Szeged) 34 (1973), 191–230.

[3] Über einige Fortsetzungsprobleme, die eng mit Hermiteschen Operatoren im Raume Π_x zusammenhängen, I: Einige Funktionenklassen u. ihre Darstellungen. Math. Nachr. 77 (1977), 187–236.

[4] Über einige Fortsetzungsprobleme, die eng mit Hermiteschen Operatoren im Raume Π_x zusammenhängen, II: Verallgemeinerte Resolventen, u-Resolventen und ganze Operatoren. J. Functional Anal. 30 (1978), 390–447.

[5] One some extension problems which are closely related to the theory of Hermitian operators in a space Π_x, III: Indefinite analogues of the Hamburger and Stieltjes moment problems. Beiträge zur Analysis, Teil I: 14 (1979), 25–40; Teil II: 15 (1980), 27–45.

[6] On some continuation problems which are closely related to the theory of operators in a space Π_x, IV: Continuous analogues of orthogonal polynomials on the unit circle with respect to an indefinite weight and related continuation problems for some classes of functions. J. Operator Theory 13 (1985), 299–417.

KREIN, M. G.; NAIMARK, M. A.

[1] The method of symmetric and Hermitian forms in the theory of separation of the roots of algebraic equations. Linear and Multilinear Algebra 10 (1981), 265–308.

LANDAU, E.

[1] Abschätzung der Koeffizientensumme einer Potenzreihe. Arch. Math. Phys. 21 (1913), Teil I: 42–50; Teil II: 250–255.

LANDAU, H. J.

[1] The classical moment problem: Hilbertian proofs. J. Functional Anal. 38 (1980), 255–272.

[2] Classical background of the moment problem. In: Moments in Mathematics (Hrsg. H. J. LANDAU), Proc. Symp. Appl. Math.; 37. Providence, R. I.: Amer. Math. Soc. 1987, 1–15.

[3] Maximum entropy and the moment problem. Bull. Amer. Math. Soc., N. S. 16 (1987), 47–77.

LANGER, H.

[1] Über die Methode der richtenden Funktionale von M. G. Krein. Acta Math. Acad. Scient. Hung. 21 (1970), 207–224.

LANGER, H.; SORJONEN, P.

[1] Verallgemeinerte Resolventen isometrischer und hermitescher Operatoren im Pontrjaginraum. Ann. Acad. Sci. Fenn., Ser. A, I, 561 (1974), 1–45.

LANGER, H.; TEXTORIUS, B.

[1] On generalized resolvents and Q-functions of symmetric linear relations (subspaces) in Hilbert space. Pacific J. Math. 72 (1977), 135–165.

[2] Spectral functions of a symmetric linear relation with a directing mapping. Proc. Roy. Soc. Edinburgh, Sect. A, Teil I: 97 (1984), 165–176; Teil II: 101 (1985), 11–24.

LAX, P. D.

[1] Translation invariant spaces. Acta Math. 101 (1959), 163–178.

LAX, P. D.; PHILLIPS, R. S.

[1] Scattering Theory. New York: Academic Press 1967.

LEV-ARI, H.; KAILATH, T.

[1] Lattice-filter parametrization and modeling of nonstationary processes. IEEE Trans. Inform. Theory, IT-30 (1984), 2–16.

[2] Triangular factorization of structured Hermitian matrices. In: I. Schur Methods in Operator Theory and Signal Processing (Hrsg. I. GOHBERG). Operator Theory Series; 18. Basel: Birkhäuser 1986, 301–324.

LEVINSON, N. L.

[1] The Wiener RMS (root mean square) error criterion in filter design and prediction. J. Math. and Phys. 25 (1947), 261–278.

[2] The inverse Sturm-Liouville problem. Mat. Tidsskr. 8 (1949), 25–30.

LIMEBEER, O. J. N.; ANDERSON, B. D. O.

[1] An interpolation theory approach to H^∞ controller degree bounds. Linear Algebra Appl. 98 (1988), 347–386.

Löwner, K.

[1] Untersuchungen über schlichte konforme Abbildungen des Einheitskreises. Math. Ann. 89 (1923), 103–121.

[2] Über monotone Matrixfunktionen. Math. Z. 38 (1934), 177–216.

Macintyre, A. J.; Rogosinski, W. W.

[1] Extremum problems in the theory of analytic functions. Acta Math. 82 (1950), 275–325.

MacNerney, J.

[1] Hermitian moment sequences. Trans. Amer. Math. Soc. 103 (1962), 45–81.

Marshall, D.

[1] An elementary proof of the Pick-Nevanlinna interpolation theorem. Mich. Math. J. 21 (1974), 219–223.

Masani, P. R.

[1] Shift invariant spaces and prediction theory. Acta Math. 107 (1962), 275–290.

[2] Recent trends in multivariate prediction theory. In: Multivariate Analysis (Hrsg. P. R. Krishnaiah). New York: Academic Press 1966, 351–382.

McKelvey, R.

[1] Spectral measures, generalized resolvents and functions of positive type. J. Math. Anal. Appl. 11 (1965), 447–477.

Morf, M.; Vieira, A.; Kailath, T.

[1] Covariance characterization by partial autocorrelation matrices. Ann. Statist. 6 (1978), 643–648.

Nehari, Z.

[1] On bounded bilinear forms. Ann. Math. 65 (1957), 153–162.

Nelis, H.; Dewilde, P.; Deprettere, E.

[1] Inversion of partially specified positive definite matrices by inverse scattering. In: The Gohberg Anniversary Collection, Vol. I: The Calgary Conference and Matrix Theory Papers (Hrsg. H. Dym u. a.), Operator Theory Series; 40. Basel: Birkhäuser 1989, 325–357.

Neumark, M. A. (Naimark, M. A.)

[1] Lineare Differentialoperatoren. Berlin: Akademie-Verlag 1967.

Nevanlinna, R.

[1] Über beschränkte Funktionen, die in gegebenen Punkten vorgeschriebene Werte annehmen. Ann. Acad. Sci. Fenn., A 13 (1919), 1, 1–71.

[2] Asymptotische Entwicklungen beschränkter Funktionen und das Stieltjessche Momentenproblem. Ann. Acad. Sci. Fenn., A 18 (1922), 5, 1–53.

[3] Über beschränkte analytische Funktionen. Ann. Acad. Sci. Fenn., A 32 (1929), 7, 1–75.

Nikolskii, N. K.

[1] Treatise on the Shift Operator. Berlin: Springer-Verlag 1985.

Nikolskii, N. K.; Vasyunin, V. I.

[1] Notes on two function models. In: The Bieberbach Conjecture. Proc. Symp. on the Occasion of the Proof (Hrsg. A. Baernstein II. u. a.), Math. Surveys; 21. Providence, R. I.: Amer. Math. Soc. 1986, 113–141.

[2] A unified approach to function models and the transcription problem. In: The Gohberg Anniversary Collection, Vol. II: Topics in Analysis and Operator Theory (Hrsg. H. Dym u. a.), Operator Theory Series; 41. Basel: Birkhäuser 1989, 405–434.

Olkin, I.; Pukelsheim, F.

[1] The distance between two random vectors with given dispersion matrices. Linear Algebra Appl. 48 (1982), 257–263.

Ouelette, D. V.

[1] Schur complements and statistics. Linear Algebra Appl. 36 (1981), 187–295.

Page, L. B.

[1] Applications of the Sz.-Nagy and Foiaş lifting theorem. Indiana Univ. Math. J. 20 (1970), 135–145.

Parrott, S.

[1] On a quotient norm and the Sz.-Nagy-Foiaş lifting theorem. J. Functional Anal. 30 (1978), 311–328.

Perron, O.

[1] Die Lehre von den Kettenbrüchen, Bd. II. Stuttgart: Teubner-Verlag 1957.

Pfluger, A.

[1] Some coefficient problems for starlike functions. Ann. Acad. Sci. Fenn., A I 2 (1976), 383–396.

[2] Über konforme Abbildungen des Einheitskreises. Ann. Acad. Sci. Fenn. A I 7 (1982), 73–79.

Pick, G.

[1] Über die Beschränkungen analytischer Funktionen, welche durch vorgeschriebene Funktionswerte bewirkt werden. Math. Ann. 77 (1916), 7–23.

[2] Über die Beschränkungen analytischer Funktionen durch vorgegebene Funktionswerte. Math. Ann. 78 (1918), 270–275.

[3] Über beschränkte Funktionen mit vorgegebenen Wertzuordnungen. Ann. Acad. Sci. Fenn., A 15 (1920), 3, 1–17.

Pöschel, J.; Trubowitz, E.

[1] Inverse Spectral Theory. New York: Academic Press 1987.

Rao, S. K.; Kailath, T.

[1] Orthogonal diagonal filters for VLSI implementation. IEEE Trans. Circuits and Systems CAS-30 (1984), 933–945.

[2] VLSI arrays for digital signal processing, I: A model identification approach to digital filter realization. IEEE Trans. Circuits and Systems CAS-31 (1985), 1105–1117.

Riesz, F.

[1] Sur certains systèmes singuliers d'équations integrales. Ann. Sci. Ecole Norm. Sup. 28 (1911), 33–62.

[2] Über ein Problem des Herrn Carathéodory. J. reine u. angew. Math. 146 (1915–16), 83–87.

[3] Über Potenzreihen mit vorgeschriebenen Anfangsgliedern. Acta Math. 42 (1920), 145–171.

Riesz, M.

[1] Sur le problème des moments. Ark. Mat. Astr. Fys. Teil I: 16 (1922), 12, 1–23; Teil II: 16 (1922), 19, 1–21; Teil III: 17 (1923), 17, 1–52.

Rogosinski, W. W.; Shapiro, H. S.

[1] On certain extremum problems for analytic functions. Acta Math. 90 (1953), 287–318.

Rosenblum, M.; Rovnyak, J.

[1] The factorization problem for non-negative operator-valued functions. Bull. Amer. Math. Soc. 77 (1971), 287–318.

[2] An operator-theoretic approach to theorems of the Pick-Nevanlinna and Loewner types. Integral Equations and Operator Theory, Teil I: 3 (1980), 408–436; Teil II: 5 (1982), 870–887.

[3] Hardy Classes and Operator Theory. New York: Oxford Univ. Press 1985.

Sarason, D.

[1] Generalized interpolation in H^∞. Trans. Amer. Math. Soc. 127 (1967), 179–203.

[2] Operator-theoretic aspects of the Nevanlinna-Pick interpolation problem. In: Operators and Function Theory (Hrsg. S. C. Power). Dordrecht: Reidel 1985, 279–314.

[3] Moment problems and operators in Hilbert space. In: Moments in Mathematics (Hrsg. H. J. Landau), Proc. Symp. Appl. Math.; 37. Providence, R. I.: Amer. Math. Soc. 1987, 54–70.

Schäfke, F. W.; Schneider, A.

[1] S-hermitesche Rand-Eigenwertprobleme. Math. Ann., Teil I: 162 (1966), 1–26; Teil II: 165 (1966), 236–260; Teil III: 177 (1968), 67–94.

Schur, I.

[1] Über einen Satz von C. Carathéodory. Sitzungsber. Preuß. Akad. Wiss. 1912, 4–15.

[2] Über Potenzreihen, die im Innern des Einheitskreises beschränkt sind. J. reine u. angew. Math., Teil I: 147 (1917), 205–232; Teil II: 148 (1918), 122–145.

Schwartz, L.

[1] Sous-espaces hilbertiens d'espaces vectoriels topologiques et noyaux associés. J. Anal. Math. 13 (1964), 115–256.

Shapiro, H. S.; Shields, A. L.

[1] On some interpolation problems for analytic functions. Amer. J. Math. 83 (1961), 513–532.

Shields, A. L.

[1] Weighted shift operators and analytic function theory. In: Topics in Operator Theory (Hrsg. C. Pearcy), Mathematical Surveys; 13. Providence, R. I.: Amer. Math. Soc. 1974, 49–128.

Shohat, J.; Tamarkin, J. D.

[1] The Problem of Moments. Math. Surveys; 1. New York: Amer. Math. Soc. 1943.

Stewart, J.

[1] Positive definite functions and generalizations: a historical survey. Rocky Mountain J. Math. 6 (1976), 409–434.

Stieltjes, T. J.

[1] Recherches sur les fractions continues. Ann. Fac. Sci. Toulouse, Teil I: 8 J (1894), 1–122; Teil II: 9 A (1895), 1–47.

Stone, M. H.

[1] Linear Transformations in Hilbert Space. Amer. Math. Soc. Coll. Publ.; 15. New York 1932.

Szász, O.

[1] Über harmonische Funktionen und L-Formen. Math. Z. 1 (1918), 140–162.

[2] Ungleichungen für die Koeffizienten einer Potenzreihe. Math. Z. 1 (1918), 163–183.

Szegö, G.

[1] Beiträge zur Theorie der Toeplitzschen Formen. Math. Z., Teil I: 6 (1920), 167–202; Teil II: 9 (1921), 167–190.

[2] Orthogonal Polynomials. Amer. Math. Soc. Coll. Publ.; 23. Providence, R. I. 1939.

Sz.-Nagy, B.; Foiaş, C.

[1] Commutants de certains opérateurs. Acta Sci. Math. (Szeged) 29 (1968), 1–17.

[2] Harmonic Analysis of Operators in Hilbert Space. Budapest: Akad. Kiadó 1970.

Sz.-Nagy, B.; Korányi, A.

[1] Operatortheoretische Behandlung und Verallgemeinerung eines Problemkreises in der komplexen Funktionentheorie. Acta Math. 100 (1958), 171–202.

Takagi, T.

[1] On an algebraic problem related to an analytic theorem of Carathéodory and Fejér. Jap. J. Math., Teil I: 1 (1924), 83–93; Teil II: 2 (1925), 13–17.

Timotin, D.

[1] Prediction theory and choice sequences: an alternate approach. In: Advances in Invariant Subspaces and Other Results of Operator Theory (Hrsg. G. Arsene), Operator Theory Series; 17. Basel: Birkhäuser 1985, 341–352.

Toeplitz, O.

[1] Über die Fouriersche Entwicklung positiver Funktionen. Rend. Circ. Mat. Palermo 32 (1911), 191–192.

van Campenhout, J. M.; Cover, T. M.

[1] Maximum entropy and conditional probability. IEEE Trans. Inf. Theory IT-27 (1981), 483–489.

Weyl, H.

[1] Über gewöhnliche Differentialgleichungen mit Singularitäten und die zugehörigen Entwicklungen willkürlicher Funktionen. Math. Ann. 68 (1910), 220–269.

[2] Über das Pick-Nevanlinna'sche Interpolationsproblem und sein infinitesimales Analogon. Ann. Math. 36 (1935), 230–254.

Widom, H.

[1] Inversion of Toeplitz matrices III, Abstract 564–246. Amer. Math. Soc. Notices 7 (1960), 63.

Wiener, N.; Masani, P. R.

[1] The prediction theory of multivariate stochastic processes. Acta Math., Teil I: 98 (1957), 111–150; Teil II: 99 (1958), 93–137.

Wigner, E. P.; von Neumann, N. J.

[1] Significance of Loewner's theorem in the quantum theory of collisions. Ann. Math. 59 (1954), 418–433.

Woerdeman, H. J.

[1] Strictly contractive and positive completions for block matrices. Linear Alg. Appl. 136 (1990), 63–105.

Yagle, A. E.; Levy, B. C.

[1] The Schur algorithm and its applications. Acta Applicandae Mathematicae 3 (1985), 255–284.

Youla, D. C.; Kazanjian, N. N.

[1] Bauer type factorization of positive matrices and the theory of matrix polynomials orthogonal on the unit circle. IEEE Trans. Circuits and Systems CAS-25 (1978), 57–69.

Young, N.

[1] The Nevanlinna-Pick problem for matrix-valued functions. J. Operator Theory 15 (1986), 239–265.

Агранович, З. С.; Марченко, В. А.

⟨1⟩ Обратная задача теории рассеяния. Харьков: Изд. Харьковского университета 1960.

Адамян, В. М.

⟨1⟩ Невырожденные унитарные сцепления полуунитарных операторов. Функц. анализ и его прилож. т. 7 (1973), вып. 2, 1–16.

Адамян, В. М.; Аров, Д. З.

⟨1⟩ Об унитарных сцеплениях полуунитарных операторов. Матем. исслед. (Кишинев). т. 1 (1966), вып. 2, 3–64.

Адамян, В. М.; Аров, Д. З.; Крейн, М. Г.

⟨1⟩ О бесконечных ганкелевых матрицах и обобщенных задачах Каратеодори- Фейера и Ф. Рисса. Функц. анализ и его прилож, т. 2 (1968), вып. 1, 1–19.

⟨2⟩ Бесконечные ганкелевы матрицы и обобщенные задачи Каратеодори- Фейера и И. Шура. Функц. анализ и его прилож, т. 2 (1968), вып. 4, 1–17.

⟨3⟩ Об ограниченных операторах, коммутирующих с сжатиями класса C_{∞}единичного ранга неунитарности. Функц. анализ и его прилож., т. 3 (1969), вып. 3, 86–87.

⟨4⟩ Аналитические свойства пар Шмидта ганкелева оператора обобщенная задача Шура – Такаги. Матем. сб., т. 86 (1971), 34–75.

⟨5⟩ Бесконечные ганкелевы матрицы и связанные с ними проблемы продолжения. Изв. АН Арм. ССР, Сер. матем. VI (1971)/2–3, 87–112.

АРОВ, Д. З.

⟨1⟩ Реализация матриц-функций по Дарлингтону. Изв. АН ССР, сер. матем. 37 (1973), 1299–1331.

⟨2⟩ Об унитарных сцеплениях с потерями (теория рассеяния с потерями). Функц. анализ и его прилож, т. 8 (1974), вып. 4, 5–24.

⟨3⟩ Пассивные линейные стационарные динамические системы. Сиб. матем. ж. 20 (1979), 211–228.

⟨4⟩ Устойчивые диссипативные линейные стационарные динамические системы рассеяния. J. Operator Theory 2 (1979), 95–126.

⟨5⟩ Гамма-производящие матрицы, j-внутренние матрицы-функции и связанные с ними задачи экстраполяций. Теория функций, функц. анализ и их прилож., т. 1: 51 (1989), 61–67, т. 2: 52 (1989), 103–109.

АРОВ, Д. З.; ГРОССМАН, Л. С.

⟨1⟩ Матрицы рассеяния в теории расширений изометрических операторов. ДАН СССР 270 (1983), 17–20.

АРОВ, Д. З.; КРЕЙН, М. Г.

⟨1⟩ Задача об отыскании минимума энтропии в неопределенных проблемах продолжения. Функц. анализ и его прилож., т. 15 (1981), вып. 2, 61–64.

⟨2⟩ О вычислении энтропийных функционалов и их минимумов в неопределенных проблемах продолжения. Acta Sci. Math. (Szeged) 45 (1983), 33–50.

АРТЕМЕНКО, А. П.

⟨1⟩ Эрмитово-положительные функции и позитивные функционалы. Теория функции, функц. анализ и их прилож., т. 1 (1984), вып. 41, 3–16; т. 2 (1984), вып. 42, 3–21.

АХИЕЗЕР, Н. И.

⟨1⟩ Классическая проблема моментов и некоторые вопросы анализа, связанные с нею. Москва: Физматгиз 1961.

АХИЕЗЕР, Н. И.; КРЕЙН, М. Г.

⟨1⟩ О некоторых вопросах теории моментов. Харьков: ГОНТИ 1938.

БЕРЕЗАНСКИЙ, Ю. М.

⟨1⟩ Разложение по собственным функциям самосопряженных операторов. Киев: Наукова Думка 1965.

БРОДСКИЙ, М. С.

⟨1⟩ Унитарные операторные узлы и их характеристические функции. Успехи матем. наук, т. 33 (1978), вып. 4, 141–168.

ГАЛСТЯН, Л. А.

⟨1⟩ Аналитические j-растягивающие матрицы-функции и проблема Шура. Изв. АН Арм. ССР, сер. матем., т. 12 (1977), вып. 3, 204–228.

ГАСЫМОВ, М. Г.

⟨1⟩ Обратная задача теории рассеяния для системы уравнений Дирака порядка 2n. Труды Моск. матем. об-ва 19 (1968), 41–112.

ГЕЛЬФАНД, И. М.; ЛЕВИТАН, Б. М.

⟨1⟩ Об определении дифференциального уравнения по его спектральной функции. Изв. АН СССР, сер. матем. 15 (1951), 309–360.

ГЕРОНИМУС, Я. Л.

⟨1⟩ О некоторых экстремальных задачах. Изв. АН СССР, сер. мат. 2 (1937), 185–202.

⟨2⟩ Об одной задаче F. Riesz'a и обобщенной задаче Чебышева – Коркина – Золотарева. Изв. АН СССР, сер. матем. 3 (1939), 279–288.

⟨3⟩ О полиномах, ортогональных на круге, о тригонометрической проблеме моментов и об ассоциированных с нею функциях типа Caratheodory и Schur'a. Матем. сб. 15 (1944), 99–130.

⟨4⟩ Многочлены, ортогональные на окружности и на отрезке. Москва: Физматгиз 1958.

ГОЛИНСКИЙ, Л. Б.

⟨1⟩ О проблеме Неванлинна – Пика в обобщенном классе Шура аналитических матриц-функций. В: Анализ в бесконечно-мерных пространствах и теория операторов (изд. В. А. МАРЧЕНКО), Киев: Наукова думка 1983, 23–33.

⟨2⟩ Об одном обобщении матричной проблемы Неванлинны – Пика. Изв. АН Арм. ССР, сер. матем., т. 18 (1983), вып. 3, 187–205.

Гохберг, И. Ц.; Крейн, М. Г.
⟨1⟩ Теория вольтерровых операторов в гильбертовом пространстве. Москва: Наука 1967.

Гохберг, И. Ц.; Крупник, Н. Я.
⟨1⟩ Одна формула для обращения конечных теплицевых матриц. Матем. иссл. (Кишинев), т. 7 (1972), вып. 2, 272–284.

Гохберг, И. Ц.; Семенцул, А. А.
⟨1⟩ Об обращении конечных теплицевых матрицах и их континуальных аналогов. Матем. иссл. (Кишинев), т. 7 (1972), вып. 2, 201–224.

Гохберг, И. Ц.; Хайниг, Г.
⟨1⟩ Обращение конечных теплицевых матриц, составленных из элементов некоммутативной алгебры. Rev. Roumaine Math. Pures et. Appl. 19 (1974), 623–665.

Гусейнов, Г. Ш.
⟨1⟩ Задача рассеяния для бесконечной матрицы Якоби. Изв. АН Арм. ССР, сер. матем., т. 12, (1977), вып. 5, 365–379.

Дубовой, В. К.
⟨1⟩ Индефинитная метрика в интерполяционной проблеме Шура для аналитических функций. Теория функций, функц. анализ и их прилож., т. 1 (1982), вып. 37, 14–26; т. 2 (1982), вып. 38, 32–39; т. 3 (1984), вып. 41, 55–64; т. 4 (1984), вып. 42, 46–57; т. 5 (1986), вып. 45, 16–26; т. 6 (1987), вып. 47, 112–119.
⟨2⟩ Параметризация элементарного кратного множителя неполного ранга. В: Анализ в бесконечномерных пространствах и теория операторов (изд. В. А. Марченко). Киев: Наукова думка 1983, 54–68.
⟨3⟩ О модели оператора сжатия, построенной по коэффициентам Тейлора его характеристической функции. В: математическая физика, функц. анализ (изд. В. А. Марченко). Киев: Наукова Думка 1986, 72–80.

Дубовой, В. К.; Зиненко, С. Н.
⟨1⟩ О связи между элементарным кратным множителем неполного ранга и вырожденной задачей Шура. Теория функции, функц. анализ и их прилож. 51 (1989), 72–74.

Дюкарев, Ю. М.
⟨1⟩ Мультипликативные и аддитивные классы Стильтеса аналитических матриц-функций и связанные с ними интерполяционные задачи. Теория функции, функц. анализ и их прилож., т. 2 (1982), вып. 38, 40–48.

Дюкарев, Ю. М.; Кацнельсон, В. М.
⟨1⟩ Мультипликативные и аддитивные классы Стильтеса аналитических матриц-функций и связанные с ними интерполяционные задачи. Теория функции, функц. анализ и их прилож., т. 1 (1981), вып. 36, 13–27, т. 3 (1984), вып. 41, 64–70.

Ефимов, А. В.; Потапов, В. П.
⟨1⟩ J-растягивающие матрицы-функции и их роль в аналитической теории электрических цепей. Успехи матем. наук, т. 28 (1973), вып. 1, 65–130.

Ибрагимов, И. А.; Розанов, Ю. А.
⟨1⟩ Гауссовские случайные процессы. Москва: Наука 1970.

Иванченко, Т. С.; Сахнович, Л. А.
⟨1⟩ Операторные тождества в теории интерполяционных задач. Изв. АН Арм. ССР, сер. матем., т. 22 (1987), 298–308.

Кацнельсон, В. Э.
⟨1⟩ Континуальные аналоги теоремы Гамбургера-Неванлинны и основные матричные неравенства классических задач.
Теория функций, функц. анализ и их прилож., т. 1 (1981), вып. 36, 31–48, т. 2 (1981), вып. 37, 31–48, т. 3 (1982), вып. 39, 61–73, т. 4 (1983), вып. 40, 79–90.
⟨2⟩ Методы J-теории в континуальных интерполяционных задачах анализа. Рукопись деп. в ВИНИТИ 1983.
⟨3⟩ Интегральное представление эрмитовых положительных ядер смешанного типа и обобщенная теорема Нехари I. Теория функций, функц, анализ и их прилож. 43 (1985), 54–70.
⟨4⟩ Экстремальные и факторизационные свойства радиусов задачи о представлении матричной эрмитово-положительной функции I. В: Математическая Физика, функц. анализ (изд.: В. А. Марченко). Киев: Наукова думка 1986, 80–94.

Кацнельсон, Б. Э.; Хейфец, А. Я.; Юдицкий, П. М.
⟨1⟩ Абстрактная интерполяционная задача и теория расширений изометрических операторов. В: Операторы в функциональных пространствах и вопросы теории функции: Сборник научных трудов (изд.: В. А. Марченко). Киев: Наукова думка 1987, 83–96.

Ковалишина, И. В.
⟨1⟩ Аналитическая теория одного класса интерполяционных задач. Изв. АН СССР, сер. матем. 47 (1983), 455–497.
⟨2⟩ Задача Левнера в свете J-теории аналитических матрицфункций. В: Анализ в бесконечномерных пространствах и теория операторов (изд. В. А. Марченко). Киев: Наукова думка 1983, 87–97.
⟨3⟩ Теорема Каратеодори-Жюлия для матриц-функций. Теория функций, функц. анализ и их прилож. 43 (1985), 70–85.
⟨4⟩ Теория кратной j-элементарной матрицы-функции с полюсом на границе единичного круга. Теория функций, функц. анализ и их прилож. 50 (1988), 62–74.
⟨5⟩ Кратная граничная интерполяционная задача для сжимающих матриц-функций в единичном круге. Теория функций, функц. анализ и их прилож. 51 (1988), 38–55.

Ковалишина, И. В.; Потапов, В. П.
⟨1⟩ Радиусы круга Вейля в матричной проблеме Неванлинны-Пика. В: Теория операторов в функц. пространствах и ее прилож. (изд. В. А. Марченко). Киев: Наукова думка 1981, 25–49.
⟨2⟩ Интегральное представление эрмитово-положительных функций. Рукопись деп. в ВИНИТИ 1981.
⟨3⟩ Метод триады в теории продолжения эрмитово-положительных функций. Изв. АН Арм. ССР, сер. матем., т. 23 (1989), 269–292.

Колмогоров, А. Н.
⟨1⟩ Стационарные последовательности в гильбертовом пространстве. Бюллетень МГУ 2 (1941), 1–40.

Красносельский, М. А.; Крейн, М. Г.
⟨1⟩ Основные теоремы о расширении эрмитовых операторов и некоторые их применения к теории ортогональных полиномов и проблеме моментов. Успехи матем. наук, т. 2 (1947), вып. 3, 60–106.

Крейн, М. Г.
⟨1⟩ О проблеме продолжения эрмитово-положительных непрерывных функций. ДАН СССР, т. 26 (1940), вып. 1, 17–21.
⟨2⟩ Об эрмитовых операторах с дефект-индексами, равными единице. ДАН СССР, т. 43 (1944), вып. 8, 339–342.
⟨3⟩ Об одной экстраполяционной проблеме А. Н. Колмогорова. ДАН СССР, т. 46 (1944), 304–309.
⟨4⟩ О резольвентах эрмитова оператора с индексом дефекта (m, m). ДАН СССР, т. 52 (1946), 657–660.
⟨5⟩ Теория самосопряженных расширений полуограниченных эрмитовых операторов и ее приложения. Матем. сб., т. 1 (1947), вып. 20, 431–495, т. 2 (1947), вып. 21, 366–404.
⟨6⟩ Бесконечные матрицы и матричная проблема моментов. ДАН СССР 69 (1949), 125–128.
⟨7⟩ Основные положения теории представления эрмитовых операторов с индексом дефекта (m, m). Укр. матем. ж., т. 1 (1949), вып. 2,3–66.
⟨8⟩ Об одномерной сингулярной краевой задаче четного порядка в интервале (0, ∞). ДАН СССР 74 (1950), 9–12.
⟨9⟩ Решение обратной задачи Штурма-Лиувилля. ДАН СССР 76 (1951), 315–318.
⟨10⟩ Идей П. Л. Чебышева и А. А. Маркова в теории предельных величин интегралов и их дальнейшее развитие. Успехи матем. наук, т. 6 (1951), вып. 4, 3–120.
⟨11⟩ Континуальные аналоги предложений о многочленах, ортогоналых на единичной окружности. ДАН СССР 105 (1955), 637–640.
⟨12⟩ К теории акцеллерант и S-матриц канонических дифференциальных систем. ДАН СССР 111 (1956), 1167–1170.
⟨13⟩ О расположении корней многочленов, ортогональных на единичной окружности по знакопеременному весу. Теория функций, функц. анализ и их прилож. 2 (1966), 31–37.
⟨14⟩ Описание всех решений усеченной степенной проблемы моментов и некоторые операторные вопросы. Матем. исслед. (Кишинев), т. 2 (1967), вып. 2, 114–132.

Крейн, М. Г.; Лангер, Г. К.
⟨1⟩ Континуальные аналоги ортогональных многочленов на единичной окружности по индефинитному весу и связанные с ними проблемы продолжения. ДАН СССР 258 (1981), 537–541.

Крейн, М. Г.; Мелик-Адамян, Ф. Э.

⟨1⟩ К теории S-матриц канонических дифференциальных уравнений с суммируемым потенциалом. ДАН Арм. ССР, т. 16 (1968), вып. 4, 150–154.

⟨2⟩ Некоторые приложения теоремы о факторизации унитарной матрицы. Функц. анализ и его прилож., т. 4 (1970), вып. 4 73–75.

⟨3⟩ Интегральные ганкелевы операторы и связанные с ними проблемы продолжения. Изв. АН Арм. ССР, сер. матем., т. 19 (1984), часть 1: 310–332, часть 2: 339–360.

Крейн, М. Г.; Нуделман, А. А.

⟨1⟩ Проблема моментов Маркова и экстремальные задачи. Москва: Наука 1973.

Крейн, М. Г.; Салакян, Ш. Н.

⟨1⟩ О некоторых новых результатах в теории резольвент эрмитовых операторов. ДАН СССР 169 (1966), 1269–1272.

Левитан, Б. М.

⟨1⟩ Операторы обобщенного сдвига и некоторые их применения. Москва: Физматгиз 1962.

⟨2⟩ Обратные задачи Штурма-Лиувилля. Москва: Наука 1984.

Лившиц, М. С.

⟨1⟩ Об одном применении теории эрмитовых операторов к обощенной проблеме моментов. ДАН СССР, т. 44 (1944), вып. 1, 3–7.

⟨2⟩ Об одном классе линейных операторов в гильбертовом пространстве. Матем. сб. 19 (1946), 239–262.

⟨3⟩ Изометрические операторы с равными дефектными числами, квази-унитарные операторы. Матем. сб. 26 (1950), 247–264.

⟨4⟩ Операторы, колебания, волны. Москва: Наука 1966.

Лившиц, М. С.; Потапов, В. П.

⟨1⟩ Теорема умножения характеристических матриц-функций. ДАН СССР 72 (1950), 625–628.

Лившиц, М. С.; Янцевич, А. А.

⟨1⟩ Теория операторных узлов в гильбертовых пространствах. Харьков: Изд.-во Харьковского унив. 1971.

Марченко, В. А.

⟨1⟩ Некоторые вопросы теории дифференциального оператора второго порядка. ДАН СССР 72 (1950), 457–460.

⟨2⟩ Операторы Штурма-Лиувилля и их приложения. Киев: Наукова думка 1977.

Мелик-Адамян, П. Э.

⟨1⟩ О свойствах S-матрицы канонических дифференциальных уравнений на всей оси. ДАН Арм. ССР, т. 58 (1974), вып. 4, 199–205.

⟨2⟩ К теории рассеяния для канонических дифференциальных операторов. Изв. АН Арм. ССР, сер. матем. т. 11 (1977), вып. 4, 291–313.

Мелик-Адамян, Ф. Э.

⟨1⟩ К теории матричных акцелерант и спектральных матриц-функций канонических дифференциальных систем. ДАН Арм. ССР, т. 45 (1967), вып. 4, 145–151.

⟨2⟩ О канонических дифференциальных операторах. Изв. АН Арм. ССР, сер. матем., т. 12 (1977), вып. 1, 10–31.

Наймарк, М. А.

⟨1⟩ О самосопряженных расширении второго рода симметрического оператора. Изв. АН СССР, сер. матем. т. 4 (1940), вып. 1, 53–104.

⟨2⟩ Спектральные функции симметрического оператора. Изв. АН СССР, сер. матем., т. 4 (1940), вып. 3, 277–318.

⟨3⟩ О спектральных функциях симметрического оператора. Изв. АН СССР, сер. матем., т. 7 (1943), вып. 6, 285–296.

⟨4⟩ Экстремальные спектральные функции симметрического оператора. Изв. АН СССР, сер. матем. 11 (1947), 327–347.

Никишин, Е. М.; Сорокин, В. Н.

⟨1⟩ Рациональные апроксимации и ортогональность. Москва: Наука 1988.

Никольский, Н. К.

⟨1⟩ Инвариантные подпространства в теории операторов и теории функции. В: Итоги науки и техники, Матем. анализ, т. 12. Москва: Изд.-во ВИНИТИ 1974, 199–412.

Никольский, Н. К.; Хавин, В. П.

⟨1⟩ Результаты В. И. Смирнова по комплексному анализу и их последующее развитие. В.:

В. И. Смирнов – Избранные труды: комплексный анализ. математическая теория диффракции. Ленинград: Изд.-во Ленинградского университета 1988, 111–145.

НУДЕЛЬМАН, А. А.

⟨1⟩ Об одной новой проблеме типа моментов. ДАН СССР 233 (1977), 722–795.

ОРЛОВ, С. А.

⟨1⟩ Об индексе дефекта линейных дифференциальных операторов. ДАН СССР 92 (1953), 483–486.

⟨2⟩ К теории резольвенты одномерной регулярной краевой задачи. ДАН СССР 111 (1956), 538–541.

⟨3⟩ Конструкция резольвент и спектральных функций одномерных линейных самосопряженных сингулярных дифференциальных операторов 2n-ого порядка. ДАН СССР 111 (1956), 1175–1177.

⟨4⟩ Гнездящиеся матричные круги, аналитически зависящие от параметра и теоремы об инвариантности рангов радиусов предельных матричных кругов. Изв. АН СССР, сер. матем. 40 (1976), 593–644.

⟨5⟩ Параметризация предельных матричных кругов, аналитически зависящих от параметра. Теория функций, функц. анализ и их прилож. 41 (1984), 96–107.

⟨6⟩ Описание функции Грина канонических дифференциальных систем. Теория функций, функц. анализ и их прилож., т. 1 (1989), вып. 51, 78–88; т. 2 (1989), вып. 52, 33–39.

ПЕЛЛЕР, В. В.; ХРУЩЕВ, С. В.

⟨1⟩ Операторы Ганкеля, наилучшие приближения и стационарные гауссовские процессы. Успехи матем. наук. т. 37 (1982), вып. 1, 53–124.

ПОТАПОВ, В. П.

⟨1⟩ Мультипликативная структура J-нерастягивающих матриц-функций. Труды Моск. Матем. об-ва 4 (1955), 125–236.

ПРОХОРОВ, Ю. В.

⟨1⟩ Сходимость случайных процессов и предельные теоремы теории верятностей. Теория вероят. и ее примен. 1 (1956), 177–238.

РОЗАНОВ, Ю. А.

⟨1⟩ Стационарные случайные процессы. Москва: Физматгиз 1963.

СААКЯН, Ш. Н.

⟨1⟩ К теории резольвент симметрического оператора с бесконечными дефектными числами. ДАН Арм. ССР, сер. матем. т. 41 (1965), вып. 4, 193–198.

САХНОВИЧ, А. Л.

⟨1⟩ О одном методе обращения теплицевых матриц. Матем. исслед. (Кишинев), т. 8 (1973), 180–186.

ФАДДЕЕВ, Л. Д.

⟨1⟩ Обратная задача квантовой теории рассеяния. Успехи матем. наук, т. 13 (1959), вып. 6, 57–131.

ФЕДЧИНА, И. П.

⟨1⟩ Критерия разрешимости касательной проблемы Неванлинны-Пика. Матем. исслед. (Кишинев), т. 7 (1972), вып. 4, 213–227.

⟨2⟩ Описание решений касательной проблемы Неванлинны-Пика. ДАН Арм. ССР, сер. матем., т. 10 (1975), вып. 1, 37–47.

⟨3⟩ Касательная проблема Неванлинны-Пика с кратными точками. ДАН Арм. ССР, сер. матем., т. 11 (1975), вып. 4, 214–218.

⟨4⟩ Задача Шура для вектор-функций. Укр, матем. ж. 30 (1978), 797–805.

ХАВИНСОН, С. Я.

⟨1⟩ О некоторых экстремальных проблемах в теории аналитических функций. Уч. зап. МГУ, матем., т. 148 (1951), вып. 4, 133–148.

⟨2⟩ Основы теории экстремальных задач для ограниченных аналитических функций и их различных обобщений. Москва: МИСИ 1981.

⟨3⟩ Основы теории экстремальных задач для ограниченных аналитических функций с дополнительными условиями. Москва: МИСИ 1981.

ХЕЙФЕЦ, А. Я.

⟨1⟩ Равенство Парсеваля в абстрактной задаче интерполяции и соединение открытых систем. Теория функций, функц. анализ и их прилож., т. 1 (1988), вып. 49, 112–120.

ЧЕБОТАРЕВ, Н. Г.; МЕЙМАН, Н. Н.

⟨1⟩ Проблема Рауса-Гурвица для полиномов и целых функций. Труды мат. ин-та им. В. А. Стеклова 26 (1949), 1–331.

ЧУМАКИН, М. Е.

⟨1⟩ Обобщенные резольвенты изометрических операторов. Сибир. матем. ж. 8 (1967), 876–892.

Шмульян, Ю. Л.
⟨1⟩ Изометрические операторы с бесконечными индексами дефекта и их ортогональные расширения. ДАН СССР 87 (1952), 11–14.
⟨2⟩ Операторы с вырожденной характеристической функцией. ДАН СССР 93 (1953), 985–988.
⟨3⟩ Операторные шары. Теория функций, функц. анализ и их прилож. 6 (1968), 68–81.

Шмульян, Ю. Л.; Яновская, Р. Н.
⟨1⟩ О блоках сжимающей операторной матрицы. Изв. вузов, матем., т. 230 (1981), вып. 7, 72–75.

Штраус, А. В.
⟨1⟩ Обобщенные резольвенты симметрических операторов. Изв. АН СССР, сер. матем. 18 (1954), 51–86.
⟨2⟩ Характеристические функции линейных операторов. Изв. АН СССР, сер. матем. 24 (1960), 43–74.

Namen- und Sachverzeichnis

(Kursiv gedruckte Seitenzahlen verweisen auf das neuverfaßte Nachwort der Herausgeber.)

In Vorbereitung:

V. K. Dubovoj/B. Fritzsche/B. Kirstein

Matricial Version of the Classical Schur Problem

TEUBNER-TEXTE zur Mathematik (1992)

In der letzten Dekade bildete sich an der Nahtstelle verschiedener mathematischer Disziplinen eine mathematische Richtung heraus, welche ihren Ursprung in einer fundamentalen Arbeit von Issai Schur aus den Jahren 1917/18 hat und deshalb nunmehr unter der Bezeichnung „Schur-Analysis" geführt wird. Das Wesen dieser Methode besteht in ihrem algorithmischen Charakter, der in vielen Fällen die explizite Konstruktion der Lösung des jeweiligen Problems ermöglicht. Eine zentrale Aufgabenstellung der Schur-Analysis sind Matrixversionen klassischer Interpolationsprobleme. In jüngster Zeit entstanden verschiedene Zugänge zur Bearbeitung dieses Problemkreises. Im vorliegenden Band werden zwei dieser Zugänge vorgestellt. Die von B. Fritzsche und B. Kirstein entwickelte Methode kann als eine unmittelbare matrizielle Verallgemeinerung des klassischen Schur-Algorithmus angesehen werden, während V. K. Dubovojs Vorgehensweise durch die Potapovsche Konzeption der Überführung eines Interpolationsproblems in eine äquivalente Matrixungleichung geprägt ist.

Chapter 1.   Basic algebraic concepts

Chapter 2.   Matrix-valued Schur and Carathéodory functions

Chapter 3.   An approach to the matricial Schur problem based on the Schur-Potapov algorithm

Chapter 4.   *J*-elementary factors

Chapter 5.   The matricial Schur problem and *J*-contractive matrix-valued functions

Teubner-Archiv zur Mathematik

„Editionen sind die Grundpfeiler der Mathematikgeschichte. Mit Hilfe des Teubner-Archivs werden wichtige Texte einzeln oder in sinnvoller Zusammenstellung leicht zugänglich gemacht. Die Kommentare erleichtern das Verständnis der oft schwierigen Originaltexte. Es wäre wünschenswert, daß die Reihe Teubner-Archiv auch in Zukunft wächst und gedeiht und in möglichst vielen Bibliotheken und privaten Regalen Aufnahme findet.“

K. REICH, 1989
Historia Mathematica

Band 11: *D. Hilbert, E. Schmidt*
Integralgleichungen und Gleichungen mit unendlich vielen Unbekannten
Herausgegeben und mit einem Nachwort versehen von A. PIETSCH
1989. 316 Seiten
Inhalt: D. HILBERT: Grundzüge einer allgemeinen Theorie der linearen Integralgleichungen (Erste, vierte und fünfte Mitteilung. Sachlich geordnete Inhaltsübersicht). Wesen und Ziele einer Analysis der unendlichvielen unabhängigen Variablen. – E. SCHMIDT: Zur Theorie der linearen und nichtlinearen Integralgleichungen (Erster und zweiter Teil). Über die Auflösung linearer Gleichungen mit unendlich vielen Unbekannten. – Nachwort.

Band 12: *H. Minkowski*
Ausgewählte Arbeiten zur Zahlentheorie und zur Geometrie
Mit D. HILBERTS Gedächtnisrede auf H. MINKOWSKI, Göttingen 1909. Herausgegeben und mit einem Anhang versehen von E. KRÄTZEL und B. WEISSBACH
1989. 261 Seiten
Inhalt: H. MINKOWSKI: Über Eigenschaften von ganzen Zahlen, die durch räumliche Anschauung erschlossen sind. Ein Kriterium für die algebraischen Zahlen. Über die Annäherung an eine reelle Größe durch rationale Zahlen. Diskontinuitätsbereich für arithmetische Äquivalenz. Allgemeine Lehrsätze über die konvexen Polyeder. Über die Begriffe Länge, Oberfläche und Volumen. Volumen und Oberfläche. Über die Körper konstanter Breite. – D. HILBERT: Hermann Minkowski (Gedächtnisrede, Göttingen 1909). – Kommentierender Anhang.

Band 13: *G. Peano*
Arbeiten zur Analysis und zur mathematischen Logik
Herausgegeben und mit einem Nachwort versehen von G. ASSER
1990. 144 Seiten
Inhalt: G. PEANO: Über mathematische Logik. Definitionen der Arithmetik. Über die Taylor'sche Formel. Über die Definition des Integrals. Die komplexen Zahlen. Sur une courbe qui remplit toute une aire plaine. Démonstration de l'intégrabilité des équations différentielles ordinaires. – Nachwort.